应用型本科院校"十二五"规划教材/化学类

主　编　刘先军　杨　昕
副主编　黄继秋　李凌飞　李红艳
主　审　罗洪君

普通化学学习指导

Study Guide of General Chemistry

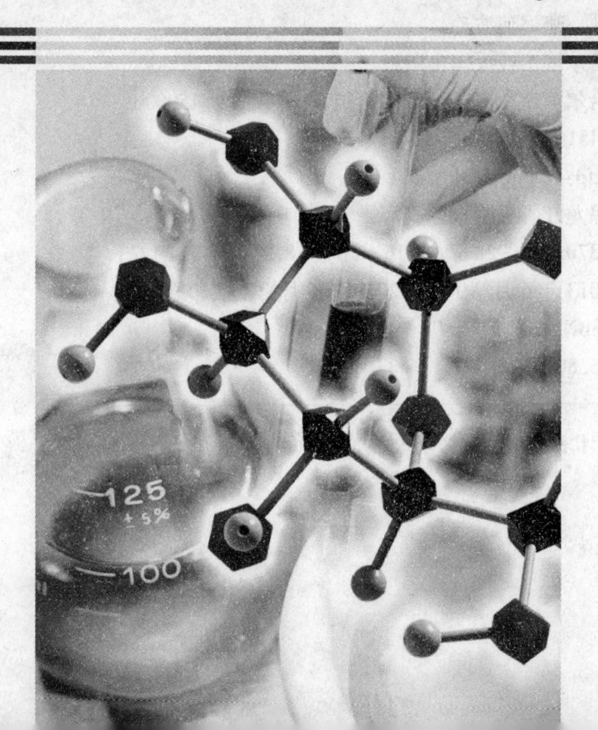

哈爾濱工業大學出版社

内容提要

本书是应用型本科院校“十二五”规划教材《普通化学》(第2版)的配套辅导书,根据教材各章节中所述的内容展开编写。全书围绕普通化学教学基本内容,对其重点和难点问题进行详细讲解,目的在于帮助读者深刻理解普通化学重点内容,牢固掌握基础知识和基本原理。本书共十一章,各章分为六部分:教学基本要求、知识点归纳、典型题解析、习题详解、同步训练题、同步训练题参考答案。

本书可作为化工、石油工程、土木工程等相关专业的辅导教材。

图书在版编目(CIP)数据

普通化学学习指导/刘先军,杨昕主编.—哈尔滨:哈尔滨工业大学出版社,2013.6

ISBN 978-7-5603-4113-2

Ⅰ.①普… Ⅱ.①刘… ②杨… Ⅲ.①普通化学-高等学校-教学参考资料 Ⅳ.①O6

中国版本图书馆 CIP 数据核字(2013)第122326号

策划编辑 杜 燕 赵文斌
责任编辑 杜 燕 何波玲
出版发行 哈尔滨工业大学出版社
社 址 哈尔滨市南岗区复华四道街10号 邮编150006
传 真 0451-86414749
网 址 http://hitpress.hit.edu.cn
印 刷 黑龙江省委党校印刷厂
开 本 787mm×1092mm 1/16 印张18.25 字数417千字
版 次 2013年6月第1版 2013年6月第1次印刷
书 号 ISBN 978-7-5603-4113-2
定 价 35.80元

序

哈尔滨工业大学出版社策划的《应用型本科院校“十二五”规划教材》即将付梓,诚可贺也。

该系列教材卷帙浩繁,凡百余种,涉及众多学科门类,定位准确,内容新颖,体系完整,实用性强,突出实践能力培养。不仅便于教师教学和学生学习,而且满足就业市场对应用型人才的迫切需求。

应用型本科院校的人才培养目标是面对现代社会生产、建设、管理、服务等一线岗位,培养能直接从事实际工作、解决具体问题、维持工作有效运行的高等应用型人才。应用型本科与研究型本科和高职高专院校在人才培养上有着明显的区别,其培养的人才特征是:①就业导向与社会需求高度吻合;②扎实的理论基础和过硬的实践能力紧密结合;③具备良好的人文素质和科学技术素质;④富于面对职业应用的创新精神。因此,应用型本科院校只有着力培养“进入角色快、业务水平高、动手能力强、综合素质好”的人才,才能在激烈的就业市场竞争中站稳脚跟。

目前国内应用型本科院校所采用的教材往往只是对理论性较强的本科院校教材的简单删减,针对性、应用性不够突出,因材施教的目的难以达到。因此亟须既有一定的理论深度又注重实践能力培养的系列教材,以满足应用型本科院校教学目标、培养方向和办学特色的需要。

哈尔滨工业大学出版社出版的《应用型本科院校“十二五”规划教材》,在选题设计思路上认真贯彻教育部关于培养适应地方、区域经济和社会发展需要的“本科应用型高级专门人才”精神,根据黑龙江省委书记吉炳轩同志提出的关于加强应用型本科院校建设的意见,在应用型本科试点院校成功经验总结的基础上,特邀请黑龙江省9所知名的应用型本科院校的专家、学者联合编写。

本系列教材突出与办学定位、教学目标的一致性和适应性,既严格遵照学科体系的知识构成和教材编写的一般规律,又针对应用型本科人才培养目标及与之相适应的教学特点，精心设计写作体例，科学安排知识内容，围绕应用讲授理论，做到“基础知识够用、实践技能实用、专业理论管用”。同时注意适当融入新理论、新技术、新工艺、新成果，并且制作了与本书配套的PPT多媒体教学课件，形成立体化教材，供教师参考使用。

《应用型本科院校“十二五”规划教材》的编辑出版，是适应“科教兴国”战略对复合型、应用型人才的需求，是推动相对滞后的应用型本科院校教材建设的一种有益尝试，在应用型创新人才培养方面是一件具有开创意义的工作，为应用型人才的培养提供了及时、可靠、坚实的保证。

希望本系列教材在使用过程中，通过编者、作者和读者的共同努力，厚积薄发、推陈出新、细上加细、精益求精，不断丰富、不断完善、不断创新，力争成为同类教材中的精品。

前　言

《普通化学学习指导》是哈尔滨工业大学出版社出版的《普通化学》(第2版)配套使用的教学参考书。本书各章分六部分：

一、教学基本要求：对本章提出基本要求。

二、知识点归纳：依据教材的基本内容，简明阐述本章内容的要点。

三、典型题解析：选取本章中的典型习题，并对其做出了解答。其中包含解题思路的阐述和解题方法，以利于引导学生深入思考，做到触类旁通，提高分析问题和解决问题的能力。

四、习题详解：对教材《普通化学》(第2版)中的课后习题，做了详细的解答，供教师和学生参考。

五、同步训练题：精心编选了一部分标准化试题和综合性试题，可供学生自我测试学习效果，以激发学生的学习兴趣，做到精益求精。

六、同步训练题参考答案：对同步训练题给出了答案，可供学生自我检查参考。

参加本书编写工作的有：李凌飞(第1章、第2章、第3章)，杨昕(第4章、第5章、第6章)，黄继秋(第7章、第8章、第9章、第10章、第11章)，李红艳等教师参加了部分文字加工，素材搜集与制作等工作，全书由刘先军统稿处理，由罗洪君教授审阅。

本教材的出版得到了哈尔滨师范大学博士生导师王玉文教授，哈尔滨石油学院任福山教授、刘通学教授的热心关怀与支持，并有哈尔滨石油学院化学工程系全体教师参与，对以上同志的帮助一并深表谢意。

限于编者的知识、水平，本教材出现缺点和错误在所难免，敬请各位同仁和广大读者批评指正。

编者

目录

第 1 章

气体、溶液和胶体

1.1 教学基本要求

1. 理解理想气体的定义,掌握理想气体状态方程。

2. 了解分散系统的概念及分类。

3. 了解溶液的概念及其分类,掌握溶液浓度的各种表示方法及其相互换算。

4. 理解稀溶液的依数性的定义,掌握稀溶液的依数性定律的应用及其适用条件。

5. 理解蒸气压、沸点、凝固点和渗透压等基本概念。

6. 了解胶体的制备方法、性质及其应用。

1.2 知识点归纳

1. 理想气体状态方程

理想气体被假设为气体分子之间没有相互作用力,气体分子自身没有体积。当实际气体压力不大,分子之间的平均距离很大,气体分子本身的体积可以忽略不计,温度又不低,导致分子的平均动能较大,分子之间的吸引力可以忽略不计,实际气体的行为就十分接近理想气体的行为,可当作理想气体。

当气体处于温度不太低、压力不太高时,温度、压力和体积之间存在如下关系

$$pV = nRT \tag{1.1}$$

式中 p—— 气体的压力,Pa;

V—— 气体的体积,m^3;

n—— 气体的物质的量,mol;

R—— 摩尔气体常数,$R = 8.314\ J \cdot mol^{-1} \cdot K^{-1}$;

T—— 热力学温度,K。

该式称为理想气体状态方程式。严格遵从理想气体状态方程式的气体,称为理想气体。

2. 分散系统概述

系统:在科学研究中,我们把研究的对象称为系统。

环境:把系统周围与其密切相关的部分称为环境。

相:在一个系统中任何物理性质和化学性质完全相同且与其他部分有明确界面隔开的均匀部分称为相。系统按含相的数目多少可分为单相系统(或均相系统)和多相系统(或非均相系统)。

单相:系统中只有一个相。

多相:系统中含有两个或更多相。

单相系统(或均相系统):系统中只有一个相的系统,称为单相系统或均相系统。

多相系统(或非均相系统):系统中含有两个或更多个相的系统,称为多相系统或非均相系统。

相与聚集态和组分数不完全相同,由同一种聚集态组成的系统可以有多个相,例如,由油和水形成的乳液系统中,就存在油和水两个相;而在单相系统中却必定只有一种聚集态。在由同一种物质形成的系统中也可以有多个相,例如,由水、冰和水蒸气组成的系统中虽只有一种物质,但有三个相,分别是液相、固相和气相。同一聚集态不一定是单相系统,不同聚集态一定是多相系统。一个组分不一定是单相系统(如冰水混合物),多个组分也不一定是多相系统(如糖水)。

分散系统:一种或多种物质被分散到另一种物质中所形成的系统称为分散系统。其中被分散的物质称为分散质,而另一种呈连续分布的起分散作用的物质称为分散介质。

分散系统常按照分散相的粒子大小分成真溶液、胶体系统和粗分散系统三类。

真溶液:分散相粒子的直径小于 1 nm,分散相以分子或离子状态分散于分散剂中所形成的分散系统。在这种分散系统中,分散相与分散剂形成了均匀的溶液,它是一种单相的均匀分散系统。

胶体分散系统:胶体中的分散相粒子是由许多分子或离子聚集而成的,它们以一定的界面与周围介质相分隔,形成一个不连续的相,而系统的分散介质则是一个连续相,它是一个多相系统。

粗分散系统:悬浊液、乳浊液、泡沫和粉尘属于粗分散系统,这是一种多相的不均匀系统。

3. 溶液

(1)溶液的概念与分类

溶液是由两种或多种组分组成的均匀分散系统。溶液中各部分都具有相同的物理和化学性质,是一个均相系统。其中分散相称为溶质,而分散介质称为溶剂。溶液不同于其他分散系统之处在于:溶液中溶质是以分子或离子状态均匀地分散于溶剂中。

按照组成溶液的溶剂和溶质原先的聚集状态不同,可以把溶液分成六类,而按照形成的溶液所呈现的聚集态分类,则可以分为气态溶液、液态溶液、固态溶液三类。液态溶液,尤其是以水为溶剂的溶液,在生产实际和科学研究中具有特别重要的地位。一般所说的溶液就是指液态溶液,如无特别说明,通常是指以水为溶剂的水溶液。

(2)溶解过程与溶液的形成

溶质均匀分散于溶剂中形成溶液的过程称为溶解。溶解过程是一个复杂的物理化学过程,它既不是单纯的物理过程,也不是完全的化学过程。在溶解过程中,常常伴随着热量、体积甚至颜色的变化。溶解的过程中破坏了原先溶质内部分子间的作用及溶剂本身分子间的作用,而形成了溶质分子与溶液分子间的作用力,因此不同的溶解过程伴随着不同的能量变化。此外,溶解过程也总伴随着熵的变化,因为在纯溶剂或溶质中,组成物质的微粒排布相对有序,而在溶解过程中,这种有序性就会遭到破坏,从而使系统的混乱度增加。系统混乱度增加有利于一个过程的自发进行。正是由于溶解过程始终是一个系统混乱度增加的过程,所以即使有些溶解过程是吸热的,却依然可以自发进行。

溶解度是指在一定的温度和压力条件下,在一定量溶剂中最多能溶解的溶质的质量。溶解度表征了物质在指定溶剂(如水)中溶解性的大小,是由物质自身的组成、结构所决定的,是物质的本征特性之一。在一定温度压力下,物质的溶解度大小取决于该物质及指定溶剂本身的特性。

相似相溶原理:结构相似的物质之间容易相互溶解。也就是说,如果溶质与溶剂具有相似的组成或结构,因而具有相似的极性(同为极性物质或同为非极性物质)时,它们之间就能较好地相互溶解。水是一种极性溶剂,并且分子间可以形成氢键,因此一般的离子化合物(如无机盐类)以及能与水分子之间形成氢键的物质(如醇、羧酸、酮等)在水中有较好的溶解性。而一般的有机化合物,通常为非极性或极性较小的物质,因而在水中难溶,而易溶于非极性的有机溶剂中,如具有苯环的芳香族化合物一般溶于苯、甲苯等溶剂中。对于结构类似的同类固体,熔点越低,其分子间作用力越接近液体中分子间作用力,其在液体中的溶解度越大。而对于结构相似的气体,沸点越高,则其分子间力越接近液体,该气体在液体中的溶解度越大。但应注意的是,相似相溶规则仅仅是个经验规律,应用中不能简单类推。尤其是对结构是否相似的判断,应看其本质。例如,乙酸是一种极性物质,可以与水混溶,但是,它也能溶于四氯化碳、苯这样的非极性溶剂中,这是因为在非极性溶剂中乙酸可以形成极性较小的二聚体。

溶解度的影响因素:对于指定的物质在指定溶剂中的溶解度,则主要与温度有关,多数固体物质在水中的溶解度随温度升高而增大,而气体物质在水中的溶解度多随温度上升而下降。压力变化对气体物质的溶解度有明显的影响,一般随气体压力增大,气体的溶解度会增大,但压力对固体和液体物质的溶解度几乎没有影响。

(3)溶液浓度的表示和比较

浓度就是指一定量溶液中溶质及溶剂相对含量的定量表示。常用的浓度表示法有物质的量浓度、质量摩尔浓度、摩尔分数、质量分数、体积分数、质量浓度等。

物质的量浓度:溶质B的物质的量浓度定义为每升溶液中所含有的溶质B的物质的量,用符号c_B表示,即

$$c_B = n_B/V \tag{1.2}$$

式中　n_B—— 溶质B的物质的量,mol;

V—— 溶液的体积,L;

c_B—— 溶质B的物质的量浓度,$mol \cdot L^{-1}$。

质量摩尔浓度:溶质B的质量摩尔浓度定义为每千克溶剂中所含溶质B的物质的量,用符号b_B表示,即

$$b_B = n_B/m_A \tag{1.3}$$

式中　n_B—— 溶质 B 的物质的量,mol;

m_A—— 溶剂的质量,kg;

b_B—— 溶质 B 的质量摩尔浓度,$mol \cdot kg^{-1}$。

摩尔分数:溶质 B 的摩尔分数定义为溶质 B 的物质的量占溶液中所有组分的的物质的量的分数,也称物质的量分数,用符号 x_B 表示,即

$$x_B = n_B/n \tag{1.4}$$

式中　n_B—— 溶质 B 的物质的量,mol;

n—— 溶液中所有组分的物质的量,mol;

x_B—— 溶质 B 的摩尔分数。

浓度的各种表示法都有其自身的优点和相应的局限性。

物质的量浓度在实验室配制该浓度的溶液时很方便,但是溶液的体积与温度有关,浓度的数值易受温度的影响。

质量摩尔浓度与溶液温度无关,但实验室配制时不如使用物质的量浓度方便。

摩尔分数在描述溶液的某些特殊性质(如蒸气压)时十分简便,并且该表示法也与溶液的温度无关。

4. 稀溶液的依数性

难挥发非电解质的稀溶液有一些特殊的共性,这些共性与溶液中所含的溶质本性无关,而仅仅与所含溶质的粒子数有关,这种性质称为稀溶液的依数性,也称为稀溶液的通性。稀溶液的依数性主要有:溶液的蒸气压下降、溶液的沸点升高、溶液的凝固点降低(析出固体纯溶剂)、渗透压。

(1)溶液的蒸气压下降

在一密闭容器中装有一种液体及其蒸气,液体分子和蒸气分子都在不停运动。单位时间内当气体变成液体及液体变成气体的分子数目相等时,测量出的蒸气的压力不再随时间而变化,这种不随时间而变化的状态即是平衡状态。相之间的平衡称为相平衡。达到平衡状态只是宏观上看不出来变化,实际上微观上的变化并未停止,只不过两种相反的变化速率相等,这种平衡称为动态平衡。

在一定温度下,某种液体与其蒸气处于动态平衡时的蒸气压力,即为该液体的饱和蒸气的压力,称为饱和蒸气压,简称为该液体的蒸气压。蒸气压与液体的本性及温度有关。对某种纯溶剂而言,在一定温度下其蒸气压是一定的。当溶入难挥发的非电解质而形成溶液后,由于非电解质溶质分子占据了部分溶剂的表面,单位表面内溶剂从液相进入气相的速率减小,因而达到平衡时,溶液的饱和蒸气压(即溶液中溶剂的蒸气压)要比纯溶剂在同一温度下的蒸气压低。而这种蒸气压下降的程度仅与溶质的量相关,即与溶液的浓度有关,而与溶质的种类和本性无关。这一现象称为溶液的蒸气压下降:在一定温度下,难挥发非电解质稀溶液的蒸气压下降值与溶液中溶质的量(摩尔分数)成正比,即

$$\Delta p = p_A^* x_B \tag{1.5}$$

式中　Δp—— 溶液的蒸气压下降值;

p_A^*—— 纯溶剂的蒸气压;

x_B—— 溶质 B 的摩尔分数。

(2) 溶液的沸点升高

沸点是指液体的饱和蒸气压等于外界压力时的温度。由于加入难挥发非电解质后的溶液蒸气压下降,所以在相同外压下,溶液的蒸气压达到外界压力所需的温度必然高于纯溶剂,因此溶液的沸点将上升,这一现象称为溶液的沸点升高。溶液的沸点升高值与溶液中溶质的质量摩尔浓度之间有如下关系

$$\Delta T_{B} = K_{B}b_{B} \tag{1.6}$$

式中　ΔT_{B}—— 溶液的沸点升高值,K;

K_{B}—— 溶剂的沸点升高常数,$K \cdot kg \cdot mol^{-1}$,水的 K_{B} 为 $0.512\ K \cdot kg \cdot mol^{-1}$;

b_{B}—— 溶质 B 的质量摩尔浓度,$mol \cdot kg^{-1}$。

(3) 溶液的凝固点降低(析出固体纯溶剂)

凝固点是指物质的固相纯溶剂的蒸气压与它的液相蒸气压相等时的温度。纯水的凝固点又称为冰点,为 273.15 K,此温度时水和冰的蒸气压相等。但在 273.15 K,水溶液的蒸气压低于纯水的蒸气压,所以,水溶液在 273.15 K 不结冰。只有在更低的温度下,溶液的蒸气压才与冰的蒸气压相等,因此溶液的凝固点将下降。溶液的凝固点下降值与溶液中溶质的质量摩尔浓度之间有如下关系

$$\Delta T_{f} = K_{f}b_{B} \tag{1.7}$$

式中　ΔT_{f}—— 溶液的凝固点降低值,K;

K_{f}—— 溶剂的凝固点下降常数,$K \cdot kg \cdot mol^{-1}$,水的 K_{f} 为 $1.86\ K \cdot kg \cdot mol^{-1}$;

b_{B}—— 溶质 B 的质量摩尔浓度,$mol \cdot kg^{-1}$。

式(1.6) 和式(1.7) 中的 K_{B}、K_{f} 的数值仅与溶剂的性质有关。

图 1.1 是水、冰和溶液的蒸气压曲线图。其中,AB 线是纯水的气、液两相平衡曲线,AC 线是水的气、固两相平衡曲线(冰的蒸气压曲线),$A'B'$线是溶液的气、液两相平衡曲线。由图 1.1 可见,当外界压力为 101.325 kPa 时,纯水的沸点是 373.15 K,而此时水溶液的蒸气压低于外压,当溶液的蒸气压等于外压时,相应的温度(即溶液的沸点)必高于 373.15 K,其与 373.15 K 之间的差值就是溶液的沸点升高值。纯水的固、液两相蒸气压相等的温度为 273.15 K,由于溶解了溶质,273.15 K 时溶液的蒸气压低于冰的蒸气压,当温度下降到 A'点时,固、液两相重新达到平衡,即溶液的蒸气压等于冰的蒸气压。此时的温度即为溶液的冰点,此点与纯水的凝固点 273.15 K 之间的差值就是溶液的凝固点下降值。

(4)溶液的渗透压

半透膜是一种只允许溶剂分子通过而不允许溶质分子通过的一种特殊的多孔分离膜。当用半透膜把溶剂和溶液隔开时,纯溶剂和溶液中的溶剂都将通过半透膜向另一边扩散,但是由于纯溶剂的蒸气压大于溶液的蒸气压,所以宏观结果是溶剂将通过半透膜向溶液扩散,这一现象称为渗透。为了阻止这种渗透作用,必须在溶液一边施加相应的压力。这种为了阻止溶剂分子渗透而必须在溶液上方施加的最小额外压力就是渗透压。

难挥发非电解质稀溶液的渗透压与溶液的浓度和热力学温度成正比,即

$$\Pi = c_{B}RT \tag{1.8}$$

式中　Π—— 溶液的渗透压,kPa;

c_B—— 溶质 B 的物质的量浓度,$mol \cdot L^{-1}$;

R—— 摩尔气体常数($8.314\ J \cdot mol^{-1} \cdot K^{-1}$);

T—— 热力学温度,K。

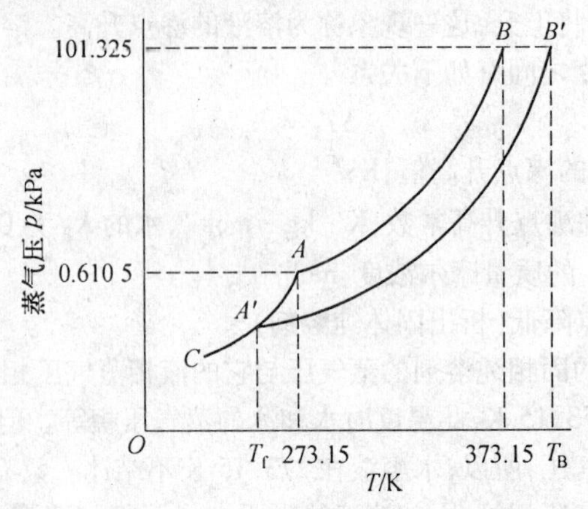

图 1.1　水、冰和溶液的蒸气压曲线图

如果外加在溶液液面上的压力大于溶液的渗透压,则将是溶液中的溶剂通过半透膜渗透到纯溶剂中,这种现象称为反渗透。

本章讨论的符合依数性定量规律的溶液是指难挥发的非电解质稀溶液。对于难挥发非电解质浓溶液或电解质溶液而言,虽然也会有蒸气压下降、沸点上升、凝固点下降和渗透压等现象,但是这些现象与溶液的浓度之间的关系不再符合依数性的定量规律。这是因为,在浓溶液中溶质粒子之间、溶质和溶剂粒子间的相互作用大大增强,这种相互作用到了不能忽略的程度,所以,简单的依数性关系已经不能正确描述溶液的上述性质。在电解质溶液中,由于溶质在溶剂中的解离,溶液中实际存在的微粒数量应包括未解离的分子及解离所产生的离子等全部微粒,因此各项依数性变化量则应按溶液中实际溶解的全部微粒的总量(或总浓度)计算。

5. 胶体分散系统

按照分散介质状态的不同,常把胶体分为气溶胶和液溶胶、固溶胶三大类。

常规制备胶体的基本方法有分散法和凝聚法。分散法是将粗大物料研细,凝聚法是将分子或离子聚集成胶体粒子。分散法通常有研磨法、超声波法、胶溶法、电弧法等。凝聚法是将溶解的分子或离子等经化学反应生成难溶物质析出。

(1)胶体的动力学性质

溶胶中的分散相粒子由于受到来自四面八方的做热运动的分散介质的撞击而引起的无规则的运动称为布朗运动。布朗运动的实质就是质点的热运动。

(2)胶体的光学性质

由于溶胶的光学不均匀性,当一束波长大于溶胶分散相粒子尺寸的入射光照射到溶胶系统时,可发生散射现象——丁铎尔现象。其实质是溶胶对光的散射作用。

(3)胶体的电学性质

由于胶粒是带电的,所以在电场作用下或在外加压力、自身重力下流动、沉降时产生电动现象，表现出溶胶的电学性质。胶体的电学性质包括电泳和电渗。

电泳：在外加电场作用下，带电的分散相粒子在分散介质中向相反电极方向移动的现象。外加电势梯度越大，胶粒带电越多，胶粒越小，介质的黏度越小，则电泳速度越大。溶胶的电泳现象证明了胶粒是带电的。

电渗：在外加电场作用下，分散介质通过多孔膜或极细的毛细管移动的现象。随电解质的增加，电渗速度降低，甚至会改变液体流动的方向。电渗目前在科学研究中应用较多，而在生产上应用较少。

(4)胶体的吸附作用

吸附是指物质表面吸住周围介质中的分子或离子的现象。多分散系统中，相与相之间存在相界面。由于相界面上的粒子与各相主体所处的情况不同，从而产生吸附现象。吸附作用和物质的表面积有关，表面积越大吸附能力越强。

由于胶体粒子比较小，具有很大的比表面积、表面能并带有大量电荷，能有效地吸附各种分子、离子，这种作用称为胶体的吸附作用。胶体的吸附表现出选择性。胶体粒子优先吸附与它的组成有关，而在周围环境中存在较多的那些离子。

(5)凝胶

凝胶是一种特殊的分散系统，其中胶体颗粒或高聚物分子相互连接，搭成架子，形成空间网状结构，液体或气体充满在结构空隙中。其性质介于固体和液体之间，从外表看，它呈固体状或半固体状，有弹性，但又和真正的固体不完全一样，其内部结构的强度往往有限，易于被破坏。

凝胶的存在是极其普遍的，如食品中的粉皮、奶酪，人体的皮肤、肌肉，甚至河岸两旁的淤泥都可看成是凝胶。

凝胶根据分散相质点的性质（刚性还是柔性）和形成结构时质点间连接的性质（结构的强度），可分为刚性凝胶与弹性凝胶两大类。多数的无机凝胶，如二氧化硅、三氧化二铁、二氧化钛、五氧化二钒等属于刚性凝胶；而柔性的线型高聚物分子形成的凝胶，如橡胶、明胶、琼脂等属于弹性凝胶。

溶液或固体都能形成凝胶。用固体制备凝胶比较简单，干胶吸收液体膨胀即成，通常为弹性凝胶。用溶液制备凝胶须满足两个基本条件：一是降低溶解度，使固体物质从溶液中呈“胶体分散态”析出；二是析出的固体质点既不沉降，也不能自由移动，而是搭成骨架形成连续的网状结构。

弹性凝胶由线型高分子构成，因分子链有柔性，故吸收或释出液体时很易改变自身的体积，其吸收液体使自身体积增大的现象称为膨胀作用。这种作用具有选择性，只能吸收对它来讲是亲和性很强的液体。其膨胀可以是有限的，也可以是无限的，与其内部结构连接的强度有关，改变条件也可使有限膨胀变成无限膨胀，即膨胀的结果是完全溶解和形成均相溶液。

凝胶在老化过程中会发生特殊的分层现象，称为脱水收缩作用或离浆作用，但析出的一层仍为凝胶，只是浓度比原先的大，而另一层也不是纯溶剂，是稀溶胶或高分子稀溶液。脱水收缩现象的实际例子很多，如人体衰老时皮肤的变皱、面制食品的变硬、淀粉糨糊的“干落”等。

凝胶和液体一样,作为一种介质,各种物理过程和化学过程都可在其中进行。物理过程主要是电导和扩散作用,当凝胶浓度低时,电导值与扩散速度和纯液体几乎没有区别,随着凝胶浓度的增加,两者的值都降低。凝胶中的化学反应进行时因没有对流存在,生成的不溶物在凝胶内具有周期性分布的特点。

某些凝胶经过机械搅动后,会变为溶胶,静置时溶胶又变为凝胶,这种现象称为触变作用。触变作用是一种可逆过程,具有不对称结构的胶体颗粒容易形成结构网,所形成的结构并不坚固,容易被机械力所拆散,常会发生触变作用。

触变现象在自然界和工业生产中常可遇到,如草原上的沼泽地,外观似草地,脚一踩立即成稀泥,人往往被陷没;再如在石油钻探中,需要用触变性泥浆(或钻井液)。

(6)凝胶的应用

凝胶在国民经济与人们日常生活中占有重要地位。工业上,橡胶软化剂的应用,皮革的鞣制,纸浆的生产,吸附剂、催化剂和离子交换剂的使用。生物学和生理学中有重要意义的细胞膜,红血球膜和肌肉组织的纤维都是凝胶状物体。不少生理过程,如血液的凝结、人体的衰老等都与凝胶作用有关。

凝胶在药物控释方面的应用:以水凝胶为基质的释药系统可通过皮肤给药,也可经口给药,在胃、小肠、结肠等部位释药,还可通过直肠、鼻、眼、阴道等黏膜释药,调节处方中辅料的种类、型号、用量等可控制释药方式和速率。水凝胶在皮下埋植制剂中也有应用。

凝胶在组织工程方面的应用:生物体内许多组织具有水凝胶结构,生物体组织由细胞和细胞外基质组成,而细胞外基质是由蛋白质、多糖等构建成类水凝胶结构。

凝胶在活性酶固定方面的应用:与自由酶相比,固定化酶的最显著的优点是:在保证酶一定活力的前提下,具有贮存稳定性高、分离回收容易、可多次重复使用、操作连续及可控、工艺简便等一系列优点。

凝胶在调光材料方面的应用:光响应高分子凝胶作为高分子凝胶中的一类,也是近年来光感应高分子材料中的又一新兴分支,是一类在光作用下能迅速发生化学或物理变化而作出响应的智能型高分子材料。由于光源安全、清洁、易于使用、易于控制,因此与其他环境响应性高分子凝胶相比,光响应凝胶在工业领域具有广阔前景。

凝胶在煤矿防灭火方面的应用:根据煤的自燃及燃烧机理,研究开发的新型煤矿用高分子防灭火凝胶是以水、无机盐类及可以阻止煤在燃烧时产生自由基链式反应的物质所组成的高聚物。其凝胶具有高水、速凝、阻化、降温、无毒、无味、无腐蚀的优点,有较好的可靠性、安全性,有广阔的应用前景。

凝胶在分子印迹溶胶-凝胶材料中的应用:分子印迹技术是当前发展高选择性材料的主要方法之一,分子印迹技术就是在模板分子周围形成一个高度交联的刚性高分子,除去模板分子后在聚合物的网络结构中留下具有结合能力的反应基团,对模板客体分子表现高度的选择识别性能。分子印迹聚合物是一种有固定孔穴大小和形状及有一定排列顺序的功能基团的交联聚合物,它对模板分子的立体结构具有“记忆”功能,可作为分子受体模拟生物大分子行为,因此,在识别富集和识别分析中具有广阔的应用前景。

1.3　典型题解析

例1　由苯、水、乙醇、冰组成的系统中相数为　　　　　　　　　　　　　　　　　(　　)

A. 两相　　　　B. 三相　　　　C. 四相　　　　D. 五相

答:本题选B。

解题思路:在一个系统中任何物理性质和化学性质完全相同且与其他部分有明确界面隔开的均匀部分称为相。相与聚集态、组分不同,苯和水虽然聚集态同为液态,但是两者不互溶,所以为两相。水和乙醇虽然组分不同,但两者互溶,所以为一相。水和冰虽然组分相同,但两者聚集态不同,有明确的界面,所以此题相数为三相,故选B。

例2　下列系统中为胶体的是　　　　　　　　　　　　　　　　　　　　　　　　(　　)

A. 空气　　　　B. 牛奶　　　　C. 泥浆　　　　D. 珍珠

答:本题选D。

解题思路:本题考查的是分散系统的问题。分散系统常按照分散相的粒子大小分成真溶液、胶体系统和粗分散系统三类。其中选项A中空气属于气态溶液,B、C属于粗分散系统,D属于固溶胶,因此答案选D。

例3　关于稀溶液的依数性的下列叙述中,错误的是　　　　　　　　　　　　　　(　　)

A. 稀溶液的依数性与溶质的本性有关

B. 稀溶液的依数性是指溶液的蒸气压下降、沸点升高、凝固点下降和渗透压

C. 稀溶液的依数性定律只适用于难挥发的非电解质溶液

D. 稀溶液的依数性与溶液中溶质的微粒数目有关

答:本题选A。

解题思路:难挥发非电解质的稀溶液有一些特殊的共性,这些共性与溶液中所含的溶质本性无关,而仅仅与所含溶质的粒子数有关,这种性质称为稀溶液的依数性。稀溶液的依数性是指溶液的蒸气压下降、沸点升高、凝固点降低和渗透压,故本题选A。

例4　欲较精确地测定某核蛋白高聚物的相对分子质量,最合适的测定方法是
(　　)

A. 凝固点下降　　　　　　　　B. 沸点升高

C. 渗透压　　　　　　　　　　D. 蒸气压下降

答:本题选C。

解题思路:本题考查的是稀溶液的依数性的相关问题。利用溶液的依数性原理可以测定物质的相对分子质量,由于温度变化的测定比渗透压的测定来得方便,所以对于低分子化合物的难挥发非电解质而言,用沸点升高法和凝固点下降法较为方便;但对于高分子化合物的相对分子质量测定,由于浓度很小,引起的沸点上升和凝固点下降值很小,难以测定,这时用渗透压法来测定就更为简便,故本题选C。

例5　下列几组用半透膜隔开的溶液,在相同温度下水从右向左渗透的是　　(　　)

A. $0.050\ mol \cdot kg^{-1}$的尿素|半透膜|$0.050\ mol \cdot kg^{-1}$的蔗糖

B. $0.050\ mol \cdot kg^{-1}$的$MgSO_4$|半透膜|$0.050\ mol \cdot kg^{-1}$的$CaCl_2$

C. 0.050 $mol \cdot kg^{-1}$的 NaCl|半透膜|0.080 $mol \cdot kg^{-1}$的 $C_6H_{12}O_6$

D. 质量分数为0.90% 的 NaCl|半透膜|质量分数为 2% 的 NaCl

答:本题选 C。

解题思路:虽然稀溶液定律只适用于难挥发非电解质的稀溶液,但是对于不符合上述三个条件的溶液仍可作定性比较。本题是有关溶液渗透压的问题。决定渗透压大小的因素实质上是渗透浓度。以上四个选项中都是以水为溶剂,且发生渗透的溶液都是以相同的浓度表示方法。在相同浓度的条件下,渗透浓度:强电解质>弱电解质>非电解质,其中强电解质中 AB_2(A_2B) >AB。题中 A 选项中尿素和蔗糖同是非电解质溶液,且溶液的浓度相同,因此不发生渗透;B 选项中 $MgSO_4$溶液属于 AB 型强电解质,而 $CaCl_2$溶液属于 AB_2型强电解质,所以相同浓度下,水从左向右渗透;C 选项中 NaCl 溶液的渗透浓度大于 $C_6H_{12}O_6$溶液的渗透浓度,所以水从右侧向左侧渗透;D 选项中为同一溶液不同浓度,水从左向右渗透,因此答案选 C。

例 6 将下列溶液按其凝固点由高到低顺序排列 ( )

a. 1 $mol \cdot kg^{-1}$ $C_6H_{12}O_6$ b. 1 $mol \cdot kg^{-1}$ $CaCl_2$

c. 1 $mol \cdot kg^{-1}$ NaCl d. 1 $mol \cdot kg^{-1}$ HAc

A. a>b>c>d B. a>c>b>d C. a>c>d> b D. a>d>c>b

答:本题选 D。

解题思路:虽然稀溶液定律只适用于难挥发非电解质的稀溶液,但是对于不符合上述三个条件的溶液仍可作定性比较。溶液凝固点下降的程度依据单位体积内溶质微粒数,而单位体积内微粒数又与溶液的浓度和溶质解离情况有关。

本题各物质浓度相同,在同浓度下要看各物质的解离情况。因为在一定量溶液中,溶质的微粒数是不同的:1 mol $C_6H_{12}O_6$(非电解质)微粒数为 1mol;而 1 mol NaCl(强电解质)微粒数大约为 2 mol;1 mol $CaCl_2$(强电解质)微粒数大约为 3 mol;1 mol HAc(弱电解质)微粒数略大于 1 mol。

溶液凝固点下降值和一定量溶剂中溶质微粒数有关,微粒数越多,凝固点下降数值越大,故凝固点由高到低的顺序为:

1 $mol \cdot kg^{-1}$ $C_6H_{12}O_6$>1 $mol \cdot kg^{-1}$ HAc>1 $mol \cdot kg^{-1}$ NaCl>1 $mol \cdot kg^{-1}$ $CaCl_2$

例 7 101 ℃,水沸腾时的压力是 ( )

A. 1 标准大气压 B. 略低于 1 标准大气压

C. 略高于 1 标准大气压 D. 无法判断

答:本题选 C。

解题思路:当液体的蒸气压等于外界大气压力时,液体就沸腾,这时的温度称为该液体的沸点。100 ℃时水的蒸气压为 1 标准大气压,而水的蒸发是一个吸热过程,其蒸气压力也增大。因此,101 ℃时水沸腾时的蒸气压大于其 100 ℃时的蒸气压,即 101 ℃时水沸腾时的压力应大于 1 标准大气压。

例 8 由于苯比水易挥发,故在相同温度下,苯的蒸气压大于水的蒸气压,这种说法是否正确。

答:这种说法是正确的。

解题思路:本题考查蒸气压的概念问题。在一定温度下,液体的蒸发速率与蒸气凝结速率相等时,液体(液相)与它的蒸气(气相)就处于一种两相平衡状态,此时蒸气的压力称为饱和蒸气压,简称蒸气压。由于苯比水易挥发,因此,在相同的温度下,达到气-液平衡时,单位体积内苯气体分子的数目要比水气体分子的数目要多,即苯的蒸气压大于水的蒸气压,故本题说法正确。

例9　液体的沸点就是其蒸发和凝结的速度相等时的温度,这种说法是否正确。

答:这种说法是不正确的。

解题思路:本题考查沸点的概念问题。液体的沸点是液体的饱和蒸气压等于外界压力时液体沸腾的温度,故本题的说法是错误的。

例10　若相同温度下,两种溶液的渗透压力相等,其物质的量浓度也相等,这种说法是否正确。

答:这种说法是不正确的。

解题思路:溶液的渗透压实质上是由于渗透浓度决定的。渗透浓度是指渗透活性物质(溶液中产生渗透效应的溶质粒子)的物质的量除以溶液的体积。渗透压相同只能说渗透的浓度相同。该题无法判断出溶质的类型,进而无法确定它们的物质的量浓度一定相等,例如:渗透压相同的食盐水和糖水,其中糖水中溶质的物质的量浓度高,因此,此题说法是错误的。

例11　若溶液A、B(均为非电解质稀溶液)的凝固点顺序为$T_A < T_B$,则其沸点顺序为________,渗透压顺序为________。

答:$T_A > T_B$, $\Pi_A > \Pi_B$。

解题思路:稀溶液的四个依数性是通过溶液的质量摩尔浓度相互关联的,因此,只要知道四个依数性中的任一个,即可通过b_B计算其他的依数性。由凝固点下降公式$\Delta T_f = K_f b_B$,可得出$b_A > b_B$;再根据沸点升高公式$\Delta T_B = K_B b_B$,可知沸点顺序为$T_A > T_B$。因为是稀溶液,可将质量摩尔浓度b_B和物质的量浓度c_B看作近似相等,根据渗透压公式$\Pi = c_B RT$,可知蒸气压顺序为$\Pi_A > \Pi_B$。

例12　一种液体的凝固点是-0.50 ℃,求其沸点及此溶液在0 ℃时的渗透压力(已知水的$K_f = 1.86\ \text{K}\cdot\text{kg}\cdot\text{mol}^{-1}$,$K_B = 0.512\ \text{K}\cdot\text{kg}\cdot\text{mol}^{-1}$)。

解题思路:稀溶液的四个依数性是通过溶液的质量摩尔浓度相互关联的,因此,只要知道四个依数性中的任一个,即可通过b_B计算其他的依数性,根据题意,有

$$b_B = \frac{\Delta T_B}{K_B} = \frac{\Delta T_f}{K_f} \approx \frac{\Pi}{RT}$$

解:$\Delta T_f = K_f b_B$

$$b_B = \frac{\Delta T_f}{K_f} = \frac{273\ \text{K} - (273 - 0.50)\text{K}}{1.86\ \text{K}\cdot\text{kg}\cdot\text{mol}^{-1}} \approx 0.269\ \text{mol}\cdot\text{kg}^{-1}$$

$$\Delta T_B = K_B b_B = 0.512\ \text{K}\cdot\text{kg}\cdot\text{mol}^{-1} \times 0.269\ \text{mol}\cdot\text{kg}^{-1} \approx 0.138\ \text{K}$$

故其沸点为

$$T_B = (100 + 0.138)℃ = 100.138\ ℃$$

0 ℃时的渗透压力为

$$\Pi = c_B RT \approx b_B RT = 0.269\ mol \cdot kg^{-1} \times 8.314\ J \cdot K^{-1} \cdot mol^{-1} \times 273\ K \approx 610.555\ kPa$$

例13　人体血液的凝固点为-0.56 ℃,人体的正常体温为37 ℃,计算人体血液的渗透压为多少?

解题思路:本题是有关溶液凝固点下降和溶液渗透压的综合计算问题。根据公式 $\Delta T_f = K_f b_B$,由凝固点下降,求得质量摩尔浓度 b_B,因为是稀溶液,可将质量摩尔浓度 b_B 和物质的量浓度 c_B 看作近似相等,然后再根据公式 $\Pi = c_B RT \approx b_B RT$ 算出溶液渗透压 Π。

解:根据公式 $\Delta T_f = K_f b_B$,查表得水的 $K_f = 1.86\ K \cdot kg \cdot mol^{-1}$。

$$\Delta T_f = 273\ K - (273 - 0.56)K = 0.56\ K$$

代入数据

$$b_B = \frac{\Delta T_f}{K_f} = \frac{0.56\ K}{1.86\ K \cdot kg \cdot mol^{-1}} \approx 0.30\ mol \cdot kg^{-1}$$

将人体血液视为稀溶液 $b_B \approx c_B$,则

$$\Pi = c_B RT \approx b_B RT = 0.30\ mol \cdot L^{-1} \times 8.314\ kPa \cdot L \cdot mol^{-1} \cdot K^{-1} \times (273 + 37)K \approx 773.20\ kPa$$

例14　医学上输液时,要求注射液和人体血液的渗透压相等(即等渗液),现在欲配葡萄糖氯化钠水溶液的等渗注射液,若注射液1 L含食盐5.85 g,问需要再加入多少克葡萄糖才能配成这种等渗注射液? 已知37 ℃ 时人体血液的渗透压为780 kPa,葡萄糖($C_6H_{12}O_6$)的摩尔质量为180 $g \cdot mol^{-1}$。

解题思路:等渗注射液的渗透压应和人体血液渗透压相等,应为780 kPa,根据公式 $\Pi = c_B RT$,求得浓度 c_B,再根据浓度求得应加多少克葡萄糖。

解:根据公式 $\Pi = c_B RT$,则

$$780\ kPa = c_B \times 8.314\ kPa \cdot L \cdot mol^{-1} \cdot K^{-1} \times (273 + 37)K$$

则 $c_B = 780\ kPa/(8.314\ kPa \cdot L \cdot mol^{-1} \cdot K^{-1} \times 310\ K) \approx 0.302\,6\ mol \cdot L^{-1}$

NaCl的浓度为 $5.85g/(58.5\ g \cdot mol^{-1} \times 1\ L) = 0.1\ mol \cdot L^{-1}$,则 Na^+ 浓度也为 $0.1\ mol \cdot L^{-1}$,Cl^- 浓度也为 $0.1\ mol \cdot L^{-1}$,总浓度 c_B 包括 Na^+、Cl^- 浓度和葡萄糖浓度,则葡萄糖浓度为

$$(0.302\,6 - 0.1 - 0.1)mol \cdot L^{-1} = 0.102\,6\ mol \cdot L^{-1}$$

葡萄糖质量为

$$0.102\,6\ mol \cdot L^{-1} \times 180\ g \cdot mol^{-1} \times 1\ L \approx 18.47\ g$$

例15　经实验测定某化合物组分的质量分数分别为碳40%、氢6.6%、氧53.4%,如果9 g该化合物溶于500 g水中,此溶液沸点上升0.051 2 K(已知水的 $K_B = 0.512\ K \cdot kg \cdot mol^{-1}$)。试求:

(1) 该化合物摩尔质量;

(2) 推算该化合物的分子式;

(3) 推算该化合物的凝固点。

解题思路:首先根据 $\Delta T_B = K_B b_B$,求出该化合物的摩尔质量,然后由摩尔质量来推算该化合物含C、H、O各多少,再确定分子式。再根据凝固点下降公式,算出该溶液的凝固点。

解:(1) 设该化合物摩尔质量为 $M\ \text{g}\cdot\text{mol}^{-1}$,水的 $K_B = 0.512\ \text{K}\cdot\text{kg}\cdot\text{mol}^{-1}$,已知 $\Delta T_B = 0.051\ 2\ \text{K}$,代入公式 $\Delta T_B = K_B b_B$,得

$$0.051\ 2\ \text{K} = 0.512\ \text{K}\cdot\text{kg}\cdot\text{mol}^{-1} \times b_B$$

$$0.051\ 2\ \text{K} = 0.512\ \text{K}\cdot\text{kg}\cdot\text{mol}^{-1} \times \frac{9\ \text{g}/M\ \text{g}\cdot\text{mol}^{-1}}{500\ \text{kg}/1\ 000}$$

摩尔质量　$M = 180\ \text{g}\cdot\text{mol}^{-1}$

(2) 该化合物中 C、H、O 的物质的量比为

$$n(\text{C}) : n(\text{H}) : n(\text{O}) = (40/12) : (6.6/1) : (53.4/16) = 1 : 2 : 1$$

化学式为 CH_2O,相对分子质量为30。

该化合物中含有 CH_2O 的个数为 x,则

$$30 \times x = 180$$

$$x = 6$$

该化合物分子式为 $C_6H_{12}O_6$。

(3) 已知水的 $K_f = 1.86\ \text{K}\cdot\text{kg}\cdot\text{mol}^{-1}$,该溶液的质量摩尔浓度 b_B 为 $0.1\ \text{mol}\cdot\text{kg}^{-1}$。

根据公式 $\Delta T_f = K_f b_B = 1.86\ \text{K}\cdot\text{kg}\cdot\text{mol}^{-1} \times 0.1\ \text{mol}\cdot\text{kg}^{-1} = 0.186\ \text{K}$

$$\Delta T_f = 273 - T_f$$

$$T_f = (273 - 0.186)\ \text{K} = 272.814\ \text{K} = -0.186\ ℃$$

例16　试估算在 10 kg 水中加入多少克乙二醇($C_2H_6O_2$),才能保证水在 -15 ℃ 时不结冰(已知水的 $K_f = 1.86\ \text{K}\cdot\text{kg}\cdot\text{mol}^{-1}$)。

解题思路:该题考查凝固点下降公式和溶液浓度的表示方法,解题关键是相关的方程求解。

解:根据凝固点下降公式

$$\Delta T_f = K_f b_B$$

有 $b_B = \dfrac{\Delta T_f}{K_f}$,又因为 $b_B = \dfrac{m_B}{M_B m_A}$

所以　$$m_B = \frac{\Delta T_f M_B m_A}{K_f} = \frac{15\ \text{K} \times 62\ \text{g}\cdot\text{mol}^{-1} \times 10\ \text{kg}}{1.86\ \text{K}\cdot\text{kg}\cdot\text{mol}^{-1}} = 5\ 000\ \text{g}$$

例17　氯化钠饱和溶液10 cm^3 质量为12 g,如果将溶液蒸干后,可得氯化钠3.17 g。试计算:

(1) 该溶液的物质的量浓度;

(2) 该溶液的质量摩尔浓度;

(3) 氯化钠的物质的量分数。

解题思路:该题是已知溶质的质量和溶液的质量,进行溶液几个浓度的相互换算。

解:已知氯化钠的摩尔质量为 $58.5\ \text{g}\cdot\text{mol}^{-1}$。

(1) 溶液的物质的量浓度为

$$c_B = \frac{\dfrac{3.17\ \text{g}}{58.5\ \text{g}\cdot\text{mol}^{-1}}}{10 \times 10^{-3}\ \text{L}} \approx 5.4\ \text{mol}\cdot\text{L}^{-1}$$

(2) 该溶液的质量摩尔浓度为

$$b_B = \frac{\frac{3.17\ g}{58.5\ g \cdot mol^{-1}}}{(12-3.17)\ 10^{-3} kg} \approx 6.14\ mol \cdot kg^{-1}$$

(3) 氯化钠的物质的量分数为

$$x_B = \frac{\frac{3.17\ g}{58.5\ g \cdot mol^{-1}}}{\frac{3.17\ g}{58.5\ g \cdot mol^{-1}} + \frac{(12-3.17)\ g}{18\ g \cdot mol^{-1}}} \approx 0.10$$

例18　将1 kg乙二醇与2 kg水相混合,可制得汽车用防冻剂。已知25 ℃时,水的饱和蒸气压为3.18 kPa,$K_B = 0.512\ K \cdot kg \cdot mol^{-1}$,$K_f = 1.86\ K \cdot kg \cdot mol^{-1}$,乙二醇的摩尔质量为62 $g \cdot mol^{-1}$。试计算:

(1) 25 ℃ 时,该防冻剂的蒸气压;

(2) 该防冻剂的沸点;

(3) 该防冻剂的凝固点。

解题思路:该题是考查稀溶液的依数性及相关公式灵活应用。

解:(1) 设该防冻剂的蒸气压为p,按公式$\Delta p = \frac{n_B}{n_A + n_B} p_A^*$可以求得$p$。将相应数据代入公式

$$\Delta p = \frac{n_B}{n_A + n_B} p_A^*$$

即

$$(3.18\ kPa - p) = \frac{\frac{1\ 000}{62}}{\frac{2\ 000}{18} + \frac{1\ 000}{62}} \times 3.18\ kPa$$

$$p \approx 2.78\ kPa$$

(2) 该防冻剂的沸点可根据公式$\Delta T_B = K_B b_B$求得。

乙二醇的物质的量为

$$n_B = \frac{1\ 000}{62}\ mol \approx 16.1\ mol$$

乙二醇的质量摩尔浓度为

$$b_B = \frac{16.1}{2} mol \cdot kg^{-1} = 8.05\ mol \cdot kg^{-1}$$

该防冻剂的沸点升高值为

$$\Delta T_B = 0.512 \times 8.05\ K = 4.12\ K$$

该防冻剂的沸点为

$$(273.15 + 100) K + 4.12\ K \approx 377.27\ K$$

(3) 该防冻剂的凝固点可根据公式$\Delta T_f = K_f b_B$求得。

该防冻剂的凝固点降低值为

$$\Delta T_f = 1.86\ K \cdot kg \cdot mol^{-1} \times 8.05\ mol \cdot kg^{-1} \approx 14.97\ K$$

该防冻剂的凝固点为

$$273.15\ K - 14.97\ K = 258.18\ K$$

1.4 习题详解

1.判断题。

(1)由于乙醇比水易挥发,故在相同温度下乙醇的蒸气压大于水的蒸气压。 ( )

(2)在液体的蒸气压与温度的关系图上,曲线上的任一点均表示气、液两相共存时的相应温度及压力。 ( )

(3)将相同质量的葡萄糖和尿素分别溶解在100 g水中,则形成的两份溶液在温度相同时的 $\Delta p,\Delta T_b,\Delta T_f,\Pi$ 均相同。 ( )

(4)若两种溶液的渗透压相等,则其物质的量浓度也相等。 ( )

(5)某物质的液相自发转变为固相,说明在此温度下液相的蒸气压大于固相的蒸气压。 ( )

(6)0.2 $mol \cdot L^{-1}$ 的NaCl溶液的渗透压等于0.2 $mol \cdot L^{-1}$ 的葡萄糖溶液的渗透压。 ( )

(7)两个临床上的等渗溶液只有以相同的体积混合时,才能得到临床上的等渗溶液。 ( )

(8)将浓度不同的两种非电解质溶液用半透膜隔开时,水分子从渗透压小的一方向渗透压大的一方渗透。 ( )

(9)标准状态下的 $c_{os}(NaCl) = c_{os}(C_6H_{12}O_6)$,在相同温度下,两种溶液的渗透压相同。 ( )

(10)一块冰放入0 ℃的水中,另一块冰放入0 ℃的盐水中,两种情况下发生的现象一样。 ( )

(11)理想气体和实际气体在实际中都是存在的,其区别仅在于是否符合理想气体状态方程。 ( )

(12)质量摩尔浓度是表示溶液浓度的常用方法,其数值不受温度的影响。 ( )

(13)蒸气压是液体的重要性质,它与液体的本质和温度有关。 ( )

(14)难挥发非电解质溶液的依数性不仅与溶质种类有关,而且与溶液的浓度成正比。 ( )

(15)在50 g水溶液中含有0.1 mol氯化钠,则氯化钠的质量摩尔浓度为2 $mol \cdot kg^{-1}$。 ( )

(16)因为溶入溶质,故溶液的凝固点一定高于纯溶剂的凝固点。 ( )

答:(1)对。

解题思路:本题考查的是蒸气压的概念。在一定温度下,某种液体与其蒸气处于动态平衡时的蒸气压力,即为该液体的饱和蒸气的压力,称为饱和蒸气压,简称为该液体的蒸气压。由于乙醇比水易挥发,故在相同温度下,达到平衡时单位体积内乙醇的气体分子数大于水的气体分子数,即在相同温度下乙醇的蒸气压大于水的蒸气压。

答:(2)对。

解题思路:液体的蒸气压与温度的关系图,表示的是平衡时液体的蒸气压与温度的关系,且平衡时的蒸气压与温度是一一对应的关系,因此,在液体的蒸气压与温度的关系图上,曲线上的任一点均表示气、液两相共存时的相应温度及压力。

答:(3)错。

解题思路:本题考查的是稀溶液的依数性方面的问题。难挥发非电解质的稀溶液有一些特殊的共性,这些共性与溶液中所含的溶质本性无关,而仅仅与所含溶质的粒子数有关,这种性质称为稀溶液的依数性。由于葡萄糖的摩尔质量是尿素的摩尔质量的三倍,故将相同质量的葡萄糖和尿素分别溶解在 100 g 水中,所形成的溶液中所含溶质的粒子数目不同,两份溶液在温度相同时的 Δp,ΔT_b,ΔT_f,Π 是不相同的。

答:(4)错。

解题思路:本题考查的是稀溶液的依数性方面的问题。难挥发非电解质的稀溶液有一些特殊的共性,这些共性与溶液中所含的溶质本性无关,而仅仅与所含溶质的粒子数有关,这种性质称为稀溶液的依数性。对于难挥发非电解质浓溶液或电解质溶液而言,虽然也会有蒸气压下降、沸点上升、凝固点下降和渗透压等现象,但是这些现象与溶液的浓度之间的关系不再符合依数性的定量规律。本题两种溶液的渗透压相等,只能说明两种溶液溶质的有效粒子数目相同,若其中一个为非电解质溶液,一个为电解质溶液;或者两者均为电解质溶液,但电解质的类型不同,则它们的物质的量浓度是不相等的。

答:(5)对。

解题思路:本题考查的是动态平衡问题。某物质的液相自发转变为固相,说明在单位时间内由液相跑到固相的分子多于由固相跑到液相的分子,一直进行到单位时间内由液相跑到固相的分子等于由固相跑到液相的分子,即达到平衡为止。这一过程宏观上表现为在此温度下液相的蒸气压大于固相的蒸气压。

答:(6)错。

解题思路:虽然稀溶液定律只适用于难挥发非电解质稀溶液,但是对于不符合上述三个条件的溶液仍可作定性比较。本题是有关溶液渗透压的问题。决定渗透压大小的因素实质上是溶液中产生渗透效应的溶质粒子的浓度,此浓度称为渗透浓度。在相同摩尔浓度的条件下,渗透浓度:强电解质>弱电解质>非电解质。题中 NaCl 溶液属于 AB 型强电解质,而葡萄糖溶液属于非电解质溶液。所以,NaCl 溶液的渗透浓度大于葡萄糖溶液的渗透浓度,因此,0.2 $mol \cdot L^{-1}$的 NaCl 溶液的渗透压大于 0.2 $mol \cdot L^{-1}$的葡萄糖溶液的渗透压。

答:(7)错。

解题思路:本题是有关溶液渗透压的问题。决定渗透压大小的因素实质上是溶液中产生渗透效应的溶质粒子的浓度,与溶液量的多少无关。因此,两个临床上的等渗溶液以任意体积混合时,都能得到临床上的等渗溶液。

答:(8)对。

解题思路:本题是有关溶液渗透现象的问题。将浓度不同的两种非电解质溶液用半透膜隔开时,水分子从渗透压小的一方向渗透压大的一方渗透。这样浓度低的非电解质溶液的浓度会逐渐升高，而浓度高的非电解质溶液的浓度会逐渐降低，一直进行到两者浓度相等时为止，即到两溶液的渗透压相等时为止。

答：(9)错。

解题思路：本题是有关溶液渗透压的问题，具体分析见(6)。

答：(10)错。

解题思路：本题是有关凝固点降低的问题。由于冰和0 ℃的水的饱和蒸气压相等，因此，一块冰放入0 ℃的水中，冰和0 ℃的水处于平衡状态；而冰的饱和蒸气压高于0 ℃的盐水的饱和蒸气压，因此，一块冰放入0 ℃的盐水中，冰会溶解。所以，一块冰放入0 ℃的水中，另一块冰放入0 ℃的盐水中，两种情况下发生的现象是不一样的。

答：(11)错。

答：(12)对。

答：(13)对。

答：(14)错。

答：(15)错。

答：(16)错。

2. 选择题。

(1)有下列水溶液：① 0.100 mol · kg^{-1}的 $C_6H_{12}O_6$；② 0.100 mol · kg^{-1}的 NaCl；③0.100 mol · kg^{-1}的 Na_2SO_4。在相同温度下，蒸气压由大到小的顺序是　(　　)

A. ②>①>③　　B. ①>②>③

C. ②>③>①　　D. ③>②>①

E. ①>③>②

(2)下列几组用半透膜隔开的溶液，在相同温度下水从右向左渗透的是　(　　)

A. 质量分数为5%的 $C_6H_{12}O_6$ | 半透膜 | 质量分数为2%的 NaCl

B. 0.050 mol · kg^{-1}的 NaCl | 半透膜 | 0.080 mol · kg^{-1}的 $C_6H_{12}O_6$

C. 0.050 mol · kg^{-1}的尿素 | 半透膜 | 0.050 mol · kg^{-1}的蔗糖

D. 0.050 mol · kg^{-1}的 $MgSO_4$ | 半透膜 | 0.050 mol · kg^{-1}的 $CaCl_2$

E. 质量分数为0.90% 的 NaCl | 半透膜 | 质量分数为2%的 NaCl

(3)与难挥发性非电解质稀溶液的蒸气压降低、沸点升高、凝固点降低有关的因素为　(　　)

A. 溶液的体积　　B. 溶液的温度

C. 溶质的本性　　D. 单位体积溶液中溶质质点数

E. 以上都不对

(4)50 g 水中溶解0.5 g 非电解质，101.3 kPa 时，测得该溶液的凝固点为-0.31 ℃，水的 K_f = 1.86 K · kg · mol^{-1}，则此非电解质的相对分子质量为　(　　)

A. 60　　B. 30　　C. 56　　D. 28　　E. 280

(5)欲较精确地测定某蛋白质的相对分子质量，最合适的测定方法是　(　　)

A. 凝固点降低　　B. 沸点升高

C. 渗透压　　D. 蒸气压下降

E. 以上方法都不合适

(6)欲使相同温度的两种稀溶液间不发生渗透,应使两种溶液 ( )

A. 质量摩尔浓度相同　　B. 物质的量浓度相同

C. 质量浓度相同　　D. 质量分数相同

E. 渗透浓度相同

(7)用理想半透膜将 0.02 mol · L^{-1}蔗糖溶液和 0.02 mol · L^{-1} NaCl 溶液隔开时,在相同温度下将会发生的现象是 ( )

A. 蔗糖分子从蔗糖溶液向 NaCl 溶液渗透

B. Na^{+}从 NaCl 溶液向蔗糖溶液渗透

C. 水分子从 NaCl 溶液向蔗糖溶液渗透

D. 互不渗透

E. 水分子从蔗糖溶液向 NaCl 溶液渗透

(8)相同温度下,下列溶液中渗透压最大的是 ( )

A. 0.2 mol · L^{-1}蔗糖($C_{12}H_{22}O_{11}$)溶液

B. 50 g · L^{-1}葡萄糖(M_r = 180)溶液

C. 生理盐水

D. 0.2 mol · L^{-1}乳酸钠($C_3H_5O_3Na$)溶液

E. 0.01mol · L^{-1} $CaCl_2$溶液

(9)能使红细胞发生皱缩现象的溶液是 ( )

A. 1 g · L^{-1} NaCl 溶液

B. 12.5 g · L^{-1} $NaHCO_3$溶液

C. 112 g · L^{-1}乳酸钠($C_3H_5O_3Na$)溶液

D. 0.1 mol · L^{-1} $CaCl_2$溶液

E. 生理盐水和等体积的水的混合液

(10)会使红细胞发生溶血现象的溶液是 ( )

A. 9 g · L^{-1} NaCl 溶液　　B. 50 g · L^{-1}葡萄糖溶液

C. 100 g · L^{-1}葡萄糖溶液　　D. 生理盐水和等体积的水的混合液

E. 90 g · L^{-1} NaCl 溶液

(11)配制萘的稀苯溶液,利用凝固点降低法测定萘的摩尔质量,在凝固点时析出的物质是 ( )

A. 萘　　B. 水　　C. 苯

D. 萘、苯　　E. 组成复杂的未知物质

(12)将 0.542 g 的 $HgCl_2$(M_r = 271.5)溶解在 50.0 g 水中,测出其凝固点为 −0.074 4 ℃,K_f = 1.86 K · kg · mol^{-1},1 mol 的 $HgCl_2$能解离成的粒子数为 ( )

A. 1 mol　　B. 2 mol　　C. 3 mol　　D. 4 mol　　E. 5 mol

(13)将 0.243 g 磷分子 P_x(M_r = 31.00)溶于 100.0 g 苯(T_f^0 = 5.50 ℃,K_f = 5.10 K · kg · mol^{-1})中,测得其凝固点为 5.40 ℃,x 为 ( )

A. 1　　B. 2　　C. 3　　D. 4　　E. 5

(14)雾属于分散体系,其分散介质是　　(　　)

A. 液体　　B. 气体　　C. 固体　　D. 气体或固体

(15)下列物系中为非胶体的是　　(　　)

A. 灭火泡沫　　B. 珍珠　　C. 雾　　D. 空气

(16)0.001 mol·L^{-1}的氯化钠水溶液与0.001 mol·L^{-1}的葡萄糖水溶液相比　　(　　)

A. 沸点更高　　B. 凝固点更高

C. 蒸气压更高　　D. 渗透压相同

(17)在相同温度、相同体积、相同沸点的葡萄糖和蔗糖溶液中,葡萄糖和蔗糖的物质的量之比为　　(　　)

A. 1∶2　　B. 2∶1

C. 1∶1　　D. 无法确定

(18)下列性质不属于稀溶液依数性的是　　(　　)

A. 沸点升高　　B. 蒸气压下降

C. 渗透压　　D. 黏度

(19)常压下,下列溶液中沸点最低的是　　(　　)

A. 0.01 mol·L^{-1}的蔗糖溶液　　B. 0.01 mol·L^{-1}的氯化钾溶液

C. 0.01 mol·L^{-1}的醋酸溶液　　D. 0.01 mol·L^{-1}的氯化钙溶液

(20)溶剂形成溶液后,其蒸气压　　(　　)

A. 一定降低　　B. 一定升高

C. 不变　　D. 无法判断

(21)将10.4 g难挥发非电解质溶于250 g水中,该溶液的沸点为100.78 ℃,已知水的K_B=0.512 K·kg·mol^{-1},则该溶质的相对分子质量为　　(　　)

A. 27　　B. 35　　C. 41　　D. 55

(22)37 ℃时人体血液的渗透压为773 kPa,与血液具有相同渗透压的葡萄糖静脉注射液的质量浓度为　　(　　)

A. 85 g·L^{-1}　　B. 8.5 g·L^{-1}

C. 54 g·L^{-1}　　D. 5.4 g·L^{-1}

(23)质量摩尔浓度为1 mol·kg^{-1}的水溶液,溶质的物质的量分数为　　(　　)

A. 1　　B. 0.55　　C. 0.18　　D. 0.017 7

(24)将0.450 g某非电解质溶于30.0 g水中,使溶液凝固点降为−0.15 ℃,已知水的K_f=1.86 K·kg·mol^{-1},则该非电解质的相对分子质量为　　(　　)

A. 83.2　　B. 100　　C. 186　　D. 204

(25)将1.00 g硫溶于20.0 g萘中,所得溶液凝固点比纯萘的低1.33 ℃,已知萘的K_f=6.8 K·kg·mol^{-1},则此溶液中硫的分子式为　　(　　)

A. S_8　　B. S_6　　C. S_4　　D. S_2

答:(1)选B。

解题思路：虽然稀溶液定律只适用于难挥发非电解质的稀溶液，但是对于不符合上述三个条件的溶液仍可作定性比较。本题是有关溶液蒸气压的问题。决定蒸气压大小的因素实质上是溶液中有效的溶质粒子的浓度。在相同摩尔浓度的条件下，有效的溶质粒子的浓度：强电解质>弱电解质>非电解质。题中 $C_6H_{12}O_6$溶液属于非电解质溶液，NaCl 溶液属于 AB 型强电解质溶液，而 Na_2SO_4属于 A_2B 型强电解质溶液。溶液蒸气压下降值和一定量溶剂中溶质微粒数有关，微粒数越多，蒸气压下降数值越大，故蒸气压由高到低的顺序为：①>②>③，故本题选 B。

答：(2)选 B。

解题思路：虽然稀溶液定律只适用于难挥发非电解质的稀溶液，但是对于不符合上述三个条件的溶液仍可作定性比较。本题是有关溶液渗透压的问题。决定渗透压大小的因素实质上是渗透浓度。以上五个选项中都是以水为溶剂，且发生渗透的溶液都是以相同的浓度表示方法。在相同浓度的条件下，渗透浓度：强电解质>弱电解质>非电解质。其中强电解质中 $AB_2(A_2B)$>AB。题中 A 选项中 NaCl 虽然质量浓度低，但 NaCl 的摩尔质量仅约为 $C_6H_{12}O_6$的三分之一左右，且为 AB 型强电解质溶液，其渗透浓度高于 $C_6H_{12}O_6$的渗透浓，因此水从左向右渗透。B 选项中 NaCl 溶液的渗透浓度大于 $C_6H_{12}O_6$溶液的渗透浓度，所以水从右侧向左侧渗透。C 选项中为同浓度的不同的非电解质溶液，即尿素溶液的渗透浓度等于蔗糖溶液的渗透浓度，所以不发生渗透现象。D 选项中为同浓度不同类型的强电解质溶液，$MgSO_4$为 AB 型强电解质，$CaCl_2$为 AB_2型强电解质，所以，水从左向右渗透。E 选项中为同一溶液不同浓度，水从左向右渗透。因此答案选 B。

答：(3)选 D。

解题思路：本题是有关稀溶液的依数性的问题。难挥发非电解质的稀溶液有一些特殊的共性，这些共性与溶液中所含的溶质本性无关，而仅仅与所含溶质的粒子数有关，这种性质称为稀溶液的依数性。即与难挥发性非电解质稀溶液的蒸气压降低、沸点升高、凝固点降低有关的因素为单位体积溶液中溶质质点数，因此答案选 D。

答：(4)选 A。

解题思路：本题是有关凝固点降低的问题。由式 (1.7) $\Delta T_f = K_f b_B$，可以计算出 $M=60$，因此答案选 A。

答：(5)选 C。

解题思路：人们常常利用溶液的依数性原理来测定物质的相对分子质量，由于温度变化的测定比渗透压的测定方便，所以对于低分子化合物的难挥发非电解质而言，用沸点升高法和凝固点下降法较为方便；但对于高分子化合物的相对分子质量测定，由于浓度很小，引起的沸点上升和凝固点下降值很小，难以测定，这时用渗透压法来测定就更为简便，故欲较精确地测定某蛋白质的相对分子质量，最合适的测定方法是用渗透压法，因此答案选 C。

答：(6)选 E。

解题思路：本题有关溶液渗透压的问题。决定渗透压大小的因素实质上是溶液中产生渗透效应的溶质粒子的浓度，即渗透浓度。在相同温度下且渗透浓度相同的两种稀溶液间不发生渗透，因此本题选 E。

答:(7)选E。

解题思路:本题是有关溶液渗透压的问题。决定渗透压大小的因素实质上是溶液的渗透浓度。在相同摩尔浓度的条件下,渗透浓度:强电解质>弱电解质>非电解质。由于蔗糖是非电解质而NaCl为强电解质,故0.02 $mol \cdot L^{-1}$蔗糖溶液的渗透浓度小于0.02 $mol \cdot L^{-1}$NaCl溶液的渗透浓度,即0.02 $mol \cdot L^{-1}$蔗糖溶液的渗透压小于0.02 $mol \cdot L^{-1}$NaCl溶液的渗透压,因此,水分子从蔗糖溶液向NaCl溶液渗透,故本题选E。

答:(8)选D。

解题思路:本题是有关溶液渗透压的问题。决定渗透压大小的因素实质上是溶液的渗透浓度。溶液渗透浓度越大,其溶液渗透压也越大,故本题选D。

答:(9)选C。

解题思路:本题是有关溶液渗透压的问题。红细胞发生皱缩现象是由于细胞溶液的渗透浓度小于细胞外溶液的渗透浓度。细胞溶液的渗透浓度约为0.3 $mol \cdot L^{-1}$,选项A和选项E的渗透浓度明显小于0.3 $mol \cdot L^{-1}$,选项B和选项D的渗透浓度约为0.3 $mol \cdot L^{-1}$,而选项C的渗透浓度接近2 $mol \cdot L^{-1}$,大于细胞溶液的渗透浓度,故本题选C。

答:(10)选D。

解题思路:本题与题(9)类似,红细胞发生溶血现象是由于细胞溶液的渗透浓度大于细胞外溶液的渗透浓度。选项A和选项B的渗透浓度约为0.3 $mol \cdot L^{-1}$,选项C和选项E的渗透浓度大于0.3 $mol \cdot L^{-1}$,而选项D的渗透浓度明显小于细胞溶液的渗透浓度,故本题选D。

答:(11)选C。

解题思路:凝固点降低时析出固体纯溶剂,故本题选C。

答:(12)选A。

解题思路:利用凝固点降低公式求出该溶液的“有效质量摩尔浓度”为 $b_B = \frac{\Delta T_f}{K_f} = \frac{0.074\,4\ K}{1.86\ K \cdot kg \cdot mol^{-1}} = 0.04\ mol \cdot kg^{-1}$,与所配溶液的质量摩尔浓度 $b_B = \frac{0.542/271.5}{50/1\,000} mol \cdot kg^{-1} \approx 0.04\ mol \cdot kg^{-1}$ 数值相同,表明$HgCl_2$在溶液中以分子形式存在,即1 mol的$HgCl_2$能解离成的粒子数为1 mol,故本题选A。

答:(13)选D。

解题思路:利用凝固点降低公式计算

$$b_B = \frac{\Delta T_f}{K_f} = \frac{0.1\ K}{5.10\ K \cdot kg \cdot mol^{-1}} = \frac{0.243/31x}{100/1000}\ mol \cdot kg^{-1}$$,可求出$x = 4$,故本题选D。

答:(14)选A。

答:(15)选D。

答:(16)选A。

答:(17)选C。

答:(18)选D。

答:(19)选A。

答:(20)选A。

答:(21)选A。

答:(22)选C。

答:(23)选D。

答:(24)选C。

答:(25)选A。

3.填空题。

(1)本章讨论的依数性适用于______、______的______溶液。

(2)稀溶液的依数性包括______、______、______和______。

(3)产生渗透现象的必备条件是______和______;水的渗透方向为______或______。

(4)将相同质量的A、B两物质(均为难挥发的非电解质)分别溶于水配成1 L溶液,在同一温度下,测得A溶液的渗透压大于B溶液,则A物质的相对分子质量______(填"大于"、"小于"或"等于")B物质的相对分子质量。

(5)若将临床上使用的两种或两种以上的等渗溶液以任意体积混合,所得混合溶液是______溶液。

(6)依数性的主要用处在于______,对于小分子溶质多用______法,对于高分子溶质多用______法。

(7)10.0 $g \cdot L^{-1}$的$NaHCO_3$(M_r = 84)溶液的渗透浓度为______ $mmol \cdot L^{-1}$,红细胞在此溶液中将发生______。

(8)实际气体在______、______条件下,可作为理想气体进行近似处理。

答:(1)难挥发性　非电解质　稀

(2)溶液的蒸气压下降　沸点升高　凝固点降低　溶液的渗透压

(3)存在半透膜　膜两侧单位体积中溶剂分子数不等　从纯溶剂向溶液　从稀溶液向浓溶液

(4)小于

(5)等渗

(6)测定溶质的相对分子质量　凝固点降低　渗透压

(7)238.1　溶血

(8)高温　低压

4.问答题。

(1)何谓Raoult定律?在水中加入少量葡萄糖后,凝固点将如何变化?为什么?

(2)在临床补液时为什么一般要输等渗溶液?

(3)溶剂中加入溶质后,溶液的蒸气压总是降低、沸点总是升高,这种说法对吗?

(4)什么是溶液的蒸气压?溶液的蒸气压下降的原因是什么?

(5)把一块0 ℃的冰放在0 ℃的水中和把它放在0 ℃的盐水中现象有何不同,为什么?

(6)在冬季抢修土建工程时,为什么常用掺盐水泥砂浆?

(7)为什么氯化钙和五氧化二磷可以作为干燥剂？而食盐和冰的混合物可以作为冷冻剂？

(8)人在河水中游泳，眼睛会感到不适，为什么在海水中却没有这种不适的感觉？

(9)为什么稀溶液的凝固点和沸点不像纯溶剂一样保持恒定，而在溶剂凝固和蒸发过程中不断变化直至溶液饱和？

(10)北方冬天吃冻梨前，先将冻梨放入凉水中浸泡一段时间。发现冻梨表面结了一层薄冰，而里面却解冻了，这是什么原因？

答:(1)Raoult F M 探索溶液蒸气压下降的规律。对于难挥发性的非电解质稀溶液，他得出了如下经验公式

$$p = p^o x_A$$

又可表示为

$$\Delta p = p^o - p = K b_B$$

Δp 是溶液蒸气压的下降值，比例常数 K 取决于 p^o 和溶剂的摩尔质量 M_A，这就是 Raoult 定律。温度一定时，难挥发性非电解质稀溶液的蒸气压下降值与溶质的质量摩尔浓度 b_B 成正比，而与溶质的本性无关。

在水中加入葡萄糖后，凝固点将比纯水低。因为葡萄糖溶液的蒸气压比水的蒸气压低，在水的凝固点时葡萄糖溶液的蒸气压小于冰的蒸气压，两者不平衡，只有降低温度，才能使溶液和冰平衡共存。

答:(2)使补液与病人血浆渗透压相等，才能使体内水分调节正常并维持细胞的正常形态和功能，否则会造成严重后果。

答:(3)不完全对，应该把“溶质”改为“难挥发溶质”才确切。溶液的蒸气压包括溶质和溶剂的蒸气压。若溶质是挥发性的，即在同一温度下溶质的蒸气压比溶剂的蒸气压高，则加入溶质后，往往会使溶液的蒸气压升高，沸点降低。例如，若在水中加入少量乙醇，由于乙醇是易挥发物质，其蒸气压比同温度水的蒸气压大，则溶液上面水的蒸气压分压要降低，但溶液的蒸气压却增大，沸点会降低；若在水中加入 NaCl，则会使溶液蒸气压下降，沸点升高。

答:(4)所谓溶液的蒸气压是指在一定温度下，液体的蒸发与凝聚达平衡时气体所具有的压力，称为该溶液的饱和蒸气压。对纯液体来说，在一定温度下，其饱和蒸气压为一常数。难挥发的非电解质稀溶液其蒸气压与该溶液的浓度有关，符合 Raoult 定律(即存在蒸气压下降)。其原因主要有两点：一是由于溶质分子与溶剂分子结合形成了溶剂化分子，从而减少了一些高能量(即能脱离液体进入气体)的溶剂分子；二是由于溶质要占据溶剂的部分表面，使得单位表面、单位时间内逸出的溶剂分子相应减少，这样使得溶质溶于溶剂后所形成的溶液的蒸气压要比纯溶剂低一些。

答:(5)不相同。0 ℃的冰与0 ℃的水的蒸气压相同，两相可达到平衡状态，即冰水共存。但0 ℃的盐水(无论何种盐，浓度如何)的蒸气压比0 ℃的冰的蒸气压要小，因此冰会融化于0 ℃的盐水中。

答:(6)冬季将盐加入到水泥砂浆中，会使水泥砂浆的凝固点降低，这样可以保证在寒冷的冬季，水泥砂浆不冻结，便于施工，提高工效。

答:(7)氯化钙和五氧化二磷可以作为干燥剂,是因为这些物质其表面形成的溶液的蒸气压显著下降,当它低于空气中水蒸气的分压时,空气中的水蒸气可不断地凝结而进入溶液,即这些物质不断地吸收水蒸气。

而食盐和冰的混合物可以作为冷冻剂,是因为盐与冰混合时,盐溶解在水里成为溶液,由于所生成的溶液中水蒸气的分压低于冰的蒸气压,冰就融化,冰融化时要从环境吸收热量,使周围物质的温度降低。

答:(8)人的眼睛细胞膜具有半透膜的作用,它很容易透过水而不能透过细胞液中的物质,在河水中游泳时,水很容易透过半透膜进入眼睛中,眼睛细胞膜会因渗透作用而扩张,故眼睛会感到不适。而在海水中游泳,因为海水浓度和眼睛细胞液的浓度相近,渗透作用小,故眼睛不会肿胀,从而无不适的感觉。

答:(9)这是因为无论是稀溶液溶剂的凝固还是蒸发,都会同时引起溶液浓度的变化,故稀溶液的凝固点和沸点不像纯溶剂一样保持恒定,而在溶液饱和后,溶液浓度将不再变化,此时凝固点和沸点也就不再变化了。

注:这是溶剂与溶液间的重要区别之一。在敞开体系中,稀溶液随着溶剂的蒸发,浓度会不断变化,因此溶液的沸点会不断升高至饱和,饱和溶液随着溶剂的蒸发,会析出溶质,但溶液的浓度不再变化,因此溶液的沸点会不再变化;在稀溶液凝固时,析出的是溶剂固态形式,而不是固态溶液,因此溶液的浓度不断变大,凝固点也不断变低,当溶液饱和后,会有溶剂与溶质同时析出,凝固点也不再变化。

答:(10)因为梨中含有糖分,因此梨中的液体凝固点下降到0 ℃以下,而当冻梨放入水中,吸热融化时,温度仍低于纯水的冰点,因此使梨的周围的一层水凝结成冰。

5. 临床上用来治疗碱中毒的针剂 NH_4Cl ($M_r = 53.48$),其规格为20.00 mL一支,每支含0.160 g NH_4Cl,计算该针剂的物质的量浓度及该溶液的渗透浓度,在此溶液中红细胞的行为如何?

解:$c(NH_4Cl) = \dfrac{0.160\ \text{g}}{0.020\ \text{L} \times 53.48\ \text{g} \cdot \text{mol}^{-1}} \approx 0.149\ 6\ \text{mol} \cdot \text{L}^{-1}$

$c_{os}(NH_4Cl) = 0.149\ 6\ \text{mol} \cdot \text{L}^{-1} \times 2 \times 1\ 000\ \text{mmol} \cdot \text{mol}^{-1} = 299.2\ \text{mmol} \cdot \text{L}^{-1}$

红细胞行为正常。

6. 溶解0.113 g磷于19.040 g苯中,苯的凝固点降低0.245 ℃,求此溶液中的磷分子是由几个磷原子组成的。已知:苯的 $K_f = 5.10\ \text{K} \cdot \text{kg} \cdot \text{mol}^{-1}$,磷的相对分子质量为30.97。

解:$\Delta T_f = K_f b_B = K_f \cdot \dfrac{m_B \cdot 1\ 000}{M_B \cdot m_A}$

$$M_B = \frac{K_f \cdot 1\ 000 \cdot m_B}{m_A \cdot \Delta T_f} = \frac{5.10\ \text{K} \cdot \text{kg} \cdot \text{mol}^{-1} \times 0.113\ \text{g} \times 1\ 000\ \text{g} \cdot \text{kg}^{-1}}{0.245\ \text{K} \times 19.040\ \text{g}} = 123.5\ \text{g} \cdot \text{mol}^{-1}$$

磷分子的相对分子质量为123.5

所以,磷分子中含磷原子数为:$\dfrac{123.5}{30.97} = 3.99 \approx 4$

7. 10.0 g某高分子化合物溶于1 L水中所配制成的溶液在27 ℃时的渗透压为

0.432 kPa，计算此高分子化合物的相对分子质量。

解：$\Pi V = nRT = \frac{m_B}{M_B}RT$

$$M_B = \frac{m_B RT}{\Pi V} = \frac{10.0\ \text{g} \times 8.31\ \text{kPa} \cdot \text{L} \cdot \text{K}^{-1} \cdot \text{mol}^{-1} \times (273 + 27)\ \text{K}}{0.432\ \text{kPa} \times 1.00\ \text{L}} \approx 5.96 \times 10^4\ \text{g} \cdot \text{mol}^{-1}$$

该高分子化合物的相对分子质量是 5.96×10^4。

1.5　同步训练题

1.判断题。

（1）根据 $\Pi = cRT$ 可知，一定温度下，相同浓度的两种溶液渗透压相等。（　　）

（2）在纯溶剂中加入某溶质 B，可使溶液的凝固点降低，加入的 B 越多，溶液的凝固点降低得越多。（　　）

（3）一定温度和压力下，饱和溶液的浓度总是一个定值。（　　）

（4）溶液的沸点上升、冰点下降都与溶液的蒸气压下降有关。（　　）

（5）溶液的沸点升高常数和冰点下降常数与溶剂及溶质的性质有关。（　　）

（6）配制体积分数为 70% 的乙醇溶液，应将 70 mL 无水乙醇加入 30 mL 水中。（　　）

（7）用质量浓度为 8%（g/mL）的葡萄糖水溶液 100 g 与质量浓度为 4%（g/mL）的葡萄糖水溶液 200 g 混合，混合后溶液的质量浓度为 6%（g/mL）。（　　）

（8）在冰冻的田里撒些草木灰，冰较易融化。（　　）

（9）液体的蒸气压随温度的升高呈直线增加。（　　）

（10）只要蒸气压下降值相同的两种稀溶液，它们的 ΔT_B 和 ΔT_f 值也相同。（　　）

（11）由于乙醇比水易挥发，故乙醇的沸点大于水的沸点。（　　）

（12）渗透压现象只发生在由半透膜隔开的纯溶剂与溶液之间。（　　）

（13）将相同质量的氯化钠和氯化钾分别溶解在 100 g 水中，则形成的两种溶液，在温度相同时的 Δp，ΔT_B，ΔT_f，Π 均相同。（　　）

（14）凝固点下降常数与沸点升高常数是溶剂的重要特征常数。（　　）

（15）盐碱地中农作物长势不良，甚至枯萎，这与溶液依数性中的渗透压有关。（　　）

（16）0.2 $\text{mol} \cdot \text{L}^{-1}$ 的尿素溶液的渗透压等于 0.2 $\text{mol} \cdot \text{L}^{-1}$ 的葡萄糖溶液的渗透压。（　　）

（17）沸点较高的溶液其物质的量浓度一定较大。（　　）

（18）将浓度不同的两种非电解质溶液用半透膜隔开时，水分子从渗透压大的一方向渗透压小的一方渗透。（　　）

（19）$c_{os}(NaCl) = c_{os}(C_6H_{12}O_6)$，在相同温度下，两种溶液的渗透压相同。（　　）

（20）质量相等的苯和甲苯均匀混合，溶液中苯和甲苯的摩尔分数都是 0.5。（　　）

2. 选择题。

(1)下列关于分散系概念的描述,错误的是 ( )

A. 分散系由分散相和分散介质组成

B. 分散系包括均相体系和多相体系

C. 溶液属于分子分散系

D. 分散系可有液、固、气三种状态

E. 分散相粒子直径大于 100 nm 的体系,称为胶体分散系

(2)在下列 5 种物质的量浓度相同的溶液中,渗透压最大的是 ( )

A. 葡萄糖溶液

B. NaCl 溶液

C. KCl 溶液

D. $CaCl_2$溶液

E. 蔗糖溶液

(3)质量摩尔浓度的定义是指在下列条件下含有溶质的物质的量 ( )

A. 1 000 g 溶液中

B. 1 L 溶液中

C. 1 000 g 溶剂中

D. 1 L 溶剂中

(4)室温下把 0.1 mol 的易挥发液体注入 1 L 密闭容器中,最终总能达到 ( )

A. 液体分子不再蒸发

B. 气体分子不再凝聚

C. 建立了气-液平衡

D. 三者都对

(5)对于固体物质在液态溶剂中溶解度影响最小的是 ( )

A. 溶质的性质

B. 溶剂的性质

C. 温度

D. 压力

(6)在讨论稀溶液的蒸气压降低规律时,溶质必须是 ( )

A. 挥发性物质

B. 电解质

C. 难挥发性物质

D. 气体物质

(7)稀溶液的依数性的本质是 ( )

A. 渗透压

B. 沸点升高

C. 蒸气压下降

D. 凝固点下降

E. 沸点升高和凝固点下降

(8)下述哪些效应是由于溶液的渗透压而引起的 ( )

① 用食盐腌制蔬菜,用于储藏蔬菜;

② 用淡水饲养海鱼,易使海鱼死亡;

③ 施肥时,兑水过少,会“烧死”农作物;

④ 用和人类血液渗透压相等的生理盐水对人体输液,可补充病人的血容量。

A. ①②

B. ②③

C. ①②③

D. ①②③④

E. ②③④

(9)难挥发溶质溶于溶剂之后,必将会引起 ( )

A. 溶液的沸点降低

B. 溶液的凝固点上升

C. 溶液的蒸气压降低

D. 吸热

E. 放热

(10)用半透膜分离胶体溶液与晶体溶液的方法,称为 ( )

A. 电泳　　B. 渗析
C. 胶溶　　D. 过滤
E. 电解

(11)下列现象与胶粒的双电层结构无关的是　( )
A. 电泳现象　　B. 电渗现象
C. 溶胶的互聚作用　　D. 丁铎尔效应

(12)物质的量浓度的SI单位是　( )
A. $mol \cdot L^{-1}$　　B. 1
C. $mol \cdot kg^{-1}$　　D. $mol \cdot m^{-3}$

(13)对于非电解质溶液,当温度降至其凝固点以下时,首先析出的是　( )
A. 与溶液组成相同的固体物质　　B. 溶质
C. 溶质含量略低于溶液组成的固态物质　　D. 固态溶剂

(14)在胶团结构中,反离子位于　( )
A. 胶粒表面　　B. 扩散层
C. 吸附层　　D. 扩散层和吸附层

(15)将0.001 $mol \cdot L^{-1}$的氯化钠水溶液和0.001 $mol \cdot L^{-1}$的葡萄糖水溶液相比　( )
A. 沸点更高　　B. 凝固点更高
C. 蒸气压更高　　D. 渗透压相同

(16)将相同质量的两种难挥发的非电解质A和B,分别溶解在1 L水中,测得A溶液的凝固点比B溶液的凝固点低,则　( )
A. 物质A和B的摩尔质量相等　　B. 物质A的摩尔质量大
C. 物质B的摩尔质量大　　D. 无法判断二者摩尔质量的大小

(17)渗透压最接近0.58% 的氯化钠水溶液的系统是　( )
A. 0.58% 的蔗糖溶液　　B. 0.58% 的葡萄糖溶液
C. 0.2 $mol \cdot L^{-1}$的蔗糖溶液　　D. 0.1 $mol \cdot L^{-1}$的蔗糖溶液

(18)难挥发物质的水溶液在不断沸腾时,它的沸点将　( )
A. 不断上升　　B. 不断下降
C. 恒定不变　　D. 不断上升,至溶液饱和后恒定不变

(19)下列物质各1 g,分别溶于100 g苯中,其中凝固点最高的是　( )
A. 一氯甲烷　　B. 二氯甲烷
C. 三氯甲烷　　D. 四氯甲烷

(20)关于比表面积的叙述正确的是　( )
A. 比表面积是一种特殊的面积表示方法,单位为m^2
B. 比表面积越大,分散度越大,体系能量越低
C. 比表面积越大,分散度越小,体系能量越高
D. 比表面积越大,固体的表面吸附作用越强

3. 问答题。

(1)说明稀溶液定律的适用条件。

(2)人体输液时,所用的生理盐水和葡萄糖溶液浓度是否可以任意改变?为什么?

(3)为什么冰总结在水面上,水的这种特性对水生动植物和人类有何重要意义?

(4)什么是渗透压?什么是反渗透?盐碱土地上栽种植物难以生长,试以渗透压现象加以解释。

(5)将95 g铁粉与5 g铝粉,磨得很细并充分混合,用小勺任意取出0.1 g混合物,其中含有质量分数为5%的铝。这个混合物是否为一个相?

(6)在实验室中常用冰和盐的混合物作为制冷剂。试解释当把食盐放入0 ℃的冰、水平衡系统中时,系统为什么会自动降温?降温的幅度是否有限制?为什么?

4. 10 g葡萄糖溶于400 g乙醇中,溶液的沸点较纯乙醇的沸点上升了0.142 8 ℃;另有2 g某有机物溶于100 g乙醇中,此溶液的沸点较纯乙醇的沸点上升了0.125 ℃,求此有机物的相对分子质量。

5. 人体血液的凝固点为-0.280 ℃,人体的正常体温为37 ℃,计算人体血液的渗透压为多少?

6. 在26.6 g三氯甲烷中溶解0.402 g萘,溶液沸点较三氯甲烷升高0.445 K,计算三氯甲烷的K_B。

7. 医学上使用的葡萄糖注射液是血液的等渗溶液,测得其凝固点下降值为0.543 ℃。

(1)计算葡萄糖注射液的质量分数;

(2)计算血液在37 ℃时的渗透压。

8. 将101 mg胰岛素溶于10.0 mL水中,测得该溶液在25 ℃时的渗透压为4.34 kPa,求:

(1)胰岛素的摩尔质量;

(2)溶液的蒸气压下降值Δp(25 ℃时水的蒸气压为3.17 kPa)。

9. 某水溶液中含有不挥发的非电解质,该溶液在-1.5 ℃时凝固,试求:

(1)该溶液的正常沸点;

(2)该溶液在298.15 K时的蒸气压(已知此温度下水的饱和蒸气压为3.16 kPa);

(3)该溶液在298.15 K时的渗透压。

10. 在100 g水中,溶解3 g尿素[$CO(NH_2)_2$]后,变成尿素溶液,求此溶液在100 ℃时的蒸气压。

11. 市售浓盐酸含HCl 37%,密度为1.19 $g \cdot cm^{-3}$。试计算:

(1)该盐溶液的物质的量浓度;

(2)该溶液的质量摩尔浓度。

12. 在40 g苯中溶解3.24 g硫,此时测得苯溶液沸点上升0.81 K,计算说明硫分子的相对分子质量。

13. 在寒冬,为了防止汽车水箱冻裂,常在水箱里加入甘油来降低凝固点,为了保证汽车在-20 ℃天气仍能正常行驶,计算1 000 g水中需加多少克甘油($C_3H_8O_3$)。

14. 将5.76 g某非电解质融入750 g苯中,所得溶液凝固点比纯苯凝固点低0.2 ℃,

求该物质的相对分子质量。

1.6　同步训练题参考答案

1. 判断题。

(1)错　(2)错　(3)对　(4)对　(5)错　(6)错　(7)错　(8)对　(9)错　(10)对　(11)对　(12)错　(13)错　(14)对　(15)对　(16)对　(17)错　(18)错　(19)对　(20)错

2. 选择题。

(1)E　(2)D　(3)C　(4)C　(5)D　(6)C　(7)C　(8)C　(9)C　(10)B　(11)D　(12)D　(13)D　(14)D　(15)A　(16)C　(17)C　(18)D　(19)D　(20)D

3. 问答题。

(1)符合稀溶液的依数性的三个条件是:难挥发、非电解质和稀溶液。

浓溶液虽然也具有蒸气压下降、沸点升高、凝固点下降和渗透压等性质,但不符合稀溶液定律所表达的关系。因为在浓溶液中,溶质微粒之间以及溶质粒子与溶剂分子之间的相互影响不能忽略。

对于电解质溶液,由于解离是单位体积内溶质的微粒数目增多,因而实验测得的 Δp,ΔT_B,ΔT_f,Π 数值都比按稀溶液定律计算的数值要大。

溶质若为挥发性物质,蒸气压变化复杂,熔沸点性质变化也复杂。

(2)不行。人体血液有一定的渗透压,对人体输液时必须使用与人体血液渗透压相等的等渗溶液。这些等渗溶液是由氯化钠和葡萄糖溶液来配置,要保证等渗溶液的渗透压和人体血液的渗透压相等或相近,它们的浓度直接影响渗透压的值,故不可任意改变,否则由于改变浓度,渗透压也改变了,就会引起人体红血球肿胀或皱缩,而造成生命危险。

(3)因为液态水在 4 ℃时的密度最大,此时随着温度的降低水的密度减小,冷水上浮,最终结冰,所以冰总结在水面上。由于冰的饱和蒸气压远小于液态水的饱和蒸气压,因此冰覆盖在水面上就阻止了液态水的挥发,这为水生动植物保证了必要的生存条件,也为人类确保了必要的水生动植物资源。

(4)渗透压是为了维持被半透膜所隔开的溶液与纯溶剂之间的渗透平衡而需要的额外压力。如果外加在溶液上的压力超过了渗透压,则会使溶液中的溶剂向纯溶剂方向流动,使纯溶剂体积增加,这个过程称为反渗透。植物需要从土壤里吸取水和养分才能生长,而在盐碱地上,由于其表面形成的溶液蒸气压显著下降,要吸收水分,因此植物就难以生长了。

(5)不是一个相。这个混合物貌似均匀,实际上还是不均匀的。就拿一个铁粉小颗粒而言,虽然磨得很细小,但其内部仍然是由成千上万个铁原子构成,里面并没有铝原子。同样,对一个铝粉小颗粒,其内部也都是铝原子而没有铁原子,它依然具有纯铝的物理和化学性质,若用磁铁吸引,就可以将铁粉和铝粉分开,所以这个混合物是个两相系统。

(6)食盐溶于水后使冰、水平衡系统中水的蒸气压下降,促使冰溶解,冰溶解时自周围吸热，使系统温度降低。因盐在水中有一定的溶解度，故温度下降有一定的限制。

4.164.61

5.388 kPa

6.3.854 K · kg · mol^{-1}

7.(1)0.044 9　(2)753 kPa

8.(1)5.768 kg · mol^{-1}　(2)9.9×10^{-5} kPa

9.(1)100.41 ℃　(2)3.11 kPa　(3)1 997 kPa

10.100.4 kPa

11.(1)12 mol · L^{-1}　(2)16 mol · kg^{-1}

12.253

13.989 g

14.197

第2章 化学热力学基础与化学平衡

2.1 教学基本要求

1. 了解相、状态函数、反应进度、标准状态的概念和热化学定律。

2. 了解用弹式热量计测量定容热效应的原理。理解等压热效应与反应焓变的关系、定容热效应与热力学能变的关系。

3. 了解化学反应中的熵变及吉布斯函数变在一般条件下的意义。

4. 初步掌握反应的标准摩尔吉布斯函数变的近似计算，能应用 $\Delta_r G_m$ 或 $\Delta_r G_m^\ominus$ 判断反应进行的方向。

5. 理解标准平衡常数的意义及其与 $\Delta_r G_m^\ominus$ 的关系，并初步掌握有关计算。

2.2 知识点归纳

1. 系统与环境

系统：被划定的研究对象称为系统。

环境：系统以外的与系统密切相关、影响所能及的部分称为环境。

按照系统与环境之间不同的物质与能量的交换情况，可将系统分为三类：

①敞开系统（又称开放系统）：与环境之间既有能量交换又有物质交换的系统。

②封闭系统：与环境之间只有能量交换而无物质交换的系统。通常在密闭容器中的系统即为封闭系统，在热力学中我们主要研究封闭系统。

③孤立系统（又称隔离系统）：与环境之间既无能量交换又无物质交换的系统。绝热、密闭的恒容系统即为孤立系统。

2. 系统的性质

系统的温度、压力、体积、质量、密度等宏观性质，都属于系统的热力学性质，简称为系统的性质。按其特征可将系统的性质分为以下两种类型：

①广度性质（或称容量性质）：其量值与系统中物质的量成正比。

②强度性质：其量值与系统中所含物质的量无关，仅由系统本身的特性所决定，没有

加和性。

3. 系统的状态与状态函数

系统的存在形式称为系统的状态,确定系统状态的物理量就称为系统的状态函数。状态函数的特点是:

①系统的状态一定,状态函数就有唯一确定的值,即系统的状态函数是状态的单值函数。

②当系统从一种状态转变到另一种状态时,状态函数的变化量只取决于系统的始态和终态,与中间所经历的途径无关。

③系统的各种状态函数是相互关联的,状态函数之间的定量关系式称为状态方程。

4. 热与功

系统和环境之间由于存在温度差而交换或传递的能量称为热,用符号 Q 表示。若系统从环境吸热(获得能量),则 Q 为正值;若系统向环境放热(损失能量),则 Q 为负值。除热以外的其他形式传递的能量均称为功,用符号 W 表示。Q 和 W 的 SI 单位均为 J。同理,若系统得到功,则 W 为正值;若系统做功,则 W 为负值。

5. 相与界面

系统中具有相同物理性质和化学性质的均匀部分称为相,所谓均匀是指其分散度达到分子或离子大小的数量级。将相与相分隔开来的界面称为相界面。

6. 化学计量数与反应进度

对于化学反应
$$0 = \sum_{B} \nu_B B \tag{2.1}$$

其反应进度的定义为
$$\xi = [n_B(\xi) - n_B(0)] / \nu_B \tag{2.2}$$

其中 ν_B 为化学计量数,量纲为 1,反应物的 ν_B 取负值,产物的 ν_B 取正值。

7. 质量守恒定律

在孤立系统中,无论发生何种变化或过程,系统的总质量始终保持不变,这个规律就称为质量守恒定律。

8. 热力学第一定律

自然界的一切物质都具有能量。能量有不同的形式,能够从一种形式转换成另一种形式,从一个物体传递给另一个物体,而在转化和传递的过程中能量的总数量保持不变,这就是能量守恒与转换定律。简言之,能量既不能被创造,也不能被消灭。将能量守恒原则应用于热力学中即称为热力学第一定律。

热力学能:热力学将系统内部的一切能量的总和称为热力学能,也称为内能,用符号 U 表示。

封闭系统热力学第一定律的数学表达式为
$$\Delta U = U(\text{终}) - U(\text{始}) = Q + W \tag{2.3}$$

9. 化学反应的热效应

化学反应中系统所放出或吸收的热量称为该反应的热效应,简称反应热。根据反应条件的不同,反应热可分为恒容反应热 Q_V 和恒压反应热 Q_p 两种类型。

对不做非体积功的封闭系统:

恒容时 $$Q_V = \Delta U \tag{2.4}$$

恒压时 $$Q_p = \Delta H \tag{2.5}$$

热力学中把($U + pV$) 定义为焓,以符号 H 表示,其 SI 单位为 J。

焓的定义式 $$H = U + pV \tag{2.6}$$

恒压反应热与恒容反应热的关系:

气体为理想气体时

$$Q_p - Q_V = p\Delta V \tag{2.7}$$

$$Q_{p,m} - Q_{V,m} = \sum_B \nu(Bg) \cdot RT \tag{2.8}$$

$$\Delta_r H_m - \Delta_r U_m = \sum_B \nu(Bg) \cdot RT \tag{2.9}$$

10. 热化学方程式的书写与热力学标准状态

表示化学反应与热效应关系的方程式称为热化学方程式。在书写热化学方程式时须注意以下几点:

① 热化学方程式中需标明反应进行的温度和压力条件。对没有注明温度和压力的反应,皆可默认为反应是在 298.15 K 和 100 kPa 的条件下进行的。

② 在每一个物质的化学式的右侧均需注明物质的聚集状态。通常以 g、l 和 s 分别表示气态、液态和固态,用 aq 表示水溶液。另外,如果固体有几种晶型,也需注明,如碳有石墨、金刚石、无定形等晶型。

③ 热力学习惯用 $\Delta_r H$ 和 $\Delta_r U$ 表示反应的恒压热效应和恒容热效应。鉴于本书主要研究的是恒压条件下的热效应,因此除个别情况外均采用反应的摩尔焓变表示热化学方程式的摩尔热效应。

标准状态是指任意温度时物质(包括理想气体、纯液体、纯固体)处于标准压力 $p^\ominus$ 或标准浓度 $c^\ominus$ 时的状态,简称标准态。其中 $p^\ominus = 100$ kPa,$c^\ominus = 1.0$ mol · L^{-1}。应当注意的是,标准态只规定了压力而没有指定温度。原则上,每一指定温度下都存在一个标准态。因此,为了便于比较,国际理论和应用化学联合会(IUPAC) 推荐以 273.15 K(即 0 ℃) 作为参考温度。通常如不特别指明,即是指系统温度为 298.15 K。

11. 盖斯定律

一个化学反应不管是一步完成还是分几步完成,这个过程的热效应总是相同的。也就是说,化学反应的热效应只与反应的始态和终态有关,而与变化的途径无关。

一种物质的标准摩尔生成焓是指在标准状态时,由指定单质生成单位物质的量的纯物质时反应的焓变,简称生成焓,以符号 $\Delta_f H_m^\ominus$(B,物态,T) 表示,常用单位为 kJ · mol^{-1}。定义中提及的"指定单质" 是指在选定温度和标准压力下的最稳定单质,如气态氯、液态溴、固态碘、石墨、正交硫等。磷是一种较为特殊的单质,其指定单质是白磷,而不是热力学上更稳定的红磷。

12. 自发反应

在给定条件下能自动进行的反应或过程称为自发反应或自发过程。自发过程遵循如下规律:

① 系统倾向于取得更低的能量状态。

② 系统倾向于取得更大的混乱度。

③ 自发过程都是热力学不可逆过程，它们都是自发地从非平衡态向平衡态的方向变化且逆过程不能自发进行。

④ 自发过程都具有一定的限度，任何自发过程进行到平衡状态时宏观上就不再继续进行，此时其做功的推动力降至零。

⑤ 反应能否自发进行与给定条件有关，有时条件的改变能使非自发过程变为自发过程。

13. 熵与熵变

熵就是系统内物质微观粒子混乱度的量度，以符号 S 表示。

在标准状态下，单位物质的量的纯物质的规定熵称为该物质的标准摩尔熵，用符号 $S_m^\ominus(T)$ 表示，可简写为 $S^\ominus$，其单位是 $J \cdot mol^{-1} \cdot K^{-1}$。需要注意的是，在 298.15 K 时任何指定单质的标准摩尔熵都不是零（区别于物质的标准摩尔生成焓）。

物质的标准熵值具有如下一些规律：

① 对于聚集状态不同的同一物质而言，$S(g) > S(l) > S(s)$。

② 对于聚集状态相同的同一物质而言，其熵值随温度的升高而增大，即 $S_{高温} > S_{低温}$。

③ 对于相同温度下同一聚集态的不同物质而言，分子越大，结构越复杂，其熵值通常也越大，即 $S_{复杂分子} > S_{简单分子}$。

④ 对于同一温度下的分散系统而言，混合物和溶液的熵值往往比相应的纯物质的熵值大，即 $S_{混合物} > S_{纯物质}$。

由于熵是状态函数，所以反应或过程的熵变只跟始态和终态有关，而与变化途径无关。

反应的标准摩尔熵变以 $\Delta_r S_m^\ominus$ 表示，或简写作 $\Delta S^\ominus$，其单位是 $J \cdot mol^{-1} \cdot K^{-1}$。

化学反应的熵变遵循如下规律：

① 熵变与系统中反应前后物质的量的变化值有关。

a. 对有气体物质参与的反应，如果一个反应导致气体分子数增加，则反应的 $\Delta S > 0$；若气体分子数减少，则 $\Delta S < 0$，且气体物质的摩尔数变化的越多，则反应前后的熵变就越大。

b. 对没有气体物质参与的反应，若反应导致系统中物质的总物质的量增加，则反应的 $\Delta S > 0$；反之则相反。但一般情况下不涉及气体变化的反应其熵变都不大。

② 反应的熵变随温度的变化很小，一般在近似计算中，可忽略温度对熵变的影响。即

$$\Delta_r S_m^\ominus(T) \approx \Delta_r S_m^\ominus(298.15\ K)$$

③ 压力对反应熵变的影响也不大，所以通常也不考虑压力对反应熵变的影响。

14. 热力学第三定律

在绝对零度时，一切纯物质的完美晶体的熵值为零，这就是热力学第三定律。其数学表达式为

$$S(0\ K) = 0 \tag{2.10}$$

(1) 熵增加原理

在孤立系统中发生的自发进行的反应必然伴随着熵的增加,或孤立系统的熵总是趋向于极大值。这就是孤立系统中自发过程的热力学准则,称为熵增加原理。其数学表达式为

$$\left.\begin{array}{ll}\Delta S_{\text{孤立}} > 0 & \text{自发过程} \\ \Delta S_{\text{孤立}} = 0 & \text{平衡状态}\end{array}\right\} \tag{2.11}$$

(2) 吉布斯函数与吉布斯函数变

1875 年美国物理化学家吉布斯(J. W. Gibbs) 提出了一个新的函数 G,表示在恒温恒压条件下,自发反应做有用功的能力,称为吉布斯自由能,也称吉布斯函数。其定义式为

$$G = H - TS \tag{2.12}$$

由于 H、S 和 T 均是状态函数,所以 G 必然也是状态函数。由式(2.12) 可知,对于等温等压过程,其吉布斯函数变 ΔG 为

$$\Delta G = \Delta H - T\Delta S \tag{2.13}$$

(3) 反应自发性的判断依据

对于恒温恒压不做非体积功的封闭系统,可用最小自由能原理判断反应的自发性,即

$$\left.\begin{array}{ll}\Delta G < 0 & \text{自发过程,过程向正方向进行} \\ \Delta G = 0 & \text{平衡状态} \\ \Delta G > 0 & \text{非自发过程,过程向逆方向进行}\end{array}\right\} \tag{2.14}$$

15. 化学平衡

(1) 标准平衡常数

对于理想气体反应系统,定义其标准平衡常数 $K^{\ominus}$ 为

$$K^{\ominus} = \prod_{B}\left(\frac{p_{B}^{eq}}{p^{\ominus}}\right)^{\nu_B} \tag{2.15}$$

在 $K^{\ominus}$ 的表达式中,用有关组分的相对浓度或相对分压替代了平衡浓度及平衡分压,从而使标准平衡常数的量纲为 1。

在书写和应用平衡常数表达式时,需遵循以下规则:

① 若反应系统为多相系统,则固态、液态纯物质及稀溶液中的溶剂(如水),不必写入平衡常数的表达式。

② 平衡常数表达式的写法,取决于反应方程式的写法。因此,$K^{\ominus}$ 的数值必须与化学反应方程式相“配套”。

③$K^{\ominus}$ 只是温度 T 的函数,与浓度和分压无关。所以,在提及 $K^{\ominus}$ 时,应注明反应的温度。若未注明,一般即指 $T = 298.15$ K。

(2) 平衡常数与标准摩尔吉布斯函数变的关系为

$$\Delta_r G_m(T) = -RT \ln K^{\ominus} + RT \ln Q \tag{2.16}$$

或

$$\Delta_r G_m(T) = RT \ln \frac{Q}{K^{\ominus}} \tag{2.17}$$

该式体现了在恒温恒压的条件下,化学反应的 $\Delta_r G_m(T)$ 与 $K^{\ominus}$ 及反应商 Q 之间的关

系。根据此式，只需要比较指定状态下反应的 $K^{\ominus}$ 与 Q 的相对大小，就可判断反应进行的方向。具体分为以下三种情况：

$$\left.\begin{array}{l}\text{当 } Q < K^{\ominus} \text{ 时}, \Delta_r G_m(T) < 0, \text{反应正向自发进行} \\ \text{当 } Q = K^{\ominus} \text{ 时}, \Delta_r G_m(T) = 0, \text{反应达平衡状态} \\ \text{当 } Q > K^{\ominus} \text{ 时}, \Delta_r G_m(T) > 0, \text{反应逆向自发进行}\end{array}\right\} \quad (2.18)$$

(3) 影响化学平衡的因素

① 浓度对化学平衡的影响

若在反应达平衡后增加反应物浓度或降低产物浓度，则 Q 变小，导致 $Q < K^{\ominus}$，系统不再处于平衡状态，反应系统会进一步向正反应方向移动，生成更多的产物，在移动的过程中，Q 不断增大，直至重新等于 $K^{\ominus}$，系统建立起新的化学平衡；相反，若降低反应物浓度或增加产物浓度，则致使 $Q > K^{\ominus}$，反应将朝着逆反应方向移动，使反应物的浓度增加，Q 不断减小，直至重新等于 $K^{\ominus}$，达到新的化学平衡。新平衡状态下各物质的浓度与旧平衡状态下的浓度是不同的。这里的浓度是指反应中水合离子的浓度或气体物质的分压。

② 压力对化学平衡的影响

一般对于只有液体、固体参与的反应，压力变化对平衡的影响很小，可以认为改变总压力对平衡几乎无影响。对有气态物质参与，但反应前后气体分子数相等的反应，改变总压力对化学平衡没有影响。对有气态物质参与，且反应前后气体分子数不等的反应，改变系统的总压力会对化学平衡产生影响，即等温条件下，增大总压力，平衡向气体分子数减少的方向移动；减小总压力，平衡向气体分子数增加的方向移动。

③ 温度对化学平衡的影响

如果是放热反应，则反应的 $\Delta_r H_m^{\ominus} < 0$，提高反应温度 T，$K^{\ominus}$ 将随反应温度的升高而减小，平衡向逆反应方向移动；若是吸热反应，即 $\Delta_r H_m^{\ominus} > 0$，提高反应温度 T，$K^{\ominus}$ 将随反应温度升高而增大，平衡向正反应方向移动。因此，在其他条件不变的前提下，升高系统的温度，平衡将向吸热反应方向移动；降低温度，平衡将向放热反应方向移动。

化学平衡移动的方向，可以用吕·查德里原理(A. L. Le Chatelier) 来判断：假如改变平衡系统的条件之一，如浓度，压力或温度，平衡就向着减弱这个改变的方向移动。

16. 焓、熵和温度三者之间关系

在热力学主要讨论的封闭系统中，影响反应进行方向的主要因素有焓、熵和温度三个因素，可通过吉布斯等温方程将三者统一起来。

298.15 K 时，物质的标准摩尔生成焓 $\Delta_f H_m^{\ominus}(298.15\ K)$ 和反应的标准摩尔焓变 $\Delta_r H_m^{\ominus}(298.15\ K)$、物质的标准摩尔熵 $S_m^{\ominus}(298.15\ K)$ 和反应的标准摩尔熵变 $\Delta_r S_m^{\ominus}(298.15\ K)$、物质的标准摩尔生成吉布斯函数 $\Delta_f G_m^{\ominus}(298.15\ K)$ 和反应的标准摩尔吉布斯函数变 $\Delta_r G_m^{\ominus}(298.15\ K)$ 以及反应在任意温度、任意状态时的吉布斯函数变 $\Delta_r G_m(T)$ 之间的关系如下图所示。

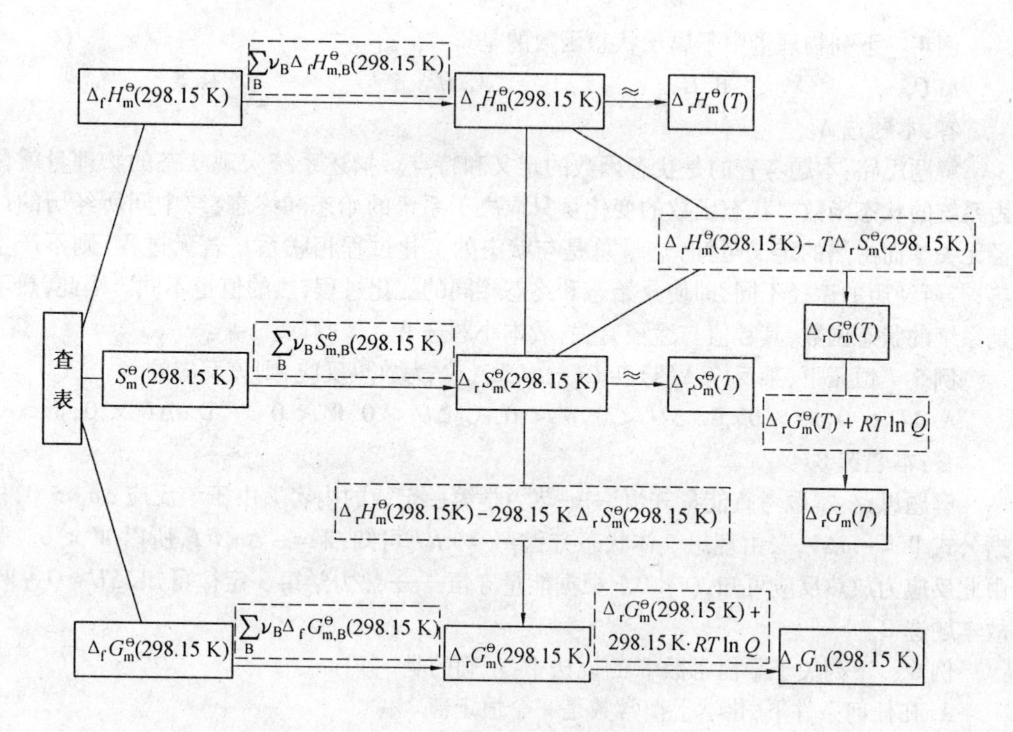

2.3　典型题解析

例1　当系统的状态函数之一发生改变时，系统的状态不一定变化。这种说法是否正确。

答：这种说法是错误的。

解题思路：本题考查的是状态函数的相关知识。系统的状态一定，状态函数就有唯一确定的值，即系统的状态函数是状态的单值函数。因此，当系统的状态改变时，状态函数也一定发生改变。

例2　$\Delta S > 0$ 的反应，必定是自发反应。这种说法是否正确。

答：这种说法是错误的。

解题思路：本题考查的是自发反应的判定。在孤立系统中，$\Delta S > 0$ 的反应，必定是自发反应。

例3　下列分子的 $\Delta_f H_m^\ominus$ 不等于零的是　　(　　)

A. 石墨　　B. $N_2(g)$　　C. $H_2O(g)$　　D. $Cu(s)$

答：本题选 C。

解题思路：本题考查的是标准摩尔生成焓的定义。物质的标准摩尔生成焓是指在标准状态时，由指定单质生成单位物质的量的纯物质时反应的焓变，简称生成焓，以符号 $\Delta_f H_m^\ominus(B,物态,T)$ 表示，常用单位为 $kJ \cdot mol^{-1}$。符号中的下角标“f”表示生成反应；下角标“m”表示此生成反应的产物是“单位物质的量”（即 1 mol）。有时为了简便，可省略角标“m”及物质和物态，简写为 $\Delta_f H^\ominus$。定义中提及的“指定单质”是指在选定温度和标准压力下的最稳定单质，如气态氯、液态溴、固态碘、石墨、正交硫等，故本小题选 C。

例 4 下列物理量中不属于状态函数的是 ( )

A. Q B. G C. H D. S

答:本题选 A。

解题思路:本题考查的是状态函数的定义和特点。描述系统宏观状态的物理量就称为系统的状态函数。状态函数的变化量只取决于系统的始态和终态,与中间所经历的途径无关。而由热的定义可知,热量总是与状态的变化过程相联系。若无过程,则不产生热;若所经历的途径不同,即使是始态和终态相同的变化过程,热的值也不同。因此,热不是系统的状态函数,其数值与途径有关,故本小题选 A。

例 5 恒压下,某反应 A(s) + B(g) = 2D(g) 为放热反应,则该反应的 ( )

A. $\Delta U > 0, W > 0$ B. $\Delta U < 0, W < 0$ C. $\Delta U > 0, W < 0$ D. $\Delta U < 0, W > 0$

答:本题选 B。

解题思路:本题考查能量守恒——热力学第一定律的内容。由于该反应 $\Delta n_g > 0$,根据公式 $W = -p\Delta V$,又由理想气体状态方程 $pV = nRT$ 可知,$W = -\Delta n_g RT$,所以 $W < 0$。又由此反应为放热反应可知,$Q < 0$。根据能量守恒——热力学第一定律可知,$\Delta U = Q + W$,故本题选 B。

例 6 下列关于平衡常数 K 的说法中,正确的是 ( )

A. 在任何条件下,化学平衡常数是一个恒定值

B. 改变反应物浓度或生成物浓度都会改变平衡常数 K

C. 平衡常数 K 只与温度有关,与反应浓度、压强无关

D. 从平衡常数 K 的大小不能推断一个反应进行的程度

答:本题选 C。

解题思路:本题考查的化学平衡常数及平衡常数的影响因素。温度对化学平衡的影响与浓度或压力对化学平衡的影响有本质的区别。温度的变化将直接导致 K 值的变化,故 A 选项错误。改变反应物浓度或生成物浓度会使平衡发生移动,但不会改变平衡常数,故 B 选项错误。平衡常数的物理意义就是判断一个反应进行的最大限度,D 选项错误,故本题选 C。

例 7 可逆反应 $CO(g) + H_2O(g) \rightleftharpoons CO_2(g) + H_2(g)$,$\Delta H < 0$ 达到平衡时,下面哪一种说法使 K_p 保持不变 ( )

A. 温度不变,增加压力 B. 温度升高,增加压力

C. 降低温度,增加压力 D. 降低温度,增加体积

答:本题选 A。

解题思路:本题考查化学平衡的问题。平衡常数只是关于温度的函数,若反应温度不变,则反应平衡常数不变,改变压力和浓度不影响平衡常数的值,故本题选 A。

例 8 在恒压条件下,将 3 mol H_2 由 300 K、100 kPa 加热到 800 K,计算气体膨胀所做体积功为多少?

解题思路:根据题意可按照理想气体来处理,根据理想气体状态方程确定加热后气体体积变化量,然后将其代入恒压条件下气体膨胀过程中反抗外界压力所做的功的计算公式,就可确定膨胀时的体积功。

将气体视为理想气体,则根据理想气体状态方程 $pV = nRT$ 可得

$$\Delta V = V_2 - V_1 = \frac{nRT_2}{p} - \frac{nRT_1}{p}$$

恒压条件下,气体膨胀过程中反抗外界压力所做的功为

$$W = -p\Delta V = -p\left(\frac{nRT_2}{p} - \frac{nRT_1}{p}\right) = nR(T_1 - T_2) =$$

$$3\ \text{mol} \times 8.314\ \text{J} \cdot \text{mol}^{-1} \cdot \text{K}^{-1} \times (300 - 800)\ \text{K} = -12\ 471\ \text{J} = -12.471\ \text{kJ}$$

例9 298 K时,5 mol 的理想气体,(1) 定温可逆膨胀为原体积的2倍;(2)定压下加热到373 K;(3) 定容下加热到373 K。已知 $C_{V,m} = 28.28\ \text{J} \cdot \text{mol}^{-1} \cdot \text{K}^{-1}$。计算这三个过程的 Q、W、ΔU、ΔH 和 ΔS。

解:(1)$\Delta U = \Delta H = 0$

$$Q = -W = nRT\ln\frac{V_2}{V_1} = 5 \times 8.314 \times 298\ln 2\ \text{J} \approx 8.587\ \text{kJ}$$

$$\Delta S = nR\ln\frac{V_2}{V_1} = 5 \times 8.314\ln 2\ \text{J} \cdot \text{K}^{-1} \approx 28.82\ \text{J} \cdot \text{K}^{-1}$$

(2) $\Delta H = Q_P = nC_{P,m}(373 - 298) \approx 13.72\ \text{kJ}$

$$\Delta U = nC_{V,m}(373 - 298) \approx 10.61\ \text{kJ}$$

$$W = \Delta U - Q_P = -3.11\ \text{kJ}$$

$$\Delta S = nC_{P,m}\ln\frac{T_2}{T_1} = 5 \times (28.28 + 8.314)\ln\frac{373}{298}\ \text{J} \cdot \text{K}^{-1} \approx 41.07\ \text{J} \cdot \text{K}^{-1}$$

(3) $\Delta U = Q_V = nC_{V,m}(373 - 298) \approx 10.61\ \text{kJ}$

$$\Delta H = nC_{P,m}(373 - 298) \approx 13.72\ \text{kJ}$$

$$W = 0$$

$$\Delta S = nC_{V,m}\ln\frac{T_2}{T_1} = 5 \times 28.28\ln\frac{373}{298}\ \text{J} \cdot \text{K}^{-1} \approx 31.74\ \text{J} \cdot \text{K}^{-1}$$

例10 40 g氦在 $3P^{\ominus}$ 下从25 ℃加热到50 ℃,试求该过程的 ΔH、ΔU、Q 和 W。(设氦是理想气体。He 的 $M = 4\ \text{g} \cdot \text{mol}^{-1}$)

解: $\Delta H = Q_p = nC_{p,m}(323 - 298) = \frac{40}{4} \times \frac{5}{2} \times 8.314 \times 25\ \text{J} \approx 5\ 196.3\ \text{J}$

$$\Delta U = nC_{V,m}(323 - 298) = \frac{40}{4} \times \frac{3}{2} \times 8.314 \times 25\ \text{J} \approx 3\ 117.8\ \text{J}$$

$$W = \Delta U - Q_P = -2\ 078.5\ \text{J}$$

例11 已知下列热化学方程式:

$$Fe_2O_3(s) + 3CO(g) = 2\ Fe(s) + 3\ CO_2(g) \quad \Delta_r H_{m,1}^{\ominus} = -25\ \text{kJ} \cdot \text{mol}^{-1} \quad (1)$$

$$3Fe_2O_3(s) + CO(g) = 2\ Fe_3O_4(s) + CO_2(g) \quad \Delta_r H_{m,2}^{\ominus} = -47\ \text{kJ} \cdot \text{mol}^{-1} \quad (2)$$

$$Fe_3O_4(s) + CO(g) = 3\ FeO\ (s) + CO_2(g) \quad \Delta_r H_{m,3}^{\ominus} = +19\ \text{kJ} \cdot \text{mol}^{-1} \quad (3)$$

不用查表,计算下列反应的 $\Delta_r H_m^{\ominus}$。

$$FeO\ (s) + CO(g) = Fe\ (s) + CO_2(g)$$

解:利用盖斯定律$\frac{1}{2}\times$式(1) $-\frac{1}{6}\times$式(2) $-\frac{1}{3}\times$式(3) 得

$$FeO(s) + CO(g) = Fe(s) + CO_2(g)$$

反应的热效应为

$$\Delta_r H_m^\ominus = \frac{1}{2}\Delta_r H_{m,1}^\ominus - \frac{1}{6}\Delta_r H_{m,2}^\ominus - \frac{1}{3}\Delta_r H_{m,3}^\ominus =$$

$$\left[\frac{1}{2}\times(-25) - \frac{1}{6}\times(-47) - \frac{1}{3}\times(+19)\right] \text{kJ}\cdot\text{mol}^{-1} =$$

$$-11 \text{ kJ}\cdot\text{mol}^{-1}$$

例12 试计算反应 $4NH_3(g) + 5O_2(g) = 4NO(g) + 6H_2O(g)$ 的 $\Delta_r H_m^\ominus$。

解:由教材中附录查得:	$NH_3(g)$	$O_2(g)$	$NO(g)$	$H_2O(g)$
$\Delta_f H_m^\ominus/(\text{kJ}\cdot\text{mol}^{-1})$	-46.11	0	90.25	-241.82

$$\Delta_r H_m^\ominus = [4\Delta_f H_m^\ominus(NO) + 6\Delta_f H_m^\ominus(H_2O)] - [4\Delta_f H_m^\ominus(NH_3) + 5\Delta_f H_m^\ominus(O_2)] =$$

$$[4\times 90.25 + 6\times(-241.82)] \text{kJ}\cdot\text{mol}^{-1} - [4\times(-46.11) +$$

$$5\times 0] \text{kJ}\cdot\text{mol}^{-1} = -905.48 \text{ kJ}\cdot\text{mol}^{-1}$$

例13 绝热瓶中有373 K的热水,因绝热瓶绝热稍差,有4 000 J的热量流入温度为298 K的空气中,求:

(1) 绝热瓶的$\Delta S_{体}$;(2) 环境的$\Delta S_{环}$;(3) 总熵变$\Delta S_{总}$。

解:近似认为传热过程是可逆过程,则

$$\Delta S_{体系} = -\frac{4\ 000}{373} \text{J}\cdot\text{K}^{-1} \approx -10.72 \text{ J}\cdot\text{K}^{-1}$$

$$\Delta S_{环境} = \frac{4\ 000}{2\ 98} \text{J}\cdot\text{K}^{-1} \approx 13.42 \text{ J}\cdot\text{K}^{-1}$$

$$\Delta S_{总} = \Delta S_{体} + \Delta S_{环} = 2.70 \text{ J}\cdot\text{K}^{-1}$$

例14 计算298.15 K、100 kPa下,$CaCO_3(s) = CaO(s) + CO_2(g)$ 的 $\Delta_r S_m^\ominus$。

解:由教材中附录查得:$S_m^\ominus(CaCO_3,s) = 92.9 \text{ J}\cdot\text{mol}^{-1}\cdot\text{K}^{-1}$;$S_m^\ominus(CaO,s) = 38.2 \text{ J}\cdot\text{mol}^{-1}\cdot\text{K}^{-1}$;$S_m^\ominus(CO_2,g) = 213.7 \text{ J}\cdot\text{mol}^{-1}\cdot\text{K}^{-1}$。

$$\Delta_r S_m^\ominus = S_m^\ominus(CaO,s) + S_m^\ominus(CO_2,g) - S_m^\ominus(CaCO_3,s) =$$

$$(213.7 + 38.2 - 92.9) \text{ J}\cdot\text{mol}^{-1}\cdot\text{K}^{-1} = 159 \text{ J}\cdot\text{mol}^{-1}\cdot\text{K}^{-1}$$

例15 已知反应$CaCO_3(s) = CaO(s) + CO_2(g)$,试判断298 K和1 500 K下正反应是否能自发进行,并求其转变温度?

解:反应的方程式为:	$CaCO_3(s)$	=	$CaO(s)$	+	$CO_2(g)$
$\Delta_f H_m^\ominus(298.15\text{ K})/(\text{kJ}\cdot\text{mol}^{-1})$	-1 207.6		-634.9		-393.5
$S_m^\ominus(298.15\text{ K})/(\text{J}\cdot\text{mol}^{-1}\cdot\text{K}^{-1})$	91.7		38.1		213.8

$$\Delta_r H_m^\ominus(298.15\text{ K}) = \Delta_f H_m^\ominus(CaO,s) + \Delta_f H_m^\ominus(CO_2,g) - \Delta_f H_m^\ominus(CaCO_3,s) =$$

$$[-634.9 + (-393.5) - (-1\ 207.6)] \text{kJ}\cdot\text{mol}^{-1} =$$

$$179.20 \text{ kJ}\cdot\text{mol}^{-1}$$

$$\Delta_r S_m^\ominus(298.15\text{ K}) = S_m^\ominus(CaO,s) + S_m^\ominus(CO_2,g) - S_m^\ominus(CaCO_3,s) =$$

$$(38.1+213.8-91.7)\ \mathrm{J\cdot mol^{-1}\cdot K^{-1}}=160.2\ \mathrm{J\cdot mol^{-1}\cdot K^{-1}}$$

$$\Delta_r G_m^{\ominus}(298.15\ \mathrm{K})=\Delta_r H_m^{\ominus}(298.15\ \mathrm{K})-T\Delta_r S_m^{\ominus}(298.15\ \mathrm{K})=(179.20-298.15\times160.2\div1\ 000)\mathrm{kJ\cdot mol^{-1}}=131.5\ \mathrm{kJ\cdot mol^{-1}}$$

$\Delta_r G_m^{\ominus}(298.15\ \mathrm{K})>40\ \mathrm{kJ\cdot mol^{-1}}$,反应不能正向自发进行。

$$\Delta_r G_m^{\ominus}(1\ 500\ \mathrm{K})\approx\Delta_r H_m^{\ominus}(298.15\ \mathrm{K})-T\Delta_r S_m^{\ominus}(298.15\ \mathrm{K})=(179.20-1\ 500\times160.2\div1\ 000)\mathrm{kJ\cdot mol^{-1}}=-61.10\ \mathrm{kJ\cdot mol^{-1}}$$

此时,$\Delta_r G_m^{\ominus}(1\ 500\ \mathrm{K})<-40\ \mathrm{kJ\cdot mol^{-1}}$,正反应可以自发进行。

$$T_{转}\approx\frac{\Delta_r H_{m,\ 298.15\ K}}{\Delta_r S_{m,\ 298.15\ K}}=\frac{179.20\times10^3}{160.2}\mathrm{K}\approx1\ 119\ \mathrm{K}$$

例16 计算320 K时,反应 $2HI(g)=\!=\!=H_2(g)+I_2(g)$ 的 $\Delta_r G_m$=? 和 $\Delta_r G_m^{\ominus}$=? 并判断反应进行的方向?(已知 $p_{HI}=0.040\ \mathrm{MPa}$,$p_{H_2}=0.001\ \mathrm{MPa}$,$p_{I_2}=0.001\ \mathrm{MPa}$。)

解:查表得:

	2HI(g)	H₂(g)	I₂(g)
$\Delta_f H_m^{\ominus}(298.15\ \mathrm{K})/(\mathrm{kJ\cdot mol^{-1}})$	26.5	0	62.438
$S_m^{\ominus}(298.15\ \mathrm{K})/(\mathrm{J\cdot mol^{-1}\cdot K^{-1}})$	206.48	130.59	260.6

$$\Delta_r H_m^{\ominus}(298.15\ \mathrm{K})=\Delta_f H_m^{\ominus}(H_2,g)+\Delta_f H_m^{\ominus}(I_2,g)-2\Delta_f H_m^{\ominus}(HI,g)=(0+62.438-2\times26.5)\mathrm{kJ\cdot mol^{-1}}=9.438\ \mathrm{kJ\cdot mol^{-1}}$$

$$\Delta_r S_m^{\ominus}(298.15\ \mathrm{K})=S_m^{\ominus}(H_2,g)+S_m^{\ominus}(I_2,g)-2S_m^{\ominus}(HI,g)=(130.59+260.6-2\times206.48)\ \mathrm{J\cdot mol^{-1}\cdot K^{-1}}=-21.77\ \mathrm{J\cdot mol^{-1}\cdot K^{-1}}$$

$$\Delta_r G_m^{\ominus}(320\ \mathrm{K})=\Delta_r H_m^{\ominus}(298.15\ \mathrm{K})-T\Delta_r S_m^{\ominus}(298.15\ \mathrm{K})=[9.438-320\times(-21.77)\div1\ 000]\ \mathrm{kJ\cdot mol^{-1}}\approx16.404\ \mathrm{kJ\cdot mol^{-1}}$$

$$\Delta_r G_m=\Delta_r G_m^{\ominus}+2.303RT\lg Q=\left[16.404+2.303\times8.314\times10^{-3}\times320\lg\frac{0.001\times(0.001/0.100)}{(0.040/0.100)^2}\right]\mathrm{kJ\cdot mol^{-1}}\approx-3.22\ \mathrm{kJ\cdot mol^{-1}}$$

由于 $\Delta_r G_m<0$,所以反应可以正向进行。

例17 对于反应 $CCl_4(l)+H_2(g)=\!=\!=HCl(g)+CHCl_3(l)$,比较(1)在298 K和标准状态下;(2)$p_{H_2}=1.00\times10^6\mathrm{Pa}$ 和 $p_{HCl}=1.00\times10^4\mathrm{Pa}$ 时自发反应的方向?已知 $\Delta_r H_m^{\ominus}(298.15\ \mathrm{K})=-90.34\ \mathrm{kJ\cdot mol^{-1}}$,$\Delta_r S_m^{\ominus}(298.15\ \mathrm{K})=41.5\ \mathrm{J\cdot mol^{-1}\cdot K^{-1}}$。

解:(1)
$$\Delta_r G_m^{\ominus}(298\ \mathrm{K})=\Delta_r H_m^{\ominus}(298\ \mathrm{K})-T\Delta_r S_m^{\ominus}(298\ \mathrm{K})=(-90.34-298\times41.5\div1\ 000)\ \mathrm{kJ\cdot mol^{-1}}\approx-102.7\ \mathrm{kJ\cdot mol^{-1}}$$

$\Delta_r G_m^{\ominus}<0$,在标准状态下,正反应自发进行。

(2)$\Delta_r G_m = \Delta_r G_m^\ominus + RT\ln Q = \Delta_r G_m^\ominus + RT\ln \dfrac{\dfrac{p_{HCl}}{p^\ominus}}{\dfrac{p_{H_2}}{p^\ominus}} =$

$$\left[-102.7 + 8.314\times10^{-3}\times298\times\ln\frac{\dfrac{1.00\times10^4}{1.00\times10^5}}{\dfrac{1.00\times10^6}{1.00\times10^5}}\right]\text{kJ}\cdot\text{mol}^{-1}\approx$$

$-114.1\ \text{kJ}\cdot\text{mol}^{-1}$

在非标准状态时,$\Delta_r G_m < 0$,所以正反应可以自发进行。

例 18 实验测得 SO_2 氧化为 SO_3 的反应在 1 000 K 时,各物质的平衡分压为 p_{SO_2} = 27.2 kPa,p_{O_2} = 40.7 kPa,p_{SO_3} = 32.9 kPa,计算 1 000 K 时反应 $2SO_2(g) + O_2(g) \rightleftharpoons 2SO_3(g)$ 的标准平衡常数 $K^\ominus$?

解:$2SO_2(g) + O_2(g) \rightleftharpoons 2SO_3(g)$

根据标准平衡常数的定义式

$$K^\ominus = \frac{\left(\dfrac{p_{SO_3}}{p^\ominus}\right)^2}{\left(\dfrac{p_{SO_2}}{p^\ominus}\right)^2\cdot\left(\dfrac{p_{O_2}}{p^\ominus}\right)} = \frac{\left(\dfrac{32.9}{100}\right)^2}{\left(\dfrac{27.2}{100}\right)^2\times\left(\dfrac{40.7}{100}\right)} \approx 3.59$$

例 19 1 000 K 时,将 1.00 mol SO_2 与 1.00 mol O_2 充入容积为 5.00 L 的密闭容器中,平衡时,有 0.85 mol $SO_3(g)$ 生成,求 1 000 K 时 $K^\ominus$=?

解:	$2SO_2(g)$	$+\ O_2(g)$	$\rightleftharpoons 2SO_3(g)$
反应初始量/mol	1.00	1.00	0.00
反应平衡量/mol	0.15	0.575	0.85

各物质分压:$p_{(SO_3)} = \dfrac{n_{SO_3}RT}{V} = \dfrac{0.85\times8.314\times1\ 000\times10^{-6}}{5.00\times10^{-3}}\text{MPa} \approx 1.41\ \text{MPa}$

同理可得:$p_{(SO_2)} = \dfrac{n_{SO_2}RT}{V} = \dfrac{0.15\times8.314\times1\ 000\times10^{-6}}{5.00\times10^{-3}} \approx 0.249\ \text{MPa}$

$$p_{(O_2)} = \frac{n_{O_2}RT}{V} = \frac{0.575\times8.314\times1\ 000\times10^{-6}}{5.00\times10^{-3}} \approx 0.956\ \text{MPa}$$

$$K^\ominus_{1\ 000\ K} = \frac{(p_{SO_3}/p^\ominus)^2}{(p_{SO_2}/p^\ominus)^2(p_{O_2}/p^\ominus)} = \frac{(1.41/0.1)^2}{(0.249/0.1)^2\times(0.956/0.1)} \approx 3.35$$

例 20 把 CO_2 和 H_2 的混合物加热至 1 123 K,反应 $CO_2(g) + H_2(g) \rightleftharpoons CO(g) + H_2O(g)$ 达到平衡。

(1) 假设达到平衡时,有摩尔分数为 90% 的 H_2 转化为 $H_2O(g)$,问原来的 CO_2 与 H_2 是按怎样的摩尔比混合的?

(2) 如果在上述已达平衡的体系中加入 H_2,使 CO_2 与 H_2 的摩尔比为 $\dfrac{n_{CO_2}}{n_{H_2}} = 1$,体系总

压力为 100 kPa，试判断平衡移动方向，并计算达到平衡时各物质的分压及 H_2 的转化率？

(3) 如果保持温度不变，将反应体系的体积压缩至原来的 1/2，试判断平衡能否移动？

解：(1) $CO_2(g) + H_2(g) \rightleftharpoons CO(g) + H_2O(g)$

	$CO_2(g)$	$H_2(g)$	$CO(g)$	$H_2O(g)$
起始量 /mol	x	y	0	0
各物质起始分压 /Pa	xRT/V	yRT/V	0	0
各物质平衡分压 /Pa	$(x-0.9y)RT/V$	$0.1yRT/V$	$0.9yRT/V$	$0.9yRT/V$
各物质相对平衡分压 /Pa	$\frac{(x-0.9y)RT/V}{p}$	$\frac{0.1yRT/V}{p}$	$\frac{0.9yRT/V}{p}$	$\frac{0.9yRT/V}{p}$

将上述各物质的相对平衡分压代入标准平衡常数的表达式中，并进行整理，消去相同的各项，得

$$K^{\ominus}=\frac{(0.9y)^2}{(x-0.9y)(0.1y)}=1 \qquad 8.1y=x-0.9y \qquad x/y=9$$

(2) $CO_2(g) + H_2(g) \rightleftharpoons CO(g) + H_2O(g)$

	$CO_2(g)$	$H_2(g)$	$CO(g)$	$H_2O(g)$
原各物质平衡分压 /Pa	$8.1yRT/V$	$0.1yRT/V$	$0.9yRT/V$	$0.9yRT/V$
改变摩尔比后分压 /Pa	$8.1yRT/V$	$8.1yRT/V$	$0.9yRT/V$	$0.9yRT/V$
各物质相对平衡分压 /Pa	$\frac{(x-0.9y)RT/V}{p}$	$\frac{0.1yRT/V}{p}$	$\frac{0.9yRT/V}{p}$	$\frac{0.9yRT/V}{p}$
新条件下相对平衡分压 /Pa	$\frac{8.1y(1-\alpha)RT/V}{p}$	$\frac{8.1y(1-\alpha)RT/V}{p}$	$\frac{(0.9y+8.1y\alpha)RT/V}{p}$	$\frac{(0.9y+8.1y\alpha)RT/V}{p}$

将上述各物质的相对平衡分压代入反应熵的表达式中，并进行整理，消去相同的各项，得

$$Q=(0.9)^2/(8.1)^2\approx 0.01$$

$Q<K^{\ominus}$，故平衡正向移动。

将新条件下各物质的相对平衡分压代入标准平衡常数的表达式中，并进行整理，消去相同的各项，得

$$\frac{(0.9+8.1\alpha)^2}{[8.1(1-\alpha)]^2}=1.0$$

解得：$\alpha\approx 44\%$

各物质的平衡分压 $p_{CO}=p_{H_2O}=\frac{n_i}{n}\cdot p=\frac{0.9+3.6}{18}\times 100\ \text{kPa}=25.0\ \text{kPa}$

$$p_{CO_2}=p_{H_2}=\frac{n_i}{n}\cdot p=\frac{8.1\times(1-0.44)}{18}\times 100\ \text{kPa}=25.2\ \text{kPa}$$

(3) 当体系压缩至原来的 1/2 时，压力增大一倍。此时，由于反应前后气体摩尔数变化值为零，所以此时，$Q=K^{\ominus}$ 平衡，不移动。

2.4 习题详解

1. 判断题。

(1)聚集状态相同的物质混在一起,一定是单相系统。 (　　)

(2)由下列过程的热化学方程式可看出在此温度时蒸发 1 mol $UF_6(l)$会放出 30.1 kJ 热量。

$$UF_6(l) \xlongequal{\quad} UF_6(g)\ ;\quad \Delta_r H_m^{\ominus} = 30.1\,kJ \cdot mol^{-1}$$ (　　)

(3)任何单质、化合物和水合氢离子,在 298.15 K 时的标准摩尔熵均大于 0。 (　　)

(4)空气中的 N_2和 O_2能长期共存而不化合,可见 N_2和 O_2生成 NO 的反应为非自发反应。 (　　)

(5)反应的焓变和反应热是同一个概念。 (　　)

(6)在恒温恒压条件下,下列两个化学方程式所表达的反应放出的热量是一相同的值。 (　　)

$$2H_2(g) + O_2(g) \xlongequal{\quad} 2H_2O\ (l)\ ;H_2(g) + 1/2O_2(g) \xlongequal{\quad} H_2O(l)$$

(7)在标准状态下,单质的标准摩尔生成吉布斯函数变等于零。 (　　)

(8)在一个封闭系统中进行的可逆反应达到平衡后,若外界条件保持不变,则系统中各组分的浓度或分压就保持不变。 (　　)

(9)真实气体行为接近理想气体性质的外部条件是高温低压。 (　　)

(10)热力学标准状态是指物质在 273.15 K 及标准压力 $p^{\ominus}$或标准浓度 $c^{\ominus}$时的状态。 (　　)

答:(1)错。

解题思路:判断单相系统的依据与聚集状态无关,聚集状态相同的物质混在一起也可能是多相系统,例如:油水混合物。

答:(2)错。

解题思路:根据已知热化学方程式,此反应的标准摩尔焓变大于零,可以得出该反应为吸热反应。

答:(3)错。

解题思路:规定在标准状态下水合氢离子的标准摩尔熵为零。说明不是任何水合氢离子的标准摩尔熵均大于零,也有可能等于零。

答:(4)错。

解题思路:反应能否自发进行与给定的条件有关,有时条件的改变能使非自发过程变为自发过程,由于此反应条件不确定,因此,无法判断此反应是否为自发反应。

答:(5)错。

解题思路:封闭系统在恒压、不做非体积功的反应或过程中,系统中焓的变化量等于恒压过程的热效应。焓变可以直接称为恒压反应热。

答:(6)错。

解题思路:反应热与化学计量数有关,两个反应的化学计量数不同,因此放出的热量也不同。

答:(7)错。

解题思路:在标准状态下,指定单质的标准摩尔生成吉布斯函数变等于零,例如:H_2(g)、Br_2(l)、Ag(s)。

答:(8)对。

解题思路:当反应达到平衡状态时,即正反应速率和逆反应速率相同,则系统中各组分的浓度和分压都保持不变。

答:(9)对。

解题思路:理想气体是指分子本身的体积和分子间的作用力都可忽略不计的气体,在高温低压时真实气体行为接近理想气体。

答:(10)错。

解题思路:热力学的标准态只规定了压力和浓度而没有指定温度。

2. 选择题。

(1)下列说法正确的是　(　　)

A. 凡是放热反应都是自发的　B. 铁在潮湿空气中生锈是自发反应

C. 熵增大的反应都是自发反应　D. 电解池的反应属于自发反应

(2)恒温恒压下反应自发性的判据是　(　　)

A. $\Delta_r H_m^{\ominus} < 0$　B. $\Delta_r S_m^{\ominus} > 0$

C. $\Delta_r G_m^{\ominus} < 0$　D. $\Delta_r G_m < 0$

(3)将固体 NH_4NO_3 溶于水中,溶液变冷,则该过程的 ΔG、ΔH、ΔS 的符号依次是

(　　)

A. −,+,+　B. +,−,−

C. −,+,−　D. +,−,+

(4)反应 FeO(s) + C(s) ══ Fe(s) + CO(g) 的 $\Delta H > 0$,$\Delta S > 0$,则下列说法正确的是　(　　)

A. 低温下自发进行,高温下非自发进行　B. 高温下自发进行,低温下非自发进行

C. 任何温度下均为非自发进行　D. 任何温度下均为自发进行

(5) 某温度时反应 $SO_2(g)+1/2O_2(g)$ ══ $SO_3(g)$ 的平衡常数为 $K_1^{\ominus}$,如果反应方程式改写为 $2SO_2(g)+O_2(g)$ ══ $2SO_3(g)$,则其平衡常数 $K_2^{\ominus}$ 为　(　　)

A. $(K_1^{\ominus})^2$　B. $1/K_1^{\ominus}$

C. $K_1^{\ominus}$　D. $(K_1^{\ominus})^{1/2}$

(6)下列对于功和热的描述,正确的是　(　　)

A. 都是途经函数,其变化值只决定于系统的始态和终态

B. 都是状态函数,变化量与途经无关

C. 都是途经函数,无确定的变化途径就无确定的数值

D. 都是状态函数,状态一定,其值一定

(7)下列说法正确的是 (　　)

A. 可逆反应的特征是正反应速率和逆反应速率相等

B. 在其他条件不变时,使用催化剂只能改变反应的速率,而不能改变化学平衡状态

C. 在其他条件不变时,升高温度可以使平衡向放热反应的方向移动

D. 在其他条件不变时,增大压强一定会破坏气体反应的平衡状态

(8)下列关于平衡常数的说法中,正确的是 (　　)

A. 在任何条件下,化学平衡常数是一个恒定值

B. 改变反应物浓度或生成物浓度都会改变平衡常数

C. 平衡常数只与温度有关,而与反应浓度和压强无关

D. 从平衡常数的大小不能推断一个反应进行的程度

(9)为了减少汽车尾气中的 NO 和 CO 污染大气,可按照下列反应进行催化转化

$NO(g) + CO(g) \longrightarrow 1/2N_2(g) + CO_2(g)$; $\Delta_r H_m^{\ominus}(298.15K) = -374\ kJ \cdot mol^{-1}$

从化学原理考虑,下列措施中有利于提高反应转化率的是 (　　)

A. 高温低压　　B. 低温高压

C. 低温低压　　D. 高温高压

(10)某温度时,已知下列反应:①$N_2(g) + O_2(g) \longrightarrow 2NO(g)$;②$2NO(g) + O_2(g) \longrightarrow 2NO_2(g)$ 的标准摩尔吉布斯函数变分别为 $\Delta_r G_{m,1}^{\ominus}(T)$ 和 $\Delta_r G_{m,2}^{\ominus}(T)$,求反应③$N_2(g) + 2O_2(g) \longrightarrow 2NO_2(g)$ 的 $\Delta_r G_{m,3}^{\ominus}(T)$ 等于 (　　)

A. $\Delta_r G_{m,1}^{\ominus}(T) + \Delta_r G_{m,2}^{\ominus}(T)$

B. $\Delta_r G_{m,1}^{\ominus}(T) \cdot \Delta_r G_{m,2}^{\ominus}(T)$

C. $\Delta_r G_{m,1}^{\ominus}(T) - \Delta_r G_{m,2}^{\ominus}(T)$

D. $\Delta_r G_{m,1}^{\ominus}(T) / \Delta_r G_{m,2}^{\ominus}(T)$

(11)下列反应达成平衡后,不会因容器体积的改变而破坏平衡状态的是 (　　)

A. $2NO(g) + O_2(g) \longrightarrow 2NO_2(g)$

B. $Fe(s) + CuSO_4(aq) \longrightarrow FeSO_4(aq) + Cu(s)$

C. $CO_2(g) + H_2(g) \longrightarrow CO(g) + H_2O(g)$

D. $CaCO_3(s) \longrightarrow CaO(s) + CO_2(g)$

(12)平衡系统 $H_2O(l) \longrightarrow H_2O(g)$ 的平衡常数 $K^{\ominus}$ 表达式为 (　　)

A. $p^{eq}(H_2O,l)/p^{\ominus}$　　B. $p(H_2O)$

C. $p^{eq}(H_2O,g)/p^{\ominus}$　　D. $p^{eq}(H_2O,g)/c^{eq}(H_2O)$

答:(1)选 B。

解题思路:在给定条件下,能自动进行的反应或过程称为自发反应。A 选项中强调凡是放热反应都是自发的,例如煤的燃烧是放热反应,此反应在指定条件下才为自发的,因此 A 选项错误。C 选项中只有在孤立系统中熵增大的反应是自发反应,因此 C 选项错误。D 选项中电解池的反应必须在有外接电源的条件才能进行反应,因此该反应为非自发反应,D 选项错误,故本题选 B。

答:(2)选 D。

解题思路:恒温恒压下反应自发性的判断依据为吉布斯函数变小于零。

答:(3)选A。

解题思路:NH_4NO_3易溶于水,是自发反应,因此$\Delta G < 0$。溶液变冷说明此反应为吸热反应$\Delta H > 0$。由固态变为液态熵值增大,$\Delta S > 0$,故本题选A。

答:(4)选B。

解题思路:当$\Delta G < 0$时,为自发反应;$\Delta G > 0$时,为非自发反应。根据公式$\Delta G = \Delta H - T\Delta S$,此题中反应的$\Delta H > 0$,$\Delta S > 0$,则可以判断当高温时,$\Delta G < 0$为自发反应。当低温时,$\Delta G > 0$为非自发反应,故本题选B。

答:(5)选A。

解题思路:平衡常数表达式的写法,取决于反应方程式的写法。因此,$K^\ominus$的数值必须与化学反应方程式相"配套",故本题选A。

答:(6)选C。

解题思路:由热和功的定义可知,热量和功总是与状态的变化过程相联系。若无过程,则不产生功和热;若所经历的途径不同,即使是始态和终态相同的变化过程,热和功的值也不同。因此,热和功不是系统的状态函数,其数值与途径有关,故本题选C。

答:(7)选B。

解题思路:可逆反应的特征应是在同一条件下,既能向正反应方向进行,同时又能向逆反应的方向进行,故A选项错误。根据吕·查德里原理(A. L. Le Chatelier)来判断:假如改变平衡系统的条件之一,如浓度,压力或温度,平衡就向着减弱这个改变的方向移动。因此升高温度,平衡向吸热反应方向移动,C选项错误。有气态物质参与,但反应前后气体分子数相等的反应,改变总压力对化学平衡没有影响,故D选项错误。故本题选B。

答:(8)选C。

解题思路:温度对化学平衡的影响与浓度或压力对化学平衡的影响有本质的区别。温度的变化将直接导致$K^\ominus$值的变化,故A选项错误。改变反应物浓度或生成物浓度会使平衡发生移动,但不会改变平衡常数,故B选项错误。平衡常数的物理意义就是判断一个反应进行的最大限度,故D选项错误。故本题选C。

答:(9)选B。

解题思路:提高反应转化率即反应向正方向进行,由于该反应为放热反应,$\Delta n_g < 0$,因此低温高压有利于反应向正方向移动,进而提高反应转化率。故本题选B。

答:(10)选A。

答:(11)选B。

解题思路:对有气态物质参与,且反应前后气体分子数不等的反应,改变系统的总压力会对化学平衡产生影响,故A、C、D均错误。而一般对于只有液体、固体参与的反应,压力变化对平衡的影响很小,可以认为改变总压力对平衡几乎无影响。故本题选B。

答:(12)选C。

解题思路:若反应系统为多相系统,则固态、液态纯物质及稀溶液中的溶剂(如水),不必写入平衡常数的表达式。故本题选C。

3. 填空题。

(1)甲烷是一种高效清洁的新能源，0. 25 mol 甲烷完全燃烧生成液态水时放出222.5 kJ热量，则甲烷燃烧的热化学方程式为________。

(2)对于反应：$N_2(g)+3H_2(g) \longrightarrow 2NH_3(g)$；$\Delta_r H_m^\ominus$(298. 15 K) < 0

当反应达平衡后，再升高温度，则下列各项将如何变化(填写"不变"、"基本不变"、"增大"或"减小")：$\Delta_r H_m^\ominus$ ________；$\Delta_r S_m^\ominus$ ________；$\Delta_r G_m^\ominus$ ________；$K^\ominus$ ________。

(3)将下列物质按 $S_m^\ominus$ (298. 15 K)减小的顺序排列：Ag(s)、AgCl(s)、Cu(s)、C_6H_6(l)、C_6H_6(g)，正确顺序为________>________>________>________>________。

(4)由下列热化学方程式可知 $\Delta_f H_m^\ominus$ (H_2O, g, 298 K) =________。

$$2H_2O(g) \longrightarrow 2H_2(g)+O_2(g);\ \Delta_r H_m^\ominus(298\ K) = +484\ kJ \cdot mol^{-1}$$

(5)当反应 $I_2(g) \rightleftharpoons 2I(g)$ 达平衡时：

①升高温度，平衡常数________，原因是________________；

②压缩气体时，I_2(g)的解离度________，原因是________________；

③恒容时充入 N_2(g)，I_2(g)的解离度________，原因是________________；

④恒压时充入 N_2(g)，I_2(g)的解离度________，原因是________________。

答：(1) $CH_4(g)+2O_2(g) \longrightarrow CO_2(g)+2H_2O(l)$；$\Delta_r H_m^\ominus$(298. 15 K) = − 890 kJ·$mol^{-1}$

(2)基本不变　基本不变　增大　减小

(3) $C_6H_6(g) > C_6H_6(l) > AgCl(s) > Ag(s) > Cu(s)$

(4) 242 kJ·mol^{-1}

(5)①增大　I_2(g)的解离是吸热反应

②减少　总体积减小，总压力增加，平衡向气体分子数减少的方向移动

③不变　I_2(g)和 I(g)的分压都不变

④增大　减少总压力，平衡向气体分子数增加的方向移动

4. 定性判断下列反应或过程中的熵变是增加还是减少。

(1)少量食盐溶解在水中；

(2)利用活性炭吸附空气中的污染物气体；

(3)碳与氧气反应生成二氧化碳。

5. 有 450 g 水蒸气在 101. 325 kPa 和 100 ℃的条件下凝结成水，已知水的蒸发热为2. 26 kJ·g^{-1}，试计算此过程的：(1) W 和 Q；(2) $\Delta_r H_m^\ominus$ 和 $\Delta_r U_m^\ominus$ 之间的差值。

6. 查阅教材附表数据，计算下列反应的 $\Delta_r H_m^\ominus$(298. 15 K)及 $\Delta_r S_m^\ominus$(298. 15 K)。

(1) $4NH_3(g) + 7O_2(g) \longrightarrow 4NO_2(g) + 6H_2O(l)$；

(2) $C_2H_4(g) \longrightarrow C_2H_2(g) + H_2(g)$；

7. 工业上用 CO 和 H_2 合成甲醇：$CO(g) + 2H_2(g) \longrightarrow CH_3OH(l)$，试根据下列反应的标准摩尔焓变，计算甲醇合成反应的标准摩尔焓变。

$$CH_3OH(l) + 1/2O_2(g) \longrightarrow C(石墨) + 2H_2O(l);\ \Delta_r H_m^\ominus(298.15\ K) = -333.00\ kJ \cdot mol^{-1}$$

$$C(石墨) + 1/2O_2(g) \longrightarrow CO(g);\ \Delta_r H_m^\ominus(298.15\ K) = -110.5\ kJ \cdot mol^{-1}$$

$$H_2(g) + 1/2O_2(g) \longrightarrow H_2O(l);\ \Delta_r H_m^\ominus(298.15\ K) = -285.85\ kJ \cdot mol^{-1}$$

8. 将液体苯试样 1.00 g,与适量的氧气一起放入弹式热量计中进行反应。水浴中盛水 4 147.0 g,反应后,水温升高 2.17 ℃。已知热量计热容为 1 840 $J \cdot ℃^{-1}$,如果忽略温度计、搅拌器等吸收的少量热,试计算 1 mol 液苯燃烧反应的恒容热效应,并写出液苯燃烧反应的热化学方程式。

9. 用计算说明为什么常温下 HCl(g) 遇到 NH_3(g) 就会产生白烟;高温时 NH_4Cl 为什么会分解成 HCl 和 NH_3 两种气体?

10. 已知 298 K 时,反应 $2Fe_2O_3(s) + 3C(石墨) \longrightarrow 4Fe(s) + 3CO_2(g)$ 的 $\Delta_r G_m^\ominus$(298.15 K) 是 301.32 $kJ \cdot mol^{-1}$,$\Delta_r H_m^\ominus$(298.15 K) 是 467.87 $kJ \cdot mol^{-1}$。请根据已知条件填写下表中的其他数据。

	Fe_2O_3(s)	C(s,石墨)	Fe(s)	CO_2(g)
$\Delta_f H_m^\ominus$(298.15 K) /($kJ \cdot mol^{-1}$)	−824.2			
$S_m^\ominus$(298.15 K) /($J \cdot mol^{-1} \cdot K^{-1}$)	87.40	5.740	27.28	
$\Delta_f G_m^\ominus$(298.15K) /($kJ \cdot mol^{-1}$)	−742.2			

11. 铝热剂的化学原理为 $2Al(s)+Fe_2O_3(s) \longrightarrow Al_2O_3(s)+2Fe(s)$,试利用教材附表 3 中各物质在标准态下的有关热力学数据,判断该反应在 298.15 K 时能否自发进行?

12. 写出下列反应的标准平衡常数 $K^\ominus(T)$ 的表达式。

(1) $NH_3(g) \longrightarrow 1/2N_2(g) + 3/2H_2(g)$;

(2) $CO_2(g) + 2NH_3(aq) + H_2O(l) \longrightarrow 2NH_4^+(aq) + CO_3^{2-}(aq)$;

(3) $Fe_3O_4(s) + 4H_2(g) \longrightarrow 3Fe(s) + 4H_2O(g)$;

(4) $BaCO_3(s) \longrightarrow BaO(s) + CO_2(g)$。

13. 制取半导体材料硅的反应为

$$SiO_2(s)+2C(石墨) \longrightarrow Si(s)+2CO(g)$$

(1) 通过计算判断在 298.15 K 标准状态下,上述反应能否自发进行?

(2) 求标准状态下该反应能够自发进行的温度。

(3) 求 T=1 000 K 时此反应的 $K^\ominus$。

14. 利用热力学数据,通过计算说明常温常压下合成氨的可行性。并估算在标准条件下自发进行的最高温度和 400 K 时合成氨反应的标准平衡常数。

15. 已知下列反应的标准平衡常数在不同温度时的值如下表所示。

(1) $Fe(s) + CO_2(g) \longrightarrow FeO(s) + CO(g)$, $K_1^\ominus(T)$

(2) $Fe(s) + H_2O(g) \longrightarrow FeO(s) + H_2(g)$, $K_2^\ominus(T)$

T/K	973	1 073	1 173	1 273
$K_1^\ominus(T)$	1.47	1.81	2.15	2.48
$K_2^\ominus(T)$	2.38	2.00	1.67	1.49

试计算在以上温度时反应 $CO_2(s) + H_2(g) \longrightarrow CO(s) + H_2O(g)$ 的标准平衡常数

$K_3^{\ominus}(T)$，并通过计算说明正反应是放热的，还是吸热的。

16. 在某温度时，将 2 mol O_2、1 mol SO_2和 8 mol SO_3气体混合加入 10 L 的容器中，已知反应的平衡常数 $K^{\ominus}=100$，试问下列反应进行的方向如何？

$$2SO_2(g) + O_2(g) \longrightarrow 2SO_3(g)$$

17. 乙苯($C_6H_5C_2H_5$)脱氢制苯乙稀有两个反应。

(1)氧化脱氢：$C_6H_5C_2H_5(g) + 1/2O_2(g) \longrightarrow C_6H_5CH=CH_2(g) + H_2O(l)$

(2)直接脱氢：$C_6H_5C_2H_5(g) \longrightarrow C_6H_5CH \longrightarrow CH_2(g) + H_2(g)$

若反应在 298.15 K 下进行，计算两个反应的标准平衡常数，试问哪一种方法可行？

18. 已知反应 $1/2H_2(g)+1/2Cl_2(g) \longrightarrow HCl(g)$ 在 298 K 时 $\Delta_r H_m^{\ominus}(298\ K) = -92.31\ kJ \cdot mol^{-1}$，$K_1^{\ominus}$ 为 4.9×10^{16}，试计算当温度升高到 500 K 时 $K_2^{\ominus}$ 的值(近似计算，不查表)，并判断平衡向什么方向移动？

19. 已知反应 $2Cl_2(g)+2H_2O(g) \longrightarrow 4HCl(g) + O_2(g)$ 的 $\Delta_r H_m^{\ominus}(298\ K) = 113\ kJ \cdot mol^{-1}$，在 400 ℃时，反应达到平衡后，试估计下列变化将如何影响 $Cl_2(g)$的量。

(1)温度升至 500 ℃；

(2)加入氧气；

(3)除去容器中的水汽；

(4)增大容器的体积。

20. 用锡石(主要成分为 SnO_2)制取金属锡，有下列几种方法作为备选方案：

(1)直接加热矿石，使之分解；

(2)用碳(石墨)作还原剂，还原锡矿石(加热产生 CO_2)；

(3)用氢气作还原剂，还原锡矿石(加热产生水蒸气)。

若希望实际反应温度尽可能低一些，试用标准热力学数据计算说明哪种方法最适宜？

21. 某温度下反应 $H_2(g)+I_2(g) \longrightarrow 2HI(g)$ 达到平衡时，测得系统中 $c^{eq}(H_2)=0.5\ mol \cdot L^{-1}$，$c^{eq}(I_2)=0.5\ mol \cdot L^{-1}$，$c^{eq}(HI)=1.23\ mol \cdot L^{-1}$。如果此时从容器中迅速抽去 HI(g) $0.6\ mol \cdot L^{-1}$，平衡将向何方移动？求再次平衡时各物质浓度。

22. 设汽车内燃机内温度因燃料燃烧反应可达到 1 300 ℃，试利用标准热力学函数估算此温度时反应 $1/2N_2(g) +1/2O_2(g) \longrightarrow NO(g)$的 $\Delta_r G_m^{\ominus}$ 和 $K^{\ominus}$ 的数值。

答：4. (1)增加　(2)减少　(3)增加

5. $W = 77.5\ kJ \cdot mol^{-1}$　$Q = -1\ 017\ kJ \cdot mol^{-1}$　$\Delta_r H_m^{\ominus} - \Delta_r U_m^{\ominus} = -3.102\ kJ \cdot mol^{-1}$

6. (1)$\Delta_r H_m^{\ominus}(298.15\ K) = -1\ 858.44\ kJ \cdot mol^{-1}$；$\Delta_r S_m^{\ominus}(298.15\ K) = -69.91\ J \cdot mol^{-1} \cdot K^{-1}$。

(2) $\Delta_r H_m^{\ominus}(298.15\ K) = 174.47\ kJ \cdot mol^{-1}$；$\Delta_r S_m^{\ominus}(298.15\ K) = 112.064\ J \cdot mol^{-1} \cdot K^{-1}$。

7. $-128.2\ kJ \cdot mol^{-1}$

8. $-3\ 258\ kJ \cdot mol^{-1}$

9. 合成反应的 $\Delta_r G_m^{\ominus}(298.15\ K) = -84.8\ kJ \cdot mol^{-1} < 0$，常温下自发；$T_c = 622\ K$，高于 622 K 则逆反应自发。

10.

	$Fe_2O_3(s)$	C(s,石墨)	Fe(s)	$CO_2(g)$
$\Delta_f H_m^\ominus(298.15\ K)/(kJ\cdot mol^{-1})$		0	0	-393.509
$S_m^\ominus(298.15\ K)/(J\cdot mol^{-1}\cdot K^{-1})$				213.74
$\Delta_f G_m^\ominus(298.15\ K)/(kJ\cdot mol^{-1})$		0	0	-394.359

11. $\Delta_r G_m^\ominus(298.15\ K) = -922.0\ kJ\cdot mol^{-1}$，正向自发。

12. (1) $K^\ominus = \dfrac{[p^{eq}(N_2)/p^\ominus]^{\frac{1}{2}}\cdot[p^{eq}(H_2)/p^\ominus]^{\frac{3}{2}}}{[p^{eq}(NH_3)/p^\ominus]}$

(2) $K^\ominus = \dfrac{[c^{eq}(NH_4^+)/c^\ominus]^2\cdot[c^{eq}(CO_3^{2-})/c^\ominus]}{[c^{eq}(NH_3)/c^\ominus]^2\cdot[p^{eq}(CO_2)/p^\ominus]}$

(3) $K^\ominus = \dfrac{[p^{eq}(H_2O)/p^\ominus]^4}{[p^{eq}(H_2)/p^\ominus]^4}$

(4) $K^\ominus = [p^{eq}(CO_2)/p^\ominus]$

13. (1) $\Delta_r G_m^\ominus(298.15\ K) = 582.37\ kJ\cdot mol^{-1} > 0$，所以298 K标准状态时反应不能自发进行。

(2) $T > 1\ 913$ K时可自发进行。

(3) $K^\ominus = 6.288\times10^{-18}$

14. $\Delta_r G_m^\ominus(298\ K) = -32.86\ kJ\cdot mol^{-1} < 0$，可自发进行　$T_c = 467.3$ K

$K^\ominus(400\ K) = 55.9$

15. 正反应是吸热的。

T/K	973	1 073	1 173	1 273
$K_3^\ominus(T)$	0.618	0.905	1.29	1.66

16. 反应向 SO_3 分解方向进行。

17. $K_1^\ominus = 2.98\times10^{25}$；$K_2^\ominus = 2.65\times10^{-15}$；第一种方法可行。

18. $K_2^\ominus = 6.11\times10^{-4}$

19. (1) $Cl_2(g)$ 的浓度减少；(2) $Cl_2(g)$ 的浓度增加；(3) $Cl_2(g)$ 的浓度增加；(4) $Cl_2(g)$ 的浓度减少。

20. 第三种方法最好。

21. 达到新平衡时：$c(H_2) = c(I_2) = 0.365\ 5\ mol\cdot L^{-1}$；$c(HI) = 0.899\ mol\cdot L^{-1}$。

22. $\Delta_r G_m^\ominus(1\ 573\ K) \approx 70.68\ kJ\cdot mol^{-1}$，$K^\ominus \approx 4.51\times10^{-3}$

2.5 同步训练题

1. 判断题。

(1)系统内相界面越多相越多。 ( )

(2)系统和环境既是客观存在的又是人为划分的。 ( )

(3)一定温度下,对于 $\Delta\nu_g = 0$ 的反应体系,改变平衡态容器的体积,平衡不发生移动。 ( )

(4)聚集状态相同的物质混合在一起,一定是单相系统。 ( )

(5)当温度接近0 K时,所有的放热反应都可以认为是自发进行的反应。 ( )

(6)既放热又熵增的反应在任何温度下都能自发进行。 ( )

(7)当系统的状态函数之一发生改变时,系统的状态不一定变化。 ( )

(8)对于一个反应,如果 $\Delta H > \Delta G$,则该反应必定是熵增的反应。 ( )

(9)在一定的温度和压力下,气体混合物中组分气体的摩尔分数越大,则该组分气体的分压越小。 ( )

(10)在标准状态下,任何纯净物的标准摩尔生成吉布斯函数等于零。 ( )

(11)因为金刚石极为坚硬,所以其在298.15 K时的标准摩尔生成焓为零。 ( )

(12)在封闭系统中进行的可逆反应达到平衡后,若平衡条件体积和温度不变,则系统中各组分的浓度或分压不变。 ( )

(13)在一定温度下,标准摩尔生成焓的值越负的物质,标准状态下,由参考状态单质生成它时放出的热量越多。 ( )

(14)一定温度下,对于 $\Delta\nu(g) = 0$ 的可逆反应,达平衡后改变系统中某组分的浓度或分压,平衡不移动。 ( )

(15)在水合氢离子中,氢离子的标准摩尔熵最小。 ( )

(16)放热反应通常是自发反应,那么自发反应必定是放热反应。 ( )

(17)因为 $\Delta S_m^\ominus(T) \approx \Delta S_m^\ominus(298.15\ K)$, $\Delta H_m^\ominus(T) \approx \Delta H_m^\ominus(298.15\ K)$, 所以 $\Delta G_m^\ominus(T) \approx \Delta G_m^\ominus(298.15\ K)$。 ( )

(18)已知某反应的 $\Delta_r H_m^\ominus(T) < 0$,随着反应温度的升高,$K^\ominus$ 增大。 ( )

(19)对反应 $C(s)+H_2O(g) = CO(s)+H_2(g)$,由于其方程式两边物质的化学计量数绝对值的总和相等,所以增加总压力对平衡无影响。 ( )

(20)在一定条件下,某可逆反应的转化率增大,则在该条件下平衡常数 K 值也一定增大。 ( )

2. 选择题。

(1)在等温等压条件下,某反应的 $\Delta G_m^\ominus = 10\ kJ \cdot mol^{-1}$,这表明该反应正方向 ( )

A. 一定能自发进行　　B. 一定不能自发进行

C. 需要进行具体分析方能判断　　D. 不能判断

(2)某温度时,反应 $H_2(g)+Br_2(g) \rightleftharpoons 2HBr(g)$ 其平衡常数 $K^\ominus = 4\times10^{-2}$,则反应:$2HBr(g) = H_2(g)+Br_2(g)$ 的平衡常数值为 ( )

A. $1/(4\times10^{-2})$　　B. $1/(4\times10^{-2})^{\frac{1}{2}}$

C. 4×10^{-2}　　D. $(4\times10^{-2})^{\frac{1}{2}}$

(3)对于反应 $N_2(g)+3H_2(g) \rightleftharpoons 2NH_3(g)$，$\Delta H^{\ominus}$ (298.15 K)= $-92.2\ kJ \cdot mol^{-1}$，若升温到 100 ℃，对 $\Delta H^{\ominus}$ 和 $\Delta S^{\ominus}$ 的影响是　（　）

A. 增大　　B. 减小

C. 影响很小　　D. 不能判断

(4)在(3)题的情况下，对 $\Delta G^{\ominus}$的值和 $K^{\ominus}$ 值的影响是　（　）

A. $\Delta G^{\ominus}$增大，$K^{\ominus}$减小　　B. $\Delta G^{\ominus}$减小，$K^{\ominus}$增大

C. $\Delta G^{\ominus}$不变，$K^{\ominus}$不变　　D. $\Delta G^{\ominus}$减小，$K^{\ominus}$减小

(5)在标准条件下，下列卤素单质中 $S_m^{\ominus}$ (298.15 K)值最大的是　（　）

A. $F_2(g)$　　B. $Cl_2(g)$

C. $Br_2(l)$　　D. $I_2(s)$

(6)在(5)题中 $S_m^{\ominus}$ (298.15 K)值最小的是　（　）

A. $F_2(g)$　　B. $Cl_2(g)$

C. $Br_2(l)$　　D. $I_2(s)$

(7)下列卤化氢气体中 $S_m^{\ominus}$ (298.15 K)值最大的是　（　）

A. HF　　B. HCl

C. HBr　　D. HI

(8)不用查表，判断气态 H_2O、NH_3和 HF 在标准条件下的 $S_m^{\ominus}$ (298.15 K)值大小顺序是　（　）

A. $S^{\ominus}(H_2O)>S^{\ominus}(NH_3)>S^{\ominus}(HF)$　　B. $S^{\ominus}(NH_3)>S^{\ominus}(H_2O)>S^{\ominus}(HF)$

C. $S^{\ominus}(HF)>S^{\ominus}(H_2O)>S^{\ominus}(NH_3)$　　D. 无法判断

(9)已知反应 $H_2(g)+1/2O_2(g) = H_2O(g)$ 在高温下逆反应能自发进行，正反应的 $\Delta H^{\ominus}$ 和 $\Delta S^{\ominus}$ 应当满足　（　）

A. $\Delta H^{\ominus} > 0, \Delta S^{\ominus} > 0$　　B. $\Delta H^{\ominus} < 0, \Delta S^{\ominus} < 0$

C. $\Delta H^{\ominus} > 0, \Delta S^{\ominus} < 0$　　D. $\Delta H^{\ominus} < 0, \Delta S^{\ominus} > 0$

(10)下列各式中不能用来表示反应或过程处于平衡态的是　（　）

A. $\Delta G = 0$　　B. $\Delta H - T\Delta S = 0$

C. $\Delta H = T\Delta S$　　D. $\Delta G \neq 0$

(11)对于一个 $\Delta H^{\ominus} > 0, \Delta S^{\ominus} > 0$ 的反应，欲使该反应能够进行，其温度条件应当是　（　）

A. $T = \dfrac{\Delta H^{\ominus}}{\Delta S^{\ominus}}$　　B. $T > \dfrac{\Delta H^{\ominus}}{\Delta S^{\ominus}}$

C. $T < \dfrac{\Delta H^{\ominus}}{\Delta S^{\ominus}}$　　D. 任何温度下不能进行

(12)某反应的 $\Delta H^{\ominus} < 0, \Delta S^{\ominus} < 0$，该反应进行的温度条件是　（　）

A. $T = \dfrac{\Delta H^{\ominus}}{\Delta S^{\ominus}}$　　B. $T > \dfrac{\Delta H^{\ominus}}{\Delta S^{\ominus}}$

C. $T < \frac{\Delta H^{\ominus}}{\Delta S^{\ominus}}$　　D. 任何温度下都能进行

(13)已知 NO 和 NO_2 的 $\Delta_f H_m^{\ominus}$（298.15 K）分别为 90.25 和 33.18 $kJ \cdot mol^{-1}$，$2NO(g) + O_2(g) = 2NO_2(g)$，该反应可以在　（　）

A. 低温下自发进行　　B. 高温下自发进行

C. 任何温度下都能自发进行　　D. 没有数据 $\Delta S^{\ominus}$，不能判断

(14)已知反应 $C(s)+O_2(g) = CO_2(g)$ 在任何温度下都能自发进行，那么该反应的 $\Delta H^{\ominus}$ 和 $\Delta S^{\ominus}$ 应当满足　（　）

A. $\Delta H^{\ominus} > 0, \Delta S^{\ominus} > 0$　　B. $\Delta H^{\ominus} < 0, \Delta S^{\ominus} < 0$

C. $\Delta H^{\ominus} < 0, \Delta S^{\ominus} > 0$　　D. $\Delta H^{\ominus} > 0, \Delta S^{\ominus} < 0$

(15)反应 $CaO(s)+H_2O(l) = Ca(OH)_2(s)$，在 25 ℃是自发反应，但在高温下逆反应自发，这意味着正反应的 $\Delta H^{\ominus}$ 和 $\Delta S^{\ominus}$ 应当满足　（　）

A. $\Delta H^{\ominus} > 0, \Delta S^{\ominus} > 0$　　B. $\Delta H^{\ominus} < 0, \Delta S^{\ominus} < 0$

C. $\Delta H^{\ominus} < 0, \Delta S^{\ominus} > 0$　　D. $\Delta H^{\ominus} > 0, \Delta S^{\ominus} < 0$

(16)已知反应 $2SO_2(g)+O_2(g) \rightleftharpoons 2SO_3(g)$ 的平衡常数是 K_1，如果反应方程式改写为：$SO_2(g)+1/2O_2(g) \rightleftharpoons SO_3(g)$，平衡常数是 K_2 为　（　）

A. $K_1^{\frac{1}{2}}$　　B. $\frac{1}{K_1}$　　C. $\frac{1}{K_1^{\frac{1}{2}}}$　　D. K_1^2

(17)下列情况使反应达到平衡所需的时间最少的是　（　）

A. K 很大　　B. K 很小　　C. $K=1$　　D. 无法判断

(18)在密闭容器中进行的反应 $2SO_2+O_2 = 2SO_3$ 达到平衡时，若向其中冲入氮气，则平衡移动的方向为　（　）

A. 向正方向移动　　B. 向正方向移动　　C. 对平衡无影响　　D. 无法确定

(19)下列反应达成平衡后，不会因容器体积改变破坏平衡态的是　（　）

A. $2NO(g)+O_2(g) \rightleftharpoons 2NO_2(g)$

B. $Fe_3O_4(s)+4H_2(g) \rightleftharpoons 3Fe(s)+4H_2O(g)$

C. $CO_2(g)+H_2(g) \rightleftharpoons CO(g)+H_2O(g)$

D. $CaCO_3(s) \rightleftharpoons CaO(s)+CO_2(g)$

(20)在一定条件下，$CaCO_3(s) \rightleftharpoons CaO(s)+CO_2(g)$，平衡常数表达式为　（　）

A. $p^{eq}(CO_2)/p$　　B. $p^{ep}(CO_2)/p^{\ominus}$

C. $p(CO_2)/C(CaO)$　　D. $p(CO_2)$

(21)已知反应　　$H_2O(l) \rightleftharpoons H_2O(g)$

$\Delta_f G_m^{\ominus}(298.15\ K)/(kJ \cdot mol^{-1})$　　-237.2　　-236.7

计算正反应的 $\Delta G_m^{\ominus}(298.15\ K)/(kJ \cdot mol^{-1})$，在 25 ℃下，能否自发进行　（　）

A. 0.5，不自发　　B. 0.5，自发

C. -0.5，不自发　　D. -0.5，自发

(22)利用下列反应的 $\Delta G_m^{\ominus}(298.15\ K)$ 值，求 Fe_3O_4 的 $\Delta_f G_m^{\ominus}(298.15\ K)/(kJ \cdot mol^{-1})$ 为　（　）

① $2Fe(s)+3/2O_2(g)$ ══ Fe_2O_3　　$\Delta G_m^\ominus(298.15\ K)=-742\ kJ\cdot mol^{-1}$

② $4Fe_2O_3(s)+Fe(s)$ ══ $3\ Fe_3O_4$　　$\Delta G_m^\ominus(298.15\ K)=-78\ kJ\cdot mol^{-1}$

A. -1 015　　B. -3 046

C. -936　　D. -2 890

(23)用教材附表中的数据,计算下列反应的 $\Delta G_m^\ominus(298.15\ K)/(kJ\cdot mol^{-1})$ 值,判断在 298.15 K 时,H_2O、NO 能否自发分解成其单质。　　(　　)

$$2H_2(g)+O_2(g) \longrightarrow 2H_2O(g) \quad (1)$$

$$N_2(g)+O_2(g) \longrightarrow 2NO(g) \quad (2)$$

A. (1)式逆向不自发,-457.2　　B. (1)式逆向不自发,-228.6

C. (2)式逆向自发,173.1　　D. (2)式逆向不自发,86.6

(24)查教材附表算出下列反应的 $\Delta S^\ominus(298.15\ K)/(kJ\cdot mol^{-1})$ 和 $\Delta G_m^\ominus(298.15\ K)/(kJ\cdot mol^{-1})$ 值。　　(　　)

(1) $3\ Fe\ (s)+4\ H_2O\ (g)$ ══ $Fe_3O_4(s)+4H_2(g)$

(2) $CaO(s)+H_2O(l)$ ══ $Ca^{2+}(aq)+2OH^-(aq)$

A. (1)式 66.8 和 307.2　　B. (1)式-168.1 和-101.1

C. (2)式-184.3 和-26.9　　D. (2)式-173.5 和 130.4

(25)糖在新陈代谢中发生的总反应表示为:$C_{12}H_{22}O_{11}(s)+12O_2(g)$ ══ $12CO_2(g)+11H_2O(l)$。若在人体内实际上只有 30% 上述反应的标准摩尔吉布斯函数变可以转变成有用功,则 4.0 g 糖在体温 37 ℃时进行新陈代谢,可以做的功为　　(　　)

A. 19.3 kJ　　B. 20.3 kJ

C. 21.6 kJ　　D. 19.0 kJ

(26)已知反应

	CO(g)	+ NO (g) ══	$CO_2(g)$	+ $1/2N_2(g)$
$\Delta_f H_m^\ominus(298.15\ K)/(kJ\cdot mol^{-1})$	-110.5	90.4	-393.5	0
$S_m^\ominus(298.15\ K)/(K^{-1}\cdot J\cdot mol^{-1})$	197.9	210.6	213.6	191.5

则该反应的 $\Delta H_m^\ominus(298.15\ K)/(kJ\cdot mol^{-1})$ 和 $\Delta S_m^\ominus(298.15\ K)/(K^{-1}\cdot J\cdot mol^{-1})$ 为　　(　　)

A. -373.4 和 2.2　　B. -373.4 和-3.4

C. 373.4 和 2.2　　D. -373.4 和-99.2

(27)根据(26)题的结果,计算该反应在标准条件下进行的温度条件是　　(　　)

A. <3 764 K　　B. >3 764 K

C. <3 771 K　　D. >3 473 K

(28)根据(27)题的结果,计算该反应的 $\Delta G_m^\ominus(298.15\ K)/kJ\cdot mol^-$ 和 25 ℃下的平衡常数为　　(　　)

A. -343.8 和 1.677×10^{60}　　B. 343.9 和 5.888×10^{-61}

C. -345.8 和 1.318×10^{66}　　D. 345.8 和 7.586×10^{-66}

(29)已知反应

	$H_2(g)$ + $Cl_2(g)$ ══ $2HCl(g)$		
$\Delta_f H_m^{\ominus}$(298.15 K)/($kJ \cdot mol^{-1}$)	0	0	-92.3
$S_m^{\ominus}$(298.15 K)/($K^{-1} \cdot J \cdot mol^{-1}$)	130.6	223.0	186.7

该反应的 $\Delta G^{\ominus}$(298.15 K)/($kJ \cdot mol^{-1}$)为 (　　)

A. -95.3　　B. -190.5

C. -42.6　　D. -134.9

(30)求(29)题反应在25 ℃和200 ℃的平衡常数 (　　)

A. 4.786×10^{16}和3.236×10^{10}　　B. 2.346×10^{33}和2.47×10^{21}

C. 2.089×10^{32}和2.344×10^{20}　　D. 1.445×10^{16}和1.514×10^{10}

3. 填空题。

(1)由 $\Delta_f G_m^{\ominus}(Al_2O_3,s,298.15\ K)=-1\ 675.7\ kJ \cdot mol^{-1}$,$\Delta_f G_m^{\ominus}(Fe_2O_3,s,298.15\ K)=-742.2\ kJ \cdot mol^{-1}$可知,在标准状态,298.15 K时,$Al_2O_3$的稳定性较$Fe_2O_3$的稳定性________,由参考状态单质生成________的反应较生成________的反应自发进行的趋势更大。

(2)符号 $\Delta_f H_m^{\ominus}(H_2O,l,298.15\ K)$ 的意义是________________________;符号 $S_m^{\ominus}(H_2,g,298.15\ K)$ 的意义是________________________;符号 $\Delta_r G_m^{\ominus}(298.15\ K)$ 的意义是________________________。

(3)封闭系统热力学第一定律的数学表达式是______________;系统对环境做功时,________,系统从环境吸热时,________。

(4)$Q_v=\Delta U$ 的条件是______________;$Q_p=\Delta H$ 的条件是______________。

(5)高温下能自发进行,而低温下非自发进行的反应,通常是 ΔH ________ 0,ΔS ________ 0 的反应。

(6)反应 $CaCO_3(s)$ ══ $CaO(s)+CO_2(g)$,$\Delta_r H_m^{\ominus}(298.15\ K)=178.3\ kJ \cdot mol^{-1}$,$\Delta_r S_m^{\ominus}(298.15\ K)=160.6\ J \cdot mol^{-1} \cdot K^{-1}$,则该反应的自发转变温度为________。

(7)气相反应 $2NO(g)+O_2(g) \rightleftharpoons 2NO_2(g)$ 是放热反应,当反应在一定温度,一定压力下达到平衡时,若升高温度,则平衡向________移动,若增大压力,平衡向________移动(填"左"或"右")。

(8)已知某条件下反应中的某种反应物的转化率为30%,若加入一定量的催化剂,其他条件不变,则该反应的转化率为________。

4. 试述Hess定律。它有什么用途?

5. 什么是摩尔生成焓、标准摩尔生成焓?

6. 已知水在100 ℃时蒸发热为2 259.4 $J \cdot g^{-1}$,则100 ℃时蒸发30 g水,此过程的ΔU、ΔH、Q和W为多少(计算时可忽略液态水的体积)?

7. 已知下列反应的 $\Delta_r H_m^{\ominus}$

$$Cu_2O(s)+\frac{1}{2}O_2(g) = 2CuO(s) \qquad \Delta_r H_m^{\ominus}=-143.7\ kJ \cdot mol^{-1}$$

$$CuO(s)+Cu(s) = Cu_2O(s) \qquad \Delta_r H_m^{\ominus}=-11.5\ kJ \cdot mol^{-1}$$

求 CuO 的标准摩尔生成焓。

8. 已知下列反应

$$2Fe(s)+\frac{3}{2}O_2(g) \longrightarrow Fe_2O_3(s)$$

$$4Fe_2O_3(s)+Fe(s) \longrightarrow 3Fe_3O_4(s)$$

在 298.15 K、100 kPa 下，$\Delta_r G_m^{\ominus}$ 分别为 $-741\ kJ \cdot mol^{-1}$ 与 $-79\ kJ \cdot mol^{-1}$。计算 Fe_3O_4 的 $\Delta_f G_m^{\ominus}$。

9. 101.3 kPa 下，2 mol 甲醇在正常沸点 337.2 K 时气化，求体系和环境的熵变各为多少(已知甲醇的汽化热 $\Delta H_m = 35.1\ kJ \cdot mol^{-1}$)？

10. 糖代谢的总反应为

$$C_{12}H_{22}O_{11}(s)+12O_2(g) \longrightarrow 12CO_2(g)+11H_2O(l)$$

根据教材附表的热力学数据，求 298.15 K，标准态下的 $\Delta_r G_m^{\ominus}$、$\Delta_r H_m^{\ominus}$ 和 $\Delta_r S_m^{\ominus}$。

11. 已知反应 $CO(g)+H_2O(g) \longrightarrow CO_2(g)+H_2(g)$ 的 $\Delta_r H_m^{\ominus} = -41.2\ kJ \cdot mol^{-1}$，500 K 时 $K^{\ominus} = 126$，求 800 K 时的标准平衡常数。

12. 已知反应 $C(s)+H_2O(g) \longrightarrow CO(g)+H_2(g)$ 的 $\Delta_r G_m^{\ominus} = 91.32\ kJ \cdot mol^{-1}$，试求 298.15 K，100 kPa 时的标准平衡常数。

13. 乙烷裂解生成乙烯，$C_2H_6(g) \rightleftharpoons C_2H_4(g)+H_2(g)$，已知在 1 273 K，100 kPa 下，反应达到平衡 $p_{C_2H_6}=2.65\ kPa$，$p_{C_2H_4}=49.35\ kPa$，$p_{H_2}=49.35\ kPa$，求 $K^{\ominus}=$？并说明在生产中，常在恒温恒压加入过量水蒸气的方法，提高乙烯产率的原理。

2.6　同步训练题参考答案

1. 判断题

(1)对　(2)对　(3)对　(4)错　(5)对　(6)对　(7)错　(8)对　(9)错　(10)错　(11)错　(12)对　(13)对　(14)错　(15)错　(16)错　(17)错　(18)错　(19)错　(20)错

2. 选择题。

(1)	(2)	(3)	(4)	(5)	(6)	(7)	(8)	(9)	(10)
C	A	C	A	B	D	D	B	B	D
(11)	(12)	(13)	(14)	(15)	(16)	(17)	(18)	(19)	(20)
B	C	A	C	B	A	D	C	BC	A
(21)	(22)	(23)	(24)	(25)	(26)	(27)	(28)	(29)	(30)
A	A	AC	BC	B	D	A	A	B	B

3. (1)强　Al_2O_3　Fe_2O_3

(2)298.15 K 时液态水的标准摩尔生成　298.15 K 时氢气的标准摩尔熵　298.15 K 时反应的标准摩尔吉布斯函数变

(3) $\Delta U=Q+W$　$W<0$　$Q>0$　(4)恒容、不做非体积功　恒压、不做非体积功

(5) >　>　(6) 1 110.2 K　(7)左　右　(8) 30%

4. 答：Hess 定律：一个化学反应不管是一步或分几步完成，这个反应的热效应总是相同的。

用途：根据 Hess 定律，可以用少量已知的热效应数据计算出许多化学反应的热效应。尤其是某些不易准确地直接测定或根本不能直接测定的反应的热效应。

5. 答：$\Delta_f H_m$：在某条件下，由最稳定的单质生成 1 mol 化合物或其他形式单质时的焓变，称为某条件下该化合物的摩尔生成焓。

$\Delta_f H_m^{\ominus}$：在标准状态下的摩尔生成焓。

6. 解：$n=\frac{30}{18}=1.67\ \text{mol}$

$$Q=\Delta H=2\ 259.4\times 30\ \text{J}=67\ 782\ \text{J}$$

$$W=-p(V_g-V_l)\approx -pV_g=-nRT=-1.67\times 8.314\times 373\ \text{J}\approx -5\ 178.9\ \text{J}$$

$$\Delta U=Q+W=62\ 603.1\ \text{J}$$

7. 解：将上述两反应相加得

$$CuO(s)+\frac{1}{2}O_2(g) = CuO(s)$$

$$\Delta_r H_m^{\ominus}=-143.7\ \text{kJ}\cdot\text{mol}^{-1}+(-11.5\ \text{kJ}\cdot\text{mol}^{-1})=-155.2\ \text{kJ}\cdot\text{mol}^{-1}$$

$$\Delta_f H_m^{\ominus}(CuO,s)=\Delta_r H_m^{\ominus}=-155.2\ \text{kJ}\cdot\text{mol}^{-1}$$

8. 解：

$$2Fe(s)+\frac{3}{2}O_2(g) = Fe_2O_3(s) \quad (1)$$

$$4Fe_2O_3(s)+Fe(s) = 3Fe_3O_4(s) \quad (2)$$

$(1)\times\frac{4}{3}+(2)\times\frac{1}{3}$ 得

$$3Fe(s)+2O_2(g) = Fe_3O_4(s)$$

$$\Delta_r G_m^{\ominus}=(-741\ \text{kJ}\cdot\text{mol}^{-1})\times\frac{4}{3}+(-79\ \text{kJ}\cdot\text{mol}^{-1})\times\frac{1}{3}\approx -1\ 014\ \text{kJ}\cdot\text{mol}^{-1}$$

$$\Delta_f G_m^{\ominus}(Fe_3O_4,s)=\Delta_r G_m^{\ominus}= = -1\ 014\ \text{kJ}\cdot\text{mol}^{-1}$$

9. 解：

$$\Delta S_{体系}=\frac{n\Delta H_m}{T}\approx\frac{2\times 35.1\times 10^3}{337.2}\ \text{J}\cdot\text{K}^{-1}=208.2\ \text{J}\cdot\text{K}^{-1}$$

$$\Delta S_{环境}=\frac{-n\Delta H_m}{T_{环境}}=-\frac{2\times 35.1\times 10^3}{337.2}\ \text{J}\cdot\text{K}^{-1}\approx -208.2\ \text{J}\cdot\text{K}^{-1}$$

10. 解：

$$\Delta_r G_m^{\ominus}=12\Delta_f G_m^{\ominus}(CO_2,g)+11\Delta_f G_m^{\ominus}(H_2O,l)-\Delta_f G_m^{\ominus}(C_{12}H_{22}O_{11},s)-12\Delta_f G_m^{\ominus}(O_2,g)=$$
$$(-12\times 394.4-11\times 237.1+1\ 544.6-12\times 0)\ \text{kJ}\cdot\text{mol}^{-1}=$$
$$-5\ 796.3\ \text{kJ}\cdot\text{mol}^{-1}$$

$$\Delta_r H_m^{\ominus}=12\Delta_f H_m^{\ominus}(CO_2,g)+11\Delta_f H_m^{\ominus}(H_2O,l)-\Delta_f H_m^{\ominus}(C_{12}H_{22}O_{11},s)-12\Delta_f H_m^{\ominus}(O_2,g)=$$
$$-12\times 393.5\ \text{kJ}\cdot\text{mol}^{-1}-11\times 285.8\ \text{kJ}\cdot\text{mol}^{-1}+2226.1\ \text{kJ}\cdot\text{mol}^{-1}-12\times 0=$$
$$-5639.7\ \text{kJ}\cdot\text{mol}^{-1}$$

$$\Delta_r S_m^\ominus = 12\Delta_f S_m^\ominus(CO_2,g) + 11\Delta_f S_m^\ominus(H_2O,l) - \Delta_f S_m^\ominus(C_{12}H_{22}O_{11},s) - 12\Delta_f S_m^\ominus(O_2,g) =$$
$$(12\times213.8 + 11\times70.0 - 360.2 - 12\times205.2)\ J\cdot mol^{-1}\cdot K^{-1} =$$
$$513.0\ J\cdot mol^{-1}\cdot K^{-1}$$

11. 解：

$$\lg\frac{K_2^\ominus}{K_1} = \frac{\Delta H^\ominus(T_2-T_1)}{2.303RT_1T_2}$$

$$\lg K_2^\ominus = \frac{-41.2\times10^3\times(800-500)}{2.303\times8.314\times500\times800} + \lg 126 \approx 0.486\ 8$$

$$K_2^\ominus \approx 3.07$$

12. 解：

$$\lg K^\ominus = \frac{-\Delta_r G_m^\ominus}{2.303RT} = \frac{-91.32\times10^3}{2.303\times8.314\times298} \approx -16.004\ 6$$

$$K^\ominus \approx 9.89\times10^{-17}$$

13. 解：$K^\ominus = \dfrac{\left(\dfrac{p_{C_2H_4}}{p^\ominus}\right)\left(\dfrac{p_{H_2}}{p^\ominus}\right)}{\dfrac{p_{C_2H_6}}{p^\ominus}} = \dfrac{\left(\dfrac{49.35}{100}\right)^2}{\dfrac{2.65}{100}} \approx 9.19$

在恒温恒压下加入水蒸气，由于总压不变，则各组分的相对分压减小，$Q < K^\ominus$，平衡应向正反应方向（即气体分子数增多的方向）移动。

第3章

化学动力学

3.1 教学基本要求

1. 了解化学热力学与化学动力学的区别。
2. 了解化学动力学的任务与研究目的。
3. 理解化学反应速率的定义,掌握化学反应速率的表示方法。
4. 了解碰撞理论和过渡态理论的基本要点。
5. 理解活化能、活化分子和有效碰撞的概念。
6. 熟练掌握影响化学反应速率的因素。
7. 掌握质量作用定律的应用及相关条件。
8. 正确理解基元反应和非基元反应的概念。
9. 掌握基元反应的速率方程的表示方法。
10. 正确理解反应级数和反应分子数的概念。
11. 掌握活化能对反应速率的影响。
12. 掌握反应速率常数与温度的关系。
13. 正确理解催化作用原理,催化剂的特点,催化剂对反应速率的影响。
14. 了解多相催化反应过程及酶催化反应的特点。
15. 链化学反应与光化学反应等内容,只作一般了解即可。

3.2 知识点归纳

化学热力学与化学动力学的区别:化学热力学研究化学反应的可能性问题,即反应的方向和限度问题;而化学动力学研究化学反应的现实性问题,即反应速率和机理问题。化学热力学只考虑系统的始态和终态,不考虑时间的因素和过程的细节,化学动力学要考虑时间因素、影响条件以及反应进行的具体步骤。

1. 化学动力学的任务和目的

化学动力学的任务是:研究化学反应的速率和反应的机理以及温度、压力、催化剂、溶剂和光照等外界因素对反应速率的影响,把热力学的反应可能性变为现实性。

化学动力学的目的:研究化学反应速率的变化规律,了解影响反应速率的因素,掌握调节和改变反应速率的方法手段,按照人们的需要控制反应速率,为人类造福。

2. 化学反应速率的定义及其表示方法

化学反应有快有慢,要表征这种快慢,则要有速率的概念。化学反应的速率,是以单位时间内浓度的改变量为基础来研究的。

当化学反应 $0 = \sum_B \nu_B B$ 在定容条件下进行时,温度不变,物质 B 的物质的量的浓度(以后简称为浓度)$c_B = n_B/V$,则定义

$$v = \frac{d\xi}{Vdt} = \frac{1}{\nu_B} \cdot \frac{dc_B}{dt} \tag{3.1}$$

式中 v——定容条件下的反应速率(简称反应速率),$mol \cdot L^{-1} \cdot s^{-1}$;

$\frac{dc_B}{dt}$——物质 B 的浓度随时间的变化率。

一般溶液中的化学反应常看作是定容反应,即

$$aA(aq) + bB(aq) \longrightarrow yY(aq) + zZ(aq)$$

$$v = -\frac{1}{a}\frac{dc_A}{dt} = -\frac{1}{b}\frac{dc_B}{dt} = \frac{1}{y}\frac{dc_Y}{dt} = \frac{1}{z}\frac{dc_Z}{dt}$$

对于定容的气相反应,反应速率也可以用反应系统中组分气体的分压对时间的变化率来定义,即

$$v = \frac{1}{\nu_B}\frac{dp_B}{dt}$$

对于大多数化学反应来说,反应开始后,各物种的浓度每时每刻都在变化着,化学反应速率随时间不断改变,反应速率可通过计算法或作图法来测量。通常先测量某一反应物(或产物)在不同时间的浓度,然后绘制浓度随时间的变化曲线,从中求出某一时刻曲线的斜率(dc_B/dt),再除以该物质的化学计量数即可求出该反应在此时刻的反应速率。

3. 化学反应速率理论简介

实验结果证明,化学反应速率的大小,取决于两个方面,即内因和外因。

内因:即反应物的本性,如无机物间的反应一般比有机物的反应快得多;对无机反应来说,分子之间进行的反应一般较慢,而溶液中离子之间进行的反应一般较快。

外因:即外界条件,如浓度、温度、催化剂等。

为了说明“内因”和“外因”对化学反应速率影响的实质,提出了碰撞理论和过渡状态理论。

(1)碰撞理论

碰撞理论要点如下:

①原子、分子或离子只有相互碰撞才能发生反应,或者说碰撞是反应发生的先决条件。

②只有少部分碰撞能导致化学反应,大多数反应物微粒之间的碰撞是弹性碰撞。

有效碰撞与无效碰撞:能发生化学反应的碰撞称为有效碰撞,反之则为无效碰撞。单

位时间内有效碰撞的频率越高,反应速率越大。

活化分子:只有能量足够大的分子才能发生有效碰撞,这样的分子称为活化分子。对于一定的反应,温度越高,活化分子所占的比例就越大,反应就越快;反之,温度越低,活化分子所占的比例就越小,反应就越慢。

活化能:活化分子与普通分子的主要区别是它们所具有的能量不同,活化分子所具有的最低能量(或平均能量)与反应系统中分子的平均能量之差称为反应的活化能,用 E_a 表示,单位是 $kJ \cdot mol^{-1}$。

活化能的大小与反应速率的关系:活化能的大小对反应速率的影响很大,在一定温度下,反应的活化能越大,活化分子所占的比例就越小,反应就越慢;反之,若反应的活化能越小,活化分子所占的比例就越大,反应就越快。

活化能的大小可通过实验测定。实验表明,一般化学反应的活化能在 42 ~ 400 $kJ \cdot mol^{-1}$范围内,其中大多数在 63 ~ 250 $kJ \cdot mol^{-1}$之间。活化能大于 400 $kJ \cdot mol^{-1}$ 的反应速率通常很小,而活化能小于 40 $kJ \cdot mol^{-1}$ 的反应速率通常很大,可瞬间完成,例如,电解质溶液中正、负离子相互作用的许多离子反应。

发生有效碰撞必须具备的两个条件:

①反应物分子必须具有足够大的能量。由于相互碰撞的分子的周围负电荷电子之间存在强烈的电性排斥力,因此,只有能量足够大的分子在碰撞时,才能以足够大的动能去克服上述的电性排斥力,而导致原有化学键的断裂和新化学键的形成。

②反应物分子要有适当的空间取向(或方位)。由于反应物分子有一定的几何构型,分子内原子的排列有一定的方位。如果分子碰撞时的几何方位不适宜,尽管碰撞的分子有足够的能量,反应也不能发生。

碰撞理论的优缺点:

①优点:直观、明了,易为初学者接受。

②缺点:模型过于简单。把分子简单地看成没有内部结构的刚性球体,要么碰撞发生反应,要么发生弹性碰撞。"活化分子"本身的物理图像模糊,因而对一些分子结构比较复杂的反应则不能予以很好的解释。

(2)过渡状态理论

过度状态理论:过度状态理论也称为活化络合物理论。它以量子力学的方法对反应的"分子对"相互作用过程中的势能变化进行推算。认为从反应物到生成物之间形成了势能较高的络合物,活化络合物所处的状态称为过渡态。

过渡状态理论要点如下:

①由反应物分子变为产物分子的化学反应并不完全是简单几何碰撞,而是旧键的破坏与新键的生成的连续过程。

②当具有足够能量的分子以适当的空间取向靠近时,要进行化学键重排,能量重新分配,形成一个过渡状态的活化络合物。

③过渡状态的活化络合物是一种不稳定状态。反应物分子的动能暂时变为活化络合物的势能,因此,活化络合物很不稳定,它可以分解为生成物,也可以分解为反应物。

④过渡状态理论认为,反应速率与下列三个因素有关,即:首先,活化络合物的浓度:

活化络合物的浓度越大,反应速率越大。其次,活化络合物分解成产物的几率:分解成产物的几率越大,反应速率越大。最后,活化络合物分解成产物的速率:分解成产物的速率越大,反应速率越大。

过渡态理论,将反应中涉及的物质的微观结构和反应速率结合起来,这是比碰撞理论先进的一面。然而,在该理论中,许多反应的活化络合物的结构尚无法从实验上加以确定,加上计算方法过于复杂,致使这一理论的应用受到限制。

过渡态理论的优缺点:

①优点:碰撞理论与过渡状态理论是互相补充的两种理论。过渡状态理论吸收了碰撞理论中合理的部分;给活化能一个明确的模型;将反应中涉及的物质的微观结构与反应速率理论结合起来,这是比碰撞理论先进的一面;能从分子内部结构及内部运动的角度讨论反应速率。

②缺点:许多反应的活化络合物的结构无法从实验上加以确定,加上计算方法过于复杂,致使这一理论的应用受到限制。

4. 影响化学反应速率的因素

(1)浓度对化学反应速率的影响

大量实验结果表明:在一定温度下,增加反应物的浓度可以加快反应速率。根据活化分子的概念,在一定温度下,对某一化学反应来说,单位体积内反应物的活化分子数与反应物分子总数(即该反应物的浓度)成正比。所以增加反应物的浓度,单位体积内的活化分子数也必然相应地增多,从而增加了单位时间单位体积内反应物分子间的有效碰撞次数,故而使反应速率提高。

实验结果表明,对任一基元反应:$aA + bB = cC + dD$,则该反应的速率方程为$\nu = kc_A^a c_B^b$,即基元反应的反应速率与反应物浓度以其计量数为指数的幂的连积成正比,称为质量作用定律。

基元反应:所谓基元反应是指反应物分子在有效碰撞中一步直接转化为产物的反应。

非基元反应:所谓非基元反应是由两个或多个基元反应组成的复杂反应。许多反应不是基元反应,此类反应的速率方程的具体形式要通过实验测定。

对任一反应:$aA + bB \rightarrow cC + dD$,则该反应的速率方程一般形式为

$$\nu = kc_A^{n_A} c_B^{n_B} \tag{3.2}$$

式中 n_A、n_B——分别为反应组分 A 和 B 的反应分级数,量纲为1;

k——反应速率常数(Rate Constant),$(\text{mol} \cdot \text{m}^{-3})^{(1-n)} \cdot \text{s}^{-1}$,$n = n_A + n_B$,称为反应总级数,简称反应级数。

由式(3.2)可以看出,速率常数 k 的物理意义是以反应物浓度为单位浓度时的反应速率。因此,速率常数k是表明化学反应速率相对大小的物理量。速率常数k可通过实验测定,对于不同的反应,k值通常各不相同。对于某一确定的反应来说,k值与温度、催化剂等因素有关,而与浓度无关,即速率常数 k 不随浓度而变化。

反应级数是指反应速率方程式中所有浓度项指数的总和。反应的级数可以是零、正负整数、分数。

反应分子数:指基元反应或复杂反应的基元步骤中发生反应所需要的微粒(分子、原子、离子或自由基)的数目。反应的分子数恒为正整数,常为一、二分子反应,三分子反应为数不多,四分子或更多分子碰撞而发生的反应尚未发现。因为,多个微粒要在同一时间到达同一位置,并各自具备适当的取向和足够的能量是相当困难的。

速率方程式只告诉我们反应速率如何随浓度而变,而没有告诉我们在某一特定时间反应物或生成物的实际浓度。从实用的观点看,后面这种关系尤为重要。如化学工作者在研究反应时,总是希望知道在 10 min、1 h 或几天之后反应物还剩多少。这要利用速率方程的积分形式,而且反应级数不同,速率方程的积分形式也不同。

(2)温度对反应速率的影响

温度对化学反应速率的影响特别显著。当反应物浓度一定时,温度升高,大多数化学反应的反应速率都随之增大。无论对吸热反应还是放热反应都是如此,只不过是加快的程度不同而已。

根据大量实验结果可以归纳一条经验规律:一般的化学反应,如果反应物的浓度或分压恒定,反应温度每升高 10 K,其反应速率增加 1 ~2 倍。

反应温度升高不仅可以使反应物分子的运动速率增大,从而使单位时间内反应物分子间的碰撞次数增加,而且更重要的是,温度升高,使较多的具有平均能量的普通分子获得能量而变成活化分子,从而使单位体积内活化分子的百分数增大,结果使单位时间有效碰撞次数增大,反应速率也就相应地增大。

温度对化学反应速率的影响通过速率常数 k 来体现。1899 年,瑞典化学家阿仑尼乌斯根据实验结果,提出在给定的温度变化范围内反应速率常数与温度之间的经验公式,称为阿仑尼乌斯公式,即

$$k = A\mathrm{e}^{-E_a/RT} \tag{3.3}$$

或

$$\ln k = -\frac{E_a}{RT} + \ln A \tag{3.4}$$

式中 k—— 反应速率常数;

A—— 给定反应的特征常数,称为“指前因子” 或“频率因子”,单位与 k 相同;

E_a—— 反应的活化能;

R—— 摩尔气体常数;

T—— 热力学温度。

若温度变化范围不大,E_a 可作为常数,温度 T_1 时的速率常数为 k_1, 温度 T_2 时的速率常数为 k_2,由式(3.4) 可得阿仑尼乌斯的定积分公式

$$\ln \frac{k_2}{k_1} = -\frac{E_a}{R}\left(\frac{1}{T_2} - \frac{1}{T_1}\right) \tag{3.5}$$

利用式(3.5) 可由已知数据求算所需的 E_a、R 或其他温度下的速率常数 k。

阿仑尼乌斯公式很好地反映了速率常数 k 随温度变化的情况。对于同一个反应,A 和 E_a 都可以看作常数,反应速率常数 k 仅取决于温度 T。由式(3.3) 可知,反应速率常数 k 随温度的升高而增大。且活化能越大,k 随温度的变化率越大;反之,活化能越小,k 随温度的变化率越小。

对于不同的反应，由式(3.4)可知，当温度 T 一定时，活化能 E_a 越大，$\ln k$ 越小，反应速率就越小；反之，活化能 E_a 越小，$\ln k$ 越大，反应速率就越大。由式(3.5)可知，当($T_2 > T_1$)且($T_2 - T_1$)/(T_1T_2)一定时，活化能 E_a 越大，$\ln(k_2/k_1)$ 数值越大，说明反应速率增大的倍数越多。即温度的变化对活化能大的反应速率影响大，而对活化能小的反应速率影响小。

由式(3.5)还可以看出，对应于同样的温升($T_2 - T_1$)，在温度较低(T_2、T_1 均较小)的情况下，速率常数 k 增大的倍数比在温度较高(T_2、T_1 均较大)的情况下大得多，即在较低温度下对化学反应速率的影响较大，而在较高温度下对化学反应速率的影响较小。

(3)催化剂对反应速率的影响

催化剂：又称为触媒，是一种存在少量就能显著改变化学反应速率，而本身的组成、质量和化学性质在反应前后保持不变的物质。

正催化剂：凡能提高反应速率的催化剂称为正催化剂，简称催化剂。

负催化剂：凡能减慢反应速率的催化剂称为负催化剂，或阻化剂、抑制剂。

催化作用：催化剂是通过化学反应来加快反应速率的，但反应后本身却能够复原，催化剂的这种作用称为催化作用。

自动催化作用：有时，某些反应产物也具有加速反应的作用，则称为自动催化作用。

催化作用是很普遍的现象，不但有意加入的催化剂可以改变反应速率，有时一些偶然的杂质、尘埃，甚至容器的表面等，也可能产生催化作用。

催化剂的特点：

①反应前后催化剂的组成、化学性质和数量均保持不变。

②催化剂能同时加快正、逆反应速率，而且加快的倍数也相同。

③催化剂只能加速热力学认为可能进行的反应，即 $\Delta_r G<0$ 的反应。

④催化剂对反应的加速作用具有选择性。

催化反应：有催化剂参加的反应称为催化反应。根据催化剂和反应物的存在状态来划分，分为均相催化反应和多相催化反应。

均相催化反应：催化剂与反应物同处一相的催化反应称为单相催化反应或均相催化反应。其中最重要、最普通的一种是酸碱催化反应。

多相催化反应：若催化剂在反应体系中自成一相，则为多相催化或非均相催化，主要是用固体催化剂加速气相反应或液相反应。多相催化中，尤以气-固相催化应用最广。

多相催化反应是在固体催化剂的表面上进行的，即反应物分子必须吸附在催化剂的表面上，然后才能在表面上发生反应。反应产物也是吸附在催化剂表面上的，要是反应继续在表面上发生，则产物必须能从催化剂表面上不断地解吸下来。由于催化剂颗粒是多孔的，所以催化剂的大量表面是催化剂的微孔内的表面。所以，气体分子要在固体催化剂表面上发生反应，必须经过以下7个步骤：

①反应物由气相主体向催化剂的外表面扩散(外扩散)。

②反应物由催化剂的外表面向内表面扩散(内扩散)。

③反应物吸附在催化剂表面上。

④反应物在催化剂表面上进行化学反应，生成产物。

⑤产物从表面上解吸。

⑥产物从催化剂的内表面向外表面扩散(内扩散)。

⑦产物从催化剂的外表面向气相主体扩散(外扩散)。

在稳态多相催化反应过程中,上述7个串联反应步骤的速率是相等的,速率的大小受其中阻力最大的慢步骤所控制,如果能设法减少慢步骤的阻力,就能加快整个反应过程的速率。

酶催化反应:酶催化反应可以看作介于均相与非均相催化反应之间的一种催化反应。既可以看成是反应物与酶形成了中间化合物,也可以看成是在酶的表面上首先吸附了反应物,然后再进行反应。

酶是动植物和微生物产生的具有催化能力的蛋白质。生物体内的化学反应,几乎都在酶的催化下进行的。例如,蛋白质、脂肪、碳水化合物的合成、分解等基本上是酶催化反应。通过酶可以合成和转化自然界大量有机物质。

酶的活性极高,约为一般酸碱催化剂的 $10^8 \sim 10^{11}$ 倍,选择性也极高。酶的催化功能非常专一,作用条件温和。酶催化已被利用在发酵、石油脱蜡、脱硫以及“三废”处理等方面。

5. 链化学反应和光化学反应

(1)链化学反应

链反应又称为连锁反应,是一种具有特殊规律的常见的复合反应,它主要是通过在反应过程中交替和重复产生的活性中间体(自由基或自由原子)而使反应持续进行的一类化学反应,在化工生产中具有重要的意义。

链反应的机理一般包括三个步骤:

①链的开始(或链引发)。依靠热、光、电,加入引发剂等作用在反应系统中产生第一个链载体的反应,一般为稳定分子分解为自由基的反应。

②链的传递(或链的增长)。由链载体与饱和分子作用产生新的链载体和新的饱和分子的反应,链的传递是链反应的主体。

③链终止(或链的销毁)。链载体的消亡过程。

直链反应(或单链反应):在链传递阶段,若一个旧的链载体消失只导致产生一个新的链载体,称为直链反应(或单链反应)。

支链反应:若一个旧的链载体消失而导致产生两个或两个以上的新的链载体,则称为支链反应。

退化支链反应:在链的支化过程中生成了比链载体更为稳定的活泼分子(如有机过氧化物),而这种活泼性分子又能分解出多于一个的支链载体,使支化过程得以进行。但这种分子分解产生链载体的过程,比链载体所进行的反应要缓慢得多,这就是退化支链反应。

(2)光化学反应

光化学反应又称光化反应,是指物质在可见光或紫外线的照射下而产生的化学反应。如绿色植物的光合作用、胶片的感光作用、染料的褪色等。

在环境中主要是受阳光的辐照,污染物吸收光子而使该物质分子处于某个电子激发态,而引起与其他物质发生的化学反应。如光化学烟雾形成的起始反应是二氧化氮(NO_2)在阳光照射下,吸收紫外线(波长290~430 nm)而分解为一氧化氮(NO)和原子态氧(O,三重态)的光化学反应,其反应式为 $NO_2+h\nu \rightarrow NO+O(3P)$ 由此开始了链反应,导致臭氧及与其他有机烃化合物的一系列反应而最终生成光化学烟雾的有毒产物,如过氧乙酰硝酸酯等。

光化学反应可引起化合、分解、电离、氧化还原等过程。主要可分为两类:一类是光合作用,如绿色植物使二氧化碳和水在日光照射下,借植物叶绿素的帮助,吸收光能,合成碳水化合物。另一类是光分解作用,如高层大气中分子氧吸收紫外线分解为原子氧,染料在空气中的褪色,胶片的感光作用等。

热化学反应的发生依靠热活化,热活化的能量来自热运动,故反应速率受温度影响很大。光化学反应的发生依靠光活化,光活化的能量来自光子,取决于光的波长,由于光活化分子的数目比例于光的强度,因此在足够强的光源下常温时就能达到热活化在高温时的反应速率。反应温度的降低,通常能有效地抑制副反应的发生,如再选用合适波长的光,则可进一步提高反应的选择性。

近年来在扩大激光波长范围,发展激光辐射频率的可调、可控和稳定性方面的研究进展很快。在激光的作用下,选择性地进行光化学反应,研究得最多、最有成效的是用激光分离同位素。

激光化学的应用非常广泛。如,制药工业应用激光化学技术,使得某些药物变得更安全可靠,价格也可降低一些。又如,利用激光控制半导体,就可改进新的光学开关,从而改进电脑和通讯系统。

3.3　典型题解析

例1　对某一反应,升高温度所增加的正、逆反应速率完全相同,这种说法是否正确。

答:这种说法是错误的。

解题思路:本题考查的是温度与速率的关系。一般来说,一个化学反应的正、逆方向的活化能是不同的,当升高同样的温度时,活化能大的反应速率所增加的倍数要比活化能小的反应速率所增加的倍数要大得多,故本题的说法是错误的。

例2　对某一反应,其摩尔反应吉布斯函数变越小,则说明反应的趋势越大,所以反应速率越大,这种说法是否正确。

答:这种说法是错误的。

解题思路:本题考查的是热力学与动力学的区别。一个化学反应的摩尔反应吉布斯函数变越小,说明该反应能够进行的自发趋势越大,它是研究热力学的可能性问题。而化学反应速率研究的是现实性问题,不属于同一个研究范畴,因此,没有直接的因果关系,故本题的说法是错误的。

例3　在反应A和B中,已知 $\Delta_r G_m(A) < \Delta_r G_m(B)$,则A和B反应速率的关系为　(　　)

A. A反应速率必大于B反应速率

B. A 反应速率必小于 B 反应速率

C. A 反应速率等于 B 反应速率

D. 不能确定

答:本题选 D。

解题思路:由例 2 可知,摩尔反应吉布斯函数变属热力学研究范畴,是体系自发反应的判据,只能判断反应在某种条件下能否自发,而不能判断反应进行的快慢,故本题选 D。

例 4　若 A 反应的速率大于 B 反应的速率,则其标准摩尔反应函数变的关系为　(　)

A. A 反应的标准摩尔反应函数变必大于 B 反应的标准摩尔反应函数变

B. A 反应的标准摩尔反应函数变必小于 B 反应的标准摩尔反应函数变

C. A 反应的标准摩尔反应函数变等于 B 反应的标准摩尔反应函数变

D. 不能确定

答:本题选 D。

解题思路:与例 2 和例 3 相似,即动力学函数与热力学函数之间无直接因果关系,故本题选 D。

例 5　下面关于反应速率方程表达式说法正确的是　(　)

A. 质量作用定律可用反应物的分压表示

B. 反应速率方程表达式中的幂次数之和即为反应的级数

C. 反应速率方程表达式中的幂次出现分数的反应肯定不是基元反应

D. 凡反应速率方程的表达式与质量作用定律的书写方式相符的反应必定是基元反应

答:本题选 B。

解题思路:本题考查质量作用定律的相关概念及其适用条件。质量作用定律只能用浓度来表示,而不能用分压来表示,所以选项 A 是错误的。基元反应只能通过实验加以确定,反应速率方程表达式中的幂次出现分数,只能说明反应式中反应物的系数不为整数,而不能说明该反应是否是基元反应;同样符合质量作用定律的反应也不一定是基元反应,如 $H_2+I_2 = 2HI$,其反应的速率方程表达式与质量作用定律的书写方式相符,现在已经证明它是分两步进行的,因此,它不是基元反应,所以选项 C 和 D 也是错误的,故本题选 B。

例 6　下面关于阿仑尼乌斯公式说法正确的是　(　)

A. 阿仑尼乌斯公式适合一切化学反应

B. 阿仑尼乌斯公式适用于气相中的复杂反应

C. 可以利用阿仑尼乌斯公式计算反应的标准摩尔反应函数变

D. 阿仑尼乌斯公式适用于具有明确反应级数和速率常数的所有反应

答:本题选 D。

解题思路:阿仑尼乌斯公式只是一个经验公式,它只适合于一部分化学反应,因此选项 A 不对;对于一些复杂反应,温度对反应速率的影响较为复杂,有时温度升高,反应速率反而下降,因此选项 B 也不对;阿仑尼乌斯公式与热力学函数无关,因此选项 C 也是错误的,故本题选 D。

例7　下列几种反应条件的改变中,不能引起反应速率常数变化的是　（　　）

A. 改变反应体系的温度

B. 改变反应体系所使用的催化剂

C. 改变反应的途径

D. 改变反应体物的浓度

答:本题选 D。

解题思路:根据阿仑尼乌斯公式,温度可以改变化学反应的速率常数,所以选项 A 不对;改变反应体系所使用的催化剂,可以改变反应的活化能,从而改变了化学反应的速率常数,所以选项 B 也不对;改变反应途径,也能引起活化能的改变,从而改变了化学反应的速率常数,所以选项 C 也不对;反应速率常数的数值等于单位浓度时的反应速率,在一定温度下,其数值不会随着反应物浓度的变化而变化,故本题选 D。

例8　下面关于催化剂说法正确的是　（　　）

A. 不能改变反应的吉布斯函数变,可以改变反应的焓变和熵变

B. 不能改变反应的吉布斯函数变和熵变,可以改变反应的焓变

C. 不能改变反应的焓变和熵变,可以改变反应的吉布斯函数变

D. 不能改变反应的吉布斯函数变、焓变和熵变

答:本题选 D。

解题思路:催化剂只能改变反应的途径,而不能改变反应的始态和终态,而吉布斯函数变、焓变和熵变都是状态函数,它们只与始态和终态有关,与途径无关,故本题选 D。

例9　对反应 $A(g) + B(g) = AB(g)$ 进行反应速率测定,某温度下有关数据如下表所示。

$c_A/(mol \cdot L^{-1})$	$c_B/(mol \cdot L^{-1})$	$v/(mol \cdot L^{-1} \cdot s^{-1})$
0.500	0.400	6.0×10^{-3}
0.250	0.400	1.5×10^{-3}
0.250	0.800	3.0×10^{-3}

(1) 写出反应速率方程;

(2) 求反应级数及该温度下的速率常数;

(3) 求该温度下 $c(A) = c(B) = 0.20\ mol \cdot L^{-1}$ 的反应速率。

解题思路:任选两组数据代入速率方程,即可分别求得 A 和 B 的反应分级数的数值,从而可以确定速率方程的具体表达式和反应级数。再任选一组实验数据即可求出其速率常数。最后代入不同的反应物浓度的数据,即可求得相应条件下的速率。

解:(1) 设 A 和 B 的反应分级数分别为 a 和 b。

$$6.00 \times 10^{-3} = k(0.500)^a \times (0.400)^b \quad ①$$

$$1.50 \times 10^{-3} = k(0.250)^a \times (0.400)^b \quad ②$$

① 除以 ② 得 $4 = 2^a$,即 $a = 2$

同理

$$1.50\times10^{-3}=k(0.250)^a\times(0.400)^b \quad ③$$

$$3.00\times10^{-3}=k(0.250)^a\times(0.800)^b \quad ④$$

④除以③得 $2=2^b$,即 $b=1$

该反应的速率方程为 $\nu=kc_A^2c_B$

(2) 反应的级数 $n=2+1=3$

由 $6.00\times10^{-3}=k(0.500)^2\times(0.400)$

得 $k=0.06(\text{mol}\cdot\text{L}^{-1})^2\cdot\text{s}^{-1}$

(3) 将 $c(A)=c(B)=0.20\ \text{mol}\cdot\text{L}^{-1}$ 代入 $\nu=kc_A^2c_B$ 得

$\nu=kc_A^2c_B=0.06\times(0.20)^2\times(0.20)\ \text{mol}\cdot\text{L}^{-1}\cdot\text{s}^{-1}=4.8\times10^{-4}\text{mol}\cdot\text{L}^{-1}\cdot\text{s}^{-1}$

例10 某反应A(反应物)══B(产物),当 $c_A=0.200\ \text{mol}\cdot\text{L}^{-1}$ 时,经测定反应速率为 $0.0050\ \text{mol}\cdot\text{L}^{-1}\cdot\text{s}^{-1}$。若该反应对A物质来说是零级反应、一级反应、二级反应,则其速率常数分别为多少?

解题思路:利用速率方程求速率常数。

解:(1) 若该反应对A物质来说是零级反应,则有

$$\nu=kc_A^0=k$$

即反应速率与反应浓度无关,所以有

$$k=\nu=0.0050\ \text{mol}\cdot\text{L}^{-1}\cdot\text{s}^{-1}$$

(2) 若该反应对A物质来说是一级反应,则有

$$\nu=kc_A^1=kc_A$$

即反应速率与反应浓度一次方成正比,所以有

$$k=\frac{\nu}{c_A}=\frac{0.0050}{0.200}\text{s}^{-1}=0.025\ \text{s}^{-1}$$

(3) 若该反应对A物质来说是二级反应,则有

$$\nu=kc_A^2$$

即反应速率与反应浓度二次方成正比,所以有

$$k=\frac{\nu}{c_A}=\frac{0.0050}{(0.200)^2}(\text{mol}\cdot\text{L}^{-1})^{-1}\cdot\text{s}^{-1}=0.125(\text{mol}\cdot\text{L}^{-1})^{-1}\cdot\text{s}^{-1}$$

例11 某反应,350 K时,$k_1=9.3\times10^{-6}\ \text{s}^{-1}$,400 K时,$k_2=6.9\times10^{-4}\ \text{s}^{-1}$,计算该反应的活化能 E_a 以及450 K的 k_3。

解题思路:本题考查的是温度与速率常数的关系。由式(3.5)阿仑尼乌斯的定积分公式:$\ln\frac{k_2}{k_1}=-\frac{E_a}{R}\left(\frac{1}{T_2}-\frac{1}{T_1}\right)$,利用题中 $T_1=350\ \text{K}$, $k_1=9.3\times10^{-6}\ \text{s}^{-1}$, $T_2=400\ \text{K}$, $k_2=6.9\times10^{-4}\ \text{s}^{-1}$ 的数据直接可求出该反应的活化能 E_a,再次利用阿仑尼乌斯的定积分公式,即可求出 $T_3=400\ \text{K}$ 的速率常数 k_3。

解:由 $\ln\frac{k_2}{k_1}=\frac{E_a}{R}\left(\frac{1}{T_1}-\frac{1}{T_2}\right)$ 得

$$E_a = \frac{RT_1T_2}{(T_2 - T_1)}\ln\frac{k_2}{k_1} = \frac{8.314\ \text{J}\cdot\text{mol}^{-1}\cdot\text{K}^{-1}\cdot 350\ \text{K}\cdot 400\ \text{K}}{(400-350)\ \text{K}}\ln\frac{6.9\times10^{-4}}{9.3\times10^{-6}} \approx 100\ \text{kJ}\cdot\text{mol}^{-1}$$

$$\ln\frac{k_3}{k_1} = \frac{E_a}{R}\left(\frac{1}{T_1} - \frac{1}{T_3}\right) = \frac{100\times10^3\ \text{J}\cdot\text{mol}^{-1}}{8.314\ \text{J}\cdot\text{mol}^{-1}\cdot\text{K}^{-1}}\left(\frac{1}{350\ \text{K}} - \frac{1}{450\ \text{K}}\right) \approx 7.64$$

$$\frac{k_3}{k_1} \approx 2\ 080$$

$$k_3 = 2\ 080 \times 9.3\times10^{-6}\text{s}^{-1} = 1.9\times10^{-2}\ \text{s}^{-1}$$

例 12　某反应在 293 ~ 373 K 间反应的活化能为 82.3 $\text{kJ}\cdot\text{mol}^{-1}$,求该反应在 393 K 时的反应速率是 293 K 时的反应速率的多少倍?

解题思路:本题考查的是温度与速率常数的关系。由阿仑尼乌斯的定积分公式:$\ln\frac{k_2}{k_1} = -\frac{E_a}{R}\left(\frac{1}{T_2} - \frac{1}{T_1}\right)$ 即可求出相应的倍数。

解:根据速率常数与温度的关系

$$\ln\frac{k_2}{k_1} = -\frac{E_a}{R}\left(\frac{1}{T_2} - \frac{1}{T_1}\right)$$

代入相关数据,可得

$$\ln\frac{k_2}{k_1} = -\frac{82.3\times10^3}{8.314}\left(\frac{1}{373} - \frac{1}{293}\right) \approx 7.325$$

所以,$\frac{k_2}{k_1} \approx 1\ 518$ 倍。

例 13　已知反应 A + B ══ C 在 303 K 时的速率常数是 293 K 时的速率常数的2.2倍,试求:

(1) 该反应的活化能;

(2) 该反应在 773 K 时的速率常数是 763 K 时的速率常数的多少倍?

(3) 由此看出,对于具有相同活化能的化学反应在低温区和高温区提高相同的温度,哪一个影响更大?

解题思路:本题考查的是温度与速率常数及活化能的关系。由阿仑尼乌斯的定积分公式:$\ln\frac{k_2}{k_1} = -\frac{E_a}{R}\left(\frac{1}{T_2} - \frac{1}{T_1}\right)$ 即可解决相关问题。

解:(1) 对于同一反应在不同的温度下速率常数、温度和反应活化能之间有以下关系

$$\ln\frac{k_2}{k_1} = -\frac{E_a}{R}\left(\frac{1}{T_2} - \frac{1}{T_1}\right)$$

代入已知条件即可求出该反应的活化能。

$$E_a = \frac{RT_1T_2}{(T_2 - T_1)}\ln\frac{k_2}{k_1} = \frac{8.314\times293\times303\times10^{-3}}{303-293}\ln 2.2\ \text{kJ}\cdot\text{mol}^{-1} \approx 58.2\ \text{kJ}\cdot\text{mol}^{-1}$$

(2) 根据速率常数与温度的关系

$$\ln\frac{k_2}{k_1} = -\frac{E_a}{R}\left(\frac{1}{T_2} - \frac{1}{T_1}\right)$$

代入相关数据,可得

$$\ln\frac{k_2}{k_1}=-\frac{58.2\times10^3}{8.314}\left(\frac{1}{773}-\frac{1}{763}\right)\approx0.119$$

所以,$\frac{k_2}{k_1}\approx1.126$ 倍。

(3) 对于活化能相同的化学反应,当 $E_a=58.2\ \mathrm{kJ\cdot mol^{-1}}$ 时,反应温度从 293 K 上升到 303 K 后反应速率常数是原来的 2.2 倍;而反应温度从 763 K 上升到 773 K 后反应速率常数是原来的 1.126 倍。很显然,对于一个活化能相同的化学反应,升高同样的温度,在低温区的影响要大于在高温区的影响。

例 14 一般化学反应的活化能为 40 ~ 400 $\mathrm{kJ\cdot mol^{-1}}$,多数化学反应的活化能在 50 ~ 250 $\mathrm{kJ\cdot mol^{-1}}$ 之间。

(1) 若活化能为 100 $\mathrm{kJ\cdot mol^{-1}}$,试估算温度由 300 K 上升 10 K、由 400 K 上升 10 K 时,速率常数 k 各增至多少倍(设指前因子 A 相同)。

(2) 若活化能为 150 $\mathrm{kJ\cdot mol^{-1}}$,做同样的计算。

(3) 将计算结果加以比较,并说明原因。

解题思路:本题考查的是速率常数与温度及活化能的关系。可由阿仑尼乌斯的公式 $k=A\mathrm{e}^{-E_a/RT}$ 进行分析处理。以 k_1 和 k_2 分别表示 T_1 和 T_2 时的速率常数,由 $k=A\mathrm{e}^{-E_a/RT}$,可得

$$\frac{k_2}{k_1}=e^{E_a(T_2-T_1)/RT_1T_2}$$

解:(1) 对 $E_a=100\ \mathrm{kJ\cdot mol^{-1}}$,将 $T_1=300$ K、$T_2=310$ K 代入,得

$$\frac{k_2}{k_1}=e^{100\times10^3\times(310-300)/8.314\times310\times300}\approx3.64$$

将 $T_1=400$ K、$T_2=410$ K 代入,得

$$\frac{k_2}{k_1}=e^{100\times10^3\times(410-400)/8.314\times340\times400}\approx2.08$$

(2) 对 $E_a=150\ \mathrm{kJ\cdot mol^{-1}}$,将 $T_1=300$ K、$T_2=310$ K 代入,得

$$\frac{k_2}{k_1}=e^{150\times10^3\times(310-300)/8.314\times310\times300}\approx6.96$$

将 $T_1=400$ K、$T_2=410$ K 代入,得

$$\frac{k_2}{k_1}=e^{150\times10^3\times(410-400)/8.314\times340\times400}\approx3.00$$

(3) 由上述计算结果可见,虽然活化能相同,但同样是温度上升 10 K,原始温度高的速率常数增加的较少,这与上题的结论相同,这是因为按阿仑尼乌斯的公式的微分式

$$\frac{\mathrm{dln}\ k}{\mathrm{d}T}=\frac{E_a}{RT^2}$$

可知,$\ln k$ 随 T 的变化率与 T^2 成反比。

另外,与活化能低的反应相比,活化能高的反应,在同样的原始温度下,升高同样的温

度,速率常数 k 增加的更多,这是因为活化能高的反应对温度更敏感一些。

例15　某反应 $A(g) \longrightarrow B(g)$ 为二级反应,当 $c_A = 0.05\ mol \cdot L^{-1}$ 时,经测定反应速率为 $1.2\ mol \cdot L^{-1} \cdot min^{-1}$。

(1) 写出该反应的速率方程;

(2) 计算速率常数;

(3) 温度不变时,欲使反应速率加倍,A 的浓度应是多大?

解题思路:直接利用速率方程即可解决上述问题。

解:(1) 该反应为二级反应,则其速率方程为

$$\nu = kc_A^2$$

(2) 将数据 $c_A = 0.05\ mol \cdot L^{-1}$、$\nu = 1.2\ mol \cdot L^{-1} \cdot min^{-1}$ 代入上述速率方程并整理得

$$k = \frac{\nu}{c_A} = \frac{1.2}{(0.05)^2}(mol \cdot L^{-1})^{-1} \cdot min^{-1} = 480(mol \cdot L^{-1})^{-1} \cdot min^{-1}$$

(3) 温度不变时,速率常数不变,欲使反应速率加倍,则 A 的浓度应为

$$c_A = (\frac{\nu}{k})^{0.5} = (\frac{1.2 \times 2}{480})^{0.5}\ mol \cdot L^{-1} \approx 0.071\ mol \cdot L^{-1}$$

例16　某反应 $A(g) \longrightarrow$ 产物,当 $c_A = 0.50\ mol \cdot L^{-1}$ 时,经测定反应速率为 $0.014\ mol \cdot L^{-1} \cdot s^{-1}$。$c_A = 1.0\ mol \cdot L^{-1}$ 时,若该反应对 A 物质来说分别是零级反应、一级反应、二级反应,则反应速率分别为多少?

解题思路:先利用速率方程求速率常数,然后根据浓度求出相应的速率。

解:(1) 若该反应对 A 物质来说是零级反应,则有

$$\nu = kc_A^0 = k$$

即反应速率与反应浓度无关,所以当 $c_A = 1.0\ mol \cdot L^{-1}$ 时,其速率仍为 $0.014\ mol \cdot L^{-1} \cdot s^{-1}$

(2) 若该反应对 A 物质来说是一级反应,则有

$$\nu = kc_A^1 = kc_A$$

即反应速率与反应浓度一次方成正比,所以有

$$k = \frac{\nu}{c_A} = \frac{0.014}{0.50}\ s^{-1} = 0.028\ s^{-1}$$

当 $c_A = 1.0\ mol \cdot L^{-1}$ 时,反应速率为

$$\nu = kc_A^1 = kc_A = 0.028\ s^{-1} \times 1.0\ mol \cdot L^{-1} = 0.028\ mol \cdot L^{-1} \cdot s^{-1}$$

(3) 若该反应对 A 物质来说是二级反应,则有

$$\nu = kc_A^2$$

即反应速率与反应浓度二次方成正比,所以有

$$k = \frac{\nu}{c_A} = \frac{0.014}{(0.50)^2}(mol \cdot L^{-1})^{-1} \cdot s^{-1} = 0.056(mol \cdot L^{-1})^{-1} \cdot s^{-1}$$

当 $c_A = 1.0\ mol \cdot L^{-1}$ 时,反应速率为

$$\nu = kc_A^2 = 0.056 \times (1.0)^2\ mol \cdot L^{-1} \cdot s^{-1} = 0.056\ mol \cdot L^{-1} \cdot s^{-1}$$

例 17　某反应 A ══ 产物，当 $c_A = 0.050\ mol \cdot L^{-1}$ 和 $c_A = 0.10\ mol \cdot L^{-}$ 时，测得其反应速率，如果前后两次速率的比值分别是 1.0、0.50 和 0.25。求上述三种情况下的反应级数。

解题思路：设该反应的速率方程为 $\nu = kc_A^n$，前后两次的速率比值为

$$\frac{\nu_1}{\nu_2} = \frac{c_{A1}^n}{c_{A2}^n} = \frac{1}{2^n}$$

解：(1) 当比值为 1 时，即

$$\frac{1}{2^n} = 1$$

解得 $n = 0$，为零级反应。

(2) 当比值为 0.5 时，即

$$\frac{1}{2^n} = 0.5$$

解得 $n = 1$，为一级反应。

(3) 当比值为 0.25 时，即

$$\frac{1}{2^n} = 0.25$$

解得 $n = 2$，为二级反应。

例 18　实验测得某反应 $aA(g) + bB(g) + dD(g)$ ══ 产物，在不同初始浓度时反应速率的数据如表所示：

实验顺序	$c_A/(mol \cdot L^{-1})$	$c_B/(mol \cdot L^{-1})$	$c_D/(mol \cdot L^{-1})$	$\nu/(mol \cdot L^{-1} \cdot s^{-1})$
1	1.0	1.0	1.0	2.4×10^{-3}
2	2.0	1.0	1.0	2.4×10^{-3}
3	1.0	2.0	1.0	4.8×10^{-3}
4	1.0	1.0	2.0	9.6×10^{-3}

写出该反应的速率方程式，总反应级数和反应分级数分别是多少？

解题思路：设该反应的速率方程为 $\nu = kc_A^m c_B^n c_D^p$，分析实验数据，找出 m、n、p 值，即可确定速率方程。

解：1、2 次实验，c_B、c_D 不变，c_A 增加一倍，速率不变，说明此反应的速率与 c_A 无关，故 $m = 0$。

1、3 次实验，c_A、c_D 不变，c_B 增加一倍，速率增加一倍，说明此反应的速率与 c_B 成正比，故 $n = 1$。

1、4 次实验，c_A、c_B 不变，c_D 增加一倍，速率增大为原来的 4 倍，说明此反应的速率与 c_D 的平方成正比，故 $p = 2$。

因此，该反应的速率方程为

$$\nu = kc_B c_D^2$$

故总反应级数为3,对A为零级,对B为一级,对D为二级。

例19　假定某一基元反应为$2A(g)+B(g)═C(g)$,将2 mol的A(g)和1 mol的B(g)放在一只1 L容器中混合,将下列条件下的速率与此时的初始速率相比较:

(1)A和B都用掉一半时的速率;

(2)A和B都用掉三分之二时的速率;

(3)在一只1 L容器里装入2mol的A(g)和2 mol的B(g)时的初始速率;

(4)在一只1 L容器里装入4mol的A(g)和2 mol的B(g)时的初始速率。

解题思路:由质量作用定律可知,该反应的速率方程为$\nu=kc_A^2c_B$,则初始速率为$\nu=k\times2^2\times1=4k$。

解:(1)A和B都用掉一半时的速率为

$$\nu_1=k\left(\frac{c_A}{2}\right)^2\left(\frac{c_B}{2}\right)=k\times\left(\frac{2}{2}\right)^2\times\frac{1}{2}=\frac{1}{2}k=\frac{1}{8}\nu$$

即速率为此时反应初始速率的1/8。

(2)A和B都用掉三分之二时的速率为

$$\nu_2=k\left(\frac{c_A}{3}\right)^2\left(\frac{c_B}{3}\right)=k\times\left(\frac{2}{3}\right)^2\times\frac{1}{3}=\frac{4}{27}k=\frac{1}{27}\nu$$

即速率为此时反应初始速率的1/27。

(3)当$c_A=2$ mol、$c_B=2$ mol的速率为

$$\nu_3=kc_A^2c_B=k\times2^2\times2=8k=2\nu$$

即速率为此时反应初始速率的2倍。

(4)当$c_A=4$ mol、$c_B=2$ mol的速率为

$$\nu_3=kc_A^2c_B=k\times4^2\times2=32k=8\nu$$

即速率为此时反应初始速率的8倍。

3.4　习题详解

1.判断题。

(1)反应的级数取决于反应方程式中反应物的化学计量数。　(　　)

(2)使用催化剂可以提高反应速率而不致影响化学平衡。　(　　)

(3)升高温度,反应速率加快。　(　　)

(4)一般情况下,降低温度,反应速率减慢。　(　　)

(5)加入催化剂,可以使反应物的平衡转化率增大。　(　　)

(6)反应活化能越大,反应速率也越大。　(　　)

(7)若反应速率方程式中浓度的指数等于反应方程式中反应物的系数,则该反应是基元反应。　(　　)

(8)在一定温度下,对于某化学反应,随着化学反应的进行,反应速率逐渐减慢,反应速率常数逐渐变小。　(　　)

(9)根据分子碰撞理论,具有一定能量的分子在一定方位上发生有效碰撞,才可能生

成产物。 ( )

(10)根据质量作用定律,反应物浓度增大,则反应速率加快,所以反应速率常数增大。 ( )

(11)对于 A + 3B ══ 2C 的反应,在同一时刻,用不同的反应物或产物(A 或 B 或 C)的浓度变化来表示该反应的反应速率时,其数值是不同的。但对于 A + B ══ C 这类反应,在同一时刻用不同的反应物或产物的浓度变化来表示反应速率,其数值是相同的。

( )

(12)摩尔反应吉布斯函数变越大,则说明反应趋势越小,所以反应速率越小。

( )

(13)活化能是指能够发生有效碰撞的分子所具有的平均能量。 ( )

(14)某一反应是一个放热反应,升高温度不利于反应的进行,因此反应速率会大大减慢。 ( )

(15)催化剂能极大地改变化学反应速率,而其本身并不参加化学反应。 ( )

(16)根据化学反应速率的表达式,某些反应的速率与反应物的浓度无关。 ( )

答:(1)错。

解题思路:对任一反应:$aA+bB \longrightarrow cC+dD$,则该反应的速率方程一般形式为 $\nu = kc_A^{n_A}c_B^{n_B}$,$n = n_A + n_B$,称为反应总级数,简称反应级数。对于基元反应 $n_A = a$,$n_B = b$;对于非基元反应,一般情况下 $n_A \neq a$,$n_B \neq b$,具体数值要由实验来确定,所以本题说法是错误的。

答:(2)对。

解题思路:催化剂主要是通过改变反应途径,降低反应的活化能,从而使速率常数变大,最终使化学反应速率提高。但催化剂能同时加快正、逆反应速率,而且加快的倍数也相同。催化剂不仅加快正反应的速率,同时也加快逆反应的速率。因此,催化剂只能缩短反应达到平衡的时间,而不能改变化学平衡状态,所以本题说法是正确的。

答:(3)错。

解题思路:一般的化学反应,如果反应物的浓度或分压恒定,反应温度每升高 10 K,其反应速率增加 1~2 倍,并不是所有的反应都符合上述规律。如,对于爆炸类型的反应,当温度升高到某一点时,速率会突然增大;某些反应(如 $2NO+O_2 \xlongequal{} 2NO_2$)的速率还会随温度的升高而降低;酶催化反应有个最佳反应温度,温度太高或太低都不利于生物酶的活性。所以本题说法是错误的。

答:(4)对。

解题思路:方法一,同(3),略;方法二,利用活化能来解释。对于一定的反应,温度越高,活化分子所占的比例就越大,反应就越快;反之,温度越低,活化分子所占的比例就越小,反应就越慢。所以本题一般情况下,降低温度,反应速率减慢的说法是正确的。

答:(5)错。

解题思路:由(2)可知,催化剂能同时加快正、逆反应速率,而且加快的倍数也相同。因此,催化剂只能缩短反应达到平衡的时间,而不能改变化学平衡状态,所以,加入催化剂不会改变反应物的平衡转化率,故本题说法是错误的。

答:(6)错。

解题思路:活化能是指活化分子所具有的最低能量(或平均能量)与反应系统中分子的平均能量之差。活化分子与普通分子的主要区别是它们所具有的能量不同,活化分子是能量足够大的能发生有效碰撞的分子。单位时间内有效碰撞的频率越高,反应速率越大。所以,在一定温度下,反应的活化能越大,活化分子所占的比例就越小,反应就越慢,故本题说法是错误的。

答:(7)错。

解题思路:根据反应级数的定义及基元反应的速率方程可知,对于基元反应其反应速率方程式中浓度的指数等于反应方程式中反应物的系数;对于非基元反应其反应速率方程式中浓度的指数是由实验确定的,一般与反应方程式中反应物的系数无关,但也有些非基元反应其反应速率方程式中浓度的指数等于反应方程式中反应物的系数。然而基元反应与非基元反应是根据反应机理确定的,而不是根据反应速率方程式中浓度的指数与反应方程式中反应物的系数是否相等来划分的,故本题说法是错误的。

答:(8)错。

解题思路:本题是考查的是浓度对反应速率的影响以及速率常数的物理意义。在一定温度下,一般对某一化学反应来说,单位体积内反应物的活化分子数与反应物分子总数(即该反应物的浓度)成正比。随着化学反应的进行,反应物的浓度逐渐降低,单位体积内的活化分子数也必然相应地减少,从而降低了单位时间单位体积内反应物分子间的有效碰撞次数,故而使反应速率降低。但对于一些特殊的反应,如只有一个反应物的零级反应,其反应速率与反应物的浓度无关。反应速率常数的数值等于单位浓度时的反应速率,在一定温度下,其数值不会随着反应物浓度的变化而变化,故本题说法是错误的。

答:(9)对。

解题思路:由于相互碰撞的分子的周围负电荷电子之间存在着强烈的电性排斥力,因此,只有能量足够大的分子在碰撞时,才能以足够大的动能去克服上述的电性排斥力,而导致原有化学键的断裂和新化学键的形成。由于反应物分子有一定的几何构型,分子内原子的排列有一定的方位。如果分子碰撞时的几何方位不适宜,尽管碰撞的分子有足够的能量,反应也不能发生。故具有一定能量的分子在一定方位上发生有效碰撞,才可能生成产物的说法是正确的。

答:(10)错。

解题思路:本题与(8)类似,在一定温度下,一般对某一化学反应来说,单位体积内反应物的活化分子数与反应物分子总数(即该反应物的浓度)成正比。所以增加反应物的浓度,单位体积内的活化分子数也必然相应地增多,从而增加了单位时间单位体积内反应物分子间的有效碰撞次数,故而使反应速率提高。但对于一些特殊的反应,如只有一个反应物的零级反应,其反应速率与反应物的浓度无关。反应速率常数的数值等于单位浓度时的反应速率,在一定温度下,其数值不会随着反应物浓度的变化而变化,故本题说法是错误的。

答:(11)错。

答:(12)错。

答:(13)错。

答:(14)错。

答:(15)错。

答:(16)对。

2. 选择题。

(1)升高温度可以增加化学反应速率,主要是因为 (　　)

A. 增加了分子总数　　B. 增加了活化分子百分数　　C. 降低了反应的活化能

(2)决定化学反应速率的根本因素是 (　　)

A. 温度和压强　　B. 反应物的浓度

C. 参加反应的各物质的性质　　D. 催化剂的加入

(3)升高温度时,化学反应速率加快,主要是由于 (　　)

A. 分子运动速率加快,使反应物分子间的碰撞机会增多

B. 反应物分子的能量增加,活化分子百分数增大,有效碰撞次数增多,化学反应速率加快

C. 该化学反应的过程是放热的

D. 该化学反应的过程是吸热的

(4)下列关于催化剂的说法,正确的是 (　　)

A. 催化剂能使不起反应的物质发生反应

B. 催化剂在化学反应前后,化学性质和质量都不变

C. 催化剂能改变化学反应速率

D. 任何化学反应,都需要催化剂

(5)某具有简单级数反应的速率常数的单位是 $mol \cdot L^{-1} \cdot s^{-1}$,该化学反应的级数为 (　　)

A. 3 级　　B. 2 级　　C. 1 级　　D. 0 级

(6) 对于一定条件下进行的化学反应:$2SO_2(g)+O_2(g) \xlongequal{} 2SO_3(g)$,改变下列条件,可以提高反应物中的活化分子百分数的是 (　　)

A. 升高温度　　B. 增大压强　　C. 使用催化剂　　D. 增大反应物浓度

(7) 对于反应:$NO+CO_2 \xlongequal{} NO_2+CO$,在密闭容器中进行,下列哪些条件加快该反应的速率 (　　)

A. 缩小体积使压强增大　　B. 体积不变,充入 CO_2 使压强增大

C. 体积不变,充入 He 气使压强增大　　D. 压强不变,充入 N_2 使体积增大

(8)NO 和 CO 都是汽车尾气里的有害物质,它们能缓慢地起反应生成 N_2 和 CO_2 气体:$2NO+2CO \xlongequal{} N_2+2CO_2$,对此反应,下列叙述正确的是 (　　)

A. 使用催化剂能加快反应速率

B. 改变压强对反应速率没有影响

C. 冬天气温低,反应速率降低,对人体危害更大

D. 无论外界条件怎样改变,均对此化学反应的速率无影响

(9)下列说法不正确的是 (　　)

A. 化学反应速率是通过实验测定的
B. 升高温度,只能增大吸热反应速率,不能增大放热反应速率
C. 对于任何反应,增大压强,相当于增大反应物的浓度,反应速率都加快
D. 催化剂可降低反应所需活化能,提高活化分子百分数,从而提高反应速率

(10) 反应 $C(s) + H_2O(g) \xlongequal{} CO(g) + H_2(g)$ 在一可变容积的密闭容器中进行,下列条件的改变对其反应速率几乎无影响的是 (　　)
A. 增加C的量
B. 将容器的体积缩小一半
C. 保持体积不变,充入 N_2 使体系压强增大
D. 保持压强不变,充入 N_2 使容器体积变大

(11) 下列论述正确的是 (　　)
A. 活化能的大小不一定能表示一个反应的快慢,但可以表示一反应受温度的影响是显著还是不显著
B. 任意一种化学反应的反应速率都与反应物浓度的乘积成正比
C. 任意两个反应相比,反应速率常数较大的反应,其反应速率必较大
D. 根据阿累尼乌斯公式,两个不同反应只要活化能相同,在一定的温度下,其反应速率常数一定相同

(12) 对于反应速率常数,以下说法正确的是 (　　)
A. 某反应的标准摩尔吉布斯函数变越小,表明反应的反应速率常数越大
B. 一个反应的反应速率常数可通过改变温度、浓度、总压力和催化剂来改变
C. 反应的速率常数在任何条件下都是常数
D. 以上说法都不对

(13)质量作用定律适用于 (　　)
A. 化学反应方程式中反应物和产物的系数均为1的反应
B. 一步完成的简单反应
C. 复杂反应中的某一步基元反应,而不是总反应
D. 以上说法都不对

(14)在恒温下仅增加反应物浓度,化学反应速率加快的原因是 (　　)
A. 化学反应速率常数增大
B. 反应物的活化分子百分数增加
C. 反应的活化能下降
D. 反应物的活化分子数目增加
E. 反应物分子间有效碰撞频率增加

(15)对于一个化学反应而言,下列说法正确的是 (　　)
A. 标准摩尔函数变的负值越大,其反应速率越快
B. 标准摩尔吉布斯函数变的负值越大,其反向速率越快
C. 活化能越大,其反应速率越快
D. 活化能越小,其反应速率越快

(16)关于速率常数的单位,下列说法正确的是 ( )

A. 无量纲参数　　B. $mol \cdot L^{-1} \cdot s^{-1}$

C. s^{-1}　　D. 由具体反应而定

(17)以最慢速度进行的反应是 ( )

A. 小的反应物浓度和大的速率常数

B. 小的反应物浓度和小的速率常数

C. 大的反应物浓度和大的速率常数

D. 大的反应物浓度和小的速率常数

(18)在体积相同的密闭容器中,反应 $2SO_2+O_2 == 2S_2O_3$ 在下列4种条件下开始反应,反应速率最快的是 ( )

A. 在1 000 K,5 mol SO_2和5 mol O_2

B. 在1 000 K,10 mol SO_2和5 mol O_2

C. 在1 000 K,15 mol SO_2和5 mol O_2

D. 在1 000 K,20 mol SO_2和5 mol O_2

(19)升高相同温度,反应速率增加幅度较大的是 ( )

A. 双分子反应　　B. 三分子反应

C. 活化能大的反应　　D. 活化能小的反应

(20)对于反应 A == 产物,当A的浓度为0.5 $mol \cdot L^{-1}$时,反应速率为0.15 $mol \cdot L^{-1} \cdot s^{-1}$;当A的浓度为0.1 $mol \cdot L^{-1}$时,反应速率为0.03 $mol \cdot L^{-1} \cdot s^{-1}$;当A的浓度为2.5 $mol \cdot L^{-1}$时,则反应速率为 ( )

A. 0.3 $mol \cdot L^{-1} \cdot s^{-1}$　　B. 0.75 $mol \cdot L^{-1} \cdot s^{-1}$

C. 0.45 $mol \cdot L^{-1} \cdot s^{-1}$　　D. 0.5 $mol \cdot L^{-1} \cdot s^{-1}$

(21)对于反应 B == 产物的反应速率常数为8 $L^2 \cdot mol^{-2} \cdot s^{-1}$,若浓度消耗掉一半时的速率为8 $mol \cdot L^{-1} \cdot s^{-1}$,则起始浓度为 ( )

A. 2 $mol \cdot L^{-1}$　　B. 4 $mol \cdot L^{-1}$

C. 8 $mol \cdot L^{-1}$　　D. 16 $mol \cdot L^{-1}$

(22)反应 A+B == C 的速率方程为 $\nu = kc_A c_B^x$,若速率常数的单位为 $L \cdot mol^{-1} \cdot s^{-1}$,则 x 的值为 ( )

A. 0　　B. 1　　C. 2　　D. 3

(23)某反应 A == 产物,其速率常数的单位为1.5 $L \cdot mol^{-1} \cdot s^{-1}$,若起始浓度为6 $mol \cdot L^{-1}$,当浓度消耗掉一半时的速率为 ( )

A. 4.5 $mol \cdot L^{-1} \cdot s^{-1}$　　B. 13.5 $mol \cdot L^{-1} \cdot s^{-1}$

C. 9 $mol \cdot L^{-1} \cdot s^{-1}$　　D. 121.5 $mol \cdot L^{-1} \cdot s^{-1}$

(24)某反应在333 K时的速率常数是303 K时的3倍,则反应的活化能为 ( )

A. 3.07 $kJ \cdot mol^{-1}$　　B. 30.7 $kJ \cdot mol^{-1}$

C. 307 $kJ \cdot mol^{-1}$　　D. 3 070 $kJ \cdot mol^{-1}$

(25)对于基元反应 2A+B == C,将1 mol A和0.5 mol B放在一只1 L的容器中混合,下列说法正确的是 ( )

A. 该反应的初始速率与2 mol A和1 mol B在1 L的容器中反应速率之比为0.5

B. 该反应的初始速率与1 mol A和1 mol B在1 L的容器中反应速率之比为0.5

C. 该反应的初始速率与A用掉二分之一时的反应速率之比为8

D. 该反应的初始速率与A用掉三分之二时的反应速率之比为9

答:(1)选B。

解题思路:反应温度升高,不仅可以使反应物分子的运动速率增大,从而使单位时间内反应物分子间的碰撞次数增加,而且更重要的是,温度升高,使较多的具有平均能量的普通分子获得能量而变成活化分子,从而使单位体积内活化分子的百分数增大,结果使单位时间的有效碰撞次数增大,反应速率也就相应地增大,故本题选B。

答:(2)选C。

解题思路:实验结果证明,化学反应速率的大小,主要取决于反应物的本性,而浓度、温度、催化剂等只是影响化学应速率的外界条件。

答:(3)选B。

解题思路:同(1),温度升高,使较多的具有平均能量的普通分子获得能量而变成活化分子,从而使单位体积内活化分子的百分数增大,结果使单位时间的有效碰撞次数增大,反应速率也就相应地增大,故本题选B。

答:(4)选B和C。

解题思路:根据催化剂的特点:催化剂只能加速热力学认为可能进行的反应,所以选项A不对,显然选项D也不对。

答:(5)选D。

解题思路:根据速率常数的单位为[浓度]$^{1-n}$·[时间]$^{-1}$,可知$1-n=1$,即$n=0$,故本题选D。

答:(6)选A和C。

解题思路:温度升高,使较多的具有平均能量的普通分子获得能量而变成活化分子,从而使单位体积内活化分子的百分数增大,故选项A是正确的;加入催化剂可以降低反应的活化能,使原来的非活化分子转变为活化分子,从而使单位体积内活化分子的百分数增大,故选项C也是正确的;而增大浓度(或气体的分压),只能增大了系统中单位体积内分子总数,而对活化分子的百分数无影响,故选项B和D是错误的。

答:(7)选A和B。

解题思路:增加反应物的浓度(或气体的分压),单位体积内的活化分子数也必然相应地增多,从而增加了单位时间单位体积内反应物分子间的有效碰撞次数,故而使反应速率提高,故选项A和B是正确的;选项C对反应物的浓度(或气体的分压)无影响,即对反应速率无影响;而选项D使反应物的浓度(或气体的分压)降低,从而使单位体积内的活化分子数也必然相应地减少,从而增减少了单位时间单位体积内反应物分子间的有效碰撞次数,故而使反应速率降低,即选项C和D是错误的。

答:(8)选A和C。

解题思路:使用催化剂能改变反应途径,降低反应的活化能,从而可以加快反应速率,故选项A是正确的;改变压强即改变了反应物得浓度,直接影响到反应速率的大小,故选项 B 是错误的;冬天气温低,反应速率常数下降,从而使反应速率降低,有害物质浓度更高,因此对人体危害更大,故选项 C 是正确的;很显然选项 D 是错误的。

答:(9)选 B 和 C。

解题思路:由阿仑尼乌斯的公式 $k = Ae^{-E_a/RT}$ 可知,对于多数反应,当升高温度时 k 增大,从而速率加快,与反应是吸热反应还是放热反应无关,故选项 B 的说法是不正确;对于固相或液相反应,增大压强,对反应物浓度几乎无影响,因此速率也无明显变化,故选项 C 的说法也是不正确。显然选项 A 和 D 是正确的,故本题选选 B 和 C。

答:(10)选 A 和 C。

解题思路:由于 C 是固相,增加 C 的量对反应物的浓度没有影响,即对速率也无影响;将容器的体积缩小一半,相当于将气体物质的浓度增加一倍,故会使反应速率加快;保持体积不变,充入 N_2 使体系压强增大,对反应物的浓度没有影响,即对速率也无影响;保持压强不变,充入 N_2 使容器体积变大,会使反应物的浓度降低,即会使反应速率降低,故本题选选 A 和 C。

答:(11)选 A。

解题思路:对于基元反应由质量作用定律可知,其反应速率与反应物浓度幂的乘积成正比,对于零级反应其速率与反应物浓度无关,所以选项 B 是错的;由速率方程可知一般化学反应的速率与速率常数,反应物的浓度及其反应级数有关(零级反应除外),所以选项 C 是错的;由阿仑尼乌斯的公式 $k = Ae^{-E_a/RT}$ 可知,两个不同反应活化能相同,在一定的温度下,其反应速率常数不一定相同,所以选项 D 是错的,故本题选 A。

答:(12)选 D。

解题思路:反应速率常数是动力学函数与热力学函数无关,故选项 A 是错误的;反应速率常数是温度的函数与反应物的浓度或压力无关,故选项 B、C 也是错误的,故本题选 D。

答:(13)选 B 和 C。

解题思路:质量作用定律适用于一步完成的简单反应,即基元反应或复杂反应中的某一步基元反应,故本题选 B 和 C。

答:(14)选 D 和 E。

解题思路:由于反应物的浓度对速率常数、活化分子百分数和活化能没有影响,因此,选项 A、B、C 是错误的。在恒温下增加反应物浓度可以使单位体积内的分子数目增加,活化分子的数目也相应地增加,因而,反应物分子间有效碰撞频率也增加,从而使化学反应速率加快,故本题选 D 和 E。

答:(15)选 D。

解题思路:热力学函数与动力学函数之间无直接的因果关系,故选项 A、B 是错误的,由 $\ln k = -\dfrac{E_a}{RT} + \ln A$ 可知,当温度 T 一定时,活化能 E_a 越大,$\ln k$ 越小,反应速率就越小;反之,活化能 E_a 越小,$\ln k$ 越大,反应速率就越大,选项 C 也是错误的,本题选 D。

(16)D (17)B (18)D (19)C (20)B (21)A (22)B (23)B (24)B (25)B、C

3. 填空题。

(1)对于一个确定的化学反应,化学反应速率常数只与________有关,而与________无关。

(2)在化学反应中凡(一步)直接完成的反应称为________,而分步进行的反应称为________。

(3)在定温下,某反应从起始至达到平衡的过程中,正反应的速率将________,逆反应的速率将________,反应的平衡常数将________。

(4)某化学反应的速率方程表达式为$\nu = k\{c(\mathrm{A})\}^{0.5} \cdot \{c(\mathrm{B})\}^2$,若将反应物A的浓度增加到原来的4倍,则反应速率为原来的________倍;若反应的总体积增加到原来的4倍,则反应速率为原来的________倍。

(5)化学动力学研究化学反应的________、________以及________。

(6)在具有浓度幂乘积形式的速率方程中,比例系数k称为________,它的意义是________,其数值与________、________、________等有关。

(7)一定温度下,反应的活化能越小,反应的速率常数越________。

答:(1)温度　浓度

(2)基元反应(简单反应)　非基元反应(复杂反应)

(3)逐渐变小　逐渐增大　不变

(4)2　1/32

(5)速率　各种因素对反应速率的影响　反应机理

(6)反应速率常数　单位反应物浓度时的反应速率　温度　催化剂　溶剂

(7)大

4. 某反应,298 K时,$k_1 = 3.4 \times 10^{-5}\ \mathrm{s^{-1}}$,328 K时,$k_2 = 1.5 \times 10^{-3}\ \mathrm{s^{-1}}$,计算该反应的活化能$E_\mathrm{a}$。

解:由 $\ln \dfrac{k_2}{k_1} = \dfrac{E_\mathrm{a}}{R}\left(\dfrac{1}{T_1} - \dfrac{1}{T_2}\right)$ 得

$$E_\mathrm{a} = \frac{RT_1T_2}{(T_2 - T_1)}\ln\frac{k_2}{k_1} \approx 103\ \mathrm{kJ/mol}。$$

5. 假设某反应的指前因子$A = 1.6 \times 10^{14}\ \mathrm{s^{-1}}$,$E_a = 246.9\ \mathrm{kJ \cdot mol^{-1}}$,求其700 K时的速率常数$k$。

解:由
$$\ln k = -\frac{E_\mathrm{a}}{RT} + \ln A = -9.72$$
得
$$k \approx 6.0 \times 10^{-5}\ \mathrm{s^{-1}}。$$

6. 在600 K时,反应$2\mathrm{NO} + \mathrm{O_2} \!=\!=\!= 2\mathrm{NO_2}$的实验数据如下表所示。

$c(\mathrm{NO})/(\mathrm{mol \cdot L^{-1}})$	$c(\mathrm{O_2})/(\mathrm{mol \cdot L^{-1}})$	$\nu(\mathrm{NO})/[\mathrm{mol \cdot (L \cdot s)^{-1}}]$
0.010	0.010	2.5×10^{-3}
0.010	0.020	5.0×10^{-3}
0.030	0.020	4.5×10^{-3}

(1) 写出上述反应的速率方程式。

(2) 试计算速率常数?

(3) 当 $c(NO) = 0.015$ mol/L, $c(O_2) = 0.025$ mol/L 时,反应速率是多少?

解:(1) 由表中数据变化规律推出该反应的速率方程式为 $\nu = k\{c(NO)\}^2 \cdot \{c(O_2)\}$;

(2) 由表中数据可以算出 $k = 2.5 \times 10^3\ L^2/(mol^2 \cdot s)$;

(3) $\nu(NO) = 2.5 \times 10^3 \times (0.015)^2 \times 0.025\ mol/(L \cdot s) \approx 1.4 \times 10^2\ mol/(L \cdot s)$

7. 某城市位于海拔高度较高的地理位置,水的沸点为 92 ℃。在海边城市 3 min 能煮孰的鸡蛋,在该城市却花了 4.5 min 才煮熟。计算煮熟鸡蛋这一"反应"的活化能。

解:海边城市: $T_1 = 373$ K　$t_1 = 3.0$ min　k_1

某城市:　$T_2 = 365$ K　$t_2 = 4.5$ min　k_2

对同一反应来说,温度降低, k 变小,反应变慢,时间延长。

$k_2/k_1 = t_1/t_2$,则有

$$\ln\frac{k_2}{k_1} = \ln\frac{t_1}{t_2} = \frac{E_a}{R}\left(\frac{1}{T_1} - \frac{1}{T_2}\right)$$

$$E_a = \frac{RT_1T_2}{T_2 - T_1}\ln\frac{t_1}{t_2} \approx 57\ kJ \cdot mol^{-1}$$

8. 比较浓度、温度和催化剂对反应速率的影响,有何相同、不同之处?

答:浓度、温度和催化剂的改变都能影响反应速率的变化,但改变的途径和改变的程度有所不同。浓度的改变是直接影响到反应速率的大小、而温度和催化剂的变化是通过改变了速率常数后从而影响到反应速率的变化。根据阿仑尼乌斯关系式,温度和催化剂(能够改变活化能)对反应速度常数的影响都发生在指数项,因此它们的影响要大得多。

9. 平衡常数大的化学反应是否一定比平衡常数小的化学反应速率快?

答:平衡常数反映了一个化学反应达到平衡时反应进行的程度,即此时反应物和生成物的相对比值,而反应速率则说明了反应物转化为生成物所需要的时间,两者没有直接的关系。

10. 说明催化剂能够使反应速率加快的原因?

答:在化学反应中,当加入催化剂后,化学反应的途径会发生变化,从而使反应的活化能有较大的变化。加入正催化剂后的反应途径所需要的活化能要大大低于未加催化剂时反应的活化能,按照阿仑尼乌斯关系式,活化能的降低必使反应速率常数增大,从而加快反应速率。

11. 在基元反应中,应注意哪些相关的问题?

答:基元反应应注意以下几点问题:凡基元反应均能按化学反应方程式依照质量作用定律的表达式直接写出该化学反应的速率方程表达式;一个反应是否基元反应只能通过实验加以证实,而不能通过其他任何方法推测;一个基元反应的反应分子数不能多于 3;一个基元反应为逆过程也是基元反应。

12. 什么样的反应既有反应级数又有反应分子数?什么样的反应只有反应级数而无反应分子数?什么样的反应既无反应级数又无反应分子数?

答:基元反应或简单反应既有反应级数,又有反应分子数而且两者相等。速率方程具

有浓度幂乘积形式的复杂反应，只有反应级数而无反应分子数。速率方程不具有浓度幂乘积形式的复杂反应，既无反应级数又无反应分子数。

13. 从活化分子和活化能角度分析浓度、温度和催化剂对化学反应速率有何影响？

答：增大浓度(或气体的分压)，也就增大了系统中单位体积内活化分子总数，故反应速率增大；而温度升高，将增加系统中活化分子百分数，故反应速率增大；使用催化剂会降低系统的活化能，增大系统活化分子百分数，故反应速率增加。

14. 有人认为："温度对反应速率常数的影响关系式与湿度对平衡常数的影响关系式有相似的形式，因此这两个关系式有类似的意义。"这个推论是否确切？

答：温度对反应速率常数的影响关系式中活化能(一般大于零)，因此可以分析出温度升高，反应速率常数增大。而温度对标准平衡常数的影响关系式中的反应热效应，其值可正、可负，因此温度升高，标准平衡常数既可增大，也可减小。因此该推论不确切。

15. A(g)+B(g) ══产物，总反应一定是二级反应吗？

答：大多数化学反应不是基元反应，其反应历程复杂。对于复杂反应，反应级数不是由反应方程式，而是由实际的反应机理来确定的，通常反应级数由实验测定。

16. 速率常数的大小取决于哪些因素？

答：速率常数的大小，首先取决于内在因素，即参加反应的物质的结构和性质，以及反应的类型和介质；其次，速率常数的大小取决于外部因素，主要包括温度、压力等条件。在溶液中，反应的速率常数的大小还随溶剂的不同而不同。

17. 为什么反应物间所有的碰撞并不是全部都是有效的？

答：发生有效碰撞要具备两个条件：

①反应物的分子或离子应有足够的能量。

②碰撞时要有合适的方向，即碰在应起反应的部位上。

因此，并不是所有的反应物分子碰撞都是有效的。

3.5 同步训练题

1. 判断题。

(1)反应 A+B ⟶C 为放热反应，达平衡后，如果升高体系的温度，则生成 C 的产量减少，反应速率减慢。 ( )

(2)升高温度，使吸热反应的反应速率增大，放热反应的反应速率减小。 ( )

(3)任何可逆反应，在一定温度下，不论参加反应的物质浓度如何不同，反应达到平衡时，各物质的平衡浓度都相同。 ( )

(4)对于所有的零级反应来说，反应速率常数均为零。 ( )

(5)反应的活化能越大，反应速率越大；反应的活化能减小，反应速率常数也随之减小。 ( )

(6)升高温度，反应速率加快的原因是由于反应物活化分子的百分数增加。 ( )

(7)某可逆反应，标准摩尔反应焓变小于零，当温度升高时，正反应速率常数增大的倍数比逆反应速率增大的倍数小。 ( )

(8)反应级数和反应分子数是同一个概念。 (　　)

(9)反应速率常数的大小即反应速率的大小。 (　　)

(10)在反应历程中,定速步骤是反应最慢的一步。 (　　)

(11)由反应速率常数的单位可以知道该反应的反应级数。 (　　)

(12)根据分子碰撞理论,只要分子发生碰撞,就可以生成产物。 (　　)

(13)在化学反应体系中加入催化剂将增加平衡时产物的浓度。 (　　)

(14)温度升高,反应速率加快,从而使反应速率常数增大。 (　　)

2. 选择题。

(1)对基元反应而言,下列叙述中正确的是 (　　)

A. 反应级数和反应分子数总是一致的

B. 反应级数总是大于反应分子数

C. 反应级数总是小于反应分子数

D. 反应级数不一定与反应分子数相一致

(2)要降低反应的活化能,可以采取的手段是 (　　)

A. 升高温度　　B. 降低温度

C. 移去产物　　D. 使用催化剂

(3)下列说法中正确的是 (　　)

A. 某种催化剂能加快所有反应的速率

B. 能提高正向反应速率的催化剂是正催化剂

C. 催化剂可以提高化学反应的平衡产率

D. 催化反应的热效应升高

(4)下列叙述中正确的是 (　　)

A. 非基元反应是由若干基元反应组成的

B. 凡速率方程式中各物质的浓度的指数等于方程式中其化学式前的系数时,此反应必为基元反应

C. 反应级数等于反应物在反应方程式中的系数和

D. 反应速率与反应物浓度的乘积成正比

(5)对于一个确定的化学反应来说,下列说法中正确的是 (　　)

A. 摩尔反应吉布斯函数变越负,反应速率越快

B. 摩尔反应熵变越正,反应速率越快

C. 摩尔反应焓变越负,反应速率越快

D. 反应活化能越小,反应速率越快

(6)从化学动力学看,一个零级反应,其反应速率应该 (　　)

A. 与反应物浓度呈反比

B. 随反应物浓度的平方根呈正比

C. 随反应物浓度的平方呈正比

D. 与反应物浓度呈正比

E. 不受反应物浓度的影响

(7)下列关于活化能的叙述中,不正确的是　(　)

A. 不同的反应具有不同的活化能

B. 同一反应的活化能越大,其反应速率越大

C. 反应的活化能可以通过实验方法测得

D. 一般认为,活化能不随温度变化

(8)某一反应的速率常数 k 很大,则　(　)

A. 反应速率一定很快　B. 反应速率一定很慢

C. 反应速率不一定快或慢　D. 前三者都错

(9)某一反应的活化能为 80 kJ · mol^{-1},升高温度平衡常数变小,表明逆反应的活化能　(　)

A. 大于 80 kJ · mol^{-1}　B. 等于 80 kJ · mol^{-1}

C. 小于 80 kJ · mol^{-1}　D. 无法判断

(10)化学反应 $aA+bB$ ══ $cC+dD$ 的反应级数　(　)

A. 等于 $a+b$　B. 等于 $a+b-c-d$

C. 不可能等于 $a+b$　D. 可能等于 $a+b$

(11)某反应物在一定条件下的平衡转化率为 35 %,当加入催化剂时,若反应条件不变,此时它的平衡转化率是　(　)

A. 大于35%　B. 等于35%

C. 小于35%　D. 无法判断

(12)某一反应的活化能为 60 kJ · mol^{-1},则其逆反应的活化能为　(　)

A. 大于60 kJ · mol^{-1}　B. 等于60 kJ · mol^{-1}

C. 小于60 kJ · mol^{-1}　D. 无法判断

(13) 对于标准摩尔反应吉布斯函数变大于零的反应,使用正催化剂可以　(　)

A. 正反应速率大大加速　B. 逆反应速率减速

C. 正、逆反应速率皆加速　D. 无影响

(14) 对于一定温度下的某化学反应,下列说法正确的是　(　)

A. 反应活化能越大,反应速率越快

B. 标准平衡常数越大,反应速率越快

C. 反应物浓度越大,反应速率越快

D. 标准摩尔反应函数变负值越大,反应速率越快

(15) 零级反应的速率应是　(　)

A. 恒为零

B. 与生成物的浓度成正比

C. 与反应物的浓度成正比

D. 与生成物和反应物的浓度均没有关系,是一个常数

(16) 可逆反应:A(g)+2B(g) ══ C(g)+D(g),摩尔反应焓变大于零,提高 A 和 B 的转化率的方法是　(　)

A. 高温、低压　B. 高温、高压

C. 低温、低压　　D. 低温、高压

(17)反应 $C(s)+H_2O(g) = H_2(g)+CO(g)$ 为吸热反应，提高 C 和 H_2O 的转化率的方法是 (　　)

A. 高温、低压　　B. 高温、高压

C. 低温、低压　　D. 低温、高压

(18)已知 N_2O_5 分解的速率方程为 $\nu = kc_{N_2O_5}$，下列说法正确的是 (　　)

A. 该反应为一级反应　　B. 升高温度，速率常数减小

C. 增大浓度，速率常数减小　　D. 增大浓度，速率常数增大

(19)若反应 $2A(g)+2B(g) = C(g)+D(g)$，的速率方程为 $\nu = kc_A c_B^2$，则下列说法错误的是 (　　)

A. 该反应的反应级数为 3　　B. A 的反应级数为 1

C. B 的反应级数为 2　　D. 该反应的反应级数为 4

(20)若反应 $A+B = C$ 为简单反应，则其速率常数的单位是 (　　)

A. $(mol \cdot L^{-1})^{-1} \cdot s^{-1}$　　B. $(mol \cdot L^{-1})^{-1} \cdot min^{-1}$

C. $(mol \cdot L^{-1})^{-2} \cdot s^{-1}$　　D. $(mol \cdot L^{-1})^{-2} \cdot min^{-1}$

3. 某一级反应在 0 ℃时的速率常数是 $4.6\times10^{-2}s^{-1}$；在 20 ℃时的速率常数是 $8.1\times10^{-2}s^{-1}$。求该化学反应的活化能。

4. 化学反应 $A(g) = C(g)$ 为二级反应，当 A 的浓度为 0.050 $mol \cdot L^{-1}$ 时，其反应速率为 1.2 $mol \cdot L^{-1} \cdot min^{-1}$。

(1)计算速率常数；

(2)温度不变时欲使反应速率加倍，A 的浓度应为多大？

5. 二氧化氮的分解反应为 $2NO_2(g) = 2NO(g)+O_2(g)$，在 319 ℃时的速率常数是 0.498 $mol \cdot L^{-1} \cdot s^{-1}$；354 ℃时的速率常数是 1.81 $mol \cdot L^{-1} \cdot s^{-1}$。计算该反应的活化能及 383 ℃时的反应速率常数。

6. 在 303 K 时鲜牛奶经 3 h 变酸，在 280 K 时的冰箱内，可保持 48 h 才变酸。试计算该条件下牛奶酸变反应的活化能。

7. 某反应 A(反应物) = B(产物)，当 $c_A = 0.150$ $mol \cdot L^{-1}$ 时，经测定反应速率为 0.030 $mol \cdot L^{-1} \cdot s^{-1}$。若该反应对 A 物质来说是零级反应、一级反应、二级反应，则其速率常数分别为多少？

3.6 同步训练题参考答案

1. 判断题。

(1)错　(2)错　(3)错　(4)错　(5)错　(6)对　(7)对　(8)错　(9)错　(10)对　(11)对　(12)错　(13)对　(14)错

2. 选择题。

(1)A　(2)D　(3)B　(4)A　(5)D　(6)E　(7)B　(8)C　(9)A　(10)D　(11)B　(12)D　(13)C　(14)C　(15)D　(16)B　(17)A　(18)A　(19)D

(20) A、B

3. 18.8 $kJ \cdot mol^{-1}$

4. (1) 480 $mol \cdot L^{-1} \cdot min^{-1}$　(2) 0.071 $mol \cdot L^{-1}$

5. 114 $kJ \cdot mol^{-1}$　4.77 $mol \cdot L^{-1} \cdot s^{-1}$

6. 77.7 $kJ \cdot mol^{-1}$

7. 0.030 $mol \cdot L^{-1} \cdot s^{-1}$　0.2 s^{-1}　1.33 $L \cdot mol^{-1} \cdot s^{-1}$

第4章

酸碱平衡与沉淀平衡

4.1 教学基本要求

1. 理解酸碱电离理论和酸碱电子理论。
2. 掌握酸碱质子理论及酸碱解离平衡计算、pH 值的计算。
3. 理解多元酸碱的解离平衡。
4. 掌握同离子效应和盐效应。
5. 掌握缓冲溶液的原理及有关计算(缓冲溶液的配置)。
6. 掌握盐的水解计算。
7. 掌握溶度积和溶解度的换算、溶度积规则。

4.2 知识点归纳

1. 溶液中的酸碱平衡

酸碱质子理论认为:凡能给出质子(H^+)的物质都是酸;凡能与质子结合的物质都是碱。酸碱质子理论对酸碱的区分只以 H^+为判据。酸碱的共轭关系为

$$酸 \rightleftharpoons 碱 + 质子 \qquad K_a^\ominus \cdot K_b^\ominus = K_w$$

酸与它的共轭碱(或碱与它的共轭酸)一起称为共轭酸碱对。

(1) 一元弱酸(HAc,HCN)

例如,$HAc(aq) \rightleftharpoons H^+(aq) + Ac^-(aq)$

$$K_a^\ominus = \frac{c\alpha^2}{c(1-\alpha)} \tag{4.1}$$

当 α 很小时, $K_b^\ominus \approx c\alpha^2$

$$\alpha \approx \sqrt{K_a^\ominus / c} \tag{4.2}$$

$$c^{eq}(H^+) = c\alpha \approx \sqrt{K_a^\ominus \cdot c} \tag{4.3}$$

(2) 一元弱碱(NH_3)

例如:$NH_3(aq) + H_2O(l) \rightleftharpoons NH_4^+(aq) + OH^-(aq)$

$$K_b^\ominus = \frac{c\alpha^2}{c(1-\alpha)}$$

当 α 很小时，$K_b^\ominus \approx c\alpha^2$

$$\alpha \approx \sqrt{K_b^\ominus / c} \tag{4.4}$$

$$c^{eq}(OH^-) = c\alpha \approx \sqrt{K_b^\ominus \cdot c} \tag{4.5}$$

(3) 多元弱酸(碱)(H_2S,H_2CO_3,$Al(OH)_3$)

多元弱酸(碱)分级解离。H^+ 浓度或 OH^- 浓度可按一级解离近似计算，与上述计算一元酸 H^+ 浓度或一元碱 OH^- 浓度的方法相同，其中的 $K_a^\ominus$、$K_b^\ominus$ 相应用 $K_{a1}^\ominus$、$K_{b1}^\ominus$ 代替。

2. 同离子效应和盐效应

同离子效应可使弱酸或弱碱的解离度降低；盐效应可使弱电解质的解离度略有增大。注意区分同离子效应与盐效应。

3. 缓冲溶液及其计算

缓冲溶液是由弱酸与它们的共轭碱或弱碱与它们的共轭酸所组成的溶液，其 pH 值能在一定范围内不因稀释或外加少量酸或碱而发生显著变化。缓冲溶液的 pH 计算及 H^+ 浓度的计算一般公式为

$$c^{eq}(H^+) = K_a^\ominus \times \frac{c^{eq}(\text{共轭酸})}{c^{eq}(\text{共轭碱})} \tag{4.6}$$

$$pH = pK_a^\ominus - \lg\frac{c^{eq}(\text{共轭酸})}{c^{eq}(\text{共轭碱})} \tag{4.7}$$

当缓冲溶液中 $c^{eq}(\text{共轭酸}) = c^{eq}(\text{共轭酸})$ 时，$c^{eq}(H^+) = K_a^\ominus$，$pH = pK_a^\ominus$。

在选择具有一定 pH 值的缓冲溶液时，应当选用 $pK_a^\ominus$ 接近或等于该 pH 值的弱酸与其共轭碱的混合溶液。

4. 盐的水解

盐类的水解反应是酸碱中和反应的逆反应。处理这类溶液的计算方法与弱酸弱碱溶液的方法类似。一般计算公式如下：

(1) 弱酸强碱盐(NaAc)

$$K_h^\ominus = \frac{K_w}{K_a^\ominus} = \frac{c^{eq}(HAc) \cdot c^{eq}(OH^-)}{c^{eq}(Ac^-)} \tag{4.8}$$

$$c^{eq}(OH^-) = \sqrt{K_h^\ominus \cdot c_{\text{盐}}} = \sqrt{\frac{K_w}{K_a^\ominus} c_{\text{盐}}} \tag{4.9}$$

(2) 弱碱强酸盐(NH_4Cl)

$$K_h^\ominus = \frac{K_w}{K_b^\ominus} = \frac{c^{eq}(NH_3) \cdot c^{eq}(H^+)}{c^{eq}(NH_4^+)} \tag{4.10}$$

$$c^{eq}(H^+) = \sqrt{K_h^\ominus \cdot c_{\text{盐}}} = \sqrt{\frac{K_w}{K_b^\ominus} c_{\text{盐}}} \tag{4.11}$$

(3) 弱碱弱酸盐(NH_4Ac)

$$K_h^\ominus = \frac{K_w}{K_a^\ominus \cdot K_b^\ominus} \tag{4.12}$$

$$c^{eq}(H^+) = \sqrt{\frac{K_w \cdot K_a^{\ominus}}{K_b^{\ominus}}} \tag{4.13}$$

(4) 多元弱酸(碱)盐(Na_2CO_3,$(NH_4)_2SO_4$)

水解是分步进行的。一般而言,若要估计盐类水解对溶液 pH 的影响,通常只需考虑盐类的第一级水解就可以了。

5. 沉淀溶解平衡

难溶电解质(A_nB_m)在溶液中存在着溶解平衡:

$$A_nB_m(s) \rightleftharpoons nA^{m+}(aq) + mB^{n-}(aq)$$

溶度积的表达式为

$$K_{sp}^{\ominus}(A_nB_m) = \{c^{eq}(A^{m+})/c^{\ominus}\}^n\{c^{eq}(B^{n-})/c^{\ominus}\}^m$$

简写为

$$K_{sp}^{\ominus} = \{c^{eq}(A^{m+})\}^n\{c^{eq}(B^{n-})\}^m$$

注意:对于不同类型的难溶电解质,$K_{sp}^{\ominus}$越小,溶解度 s 不一定越小。

溶度积规则为:

$Q = \{c(A^{m+})\}^n \cdot \{c(B^{n-})\}^m < K_{sp}^{\ominus}$,溶液未饱和,无沉淀析出;

$Q = \{c(A^{m+})\}^n \cdot \{c(B^{n-})\}^m = K_{sp}^{\ominus}$,为饱和溶液(动态平衡);

$Q = \{c(A^{m+})\}^n \cdot \{c(B^{n-})\}^m > K_{sp}^{\ominus}$,为过饱和溶液,有沉淀 A_nB_m 析出,直到溶液中 $\{c(A^{m+})\}^n \cdot \{c(B^{n-})\}^m = K_{sp}^{\ominus}$时为止。

根据溶度积规则,一种难溶电解质在适当的条件下可以转化为更难溶的电解质。若向含有难溶电解质 A_nB_m沉淀的溶液中加入某种能降低某一离子浓度的物质,如强酸、配合剂、氧化剂等,使$\{c(A^{m+})\}^n \cdot \{c(B^{n-})\}^m < K_{sp}^{\ominus}$时,则沉淀 A_nB_m 就会溶解。

4.3 典型题解析

【例 1】 计算 0.10 mol · L^{-1} HAc 溶液中的 H^+浓度及其 pH 值。

解题思路:这是一个已知水溶液的浓度,求算溶液中氢离子浓度和 pH 值的题。解题过程的关键是需要知道弱酸的解离常数,即可根据相应公式进行求解。

解:查教材附表得 HAc 的 $K_a^{\ominus} = 1.8\times10^{-5}$

<方法一>设 0.10 mol · L^{-1} HAc 溶液中的 H^+的平衡浓度为 x mol · L^{-1},则

$$HAc(aq) \rightleftharpoons H^+(aq) + Ac^-(aq)$$

平衡时浓度/(mol · L^{-1})　0.10 − x　　x　　x

$$K_a^{\ominus}(HAc) = \frac{c^{eq}(H^+) \cdot c^{eq}(Ac^-)}{c^{eq}(HAc)} = \frac{x \cdot x}{0.10 - x} = 1.8\times10^{-5}$$

由于 $K_a^{\ominus}$很小,所以 $0.10 - x \approx 0.10$

$$\frac{x^2}{0.10} \approx 1.8\times10^{-5}$$

$$x \approx 1.34\times10^{-3}$$

即　　　　　$c^{eq}(H^+) \approx 1.34\times10^{-3} mol\cdot L^{-1}$

从而可得　　　$pH = -lg[c^{eq}(H^+)] \approx -lg(1.34\times10^{-3}) \approx 2.87$

<方法二>将数据直接代入推导后的公式求解。此方法相对简单，但需要熟练记忆公式。即

$$c^{eq}(H^+) \approx \sqrt{K_a^{\ominus}\cdot c} = \sqrt{1.8\times10^{-5}\times0.10}\ mol\cdot L^{-1} \approx 1.34\times10^{-3} mol\cdot L^{-1}$$

同上求得 pH=2.87

【例2】　将4.90 g固体NaCN配制成1 000 mL水溶液，求该溶液的pH值（已知HCN的 $K_a^{\ominus}=4.93\times10^{-10}$）。

解题思路：注意使用稀释定律的条件，再根据判定结果进行计算。

解：水溶液中 CN^- 作为碱离子存在如下解离平衡：

$$CN^-(aq) + H_2O(l) \rightleftharpoons OH^-(aq) + HCN(aq)$$

$$K_b^{\ominus} = \frac{c^{eq}(OH^-)\cdot c^{eq}(HCN)}{c^{eq}(CN^-)} = \frac{K_w}{K_a^{\ominus}} = 2.0\times10^{-5}$$

CN^- 的初始浓度为 $\frac{4.90}{49\times1}=0.10\ mol\cdot L^{-1}$，$\frac{c}{K_b^{\ominus}}=\frac{0.10}{2.0\times10^{-5}}=5\ 000>400$，因此可以直接用稀释定律计算。

$$c^{eq}(OH^-) \approx \sqrt{K_b^{\ominus}\cdot c} = \sqrt{2.0\times10^{-5}\times0.10}\ mol\cdot L^{-1} \approx 1.4\times10^{-3} mol\cdot L^{-1}$$

$$pOH \approx 2.85$$

$$pH = 14 - pOH = 14 - 2.85 = 11.15$$

【例3】　298 K时，饱和 H_2S 溶液的浓度为 $0.10\ mol\cdot L^{-1}$，计算该饱和溶液中 H^+、HS^- 和 S^{2-} 的浓度。

解题思路：多元弱酸的解离是分部进行的，但一般以一级解离为主。

解：设 $c^{eq}(H^+) = x\ mol\cdot L^{-1}$，按一级电离

$$H_2S(aq) \rightleftharpoons H^+(aq) + HS^-(aq)$$

	$H_2S(aq)$	$H^+(aq)$	$HS^-(aq)$
起始时的相对浓度/($mol\cdot L^{-1}$)	0.10	0	0
平衡时的相对浓度/($mol\cdot L^{-1}$)	$0.10-x$	x	x

$$K_{a1}^{\ominus} = \frac{c^{eq}(H^+)\cdot c^{eq}(HS^-)}{c^{eq}(H_2S)} = \frac{x\cdot x}{0.10-x} = 1.0\times10^{-7}$$

由于 $c/K_{a1}^{\ominus}>400$，$0.10-x \approx 0.10$，因此 $x=c^{eq}(H^+) = c^{eq}(HS^-) = 10^{-4}\ mol\cdot L^{-1}$

由于 HS^- 要继续电离，实际上 $c^{eq}(H^+)$ 应略大于此值，而 $c^{eq}(HS^-)$ 略小于此值。

在水溶液中，一级电离与二级电离同时存在，因此 $c^{eq}(H^+)$ 与 $c^{eq}(HS^-)$ 必然同时满足这两个平衡。

$$HS^-(aq) \rightleftharpoons H^+(aq) + S^{2-}(aq)$$

$$K_{a2}^{\ominus} = \frac{c^{eq}(H^+)\cdot c^{eq}(S^{2-})}{c^{eq}(HS^-)} = 7.1\times10^{-18}$$

由于二级电离很小很小，可假设 $c^{eq}(H^+) = c^{eq}(HS^-) = 10^{-4}\ mol\cdot L^{-1}$，进行近似计算，于是得到

$$c^{eq}(S^{2-}) = K_{a2}^{\ominus} = 7.1\times10^{-18}\ mol\cdot L^{-1}$$

由此可见，在氢硫酸溶液中，$c^{eq}(H^+)$主要由一级电离来决定；$c^{eq}(S^{2-})$在数值上约等于 $K_{a2}^{\ominus}$，即任何二元弱酸的酸根离子浓度约等于其二级电离常数。因此，需要较高浓度的酸根离子时，一般不能采用多元弱酸溶液，而应采用相应的可溶盐溶液。如需要大量 S^{2-} 时，不用 H_2S 溶液，而用 Na_2S 或 $(NH_4)_2S$ 溶液。

【例4】 在 0.10 $mol \cdot L^{-1}$ 的 HAc 溶液中，加入 NaAc 晶体，使 NaAc 的浓度为 0.20 $mol \cdot L^{-1}$，求该溶液中的 H^+浓度和 HAc 的电离度。

解题思路：由于同离子的加入引起原溶液离子浓度的变化，在求算过程中要注意把握平衡时的各物质浓度以确保计算的准确。由于水溶液中同离子效应的存在，溶液中氢离子浓度及弱酸的解离度与未加同离子之前有所变化，求算此类题目时注意水溶液中同离子效应的重要性。

解：设 H^+离子浓度为 x $mol \cdot L^{-1}$，则

$$HAc(aq) \rightleftharpoons H^+(aq) + Ac^-(aq)$$

	HAc(aq)	H^+(aq)	Ac^-(aq)
起始时的相对浓度/($mol \cdot L^{-1}$)	0.10	0	0.20
平衡时的相对浓度/($mol \cdot L^{-1}$)	$0.10-x$	x	$0.20+x$

$$K_a^{\ominus} = \frac{x \cdot (0.20+x)}{0.10-x} = 1.8\times10^{-5}$$

由于 $K_a^{\ominus}$很小，$x \ll 0.10$，近似有 $0.10-x \approx 0.10$，$0.20+x \approx 0.20$，故上式可改写为

$$K_a^{\ominus} \approx \frac{0.20x}{0.10} = 1.8\times10^{-5}$$

$$x = 9.0\times10^{-6}$$

HAc 的解离度为

$$\alpha = \frac{c^{eq}(H^+)}{c}\times100\% = 0.009\%$$

【例5】 计算含有 0.10 $mol \cdot L^{-1}$HAc 与 0.10 $mol \cdot L^{-1}$NaAc 的缓冲溶液的水合 H^+浓度、pH 值和 HAc 的解离度。

解题思路：此题是一个求算缓冲溶液的 pH 值及解离度的题型，关键点是掌握共轭酸碱的浓度与解离常数，即可根据缓冲溶液的计算公式求得。

解：设溶液中 H^+浓度为 x $mol \cdot L^{-1}$，则

$$c^{eq}(H^+) = K_a^{\ominus}\times\frac{c^{eq}(HAc)}{c^{eq}(Ac^-)}$$

由于 $K_a^{\ominus} = 1.8\times10^{-5}$

$$c^{eq}(HAc) = c(HAc) - x \approx c(HAc) = 0.10\ mol \cdot L^{-1}$$

$$c^{eq}(Ac^-) = c(Ac^-) + x \approx c(Ac^-) = 0.10\ mol \cdot L^{-1}$$

所以 $c^{eq}(H^+) = x \approx (1.8\times10^{-5}\times\frac{0.10}{0.10})\ mol \cdot L^{-1} = 1.8\times10^{-5}\ mol \cdot L^{-1}$

$$pH = pK_a^{\ominus} - \lg\frac{c^{eq}(HAc)}{c^{eq}(Ac^-)} \approx 4.74 - \lg(\frac{0.10}{0.10}) = 4.74$$

HAc 的解离度为

$$\alpha \approx \frac{1.8\times10^{-5}\ \text{mol}\cdot\text{L}^{-1}}{0.10\ \text{mol}\cdot\text{L}^{-1}}\times100\% = 0.018\%$$

【例 6】 要配制一定体积 pH = 3.20 的缓冲溶液，选用 HCOOH－HCOONa、HAc－NaAc、H_3BO_3－NaH_2BO_3，3 对溶液中的哪一对最好？

解题思路：由于缓冲溶液的 pH 值取决于缓冲对或共轭酸碱对中的 $K_a^{\ominus}$ 值以及缓冲对的两种物质浓度的比值，因此两者浓度的比值最好趋近于 1。根据缓冲溶液缓配比的这个原则求解此题。

解：pH = 3.20 的缓冲溶液，$c^{eq}(H^+) = 6.3\times10^{-4}$，应选用 $K_a^{\ominus}$ 值接近 $c^{eq}(H^+)$ 的缓冲体系为好。

查教材附表得，HCOOH 的 $K_a^{\ominus} = 1.8\times10^{-4}$，HAc 的 $K_a^{\ominus} = 1.8\times10^{-5}$，$H_3BO_3$ 的 $K_a^{\ominus} = 5.8\times10^{-10}$

若选用 HCOOH-HCOONa 缓冲体系，则

$\dfrac{c^{eq}(HCOOH)}{c^{eq}(HCOO^-)} = \dfrac{6.3\times10^{-4}}{1.8\times10^{-4}} = 3.6/1$，比值接近于 1，溶液缓冲能力大。

若选用 HAc-NaAc 缓冲体系，则

$\dfrac{c^{eq}(HAc)}{c^{eq}(Ac^-)} = \dfrac{6.3\times10^{-4}}{1.8\times10^{-5}} = 36/1$，比值大于 1，溶液缓冲能力小。

若选用 H_3BO_3-NaH_2BO_3 缓冲体系，则

$\dfrac{c^{eq}(H_3BO_3)}{c^{eq}(H_2BO_3^-)} = \dfrac{6.3\times10^{-4}}{5.8\times10^{-10}} \approx 10^6/1$，比值太大。

共轭酸碱对彼此浓度相差 10^4 倍以上的，溶液的缓冲能力完全丧失。

所以，此缓冲溶液的配制选用 HCOOH-HCOONa 缓冲体系最好。

【例 7】 计算将 10.0 mL 0.20 mol · L^{-1} 的 HAc 和 5.5 mL 0.20 mol · L^{-1} 的 NaOH 溶液混合后溶液的 pH 值（$pK_a^{\ominus} = 4.75$）。

解题思路：HAc 和 NaOH 的混合溶液可以形成缓冲溶液，因此本题可采用缓冲溶液中离子浓度的值先计算 $c(H^+)$，再计算溶液的 pH 值。另外，也可根据缓冲溶液推导的公式利用 $pK_a^{\ominus}$ 直接进行计算。

解：混合后溶液的总体积为(10.0 + 5.5)mL = 15.5 mL

$$c_b = (0.20\times5.5/15.5)\ \text{mol}\cdot\text{L}^{-1} \approx 0.071\ \text{mol}\cdot\text{L}^{-1}$$

$$c_a = [(0.20\times10.0-5.5\times0.20)/15.5]\ \text{mol}\cdot\text{L}^{-1} \approx 0.058\ \text{mol}\cdot\text{L}^{-1}$$

$$c(H^+) = \frac{c_a}{c_b}K_a^{\ominus} = \frac{0.058}{0.071}\times10^{-4.75}\ \text{mol}\cdot\text{L}^{-1} = 1.45\times10^{-5}\ \text{mol}\cdot\text{L}^{-1}$$

所以 pH = 4.84

此题的 pH 值也可以直接采用公式进行计算，即

$$pH = pK_a^{\ominus} - \lg\frac{c_a}{c_b} = 4.75 - \lg\frac{0.058}{0.071} \approx 4.84$$

【例 8】 比较 0.10 mol · L^{-1} NaAc 与 0.10 mol · L^{-1} NaCN 溶液的 pH 值和水解度。

解题思路：根据盐的水解公式进行求解。

解:(1)查教材附表得 $K_a^{\ominus}(HAc)=1.8\times10^{-5}$

$$c^{eq}(OH^-)=\sqrt{\frac{K_w}{K_a^{\ominus}}c_{盐}}=\sqrt{\frac{0.10\times10^{-14}}{1.8\times10^{-5}}}\ mol\cdot L^{-1}\approx7.5\times10^{-6}mol\cdot L^{-1}$$

$$pOH=-\lg[c^{eq}(OH^-)]=-\lg(7.5\times10^{-6})\approx5.1$$

$$pH=14-5.1=8.9$$

$$h=\frac{c^{eq}(OH^-)}{c}\times100\%=\frac{7.5\times10^{-6}}{0.10}\times100\%=0.007\ 5\%$$

(2) $c^{eq}(OH^-)=\sqrt{\frac{K_w}{K_a^{\ominus}}c_{盐}}=\sqrt{\frac{0.10\times10^{-14}}{5.8\times10^{-10}}}\ mol\cdot L^{-1}\approx1.3\times10^{-3}\ mol\cdot L^{-1}$

$$pH=14.00-pOH=14.00+\lg1.3\times10^{-3}\approx14.00-2.89=11.11$$

$$h=(1.3\times10^{-3}/0.10)\times100\%=1.3\ \%$$

【例9】 求0.10 mol·L⁻¹的 Na_2CO_3 溶液的 OH^- 的浓度。已知 H_2CO_3 的 $K_{a1}^{\ominus}=4.2\times10^{-7}$, $K_{a2}^{\ominus}=5.6\times10^{-11}$。

解题思路:此题的关键点在于 H_2CO_3 的解离过程与 CO_3^{2-} 的水解过程是互逆的。因此在用公式进行计算时要分清楚 $K_{a1}^{\ominus}$ 与 $K_{a2}^{\ominus}$ 两个数值使用的顺序。

解:水解分两步进行。

(1) $$CO_3^{2-}(aq)+H_2O(l)\rightleftharpoons HCO_3^-(aq)+OH^-(aq)$$

$$K_{h2}^{\ominus}=\frac{c(HCO_3^-)\cdot c(OH^-)}{c(CO_3^{2-})}\cdot\frac{c(H^+)}{c(H^+)}=\frac{c(OH^-)\cdot c(H^+)}{\frac{c(CO_3^{2-})\cdot c(H^+)}{c(HCO_3^-)}}=\frac{K_w}{K_{a2}^{\ominus}}$$

$$K_{h1}^{\ominus}=\frac{K_w}{K_{a2}^{\ominus}}=\frac{1.0\times10^{-14}}{5.6\times10^{-11}}，解得\ K_{h1}^{\ominus}=1.8\times10^{-4}$$

(2) $$HCO_3^-(aq)+H_2O(l)\rightleftharpoons H_2CO_3(aq)+OH^-(aq)$$

同上, $K_{h2}^{\ominus}=\frac{K_w}{K_{a1}^{\ominus}}=\frac{1.0\times10^{-14}}{4.2\times10^{-71}}$,解得 $K_{h2}^{\ominus}=2.4\times10^{-8}$

因为 $K_{h1}^{\ominus}\gg K_{h2}^{\ominus}$,所以水解产生的 $c(OH^-)$ 由第一步水解决定。

所以, $c(OH^-)=\sqrt{c_{盐}\cdot K_{h1}^{\ominus}}=\sqrt{0.10\times1.8\times10^{-4}}\ mol\cdot L^{-1}=4.24\times10^{-3}\ mol\cdot L^{-1}$

【例10】 根据热力学原理计算 AgCl 的溶度积。

解题思路:溶液中的溶度积常数即为热力学原理中的平衡常数,因此可以通过平衡常数的计算来求解溶度积。

解:AgCl 溶液中存在多相离子平衡,即

$$AgCl\ (s)\rightleftharpoons Ag^+(aq)+Cl^-(aq)$$

$\Delta_f G_{m,B}^{\ominus}/(kJ\cdot mol^{-1})$ −109.789 77.107 −131.228

$$\Delta_r G_B^{\ominus}=\sum_B v_B\cdot\Delta_f G_B^{\ominus}=55.67\ kJ\cdot mol^{-1}$$

$$\ln K_{sp}^{\ominus}=\frac{-\Delta_r G_m^{\ominus}(T)}{RT}=-22.458$$

所以 $K_{sp}^{\ominus}(AgCl)\approx1.76\times10^{-10}$

【例 11】 求在 25 ℃时，AgCl 在 0.01 mol·L^{-1} NaCl 溶液中的溶解度。

解题思路：分析溶液中各离子浓度，根据溶度积规则进行计算。

解：设 AgCl 在 0.01 mol·L^{-1} NaCl 溶液中的溶解度为 x mol·L^{-1}，则在 1.00 L 溶液中所溶解的 AgCl 的物质的量等于 Ag^+ 在溶液中的物质的量，即 $c(Ag^+) = x$ mol·L^{-1}。而 Cl^- 的浓度则与 NaCl 的浓度及 AgCl 的浓度有关，$c(Cl^-) = (0.01 + x)$ mol·L^{-1}。

$$AgCl\,(s) \rightleftharpoons Ag^+(aq) + Cl^-(aq)$$

平衡时浓度/(mol·L^{-1})　x　　　x　　　$x+0.01$

将上述浓度代入溶度积常数表达式中，得

$$c^{eq}(Ag^+) \cdot c^{eq}(Cl^-) = K_{sp}^{\ominus}$$

$$x(0.01 + x) = 1.8\times10^{-10}$$

由于 AgCl 溶解度很小，$0.01 + x \approx 0.01$，所以 $x \times 0.01 = 1.8\times10^{-10}$，$x = 1.8\times10^{-8}$，即 AgCl 的溶解度为 1.8×10^{-8} mol·L^{-1}。

【例 12】 根据溶度积规则，判断当将等体积的都为 0.02 mol·L^{-1} 的氯化钙溶液与碳酸钠溶液混合后，是否有碳酸钙沉淀生成（$K_{sp}^{\ominus} = 6.7\times10^{-9}$）？

解题思路：熟练掌握溶度积规则的计算公式，并注意关键离子浓度的数值。

解：先求混合后的浓度：

$$c(Ca^{2+}) = 0.02/2 \text{ mol}\cdot\text{L}^{-1} = 0.01 \text{ mol}\cdot\text{L}^{-1}$$

$$c(CO_3^{2-}) = 0.02/2 \text{ mol}\cdot\text{L}^{-1} = 0.01 \text{ mol}\cdot\text{L}^{-1}$$

根据溶度积规则，即

$$Q = \{c(Ca^{2+})\} \cdot \{c(CO_3^{2-})\} = 0.01^2 = 1.0\times10^{-4} > K_{sp}^{\ominus} = 6.7\times10^{-9}$$

所以，有碳酸钙沉淀生成。

【例 13】 一种混合溶液中含有 3.0×10^{-2} mol·L^{-1} Pb^{2+} 和 2.0×10^{-2} mol·L^{-1} Cr^{3+}，若向其中逐滴加入 NaOH 溶液（忽略溶液体积的变化），Pb^{2+} 和 Cr^{3+} 均有可能形成氢氧化物沉淀。问：

(1)哪种离子先被沉淀？

(2)若要分离这两种离子，溶液的 pH 值应控制在什么范围。

解题思路：根据溶度积规则进行分步沉淀的计算。

解：(1)查教材附表得 $K_{sp}^{\ominus}[P_b(OH)_2] = 1.2\times10^{-15}$，$K_{sp}^{\ominus}[Cr(OH)_3] = 6.0\times10^{-31}$

根据溶度积规则，先分别计算生成 $Pb(OH)_2$ 和 $Cr(OH)_3$ 沉淀所需要的 OH^- 的最低浓度。

$$Pb(OH)_2(s) \rightleftharpoons Pb^{2+}(aq) + 2OH^-(aq)$$

因为 $K_{sp}^{\ominus}[Pb(OH)_2] = c(Pb^{2+}) \cdot [c(OH^-)]^2$

$$c(OH^-) = \sqrt{\frac{K_{sp}^{\ominus}[Pb(OH)_2]}{c\,(Pb^{2+})}} = \sqrt{\frac{1.2\times10^{-15}}{3.0\times10^{-2}}} \text{ mol}\cdot\text{L}^{-1} = 2.0\times10^{-7} \text{ mol}\cdot\text{L}^{-1}$$

因为 $K_{sp}^{\ominus}[Cr(OH)_3] = c(Cr^{3+}) \cdot [c(OH^-)]^3$

$$c(OH^-) = \sqrt[3]{\frac{K_{sp}^{\ominus}[Cr(OH)_3]}{c\,(Cr^{3+})}} = \sqrt[3]{\frac{6.0\times10^{-31}}{2.0\times10^{-2}}} \text{ mol}\cdot\text{L}^{-1} \approx 3.1\times10^{-10} \text{ mol}\cdot\text{L}^{-1}$$

所以，$Cr(OH)_3$沉淀先析出。

(2)当Cr^{3+}完全沉淀时所需的$c(OH^-)$为

$$c(OH^-)=\sqrt[3]{\frac{K_{sp}^{\ominus}[Cr(OH)_3]}{c(Cr^{3+})}}=\sqrt[3]{\frac{6.0\times10^{-31}}{1.0\times10^{-5}}}\ mol\cdot L^{-1}\approx3.9\times10^{-9}\ mol\cdot L^{-1}$$

$$c(H^+)=2.5\times10^{-6}\ mol\cdot L^{-1},pH=5.6$$

由(1)知Pb^{2+}开始沉淀时的$c(OH^-)=2.0\times10^{-7}\ mol\cdot L^{-1}$

所以，pOH = 6.7　pH = 7.3

因此，要分离这两种离子，应将溶液的pH值控制在5.6 ~ 7.3。

【例14】 向0.50 L的0.10 $mol\cdot L^{-1}$的氨水中加入等体积的0.50 $mol\cdot L^{-1}$的氯化镁溶液，问：

(1)是否有氢氧化镁沉淀生成？

(2)若想溶液中的镁离子不被沉淀，应至少加入多少克固体氯化铵（设加入固体氯化铵溶液体积不变）($K_{sp}^{\ominus}=1.8\times10^{-11}$)？

解题思路：根据溶度积规则及水溶液中的一元弱碱平衡理论进行计算。

解：(1)两种溶液混合后，

$$c(Mg^{2+})=0.50/2\ mol\cdot L^{-1}=0.25\ mol\cdot L^{-1}$$

$$c(NH_3)=0.10/2\ mol\cdot L^{-1}=0.05\ mol\cdot L^{-1}$$

$$c(OH^-)=\sqrt{K_{sp}^{\ominus}\cdot c(NH_3)}=\sqrt{1.8\times10^{-5}\times0.05}\ mol\cdot L^{-1}\approx9.5\times10^{-4}\ mol\cdot L^{-1}$$

$$Q=c(Mg^{2+})\cdot\{c(OH^-)\}^2=0.25\times(9.5\times10^{-4})^2\approx2.3\times10^{-7}>K_{sp}^{\ominus}=1.8\times10^{-11}$$

所以，有氢氧化镁沉淀生成。

(2)若想没有氢氧化镁沉淀生成，则

$$c(OH^-)\leqslant\sqrt{K_{sp}^{\ominus}/c(Mg^{2+})}=\sqrt{1.8\times10^{-11}/0.25}\ mol\cdot L^{-1}\approx8.5\times10^{-6}\ mol\cdot L^{-1}$$

$$K_b^{\ominus}(NH_3)=\frac{c(NH_4^+)\cdot c(OH^-)}{c(NH_3)}$$

$$c(NH_4^+)=K_b^{\ominus}(NH_3)\cdot c(NH_3)/c(OH^-)=[1.8\times10^{-5}\times0.05/(8.5\times10^{-6})]mol\cdot L^{-1}\approx0.11\ mol\cdot L^{-1}$$

所以，$m(NH_4Cl)=M(NH_4Cl)\times c(NH_4^+)=53.5\times0.11\ g=5.9\ g$

【例15】 在分析化学上用铬酸钾作指示剂的银量法称为“莫尔法”。工业上常用莫尔法分析水中的氯离子含量。此法是用硝酸银作滴定剂，当在水中逐滴加入硝酸银时，生成白色氯化银沉淀析出。继续滴加硝酸银，当开始出现砖红色的铬酸银沉淀时，即为滴定的终点。假定开始时水样中，$c(Cl^-)=7.1\times10^{-3}\ mol\cdot L^{-1}$，$c(CrO_4^{2-})=5.0\times10^{-3}\ mol\cdot L^{-1}$。

(1)试解释为什么氯化银比铬酸银先沉淀？

(2)计算当铬酸银开始沉淀时，水样中的氯离子是否已沉淀完全？

解题思路：根据溶度积规则进行分析计算。

解：(1) $AgCl(s)\rightleftharpoons Ag^+(aq)+Cl^-(aq)$　　$K_{sp}^{\ominus}(AgCl)=1.8\times10^{-10}$

$Ag_2CrO_4(s)\rightleftharpoons 2Ag^+(aq)+CrO_4^{2-}(aq)$　　$K_{sp}^{\ominus}(Ag_2CrO_4)=1.1\times10^{-12}$

若开始生成氯化银沉淀所需要的银离子浓度为

$c_1(Ag^+) = K_{sp}^{\ominus}(AgCl) / c(Cl^-) = [1.8 \times 10^{-10} / (7.1 \times 10^{-3})] mol \cdot L^{-1} \approx 2.5 \times 10^{-8} mol \cdot L^{-1}$

若开始生成铬酸银沉淀所需要的银离子浓度为

$$c_2(Ag^+) = \sqrt{K_{sp}^{\ominus}(Ag_2CrO_4) / c(CrO_4^{2-})} = [1.1 \times 10^{-12}/(5.0 \times 10^{-3})]^{1/2} mol \cdot L^{-1} \approx 1.5 \times 10^{-5} mol \cdot L^{-1}$$

(2)当铬酸银刚开始出现沉淀时的氯离子浓度为

$c(Cl^-) = K_{sp}^{\ominus}(AgCl) / c(Ag^+) = [1.8 \times 10^{-10}/(1.5 \times 10^{-5})] mol \cdot L^{-1} = 1.2 \times 10^{-5} mol \cdot L^{-1}$

此时氯离子浓度已接近 10^{-5},可近似认为已基本沉淀完全。

4.4　习题详解

1. 判断题。

(1)有一由 $HAc-Ac^-$组成的缓冲溶液,若溶液中 $c(HAc) > c(Ac^-)$,则该缓冲溶液抵抗外来酸的能力大于抵抗外来碱的能力。　(　　)

(2)在混合离子溶液中,加入一种沉淀剂时,常常是溶度积小的盐首先沉淀出来。　(　　)

(3)两种分子酸 HX 溶液和 HY 溶液有同样的 pH 值,则这两种酸的浓度($mol \cdot L^{-1}$)相同。　(　　)

(4)强酸弱碱盐的水溶液,实际上是一种弱酸的水溶液;强碱弱酸盐的水溶液,实际上是一种弱碱的水溶液。　(　　)

(5)已知 AgCl 和 Ag_2CrO_4的溶度积分别为 1.8×10^{-10}和 1.1×10^{-12},则 AgCl 的溶解度大于 Ag_2CrO_4溶解度。　(　　)

(6)缓冲溶液是一种能够消除外来酸碱影响的溶液。　(　　)

答:(1)错。

解题思路:因为缓冲溶液中 $c(HAc) > c(Ac^-)$,因此是结合碱,则该缓冲溶液抵抗外来碱的能力大于抵抗外来酸的能力。

(2)错。

解题思路:根据溶度积规则,溶液中离子浓度乘积先达到溶度积的先沉淀,比如氯化银的溶度积要大于溴化银的溶度积。但是在海水中的氯离子的浓度要远远大于溴离子的浓度,如果在海水中加入银离子作为沉淀剂,则先产生氯化银沉淀,即溶度积大的先沉淀。

(3)错。

解题思路:分子酸都是不完全解离的弱酸,其酸度或 pH 值既与酸浓度有关,也与酸的解离度有关。当它们的 $K_a^{\ominus}$不同时,即使 pH 值相同,其浓度也不会相同。

(4)对。

解题思路:强酸弱碱盐的水溶液,比如 NH_4Cl,发生解离的是 NH_4^+,$NH_4^+ \rightleftharpoons NH_3 + H^+$,因此实际上是弱酸的解离;同样,强碱弱酸盐的水溶液,比如 NaAc,实际是一种弱碱水溶液(Ac^-)。

(5)错。

解题思路：根据溶度积 $K_{sp}^{\ominus}$ 与溶解度 s 的关系式，对于像 AgCl 一类的 AB 型难溶物质 $K_{sp}^{\ominus}$ 与 s 的关系为：$s=\sqrt{K_{sp}^{\ominus}}$，对于像 Ag_2CrO_4 一类的 A_2B 型或 AB_2 型难溶物质 $K_{sp}^{\ominus}$ 与 s 的关系为：$s=\sqrt[3]{K_{sp}^{\ominus}/4}$。因此，通过计算 AgCl 的溶解度 $s=\sqrt{1.8\times10^{-10}}=1.34\times10^{-5}$，$Ag_2CrO_4$ 的溶解度 $s=\sqrt[3]{K_{sp}^{\ominus}/4}=\sqrt[3]{\dfrac{1.1\times10^{-12}}{4}}=6.50\times10^{-5}$，显然 AgCl 的溶解度小于 Ag_2CrO_4 溶解度。

通过这个题目，引起我们注意的是：对于不同类型的难溶电解质，$K_{sp}^{\ominus}$ 越小，溶解度 s 不一定越小。二者的判断公式不同，不能妄加给出结果。

(6)错。

解题思路：缓冲溶液是由弱酸与它们的共轭碱或弱碱与它们的共轭酸所组成的溶液，其 pH 值能在一定范围内不因稀释或外加少量酸或碱而发生显著变化，并不能消除外来酸碱的影响。如果加入大量的酸或碱溶液，就会改变缓冲溶液的性质。

2. 选择题。

(1)设氨水的浓度为 c，若将其稀释 1 倍，则溶液中 $c(OH^-)$ 为　　(　　)

A. $1/2\ c$　　B. $\sqrt{K_b^{\ominus}\cdot c/2}$　　C. $1/2\sqrt{K_b^{\ominus}\cdot c}$　　D. $2c$

(2)下列物质中，既是质子酸，又是质子碱的是　　(　　)

A. OH^-　　B. NH_4^+　　C. S^{2-}　　D. PO_4^{3-}

(3)AgCl 在下列哪种溶液中的溶解度最小　　(　　)

A. 纯水　　B. $0.010\ mol\cdot L^{-1}$ 的 $MgCl_2$ 溶液

C. $0.010\ mol\cdot L^{-1}$ 的 NaCl 溶液　　D. $0.060\ mol\cdot L^{-1}$ 的 $AgNO_3$ 溶液

(4)下列试剂中能使 $CaSO_4(s)$ 溶解度增大的是　　(　　)

A. $CaCl_2$　　B. Na_2SO_4　　C. NH_4Ac　　D. H_2O

(5)若有 A^{2+} 和 B^- 两种离子可以形成相应的难溶盐，则产生沉淀的条件是　　(　　)

A. $c(A^{2+})\cdot c^2(B^-)>K_{sp}^{\ominus}$　　B. $c(A^{2+})\cdot c^2(B^-)<K_{sp}^{\ominus}$

C. $c(A^{2+})\cdot c(B^-)>K_{sp}^{\ominus}$　　D. $c(A^{2+})\cdot c(B^-)<K_{sp}^{\ominus}$

(6)往 1 L 0.1 $mol\cdot L^{-1}$ HAc 溶液中加入一些 NaAc 晶体并使之溶解，会发生的情况是　　(　　)

A. HAc 的解离度增大　　B. HAc 的解离度减小

C. 溶液的 pH 值减小　　D. 溶液的 pH 值不变

答：(1)选 B。

解题思路：氨水为弱碱水溶液，溶液中 $c^{eq}(OH^-)\approx\sqrt{K_b^{\ominus}\cdot c}$，若将其水溶液稀释 1 倍，则浓度由原来的 c 变为 $c/2$，而 $K_b^{\ominus}$ 不受影响，因此 $c^{eq}(OH^-)\approx\sqrt{K_b^{\ominus}\cdot c/2}$，B 选项正确。

(2)选 A。

解题思路：酸碱质子理论规定：凡能给出质子(H^+)的物质都是酸，凡能与质子结合的物质都是碱。简单地说，酸是质子的给予体，碱是质子的接受体，酸碱质子理论对酸碱的区分只以 H^+ 为判据。题目要求既是质子酸，又是质子碱，说明该离子既能与 H^+ 结合，又

能给出 H^+，因此为A选项 OH^-。B选项 NH_4^+ 只能给出 H^+，C和D选项 S^{2-} 和 PO_4^{3-} 只能接受 H^+，均不符合题目要求。

(3)选D。

解题思路：由于同离子效应，AgCl在B、C、D三个选项中的解离都会受到抑制，溶解度最小的应该是同离子浓度最大的。B选项的 $0.010\ mol \cdot L^{-1}$ 的 $MgCl_2$ 溶液中同离子 Cl^- 的浓度为 $0.020\ mol \cdot L^{-1}$，C选项的 $0.010\ mol \cdot L^{-1}$ 的NaCl溶液中同离子 Cl^- 的浓度为 $0.010\ mol \cdot L^{-1}$，D选项的 $0.060\ mol \cdot L^{-1}$ 的 $AgNO_3$ 溶液中同离子 Ag^+ 的浓度为 $0.060\ mol \cdot L^{-1}$，所以D选项中AgCl的溶解度最小。

(4)选C。

解题思路：$CaSO_4(s) \rightleftharpoons Ca^{2+}(aq) + SO_4^{2-}(aq)$，A和B两个选项由于 Ca^{2+} 和 SO_4^{2-} 的存在，产生同离子效应，不但不能增加 $CaSO_4$ 的溶解度，反而会抑制其分解。C选项由于盐效应，可增加 $CaSO_4$ 的溶解度。D选项影响不大，因此C选项正确。

(5)选A。

解题思路：根据溶度积规则，$Q = \{c(A^{m+})\}^n \cdot \{c(B^{n-})\}^m > K_{sp}^{\ominus}$，为过饱和溶液，有沉淀 A_nB_m 析出，因此A选项正确。

(6)选B。

解题思路：由于 Ac^- 的同离子效应，使HAc的解离度减小，酸性减弱，pH值增大。因此只有B选项正确。

3. 填空题。

(1)在 $BaSO_4$ 和AgCl的饱和溶液中加入 KNO_3，则 $BaSO_4$ 的溶解度会________，AgCl的溶解度会________，这种现象称为________。

(2)某难溶电解质 A_3B_2 在水中的解离度 $s = 1.0 \times 10^{-6}\ mol \cdot L^{-1}$，则在饱和溶液中 $c(A^{2+}) =$ ________，$c(B^{3-}) =$ ________，$K_{sp}^{\ominus}(A_3B_2) =$ ________。（设 A_3B_2 溶解后完全溶解，且无副反应发生。）

(3)在下列各系统中，各加入约1.00 g NH_4Cl 固体并使其溶解，对所指定的性质（定性地）影响如何？并简单指出原因。

①$10.0\ cm^3$ $0.100\ mol \cdot L^{-1}$ HCl溶液（pH值）________________。

②$10.0\ cm^3$ $0.100\ mol \cdot L^{-1}$ NH_3 水溶液（氨在水溶液中的溶解度）________。

③$10.0\ cm^3$ 纯水（pH值）________________。

④$10.0\ cm^3$ 带有 $PbCl_2$ 沉淀的饱和溶液（$PbCl_2$ 的溶解度）________________。

答：(1)升高　升高　盐效应

(2)3.0×10^{-6}　2.0×10^{-6}　1.08×10^{-28}

(3)①基本不变。因为HCl是强酸，$NH_4^+(aq)$ 是弱酸。

②降低。因为 NH_4^+ 产生同离子效应，使下列解离平衡逆向移动：

$$NH_3(aq) + H_2O(l) \rightleftharpoons NH_4^+(aq) + OH^-(aq)$$

③降低。因为 $NH_4^+(aq)$ 是弱酸。

④降低。因为 Cl^- 的同离子效应，使下列溶解平衡逆向移动：

$$PbCl_2(s) \rightleftharpoons Pb^{2+}(aq) + 2Cl^-(aq)$$

4. 根据酸碱质子理论，写出下列各物质的共轭酸或共轭碱。

(1)写出下列物质的共轭酸。

$$CO_3^{2-}, HS^-, H_2O, HPO_4^{2-}, NH_3, S^{2-}$$

(2)写出下列物质的共轭碱。

$$H_3PO_4, HAc、HS^-, HNO_2, HClO, H_2CO_3$$

答：(1) HCO_3^-、H_2S、H_3O^+、$H_2PO_4^-$、NH_4^+、HS^-

(2) $H_2PO_4^-$、Ac^-、S^{2-}、NO_2^-、ClO^-、HCO_3^-

5. 分别计算298 K时0.100 mol·L^{-1}盐酸和0.100 mol·L^{-1}醋酸的H^+浓度，哪一溶液酸度大？pH值分别为多少？

解：HCl为强酸，因此0.100 mol·L^{-1}盐酸中H^+浓度为

$$c^{eq}(H^+) = 0.1\ mol \cdot L^{-1}$$

$$pH = -lg[c^{eq}(H^+)] = 1$$

HAc为弱酸，查得HAc的$K_a^\ominus = 1.8 \times 10^{-5}$，因此0.100 mol·L^{-1}醋酸的$H^+$浓度为

$$c^{eq}(H^+) \approx \sqrt{K_a^\ominus \cdot c} = \sqrt{1.8 \times 10^{-5} \times 0.100}\ mol \cdot L^{-1} \approx 1.34 \times 10^{-3}\ mol \cdot L^{-1}$$

$$pH = 2.88$$

6. 设0.010 mol·L^{-1}氢氰酸(HCN)溶液的解离度为0.010%，试求该温度下HCN的解离常数。

解：因为α=0.010%很小，可采用近似计算。

所以，$K_a^\ominus \approx c\alpha^2 = 0.01 \times (0.010\%)^2 = 1 \times 10^{-10}$

即该温度时HCN的解离常数是1×10^{-10}。

7. 计算0.050 mol·L^{-1}次氯酸(HClO)溶液中的H^+浓度和次氯酸的解离度。

解：HClO的$K_a^\ominus = 2.95 \times 10^{-8}$

$$c^{eq}(H^+) \approx \sqrt{K_a^\ominus \cdot c} = \sqrt{2.95 \times 10^{-8} \times 0.050}\ mol \cdot L^{-1} \approx 3.8 \times 10^{-5}\ mol \cdot L^{-1}$$

$$\alpha = \frac{c^{eq}(H^+)}{c_0} = \frac{3.8 \times 10^{-5}\ mol \cdot L^{-1}}{0.050\ mol \cdot L^{-1}} = 0.076\%$$

8. 已知氨水的浓度为0.200 mol·L^{-1}。

(1)求该溶液中的OH^-的浓度、pH值和氨的解离度。

(2)在上述溶液中加入NH_4Cl晶体，使其溶解后NH_4Cl的浓度为0.200 mol·L^{-1}。求所得溶液的OH^-的浓度、pH值和氨的解离度。

(3)比较上述(1)、(2)两小题的计算结果，说明了什么？

解：NH_3的$K_b^\ominus = 1.77 \times 10^{-5}$

(1)
$$c^{eq}(OH^-) \approx \sqrt{K_b^\ominus \cdot c} = \sqrt{1.77 \times 10^{-5} \times 0.200}\ mol \cdot L^{-1} \approx 1.9 \times 10^{-3}\ mol \cdot L^{-1}$$

$$pH = 14 - pOH = 14 - [-lg(1.9 \times 10^{-3})] \approx 11.3$$

$$\alpha=\frac{c^{eq}(OH^-)}{c_0}=\frac{1.9\times10^{-3}mol\cdot L^{-1}}{0.200\ mol\cdot L^{-1}}=0.95\%$$

(2)氨水溶液中加入 NH_4Cl 晶体后变成了缓冲溶液,

$$c^{eq}(OH^-)=K_b^{\ominus}\times\frac{c^{eq}(共轭碱)}{c^{eq}(共轭酸)}=$$

$$1.77\times10^{-5}\times(0.200\ mol\cdot L^{-1}/0.200\ mol\cdot L^{-1})=$$

$$1.8\times10^{-5}\ mol\cdot L^{-1}$$

$$pH=14-pOH=14-[-lg(1.8\times10^{-5})]=9.3$$

$$\alpha=\frac{c^{eq}(OH^-)}{c_0}=\frac{1.8\times10^{-5}mol\cdot L^{-1}}{0.200\ mol\cdot L^{-1}}=0.009\%$$

(3)通过计算说明,同离子效应可大大降低弱碱在溶液中的解离度,因而 $c^{eq}(OH^-)$ 下降。

9.今有一弱酸 HX 在 $0.100\ mol\cdot L^{-1}$ 溶液中有 2.0% 的弱酸解离,试计算:

(1)HX 的解离常数。

(2)$0.100\ mol\cdot L^{-1}$ 溶液 50 cm^3 与 $0.100\ mol\cdot L^{-1}$ NaOH 溶液 25 cm^3 混合后,pH 值为多少?

(3)HX 在 $0.050\ mol\cdot L^{-1}$ 溶液中的解离度。

解:(1)根据一元弱酸的解离常数与溶液浓度、解离度的关系式,得

$$K_a^{\ominus}(HX)\approx c\alpha^2=0.100\times(2.0\%)^2=4\times10^{-5}$$

(2)混合后溶液总体积为 75 cm^3,则某一元弱酸 HX 的浓度为

$$0.100\ mol\cdot L^{-1}\times50.0\ cm^3/75\ cm^3=0.067\ mol\cdot L^{-1}$$

NaOH 溶液的浓度为

$$0.100\ mol\cdot L^{-1}\times25.0\ cm^3/75\ cm^3=0.033\ mol\cdot L^{-1}$$

一元弱酸 HX 与 NaOH 中和后,HX 过量,组成 $HX-X^-$ 缓冲溶液,其中

$$c^{eq}(HX)\approx(0.067-0.033)\ mol\cdot L^{-1}=0.034\ mol\cdot L^{-1}$$

$$c^{eq}(X^-)\approx0.033\ mol\cdot L^{-1}$$

因为 $K_a^{\ominus}(HX)=\dfrac{c^{eq}(H^+)\cdot c^{eq}(X^-)}{c^{eq}(HX)}$

可得,$c^{eq}(H^+)=4\times10^{-5}$

$$pH=-lg\{c^{eq}(H^+)\}\approx4.4$$

(3)$\alpha\approx\sqrt{K_a^{\ominus}/c}=\sqrt{4\times10^{-5}/0.05}\approx2.8\%$

10.取 50.0 cm^3 $0.100\ mol\cdot L^{-1}$ 某一元弱酸溶液,与 20.0 cm^3 $0.100\ mol\cdot L^{-1}$ KOH 溶液混合,将混合溶液稀释至 100 cm^3,测得此溶液的 pH 值为 5.25。求此一元弱酸的解离常数。

解:混合溶液总体积为 100 cm^3,则某一元弱酸 HA 的浓度为

$$0.100\ mol\cdot L^{-1}\times50.0\ cm^3/100\ cm^3=0.050\ mol\cdot L^{-1}$$

KOH 溶液的浓度为

$$0.100\ mol\cdot L^{-1}\times20.0\ cm^3/100\ cm^3=0.020\ mol\cdot L^{-1}$$

一元弱酸 HA 与 KOH 中和后，HA 过量，组成 $HA-A^-$ 缓冲溶液，其中

$$c^{eq}(HA) \approx (0.050-0.020)\ mol \cdot L^{-1} = 0.030\ mol \cdot L^{-1}$$

$$c^{eq}(A^-) \approx 0.020\ mol \cdot L^{-1}$$

已知 $pH = 5.25 = -\lg[c^{eq}(H^+)]$，则

$$c^{eq}(H^+) = 5.62\times10^{-6}\ mol \cdot L^{-1}$$

$$K_a^{\ominus}(HA) = \frac{c^{eq}(H^+) \cdot c^{eq}(A^-)}{c^{eq}(HA)} =$$

$$5.62\times10^{-6} \times 0.020 / 0.030 =$$

$$3.7\times10^{-6}$$

11. 计算 $0.100\ mol \cdot L^{-1}(NH_4)_2SO_4$ 溶液的 pH 值和水解度，已知 $K_b^{\ominus}(NH_3) = 1.8\times10^{-5}$。

$$解: c^{eq}(H^+) = \sqrt{\frac{K_w}{K_b^{\ominus}}c_{盐}} = \sqrt{\frac{0.100\times2\times10^{-14}}{1.8\times10^{-5}}}\ mol \cdot L^{-1} \approx 1.1\times10^{-5}\ mol \cdot L^{-1}$$

$$pH = -\lg(1.1\times10^{-5}) \approx 4.96$$

$$h = \frac{c^{eq}(H^+)}{c}\times100\% = \frac{1.1\times10^{-5}}{0.200}\times100\% = 0.005\ 5\%$$

12. 在 $100\ cm^3\ 0.100\ mol \cdot L^{-1}$ 氨水中加入 1.07 g NH_4Cl，溶液的 pH 值为多少？在此溶液中再加入 $100\ cm^3$ 水，pH 值有何变化？

解：查表得 $K_b^{\ominus}(NH_3 \cdot H_2O) = 1.8\times10^{-5}$

$$1.07g\ NH_4Cl\ 物质的量 = 1.07 / 53.5\ mol = 0.02\ mol$$

加入 NH_4Cl 后，NH_4Cl 电离的 NH_4^+ 抑制了氨水的电离，所以溶液中 NH_4^+ 含量近似等于 0.02 mol，在 $100\ cm^3$ 溶液中 $c(NH_4^+) = 0.200\ mol \cdot L^{-1}$，

$$K_b^{\ominus}(NH_3 \cdot H_2O) = \frac{c^{eq}(NH_4^+) \cdot c^{eq}(OH^-)}{c^{eq}(NH_3 \cdot H_2O)}$$

$$1.8\times10^{-5} = \frac{0.200\ mol \cdot L^{-1} \cdot c^{eq}(OH^-)}{0.100\ mol \cdot L^{-1}}$$

解得，$c(OH^-) = 9\times10^{-6}\ mol \cdot L^{-1}$

$$pH = 14 - pOH = 14-[-\lg(9\times10^{-6})] \approx 8.95$$

若再加 $100\ cm^3$ 水后，pH 值大约是 8.95。

13. 现有 $125\ cm^3\ 1.0\ mol \cdot L^{-1}$ NaAc 溶液，欲配制 $250\ cm^3$ pH 值为 5.0 的缓冲溶液，需加 $6.0\ mol \cdot L^{-1}$ HAc 溶液体积是多少立方厘米？

解：$HAc-Ac^-$ 缓冲溶液中，已知 $pH = 5.0$，$pK_a^{\ominus} = 4.75$，设需加入 HAc 溶液的体积为 x。

$$pH = pK_a^{\ominus} - \lg\frac{c^{eq}(共轭酸)}{c^{eq}(共轭碱)} = pK_a^{\ominus} - \lg\frac{c^{eq}(HAc)}{c^{eq}(Ac^-)}$$

$$5.0 = 4.75 - \lg\frac{6.0x/250}{1.0\times125/250}$$

$$x \approx 12\ cm^3$$

14.应用标准热力学数据计算 298.15 K 时 AgCl 的溶度积常数。

解：

$$AgCl(s) \rightleftharpoons Ag^{+}(aq) + Cl^{-}(aq)$$

$\Delta_f G_m^{\ominus}/(kJ \cdot mol^{-1})$　　-109.789　　77.107　-131.26

$$\Delta_r G_m^{\ominus} = [77.107 + (-131.26) - (-109.789)]\ kJ \cdot mol^{-1} = 55.64\ kJ \cdot mol^{-1}$$

$$\ln K_{sp}^{\ominus} = -\frac{\Delta_r G_m^{\ominus}}{RT} = \frac{55.64 \times 10^3 J \cdot mol^{-1}}{8.314 J \cdot mol^{-1} \cdot K^{-1} \times 298.15\ K} = -22.45$$

$$K_{sp}^{\ominus}(AgCl) = 1.78 \times 10^{-10}$$

15.回答下列问题：

(1)为什么 Al_2S_3在水溶液中不能存在？

(2)为什么 $Al_2(SO_4)_3$和 Na_2CO_3溶液混合立即产生 CO_2气体？

解：(1) $Al_2S_3 + 6H_2O \rightleftharpoons 2Al(OH)_3 + 3H_2S$

因为 Al_2S_3水解反应倾向很大，所以在水溶液中不能存在。

(2)因为 $Al_2(SO_4)_3$水解使溶液显酸性，而酸又能使 Na_2CO_3产生 CO_2气体。

16.计算 $BaSO_4$在 0.100 $mol \cdot L^{-1}$ Na_2SO_4溶液中的溶解度，并与其在水中的溶解度比较，已知 $K_{sp}^{\ominus}(BaSO_4) = 1.1 \times 10^{-10}$。

解：设 $BaSO_4$在 0.100 $mol \cdot L^{-1}$ Na_2SO_4溶液中的溶解度为 s $mol \cdot L^{-1}$

$$BaSO_4(s) \rightleftharpoons Ba^{2+}(aq) + SO_4{}^{2-}(aq)$$

$c_{平衡}/(mol \cdot L^{-1})$　　s　　$s+0.1$

$$K_{sp}^{\ominus}(BaSO_4) = s(s+0.1) \approx 0.1s = 1.1 \times 10^{-10}$$

解得 $s = 1.1 \times 10^{-9}\ mol \cdot L^{-1}$

注意：$BaSO_4$解离后 SO_4^{2-} 的浓度为 $BaSO_4$和 Na_2SO_4两种溶液中 SO_4^{2-} 的浓度之和。

设 $BaSO_4$在水中的溶解度为 s_0 $mol \cdot L^{-1}$，则

$$s_0 = \sqrt{K_{sp}^{\ominus}} = \sqrt{1.1 \times 10^{-10}} \approx 1.1 \times 10^{-5}$$

由此可见，$BaSO_4$在 0.100 $mol \cdot L^{-1}$ Na_2SO_4溶液中的溶解度比在水中的溶解度小了一万倍。

17.已知在室温下 $Mg(OH)_2$的溶解度为 1.12×10^{-4} $mol \cdot L^{-1}$，求室温下 $Mg(OH)_2$的溶度积常数 $K_{sp}^{\ominus}$。

解：根据溶度积与溶解度的关系式，对于像 $Mg(OH)_2$这样的 AB_2型难溶物质，

$$K_{sp}^{\ominus} = 4s^3 = 4 \times (1.12 \times 10^{-4})^3 = 5.6 \times 10^{-12}$$

18.某溶液中含 Pb^{2+} 和 Ba^{2+} 离子，它们的浓度分别为 0.010 $mol \cdot L^{-1}$ 和 0.100 $mol \cdot L^{-1}$，向此溶液中滴加 K_2CrO_4溶液。问：

(1)哪种离子先沉淀？

(2)两者有无进行分离的可能？

已知：$K_{sp}^{\ominus}(BaCrO_4) = 1.2 \times 10^{-10}$，$K_{sp}^{\ominus}(PbCrO_4) = 2.8 \times 10^{-13}$。

解：(1)向含有 Pb^{2+}和 Ba^{2+}离子的溶液中滴加 K_2CrO_4溶液，会发生如下反应：

$$Pb^{2+}(aq) + CrO_4^{2-}(aq) \rightleftharpoons PbCrO_4(s)$$

$$Ba^{2+}(aq) + CrO_4^{2-}(aq) \rightleftharpoons BaCrO_4(s)$$

所以，$K_{sp}^{\ominus}(BaCrO_4) = \{c^{eq}(Ba^{2+})\}\{c^{eq}(CrO_4^{2-})\} = 1.2\times10^{-10}$

解得 $c^{eq}(CrO_4^{2-}) = 1.2\times10^{-9}\ mol\cdot L^{-1}$

$$K_{sp}^{\ominus}(PbCrO_4) = \{c^{eq}(Pb^{2+})\}\{c^{eq}(CrO_4^{2-})\} = 2.8\times10^{-13}$$

解得 $c^{eq}(CrO_4^{2-}) = 2.8\times10^{-11}\ mol\cdot L^{-1}$

因为 $c^{eq}(CrO_4^{2-}) < c^{eq}(CrO_4^{2-})$

所以，Pb^{2+}优先沉淀。

(2)当 Ba^{2+}开始沉淀时，溶液中剩余 Pb^{2+}为 $2.3\times10^{-4}\ mol\cdot L^{-1}$，两者基本上可分离。

19. 在 $ZnSO_4$溶液中通入 H_2S 气体只出现少量的白色沉淀，但若在通入 H_2S 之前，加入适量固体 NaAc 则可形成大量的沉淀，为什么？

答：由于 $Zn^{2+} + H_2S \rightleftharpoons ZnS + 2H^+$溶液酸度增大，使 ZnS 沉淀生成受到抑制。若通 H_2S 之前，先加适量固体 NaAc，则溶液呈碱性，再通入 H_2S 时生成的 H^+被 OH^-中和，溶液的酸度减小，则有利于 ZnS 的生成。

20. 根据 PbI_2的溶度积，计算（在 25 ℃时）：

(1)PbI_2在水中的溶解度（$mol\cdot L^{-1}$）。

(2)PbI_2饱和溶液中 Pb^{2+}和 I^-的浓度。

(3)PbI_2在 $0.010\ mol\cdot L^{-1}$KI 的饱和溶液中 Pb^{2+}的浓度。

(4)PbI_2在 $0.010\ mol\cdot L^{-1}\ Pb(NO_3)_2$溶液中的溶解度（$mol\cdot L^{-1}$）。

解：(1)设 PbI_2在水中的溶解度为 s（以 $mol\cdot L^{-1}$为单位），则根据

$$PbI_2(s) \rightleftharpoons Pb^{2+}(aq) + 2I^-(aq)$$

可得：$c^{eq}(Pb^{2+}) = s, c^{eq}(I^-) = 2s$

$$K_{sp}(PbI_2) = \{c^{eq}(Pb^{2+})\}\{c^{eq}(I^-)\}^2 = s\cdot(2s)^2 = 4s^3$$

$$s = \sqrt[3]{K_{sp}^{\ominus}/4} = \sqrt[3]{8.49\times10^{-9}/4}\ mol\cdot L^{-1} \approx 1.29\times10^{-3}\ mol\cdot L^{-1}$$

(2)$c(Pb^{2+}) = s = 1.29\times10^{-3}\ mol\cdot L^{-1}$

$$c(I^-) = 2s = 2\times1.29\times10^{-3}\ mol\cdot L^{-1} = 2.58\times10^{-3}\ mol\cdot L^{-1}$$

(3)在 $0.010\ mol\cdot L^{-1}$KI 的饱和溶液中，$c(I^-) = 0.010\ mol\cdot L^{-1}$

$$K_{sp}^{\ominus}(PbI_2) = c^{eq}(Pb^{2+})\times0.010^2 = 8.49\times10^{-9}$$

$$c^{eq}(Pb^{2+}) = 8.5\times10^{-5}\ mol\cdot L^{-1}$$

(4)在 $0.010\ mol\cdot L^{-1}\ Pb(NO_3)_2$溶液中，$c(Pb^{2+}) = 0.010\ mol\cdot L^{-1}$

$$K_{sp}^{\ominus}(PbI_2) = \{c^{eq}(I^-)\}^2\times0.010 = 8.49\times10^{-9}$$

$$c^{eq}(I^-) = 9.2\times10^{-4}\ mol\cdot L^{-1}$$

此时 PbI_2的溶解度为 $4.6\times10^{-4}\ mol\cdot L^{-1}$。

21. 工业废水的排放标准规定 Cd^{2+}降到 $0.100\ mg\cdot L^{-1}$以下即可排放。若用加消石灰中和沉淀法除去 Cd^{2+}，按理论上计算废水溶液中的 pH 值至少应为多少？

解：根据工业废水排放标准，要求废水中：

$$c(Cd^{2+}) \leqslant 0.10\times10^{-3}\ g\cdot L^{-1}/\ 112\ g\cdot mol^{-1} \approx$$

$$8.9 \times 10^{-7}\ mol \cdot L^{-1}$$

为使 $Q \geqslant K_{sp}^{\ominus}$以生成 $Cd(OH)_2$沉淀,需使

$$c(OH^-) \geqslant \sqrt{K_{sp}^{\ominus}\{Cd(OH)_2\}/c(Cd^{2+})} =$$

$$\sqrt{5.27\times10^{-15}/8.9\times10^{-7}}\ mol \cdot L^{-1} \approx$$

$$7.7 \times 10^{-5}\ mol \cdot L^{-1}$$

$$pOH = -\lg(7.7 \times 10^{-5}) \approx 4.1$$

即废水中的 pH 应该为

$$pH \geqslant 14 - pOH = 14 - 4.1 = 9.9$$

4.5 同步训练题

1.判断题。

(1)在一定温度下,改变溶液的 pH 值,水的标准离子积常数不变。 ( )

(2)当 H_2O 的温度升高时,其 pH < 7,但仍为中性。 ( )

(3)某些盐类的水溶液常呈现酸碱性,可以用它来代替酸碱使用。 ( )

(4)质子论把碱看成是质子的受体,电子论却把酸看成电子对受体。因此质子的受体就是电子对的给体,电子对受体就是质子的给体。 ( )

(5)强酸弱碱盐的水溶液,实际上是一种弱酸的水溶液;强碱弱酸盐的水溶液实际上是一种弱碱的水溶液。 ( )

(6)难溶电解质的 $K_{sp}^{\ominus}$是温度和离子浓度的函数。 ( )

(7)0.10 $mol \cdot L^{-1}$ NaCN 溶液的 pH 值比相同浓度的 NaF 溶液的 pH 值要大,这表明 CN^- 的 $K_b^{\ominus}$ 值比 F^- 的 $K_b^{\ominus}$ 值要大。 ( )

(8)PbI_2和 $CaCO_3$的溶度积均近似为 10^{-9},从而可知在它们的饱和溶液中,前者的 Pb^{2+}浓度与后者的 Ca^{2+}浓度近似相等。 ( )

(9)$MgCO_3$的溶度积 $K_{sp}^{\ominus} = 6.82\times10^{-6}$,这意味着所有含有固体 $MgCO_3$ 的溶液中,$c(Mg^{2+}) = c(CO_3^{2-})$,而且 $c(Mg^{2+}) \cdot c(CO_3^{2-}) = 6.82\times10^{-6}$。 ( )

(10)在 $HAc-Ac^-$共轭酸碱对中 HAc 是弱酸,Ac^-是强碱。 ( )

(11)在混合离子溶液中,加入一种沉淀剂时,常常是溶度积小的盐首先沉淀出来。 ( )

(12)体积相等的 0.10 $mol \cdot L^{-1}$甲酸溶液的 pH 值为 4.30,则甲酸的解离度为 0.5%。 ( )

(13)沉淀是否完全的标志是被沉淀离子是否符合规定的某种限度,不一定被沉淀离子在溶液中就不存在。 ( )

(14)0.10 L 1.00 $mol \cdot L^{-1}$的 NaOH 溶液,与 0.10 L 2.00 $mol \cdot L^{-1}$的 NH_4Cl 溶液混合即可作为缓冲溶液。 ( )

(15)只要溶液中 I^-和 Pb^{2+}的浓度满足 $c(I^-) \cdot c(Pb^{2+}) \geqslant K_{sp}^{\ominus}(PbI_2)$,则溶液中必有 PbI_2沉淀产生。 ( )

(16)一定温度下,AgCl 的饱和水溶液中,$[c(Ag^+)/c^\ominus]$和$[c(Cl^-)/c^\ominus]$的乘积是一个常数。 (　　)

(17)相同浓度的 H_2CO_3和 H_2SO_3溶液中,$c(SO_3^{2-}) > c(CO_3^{2-})$,则 H_2CO_3溶液的 pH 值小于 H_2SO_3溶液的 pH 值。 (　　)

(18)难溶电解质中,溶度积小的一定比溶度积大的溶解度要小。 (　　)

(19)已知 $K_{sp}^\ominus(AgCl) > K_{sp}^\ominus(AgI)$,则反应 $AgI(s) + Cl^-(aq) \rightleftharpoons AgCl(s) + I^-(aq)$ 有利于向右进行。 (　　)

(20)AgCl 和 Ag_2CrO_4的溶度积分别为 1.8×10^{-10}和 1.1×10^{-12},则 AgCl 的溶解度大于 Ag_2CrO_4的溶解度。 (　　)

(21)已知 $K_{sp}^\ominus(ZnCO_3) = 1.4\times10^{-11}$, $K_{sp}^\ominus(Zn(OH)_2) = 1.2\times10^{-17}$,则在 $Zn(OH)_2$饱和溶液中的 $c(Zn^{2+})$小于 $ZnCO_3$饱和溶液中的 $c(Zn^{2+})$。 (　　)

2.选择题。

(1)在 25 ℃时,弱酸及其盐(HAc 与 NaAc)组成的缓冲溶液,当 $c(HAc) = 0.06\ mol\cdot L^{-1}$,$c(Ac^-) = 0.20\ mol\cdot L^{-1}$时,该溶液中 $c(H^+)$约为(已知 HAc 的 $K_a^\ominus = 1.76\times10^{-5}$) (　　)

A. $0.108\times10^{-5}\ mol\cdot L^{-1}$　　B. $0.005\times10^{-5}\ mol\cdot L^{-1}$

C. $0.216\times10^{-5}\ mol\cdot L^{-1}$　　D. $0.58\times10^{-5}\ mol\cdot L^{-1}$

(2)已知 AgI 固体在 $1.00\ mol\cdot L^{-1}$的 $Na_2S_2O_3$溶液中的溶解度为 $0.045\ mol\cdot L^{-1}$, $K_{sp}^\ominus(AgI) = 8.51\times10^{-17}$,经近似计算可知为 (　　)

A. 2.08×10^{-16}　　B. 2.87×10^{13}

C. 4.32×10^{16}　　D. 8.35×10^{12}

(3)常温下,在含有一定量的 Ag^{2+}的溶液中,如果依次能产生白色 AgCl 沉淀、黄色 AgI 沉淀和黑色 Ag_2S 沉淀,则往溶液中滴加(同浓度)试剂的顺序应为 (　　)

A. Na_2S　NaI　NaCl　　B. NaCl　Na_2S　NaI

C. NaCl　NaI　Na_2S　　D. NaI　NaCl　Na_2S

(4)已知25 ℃时,H_2S 的 $K_{a1}^\ominus = 9.1\times10^{-8}$, $K_{a2}^\ominus = 1.1\times10^{-12}$,则 $0.01\ mol\cdot L^{-1}$的 H_2S 水溶液 pH 值为 (　　)

A. 3.5　　B. 4.0

C. 5.0　　D. 4.5

(5)已知难溶盐 AgSCN 和 Ag_2CO_3的标准溶度积均为 4.2×10^{-12},则它们的溶解度(以 $mol\cdot L^{-1}$为单位)之比约为 (　　)

A. 1∶2　　B. 1∶3

C. 1∶25　　D. 1∶50

(6)1.0 L 水中含 0.20 mol 某一元弱酸(其 $K_a^\ominus = 10^{-4.8}$)和 0.02 mol 该弱酸的钠盐,则该溶液的 pH 值为 (　　)

A. 2.8　　B. 3.8

C. 4.8　　D. 5.8

(7)已知25 ℃时，$K_a^{\ominus}(HAc) = 1.76\times10^{-5}$，若测得某醋酸溶液的pH值为3.00，通过计算可知该溶液的浓度$c(HAc)$为　（　）

A. 4.30×10^{-4} mol·L^{-1}　　B. 6.25×10^{-4} mol·L^{-1}

C. 1.06×10^{-3} mol·L^{-1}　　D. 5.68×10^{-2} mol·L^{-1}

(8)某温度时，PbI_2的溶解度为1.52×10^{-3} mol·L^{-1}，则此温度下PbI_2的$K_{sp}^{\ominus}$值为　（　）

A. 2.80×10^{-8}　　B. 3.00×10^{-8}

C. 1.40×10^{-8}　　D. 1.50×10^{-8}

(9)25 ℃时，下列难溶电解质的饱和溶液中，$c(Ag^+)$最小的是　（　）

A. AgCl[$K_{sp}^{\ominus}(AgCl) = 1.77\times10^{-10}$]　　B. AgOH[$K_{sp}^{\ominus}(AgOH) = 1.52\times10^{-8}$]

C. Ag_2S[$K_{sp}^{\ominus}(Ag_2S) = 6.69\times10^{-50}$]　　D. Ag_2CrO_4[$K_{sp}^{\ominus}(Ag_2CrO_4) = 1.12\times10^{-12}$]

(10)将pH值= 4.0的盐酸溶液稀释一倍后，则其pH值为　（　）

A. 6　　B. 2

C. $4+\sqrt{2}$　　D. $4+\lg 2$

(11)设AgCl在水中，在0.01 mol·L^{-1} $CaCl_2$中，在0.01 mol·L^{-1} NaCl中以及在0.05 mol·L^{-1} $AgNO_3$中的溶解度分别为s_0、s_1、s_2和s_3，这些量之间的正确关系是　（　）

A. $s_0 > s_1 > s_2 > s_3$　　B. $s_0 > s_2 > s_1 > s_3$

C. $s_0 > s_1 = s_2 > s_3$　　D. $s_0 > s_2 > s_3 > s_1$

(12)pH = 2.00的溶液与pH = 5.00的溶液，$c(H^+)$之比为　（　）

A. 10　　B. 1 000

C. 2　　D. 0.5

(13)对于反应$HC_2O_4^-(aq) + H_2O(l) \rightleftharpoons H_2C_2O_4(aq) + OH^-(aq)$，其中的强酸和弱碱是　（　）

A. $H_2C_2O_4$和OH^-　　B. $H_2C_2O_4$和$HC_2O_4^-$

C. H_2O和$HC_2O_4^-$　　D. $H_2C_2O_4$和H_2O

(14)若酸碱反应$HA + B^- \longleftrightarrow HB + A^-$的$K_b^{\ominus}=10^{-4}$，下列说法正确的是　（　）

A. HB是比HA强的酸　　B. HA是比HB强的酸

C. HA和HB酸性相同　　D. 酸的强度无法比较

(15)在298 K 100 mL 0.10 mol·L^{-1} HAc溶液中，加入1 g NaAc后，溶液的pH值　（　）

A. 升高　　B. 降低

C. 不变　　D. 不能判断

(16)决定HAc-NaAc缓冲体系pH值的主要因素是　（　）

A. 弱酸的浓度　　B. 弱酸盐的浓度

C. 弱酸及其盐的总浓度　　D. 弱酸的电离常数

(17)$Ca(OH)_2$在纯水中可以认为是完全电离的，它的溶解度是　（　）

A. $(K_{sp}^{\ominus})^{1/3}$　　B. $(K_{sp}^{\ominus}/4)^{1/3}$

C. $(K_{sp}^{\ominus}/4)^{1/2}$　　D. $(K_{sp}^{\ominus}/K_w)[H_3O^+]$

(18)对弱酸弱碱盐,下列叙述中不正确的是　(　　)

A. 水解倾向较大　　B. 溶液的 pH 值与盐的浓度有关

C. 溶液的 pH 值由 $K_a^{\ominus}$ 和 $K_b^{\ominus}$ 决定　　D. 水解常数与 $K_a^{\ominus} \times K_b^{\ominus}$ 成反比

(19)下列叙述中不正确的是　(　　)

A. 强酸弱碱盐的浓度越小,水解度越大

B. 稀释弱酸强碱盐溶液可使水解反应向右移动

C. 弱酸弱碱盐的浓度越小,水解度越大

D. 加热不可以抑制水解反应

(20)根据酸碱质子理论,下列化合物中既可作为酸又可作为碱的是　(　　)

A. PO_4^{3-}　　B. NH_4^+

C. H_2O　　D. H_2CO_3

(21)实验室配制 $SnCl_2$溶液时,必须在少量盐酸中配制(而后稀释至所需浓度),才能得到澄清溶液,这是因为　(　　)

A. 形成缓冲溶液　　B. 盐效应促使 $SnCl_2$溶解

C. 同离子效应　　D. 促进 $SnCl_2$水解

(22)下列叙述正确的是　(　　)

A. 由于 AgCl 饱和溶液的导电性很弱,所以它是弱电解质

B. 难溶电解质离子浓度的乘积就是该物质的标准溶度积常数

C. $K_{sp}^{\ominus}$大的难溶电解质,其溶解度也大

D. 对用水稀释后仍含有 AgCl(s)的溶液来说,稀释前后 AgCl 的溶解度和它的标准溶度积常数均不改变

(23)将 MnS 溶解在 HAc-NaAc 缓冲溶液中,系统的 pH 值将　(　　)

A. 不变　　B. 变小

C. 变大　　D. 无法预测

(24)已知 $K_{sp}^{\ominus}(Ag_2SO_4) = 1.2\times10^{-5}$,$K_{sp}^{\ominus}(AgCl) = 1.8\times10^{-10}$,$K_{sp}^{\ominus}(BaSO_4) = 1.1\times10^{-10}$。将等体积的 0.002 $mol \cdot L^{-1}$ 的 Ag_2SO_4与 2.0×10^{-6} $mol \cdot L^{-1}$ 的 $BaCl_2$溶液混合,将　(　　)

A. 只生成 $BaSO_4$沉淀　　B. 只生成 AgCl 沉淀

C. 同时生成 $BaSO_4$和 AgCl 沉淀　　D. 有 Ag_2SO_4沉淀生成

(25)有关分步沉淀的下列叙述中正确的是　(　　)

A. 浓度积先达到溶度积的先沉淀出来

B. 沉淀时所需沉淀试剂浓度最小者先沉淀出来

C. 溶解度小的物质先沉淀出来

D. 被沉淀离子浓度大者先沉淀出来

3. 填空题。

(1)将下列浓度均为 0.10 $mol \cdot L^{-1}$ 的各溶液,按 pH 值由小到大的顺序排列____________________________。

①HAc ②NaAc ③H_2SO_4 ④NH_3 ⑤NH_4Cl ⑥NH_4Ac

[已知 $K_a^{\ominus}(HAc) = 1.76\times10^{-5}$, $K_b^{\ominus}(NH_3) = 1.77\times10^{-5}$]

(2)在 $BaSO_4$ 和 AgCl 的饱和溶液中加入 KNO_3，则其 $BaSO_4$ 的溶解度会________，AgCl 的溶解度会________，这种现象称为________。

(3)已知 25 ℃时 $Cr(OH)_3$ 的 $K_{sp}^{\ominus} = 7.0\times10^{-31}$。欲使含铬废水中 Cr^{3+} 的含量小于 10^{-5} mol·kg^{-1}，则将该废水的 pH 值调到________时方可。

(4)当溶液中 $c(Ag^+) = 0.01$ mol·L^{-1}时，为了防止产生 Ag_2SO_4 沉淀，则溶液中的 $c(SO_4^{2-})$ 应小于________ mol·L^{-1}(已知 $K_{sp}^{\ominus}(Ag_2SO_4) = 1.2\times10^{-9}$)。

(5)某难溶电解质 A_3B_2 在水中的溶解度 $s = 1.0\times10^{-6}$ mol·L^{-1}，则在其饱和溶液中 $c(A^{2+})$ = ________，$c(B^{3-})$ = ________，$K_{sp}^{\ominus}(A_3B_2)$ = ________。(设 A_3B_2 溶解后完全溶解，且无副反应发生。)

(6)解离度 α 和解离常数 $K^{\ominus}$ 在一定温度下都可以表示弱电解质的解离程度，________随浓度而变，而________不随浓度而变。

(7)根据酸碱质子理论，下列分子或离子中：H_2O、OH^-、HS^-、HPO_4^{2-}、HCl、NH_3、S^{2-}、CO_3^{2-}，为酸的是________，为碱的是________，既是酸又是碱的是________。

(8)将 0.01 L 1.0 mol·L^{-1}的氨水和 0.01 L 0.333 mol·L^{-1}的 HCl 溶液混合，混合液的 pH 值应为________[已知 $K_b^{\ominus}(NH_3\cdot H_2O) = 1.77\times10^{-5}$]。

(9)25 ℃时，若将 0.01 L 1.0 mol·L^{-1}的 $CaCl_2$ 溶液和 0.01 L 0.20 mol·L^{-1}的氨水混合后，溶液中 $c(OH^-)$ = ________ mol·L^{-1}，反应熵 $Q = [c(Ca^{2+})/c^{\ominus}]\cdot[c(OH^-)/c^{\ominus}]^2$ = ________，体系中________(填"有"或"无")沉淀生成[已知 $K_b^{\ominus}(NH_3) = 1.77\times10^{-5}$，$K_{sp}^{\ominus}(Ca(OH)_2) = 5.5\times10^{-6}$]。

(10)将 2 mol·kg^{-1}的 HAc 和 1 mol·kg^{-1}的 NaAc 溶液等量混合，此时混合液的 pH 值为________，若将该混合液稀释一倍，则其 pH 值将________(填"增大"，"减小"或"不变"。已知 $K_a^{\ominus}(HAc) = 1.74\times10^{-5}$)。

(11)在弱酸 HA 溶液中，加入________能使其电离度增大，引起平衡向________方向移动，称为________效应；加入________能使其电离度降低，引起平衡向________移动，称为________效应。

(12)在相同体积、相同浓度的 HAc 溶液和 HCl 溶液中，所含 $c(H^+)$________；若用同一浓度的 NaOH 溶液分别中和这两种酸溶液并达到化学计量点时，所消耗的 NaOH 溶液的体积________，此时两溶液的 pH 值________，其中 pH 较大的溶液是________。

(13)已知 $K_{sp}^{\ominus}(CuS) = 6.3\times10^{-36}$，则其溶解度为________ mol·L^{-1}，在 0.05 mol·L^{-1} $CuSO_4$ 溶液中，CuS 的溶解度为________ mol·L^{-1}。

(14)已知 298 K 时浓度为 0.01 mol·L^{-1}的某一元弱酸溶液的 pH 值为 4.00，则该酸的解离常数等于________；将该酸溶液稀释后，其 pH 值将变________，解离度 α 将变________，其 $K_a^{\ominus}$ 将________。

(15)同离子效应使难溶电解质的溶解度________；盐效应使难溶电解质的溶解度________。

(16) $Fe(OH)_3$、$Ca_3(PO_4)_2$的标准溶度积表达式分别为:________________。

(17)在 AgCl、$CaCO_3$、$Fe(OH)_3$、MgF_2这些难溶物质中,其溶解度不随 pH 值变化而改变的是________,能溶在氨水中的是________。

(18)已知 $Sn(OH)_2$、$Al(OH)_3$、$Ce(OH)_4$ 的 $K_{sp}^{\ominus}$ 分别为 5.0×10^{-27}, 1.3×10^{-33}, 2.0×10^{-28},则它们的饱和溶液的 pH 值由小到大的顺序是________<________<________。

(19)已知 $K_{sp}^{\ominus}(Mg(OH)_2) = 1.8\times10^{-11}$,则 $Mg(OH)_2$在 0.10 $mol\cdot L^{-1}$ $MgCl_2$溶液中的溶解度为________ $mol\cdot L^{-1}$;在________ $mol\cdot L^{-1}$ NaOH 溶液中的溶解度与在 0.10 $mol\cdot L^{-1}$ $MgCl_2$溶液中的溶解度相同。

(20)将 50.0 g 的弱酸 HA 溶解在水中制得 100.0 mL 溶液。将该溶液分成两份,用 NaOH 溶液滴定其中的一份至恰好中和,然后与另一份混合,测得溶液的 pH=5.30,则该弱酸的 $K_a^{\ominus}$=________;混合溶液中 $c(HAc)/c(A^-)\approx$________,当将混合溶液稀释 1 倍后,其 pH________。如果在 50.0 mL 稀释前的混合溶液和 50.0 mL 稀释后的混合溶液中均加入 1.0 mL 0.10 $mol\cdot L^{-1}$ HCl 溶液,前者的 pH 值变化比后者的 pH 值变化________。

4.计算题。

(1)若已知 25 ℃时 $Ni(OH)_2$饱和溶液的 pH = 9.20,试计算 $Ni(OH)_2$的标准溶度积常数。

(2)25 ℃时,腈纶纤维生产的某种溶液中,$c(SO_4^{2-})$ 为 6.0×10^{-4} $mol\cdot L^{-1}$。若在 40.0 L该溶液中,加入 0.01 $mol\cdot L^{-1}$ $BaCl_2$溶液 10.0 L,问是否能生成 $BaSO_4$沉淀?

(3)在含有 Pb^{2+}浓度为 0.01 $mol\cdot L^{-1}$的溶液中加入 NaCl 使之沉淀,试通过计算说明在 1.0 L 的该溶液中至少应加入多少克 NaCl 晶体?

(4)已知 HAc 的 $K_a^{\ominus}=1.76\times10^{-5}$,计算 3.0% 米醋(含 HAc 浓度为 0.50 $mol\cdot L^{-1}$)的 pH 值。

(5)25 ℃时,实验测得 0.02 $mol\cdot L^{-1}$氨水溶液的 pH 值为 10.78,求它的解离常数和解离度。

(6)计算 0.10 $mol\cdot L^{-1}$ NH_4Cl 溶液中的 H^+浓度及 pH 值。

(7)今有一弱酸 HX 在 0.10 $mol\cdot L^{-1}$溶液中有 2.0% 的弱酸电离,试计算:

①HX 的电离常数。

②0.10 $mol\cdot L^{-1}$的 HX 溶液 50 mL 与 0.10 $mol\cdot L^{-1}$ NaOH 溶液 25 mL 混合后,PH 值为多少?

③HX 在 0.05 $mol\cdot L^{-1}$溶液中的电离度。

(8)计算浓度均为 0.1 $mol\cdot L^{-1}$ NH_4Cl 和 $NH_3\cdot H_2O$ 各 1L 混合后溶液的 pH 值。如果在此溶液中分别加入:①0.02 mol 的 HCl;②0.02 mol 的 NaOH;③等体积的水,溶液的 pH 值将分别为多少?

(9)欲配制 pH = 5 的缓冲溶液,需要在 500 mL 0.20 $mol\cdot L^{-1}$的 HAc 溶液中加入固体 NaOH 多少克?

(10)计算 0.1 $mol\cdot L^{-1}$ KCN 溶液的 pH 值和水解度(已知 $K_b^{\ominus}(HCN) = 4.93\times10^{-10}$)。

(11)0.3 mol·L^{-1} NH_4Cl溶液的pH值为多少？将0.3 mol·L^{-1} NH_4Cl溶液100 mL与0.3 mol·L^{-1}的NaOH溶液50 mL混合后,pH值为多少？该溶液是否是缓冲溶液？(设混合后体积等于混合前体积之和)(已知：$K_b^{\ominus}(NH_3 \cdot H_2O) = 1.8\times10^{-5}$)

(12)比较0.10 mol·L^{-1} NaAc与0.10 mol·L^{-1} NaCN溶液的pH值和水解度。

(13)已知在室温AgBr和$Mg(OH)_2$的溶度积分别为5.35×10^{-13}和5.61×10^{-12},求它们的溶解度。

(14)若加入F^-净化水,使F^-在水中的质量分数为1.0×10^{-4}%。问往含Ca^{2+}浓度为2.0×10^{-4} mol·L^{-1}的水中按上述情况加入F^-时,是否会产生沉淀？

(15)在含有2.5 mol·L^{-1} $AgNO_3$和0.41 mol·L^{-1} NaCl溶液中,如果不使AgCl沉淀生成,溶液中最低的自由CN^-离子浓度应是多少？已知$K_f[Ag(CN)_2]^- = 1.0\times10^{21}$,$K_{sp}^{\ominus}(AgCl) = 1.56\times10^{-10}$。

(16)废水中Cr^{3+}的浓度为0.01 mol·L^{-1},加入固体NaOH使之生成$Cr(OH)_3$沉淀,设加入固体NaOH后溶液体积不变,计算：

①开始生成沉淀时,溶液OH^-离子的最低浓度；

②若要使Cr^{3+}的浓度小于4.0 mg·L^{-1}(7.7×10^{-5}mol·L^{-1})以达到排放标准,此时溶液的pH值最小应为多少？

(17)试计算25 ℃时0.10 mol·L^{-1} H_3PO_4溶液中H^+的浓度和溶液的pH值。

(18)将$Pb(NO_3)_2$溶液与NaCl溶液混合,设混合液中$Pb(NO_3)_2$的浓度为0.20 mol·L^{-1},问：

①当在混合溶液中Cl^-的浓度等于5.0×10^{-4} mol·L^{-1}时,是否有沉淀生成？

②当混合溶液中Cl^-的浓度多大时,开始生成沉淀？

③当混合溶液中Cl^-的浓度为6.0×10^{-2} mol·L^{-1}时,残留于溶液中Pb^{2+}的浓度为多少？

(19)在浓度均为0.10 mol·L^{-1}的Cl^-和I^-的混合溶液中,逐滴加入$AgNO_3$溶液,试问何者先沉淀？当AgCl开始生成沉淀,溶液中I^-浓度为多少？

(20)已知某溶液中含有0.10 mol·L^{-1}的Ni^{2+}和0.10 mol·L^{-1}的Fe^{3+},试问能否通过控制pH值的方法达到分离二者的目的？

5.问答题。

(1)在缓冲溶液中,如何根据所需的pH值范围选取缓冲对？

(2)酸碱质子理论如何定义酸和碱？有何优越性？什么称为共轭酸碱对？

(3)路易斯电子论如何定义酸和碱？如何理解生物碱是路易斯碱,而H_3BO_3是路易斯酸？

(4)为什么某酸越强,则其共轭碱越弱,或某酸越弱,其共轭碱越强？共轭酸碱对的$K_a^{\ominus}$与$K_b^{\ominus}$之间有何定量关系？

(5)根据$K_a^{\ominus} \approx c\alpha^2$,弱酸的浓度越小,则解离度越大,因此酸性越强(即pH值越小)。这种说法是否正确？

(6)为什么计算多元弱酸溶液中的氢离子浓度时,可近似地用一级解离平衡进行计算？

(7)为什么 Na_2CO_3溶液是碱性的，而 $ZnCl_2$溶液却是酸性的？试用酸碱质子理论予以说明。以上两种溶液的离子碱或离子酸在水中的单相离子平衡如何表示？

(8)有 0.10 $mol \cdot L^{-1}$氨水 500 mL，问：

①加入等体积的 0.50 $mol \cdot L^{-1}$ $MgCl_2$溶液是否有沉淀产生？

②该溶液的 pH 值在加入 $MgCl_2$后有何变化？为什么？

(9)当往缓冲溶液中加入大量的酸或碱，或者用很大量的水稀释时，pH 值是否仍保持基本不变？说明其原因。

(10)在相同浓度的一元酸溶液中，$c(H^+)$都相等，因为中和同体积同浓度的醋酸溶液或盐酸溶液所需的碱是等量的。这种说法正确吗？

(11)若要比较一些难溶电解质溶解度的大小，是否可以根据各难溶电解质的溶度积大小直接比较？即溶度积较大的，溶解度就大，溶度积较小的，溶解度也就较小？为什么？

(12)往氨水中加少量下列物质时，NH_3的解离度和溶液的 pH 值将发生怎样的变化？

①$NH_4Cl(s)$　②$NaOH(s)$　③$HCl(aq)$　④$H_2O(l)$

(13)下列几组等体积混合物溶液中哪些是较好的缓冲溶液？哪些是较差的缓冲溶液？还有哪些根本不是缓冲溶液？

①$10^{-5}$ $mol \cdot L^{-1}$ HAc + 10^{-5} $mol \cdot L^{-1}$ NaAc

②1.0 $mol \cdot L^{-1}$ HCl + 1.0 $mol \cdot L^{-1}$ NaCl

③0.5 $mol \cdot L^{-1}$ HAc + 0.7 $mol \cdot L^{-1}$ NaAc

④0.1 $mol \cdot L^{-1}$ NH_3 + 0.1 $mol \cdot L^{-1}$ NH_3Cl

⑤0.2 $mol \cdot L^{-1}$ HAc + 0.000 2 $mol \cdot L^{-1}$ NaAc

(14)什么是盐效应？举例说明盐效应是如何影响弱电解质的解离度。

(15)在 $ZnSO_4$溶液中通入 H_2S 气体只出现少量的白色沉淀，但若在通入 H_2S 之前，加入适量固体 NaAc 则可形成大量的沉淀，为什么？

(16)盐的类型主要分几种？试述盐类水解的本质。

(17)根据反应式 $H_2S(aq) \rightleftharpoons 2H^+(aq) + S^{2-}$，$H^+$浓度是 S^{2-}离子浓度的两倍，此结论是否正确？

(18)缓冲溶液的缓冲能力与哪些因素有关？

(19)要使沉淀溶解，可采用哪些措施？举例说明。

(20)本章所讨论的单相离子平衡和多相离子平衡各有什么特点？特征平衡常数是什么？如何利用热力学数据计算得到这些平衡常数？

4.6　同步训练题参考答案

1. 判断题。

(1)对　(2)对　(3)对　(4)错　(5)对　(6)错　(7)对　(8)错　(9)错　(10)对　(11)对　(12)对　(13)对　(14)对　(15)错　(16)对　(17)错　(18)错　(19)对　(20)错　(21)对

2. 选择题。

(1)D　(2)B　(3)C　(4)D　(5)D　(6)B　(7)D　(8)C　(9)C　(10)C　(11)B　(12)B　(13)B　(14)A　(15)A　(16)D　(17)B　(18)B　(19)C　(20)C　(21)C　(22)D　(23)C　(24)C　(25)B

3. 填空题。

(1)③ <① <⑤<⑥<②<④

(2)升高　升高　盐效应

(3)4.95

(4)1.2×10^{-5}

(5)3.0×10^{-6}　2.0×10^{-6}　1.08×10^{-28}

(6)解离度 α　解离常数 $K_{sp}^{\ominus}$

(7)H_2O、HS^-、HPO_4^{2-}、HCl　H_2O、OH^-、HS^-、HPO_4^{2-}、NH_3、S^{2-}、CO_3^{2-}　H_2O、HS^-、HPO_4^{2-}

(8)9.55

(9)1.33×10^{-3}　8.85×10^{-7}　无

(10)4.46　不变

(11)强电解质　右　盐　H^+或A^-　左　同离子

(12)不相同　相等　不相等　HAc

(13)2.5×10^{-18}　1.3×10^{-34}

(14)1.0×10^{-6}　大　大　不变

(15)变小　增大

(16) $K_{sp}^{\ominus}[Fe(OH)_3]=\{c(Fe^{3+})/c^{\ominus}\}\cdot\{c(OH^-)/c^{\ominus}\}^3$

$K_{sp}^{\ominus}[Ca_3(PO_4)_2]=\{c(Ca^{2+})/c^{\ominus}\}^3\cdot\{c(PO_4{}^{3-})/c^{\ominus}\}^2$

(17)AgCl　AgCl

(18)$Sn(OH)_2$　$Al(OH)_3$　$Ce(OH)_4$

(19)6.7×10^{-6}　1.6×10^{-3}

(20)5.0×10^{-6}　1　基本不变　小

4. 计算题。

(1)解:因 pH = 9.20,则 pOH = 14 − 9.20 = 4.80,所以

$c^{eq}(OH^-) = 1.6\times10^{-5}\ mol\cdot L^{-1}$

在饱和溶液中存在 $Ni(OH)_2 \rightleftharpoons Ni^{2+} + 2OH^-$,故 $c(Ni^{2+}) = 1/2\ c(OH^-)$,所以

$$c(Ni^{2+})=\frac{1}{2}\times1.6\times10^{-5}\ mol\cdot L^{-1}=8.0\times10^{-6}\ mol\cdot L^{-1}$$

$$K_{sp}^{\ominus}[Ni(OH)_2]=[c(Ni^{2+})/c^{\ominus}]\cdot[c(OH^-)/c^{\ominus}]^2= 8.0\times10^{-6}\times(2\times8.0\times10^{-6})^2= 2.0\times10^{-15}$$

(2)解:$c(SO_4^{2-})=\dfrac{6.0\times10^{-4}\times40.0}{50.0}\ mol\cdot L^{-1}=4.8\times10^{-4}\ mol\cdot L^{-1}$

$$c(Ba^{2+})=\frac{0.01\times10.0}{50.0}mol\cdot L^{-1}=2.0\times10^{-3}\ mol\cdot L^{-1}$$

$Q = c(SO_4^{2-}) \cdot c(Ba^{2+}) = 4.8\times10^{-4}\times2.0\times10^{-3} = 9.6\times10^{-7}$, $K_{sp}^{\ominus} = 1.1\times10^{-10}$

因为 $Q > K_{sp}^{\ominus}$,所以有 $BaSO_4$沉淀析出。

(3)解:若产生 $PbCl_2$沉淀,需 Cl^-的浓度为

$$c(Cl^-) = \sqrt{\frac{1.6\times10^{-5}}{0.01}}\ mol\cdot L^{-1} = 4.0\times10^{-2}\ mol\cdot L^{-1}$$

需要加入的 NaCl 质量为 $58.5\ g\cdot mol^{-1}\times4.0\times10^{-2}\ mol\cdot L^{-1}\times1L = 2.34\ g$

(4)解:设米醋溶液中 H^+的平衡浓度为 $x\ mol\cdot L^{-1}$,则

$$HAc(aq) \rightleftharpoons H^+(aq) + Ac^-(aq)$$

平衡时的浓度/$(mol\cdot L^{-1})$　　$0.50 - x$　　　x　　　x

$K_a^{\ominus} = 1.76\times10^{-5}$

因为 $K_a^{\ominus}/c<10^{-4}$,所以 $0.50 - x \approx 0.5$

$$K_a^{\ominus} = \frac{x^2}{0.5} = 1.76\times10^{-5}$$

$$c^{eq}(H^+) = x\ mol\cdot L^{-1} = 2.97\times10^{-3}\ mol\cdot L^{-1}$$

$$pH = -\lg[c(H^+)] = -\lg(2.97\times10^{-3}) \approx 3 - 0.47 = 2.53$$

(5)解:$pH = 10.78$,$pOH = 14.00 - 10.78 = 3.22$, $c(OH^-) = 6.0\times10^{-4}\ mol\cdot L^{-1}$

氨水的离解平衡式为

$$NH_3 + H_2O \rightleftharpoons NH_4^+ \quad + \quad OH^-$$

起始浓度 $c_0/(mol\cdot L^{-1})$　　0.02　　　0　　　0

平衡浓度 $c/(mol\cdot L^{-1})$　　$0.02 - 6.0\times10^{-4}$　　6.0×10^{-4}　　6.0×10^{-4}

$$K_b^{\ominus}(NH_3) = \frac{c'(NH_4^+)\cdot c'(OH^-)}{c'(NH_3)} = \frac{(6.0\times10^{-4})^2}{0.02} = 1.8\times10^{-5}$$

$$\alpha = \frac{c'(OH^-)}{c'(NH_3)}\times100\% = \frac{6.0\times10^{-4}}{0.02}\times100\% = 3.0\%$$

(6)解:$NH_4^+(aq) + H_2O(l) \rightleftharpoons NH_3(aq) + H_3O^+(aq)$

$$c^{eq}(H^+) \approx \sqrt{K_a^{\ominus}\times c} = \sqrt{5.65\times10^{-10}\times0.10}\ mol\cdot L^{-1} = 7.5\times10^{-6}\ mol\cdot L^{-1}$$

$$pH = -\lg(7.5\times10^{-6}) = 5.12$$

(7)解:① $\alpha = \sqrt{\frac{K_a^{\ominus}}{c}}$　　$K_a^{\ominus} = (\alpha\%)^2c = (2.0\%)^2\times0.1 = 4\times10^{-5}$

② $pH = pK_a^{\ominus} - \lg\frac{c_{酸}}{c_{盐}} = 4.4 - \lg\frac{\frac{0.1\times50}{75} - \frac{0.1\times25}{75}}{\frac{0.1\times25}{75}} = 4.4$

③ $\alpha = \sqrt{\frac{K_a^{\ominus}}{c}} = \sqrt{\frac{4\times10^{-5}}{0.05}} = 2.8\%$

(8)解:$pOH = pK_b^{\ominus} - \lg\frac{c_b}{c_a} = 4.75 - \lg\frac{0.05}{0.05} = 4.75$

$$pH = 14 - pOH = 14 - 4.75 = 9.25$$

①此溶液中加入0.02 mol的HCl后,设加入的HCl^-完全与NH_3作用生成NH_4Cl,则

$$c_b = [(0.1\times1-0.02)/2]\ mol\cdot L^{-1} = 0.04\ mol\cdot L^{-1}$$

$$c_a = [(0.1\times1+0.02)/2]\ mol\cdot L^{-1} = 0.06\ mol\cdot L^{-1}$$

$$pH = 14-pK_b^{\ominus}+\lg\frac{c_b}{c_a} = 14-4.75+\lg\frac{0.04}{0.06}\approx 9.07$$

②此溶液中加入0.02 mol的NaOH后,设加入的OH^-完全与NH_4^+作用生成$NH_3\cdot H_2O$,则

$$c_b = [(0.1\times1+0.02)/2]\ mol\cdot L^{-1} = 0.06\ mol\cdot L^{-1}$$

$$c_a = [(0.1\times1-0.02)/2]\ mol\cdot L^{-1} = 0.04\ mol\cdot L^{-1}$$

$$pH = 14-pK_b^{\ominus}+\lg\frac{c_b}{c_a} = 14-4.75+\lg\frac{0.06}{0.04}\approx 9.43$$

③加入等体积的水后,$c_b = c_a = 0.025\ mol\cdot L^{-1}$,则

$$pH = 14-pK_b^{\ominus}+\lg\frac{c_b}{c_a} = 14-4.75+\lg\frac{0.025}{0.025} = 9.25$$

(9)解:设需要加入固体NaOH x克,则

$$c_a = (0.20\times0.5 - x/40)/0.5 = 0.20 - x/20$$

$$c_b = (x/40)/0.5 = x/20$$

$$5 = 4.75-\lg\frac{0.20-x/20}{x/20}$$

解得$x = 2.6$ g

(10)解:$CN^-(aq) + H_2O(l) \rightleftharpoons HCN(aq) + OH^-(aq)$

$$K_h^{\ominus} = \frac{K_w}{K_b^{\ominus}} = \frac{1.0\times10^{-14}}{4.93\times10^{-10}} = 2.03\times10^{-5}\qquad \frac{c_{盐}}{K_h^{\ominus}} = \frac{0.1}{2.03\times10^{-5}} \gg 400$$

所以,$c(OH^-) = \sqrt{c\,K_h^{\ominus}} = \sqrt{0.1\times2.03\times10^{-5}}\ mol\cdot L^{-1} = 1.42\times10^{-3}\ mol\cdot L^{-1}$

$$pH = 14 - pOH = 14-2.85 = 11.15$$

$$h = \frac{[OH^-]}{c_{盐}}\times100\% = \frac{1.42\times10^{-3}}{0.1}\times100\% = 1.42\%$$

(11)解:$c(H^+) = \sqrt{\frac{K_w}{K_b^{\ominus}}c} = \sqrt{\frac{10^{-14}}{1.8\times10^{-5}}\times0.3}\ mol\cdot L^{-1} = 1.29\times10^{-5}\ mol\cdot L^{-1}$

$$pH = -\lg[c^{eq}(H^+)] = 4.89$$

$$c(NH_4^+) = \frac{0.3\times100-0.3\times50}{150}\ mol\cdot L^{-1} = 0.1\ mol\cdot L^{-1}$$

$$c(NH_3\cdot H_2O) = \frac{0.3\times50}{150}\ mol\cdot L^{-1} = 0.1\ mol\cdot L^{-1}$$

$$pOH = (pK_b^{\ominus}) - \lg\frac{0.1}{0.1} = pK_b^{\ominus} = 4.75$$

$$pH = 9.25$$

该溶液构成了缓冲溶液。

(12)解:①因为 $K_h^{\ominus}=K_w^{\ominus}/K_a^{\ominus}(HAc)=(1.0\times10^{-14})/(1.76\times10^{-5})=5.7\times10^{-10}$

$c'(Ac^-)/K_h^{\ominus}=0.10/(5.7\times10^{-10})\ mol\cdot L^{-1}=1.76\times10^{8}\ mol\cdot L^{-1}>500\ mol\cdot L^{-1}$

所以可用近似公式:

$$c'(OH^-)=\sqrt{K_h^{\ominus}\cdot c'}=\sqrt{5.7\times10^{-10}\times0.10}\ mol\cdot L^{-1}\approx7.5\times10^{-6}mol\cdot L^{-1}$$

$$pH=14.00-pOH=14.00+\lg(7.5\times10^{-6})\approx14.00-5.12=8.88$$

$$h=(7.5\times10^{-6}/0.10)\times100\%=7.5\times10^{-3}\%$$

②因为 $K_h^{\ominus}=K_w^{\ominus}/K_a^{\ominus}(HCN)=1.0\times10^{-14}/(6.2\times10^{-10})=1.6\times10^{-5}$

$c'(CN^-)/K_h^{\ominus}=[0.10/(1.6\times10^{-5})]\ mol\cdot L^{-1}=6.3\times10^{3}\ mol\cdot L^{-1}>500\ mol\cdot L^{-1}$

所以可用近似公式:

$$c'(OH^-)=\sqrt{K_h^{\ominus}\cdot c'}=\sqrt{1.6\times10^{-5}\times0.10}\ mol\cdot L^{-1}\approx1.3\times10^{-3}\ mol\cdot L^{-1}$$

$$pH=14.00-pOH=14.00+\lg(1.3\times10^{-3})=14.00-2.89=11.11$$

$$h=(1.3\times10^{-3}/0.10)\times100\%=1.3\%$$

(13)解:

$$\underset{\qquad\qquad\qquad\qquad\ s\qquad\qquad\ s}{AgBr(s)=Ag^+(aq)+Br^-(aq)}$$

$$K_{sp}^{\ominus}(AgBr)=c(Ag^+)c(Br^-)=s^2=5.35\times10^{-13}$$

$$s=7.31\times10^{-7}\ mol\cdot L^{-1}$$

$$Mg(OH)_2(s)=Mg^{2+}(aq)+2OH^-(aq)$$

$$s\qquad\qquad 2s$$

$$K_{sp}^{\ominus}(Mg(OH)_2)=c(Mg^{2+})\cdot c(OH^-)^2=s\cdot(2s)^2=5.61\times10^{-12}$$

$$s=1.12\times10^{-4}\ mol\cdot L^{-1}$$

(14)解:因溶液中各离子浓度很低,溶液密度可近似地以水的密度计。加入的 F^- 使溶液中 F^- 浓度为

$$c(F^-)=1.0\times10^{-4}\%\times1\,000\ g\ L^{-1}/(19\ g\cdot mol^{-1})=$$
$$5.3\times10^{-5}\ mol\cdot L^{-1}$$

$$Q=\{c(Ca^{2+})\}\cdot\{c(F^-)\}^2=$$
$$2.0\times10^{-4}\times(5.3\times10^{-5})^2=5.6\times10^{-13}$$

因 $K_{sp}^{\ominus}(CaF_2)=1.46\times10^{-10}>Q$

故不会生成 CaF_2 沉淀。

(15)解:当 $c(Cl^-)$ 为 $0.41\ mol\cdot L^{-1}$ 时,若不使 AgCl 沉淀,则溶液中 $c(Ag^+)$ 至少为

$$K_{sp}^{\ominus}(AgCl)/c(Cl^-)=1.56\times10^{-10}/0.41=3.8\times10^{-10}\ mol\cdot L^{-1}$$

则设溶液中自由 $c(CN^-)$ 为 $x\ mol\cdot L^{-1}$,则有

	Ag^+	+ $2CN^-$	$\rightleftharpoons$ $[Ag(CN)_2]^-$
起始浓度/($mol\cdot L^{-1}$)	2.5	0	0
平衡浓度/($mol\cdot L^{-1}$)	3.8×10^{-10}	x	$2.5-3.8\times10^{-10}$

$$K_f([Ag(CN)_2]^-)=\frac{c([Ag(CN)_2]^-)}{c(Ag^+)\cdot c([CN^-]^2)}$$

$$1.0\times10^{21}=2.5/(3.8\times10^{-10}\cdot x^2)$$

解得 $x=2.6\times10^{-6}\ \text{mol}\cdot\text{L}^{-1}$

(16)解:① $Cr(OH)_3(s) \rightleftharpoons Cr^{3+}(aq) + 3OH^-(aq)$

要生成沉淀时,$Q > K_{sp}^{\ominus}$,设 $c(OH^-) = x\ \text{mol}\cdot\text{L}^{-1}$

$c(Cr^{3+})\cdot c(OH^-)^3 = 0.01x^3 > 6.3\times10^{-31}$,得

$$x > 4.0\times10^{-10}\ \text{mol}\cdot\text{L}^{-1}$$

② $7.7\times10^{-5}x^3 \geqslant 6.3\times10^{-31}$,解得 $x \geqslant 2.0\times10^{-9}\ \text{mol}\cdot\text{L}^{-1}$

$$\text{pOH} = -\lg[c^{eq}(OH^-)] < 8.7,\text{即 pH} \geqslant 14-8.7=5.3$$

(17)解:H_3PO_4是中强酸,$K_{a1}^{\ominus}=7.52\times10^{-3}$,又 H_3PO_4 为三元酸,在水溶液中逐级解离,但 $K_{a2}^{\ominus}=6.25\times10^{-8}$较小,故 $c^{eq}(H^+)$可按一级解离平衡作近似计算。

设0.10 $\text{mol}\cdot\text{L}^{-1}$ H_3PO_4溶液中 H^+平衡浓度为 $x\ \text{mol}\cdot\text{L}^{-1}$,则

$$H_3PO_4(aq) \rightleftharpoons H^+(aq) + H_2PO_4^-(aq)$$

平衡时浓度/$(\text{mol}\cdot\text{L}^{-1})$　　$0.10-x$　　x　　x

$$K_{a1}^{\ominus}=\frac{c^{eq}(H^+)\cdot c^{eq}(H_2PO_4^-)}{c^{eq}(H_3PO_4)}=\frac{x^2}{0.10-x}=7.52\times10^{-3}$$

解得

$$x=2.4\times10^{-2}$$

即

$$c^{eq}(H^+)=2.4\times10^{-2}\ \text{mol}\cdot\text{L}^{-1}$$

$$\text{pH}=-\lg(2.4\times10^{-2})\approx1.6$$

(18)解:① $PbCl_2(s) \rightleftharpoons Pb^{2+}(aq) + 2Cl^-(aq)$

$$K_{sp}^{\ominus}(PbCl_2)=\{c^{eq}(Pb^{2+})\}\cdot\{c^{eq}(Cl^-)\}^2=1.17\times10^{-5}$$

由于 $Q=\{c(Pb^{2+})\}\cdot\{c(Cl^-)\}^2=0.20\times(5.0\times10^{-4})^2=5.0\times10^{-8}$

所以 $Q < K_{sp}^{\ominus}$,无沉淀生成。

② $c^{eq}(Cl^-)\geqslant\sqrt{K_{sp}^{\ominus}(PbCl_2)/c^{eq}(Pb^{2+})}=\sqrt{1.17\times10^{-5}/0.20}\ \text{mol}\cdot\text{L}^{-1}\approx7.6\times10^{-3}\text{mol}\cdot\text{L}^{-1}$

即当 $c^{eq}(Cl^-)\geqslant7.6\times10^{-3}\text{mol}\cdot\text{L}^{-1}$时,开始生成沉淀。

③ $c^{eq}(Pb^{2+})=K_{sp}^{\ominus}(PbCl_2)/\{c^{eq}(Cl^-)\}^2=$

$[1.17\times10^{-5}/(6.0\times10^{-2})^2]\ \text{mol}\cdot\text{L}^{-1}\approx$

$3.3\times10^{-3}\ \text{mol}\cdot\text{L}^{-1}$

即当混合液中 Cl^- 的浓度为 $6.0\times10^{-2}\ \text{mol}\cdot\text{L}^{-1}$时,残留于溶液中 Pb^{2+} 的浓度为 $3.3\times10^{-3}\ \text{mol}\cdot\text{L}^{-1}$。

(19)解:查得 $K_{sp}^{\ominus}(AgCl)=1.77\times10^{-10}$,$K_{sp}^{\ominus}(AgI)=8.51\times10^{-17}$

反应式为

$$AgCl(s) \rightleftharpoons Ag^+(aq) + Cl^-(aq)$$

$$AgI(s) \rightleftharpoons Ag^+(aq) + I^-(aq)$$

$$K_{sp}^{\ominus}(AgCl)=c(Ag^+)(Cl^-)=1.77\times10^{-10}$$

所以 Cl^-开始沉淀时:

$$c(Ag^+)=\frac{K_{sp}^{\ominus}(AgCl)}{c(Cl^-)}=\frac{1.77\times10^{-10}}{0.10}\ mol\cdot L^{-1}=1.77\times10^{-9}mol\cdot L^{-1}$$

Ag^+的浓度为 1.77×10^{-9} mol L^{-1}。

当 I^- 开始沉淀时：

$$c(Ag^+)=\frac{K_{sp}^{\ominus}(AgI)}{c(I^-)}=\frac{8.51\times10^{-17}}{0.10}\ mol\cdot L^{-1}=8.51\times10^{-16}mol\cdot L^{-1}$$

Ag^+的浓度为 8.51×10^{-16} mol L^{-1}。

通过计算看出 I^- 开始沉淀时所需 Ag^+ 的浓度远远小于 Cl^- 开始沉淀时所需 Ag^+ 的浓度，所以 AgI 先沉淀，而 AgCl 后沉淀。

AgCl 开始沉淀使溶液中 Ag^+ 的浓度为 1.77×10^{-9} mol L^{-1}，此时溶液中剩余的 I^- 浓度为

$$c(I^-)=\frac{K_{sp}^{\ominus}(AgI)}{c(Ag^+)}=\frac{8.51\times10^{-17}}{1.77\times10^{-9}}mol\cdot L^{-1}=4.8\times10^{-8}mol\cdot L^{-1}$$

I^- 浓度此时为 4.8×10^{-8} mol $L^{-1}<1.0\times10^{-5}$ mol L^{-1}。即当 AgCl 沉淀即将生成时，I^- 已被完全沉淀，用此法可将 Cl^- 和 I^- 分离。

(20)解：查教材附表得：

$$K_{sp}^{\ominus}[Ni(OH)_2] = 2.0\times10^{-15},\ K_{sp}^{\ominus}[Fe(OH)_3] = 4.\times10^{-38}$$

先求若生成氢氧化镍沉淀所需的最低氢氧根浓度：

$$c'_1(OH^-) = \{ K_{sp}^{\ominus}[Ni(OH)_2] / c'(Ni^{2+})\}^{1/2} = (2.0\times10^{-15}/0.10)^{1/2}\ mol\cdot L^{-1}\approx 1.4\times10^{-7}mol\cdot L^{-1}$$

$$pH= 14.00 - (-lg\ 1.4\times10^{-7}) = 14.00 - 6.85 = 7.15$$

再求生成氢氧化铁沉淀所需的最低氢氧根浓度：

$$c'_2(OH^-) = [K_{sp}^{\ominus}(Fe(OH)_3) / c'(Fe^{3+})]^{1/3} = (4.0\times10^{-38}/0.10)^{1/3}\ mol\cdot L^{-1} = 7.4\times10^{-13}mol\cdot L^{-1}$$

$$pH= 14.00 - (-lg\ 7.4\times10^{-13}) = 14.00 - 12.13 =1.87$$

因为生成氢氧化铁所需要的氢氧根离子浓度低，所以氢氧化铁先沉淀。那么再计算当氢氧化铁沉淀完全时的氢氧根离子浓度和溶液的 pH。

$$c'_3(OH^-) = [K_{sp}^{\ominus}(Fe(OH)_3) / c'(Fe^{3+})]^{1/3} = [4.0\times10^{-38}/ (1.0\times10^{-5})]^{1/3}\ mol\cdot L^{-1}\approx 1.6\times10^{-11}\ mol\cdot L^{-1}$$

$$pH= 14.00 - (-lg\ 1.6\times10^{-11}) \approx 14.00 - 10.80 = 3.20$$

从中可以看出：当 pH > 1.87 时铁离子开始生成氢氧化铁沉淀；当 pH = 3.20 时，镍离子还没有开始沉淀，铁离子已经沉淀完全了。只要控制 pH 值在 3.2 ~ 7.2 就能使二者分离。

5. 问答题。

(1)答：根据 $pH=pK_a^{\ominus}-lg\frac{c_{碱}}{c_{酸}}$ 可知，缓冲溶液的 pH 值与所选的弱酸的 $K_a^{\ominus}$ 值及共轭酸碱对的浓度之比有关。当所选的弱酸(或弱碱)与其共轭碱的浓度之比为 1 : 1 时，$pH=pK_a^{\ominus}=-lg\ K_a^{\ominus}$，因此可根据弱酸(或弱碱)的解离平衡常数与 pH 值的关系来选取缓冲

对。pH 值与 $pK_a^{\ominus}$ 的值越接近越好,也可通过调节弱酸(或弱碱)的浓度之比来调整其 pH 值,但调整的幅度有限,而且这种调节会直接影响缓冲溶液的缓冲能力。

(2)答:酸碱质子理论认为:凡能给出质子(H^+)的物质都是酸,凡能与质子结合的物质都是碱。

优越性:酸碱质子理论不仅适用于水溶液,还适用于含质子的非水系统。它可把许多平衡归结为酸碱反应,所以有更广的使用范围和更强的概括能力。

酸给出质子称为其共轭碱,酸与它的共轭碱一起称为共轭酸碱对。

(3)答:酸碱电子理论以电子对的接受给出来判断酸碱的属性,即凡能接受电子对的物质称为酸;给出电子对的物质称为碱。生物碱是一类具有碱性的含氮有机化合物。如尼古丁,其分子中的 N 原子含有孤对电子,在反应过程中可以给出,所以它是路易斯碱。而H_3BO_3是一个一元弱酸,但不是它本身电离 H^+,而是由于硼是缺电子原子,在水中它结合了水分子的 OH^- 而释放出 H^+,所以它是路易斯酸。

(4)答:任何共轭酸碱的解离常数之间都有同样的关系,即 $K_a^{\ominus} \cdot K_b^{\ominus} = K_w$,$K_a^{\ominus}$ 与 $K_b^{\ominus}$ 互成反比,这充分体现了共轭酸碱之间的强度对立统一的辩证关系,即酸越强,其共轭碱就越弱。强酸(如 HCl、HNO_3)的共轭碱(Cl^-、NO_3^-)碱性极弱,可认为是中性的。

(5)答:不正确。c 减小则 α 增加,但 $c(H^+) = \sqrt{K_a^{\ominus} c}$,所以 c 减小则 $c(H^+)$ 减小,pH 越大。

(6)答:$K_{a1}^{\ominus}$ 和 $K_{a2}^{\ominus}$ 分别表示多元酸的一级解离常数和二级解离常数。一般情况下,二元酸的 $K_{a2}^{\ominus} \ll K_{a1}^{\ominus}$。多元酸的二级解离进一步给出 H^+,这比一级解离要困难得多。因此,计算多元酸的 H^+ 浓度时,可忽略二级解离平衡,可近似地用一级解离平衡进行计算。

(7)答:因为 Na_2CO_3 中的 CO_3^{2-} 与水中的 H^+ 组合,有更多的 OH^- 存在,因此 Na_2CO_3 溶液是碱性的。而 $ZnCl_2$ 溶液中 Zn^{2+} 与 OH^- 组合生成 $Zn(OH)_2$ 沉淀,溶液中 H^+ 含量较多,因此溶液呈酸性。

离子平衡表示为:$CO_3^{2-} + H_2O \rightleftharpoons HCO_3^- + OH^-$

$$Zn^{2+} + 2H_2O \rightleftharpoons Zn(OH)_2 + 2H^+$$

(8)答:①有沉淀生成,$c(OH^-) = 9.43\times10^{-4}\ mol \cdot L^{-1}$,$c(Mg^{2+}) = 0.25\ mol \cdot L^{-1}$,$Q>K_{sp}^{\ominus}$

②pH 值减小,由于 $Mg(OH)_2$ 的生成使 OH^- 离子的浓度减小

(9)答:不是。因为当加入大量的强酸或强碱,溶液中的弱酸及其共轭碱或弱碱及其共轭酸中的一种消耗将尽时,就失去了缓冲能力了,所以缓冲溶液的缓冲能力是具有一定限度的,因此溶液的 pH 值会发生变化。

(10)答:不正确。在相同浓度的一元酸溶液中,$c(H^+)$(强酸) > $c(H^+)$(弱酸)

(11)答:对于同一类型的难溶电解质,可以通过溶度积的大小来比较溶解度的大小,但对于不同类型的难溶电解质,则不能认为溶度积小的,溶解度也一定小。

对于

$$A_nB_m(s) \rightleftharpoons nA^{m+}(aq) + mB^{n-}(aq)$$

$$K_{sp}^{\ominus}(A_nB_m) = \{c^{eq}(A^{m+})/c^{\ominus}\}^n\{c^{eq}(B^{n-})/c^{\ominus}\}^m$$

$$c^{eq}(A^{m+}) = ns \qquad c^{eq}(B^{n-}) = ms$$

所以 $K_{sp}^{\ominus}(A_nB_m) = (ns)^n \cdot (ms)^m = n s^n \cdot m s^m \cdot s^{n+m}$

由上式可知，$K_{sp}^{\ominus}$与 s^{n+m}成正比关系，$K_{sp}^{\ominus}$越大，s 也越大。

(12)答：①加入 $NH_4Cl(s)$，NH_3的解离度减小，溶液的 pH 值减小。

②加入 NaOH(s)，NH_3的解离度因同离子效应而减小，溶液的 pH 值增大。

③加入 HCl(aq)，NH_3的解离度增大，溶液的 pH 值减小。

④加入 $H_2O(l)$，NH_3的解离度增大，溶液的 pH 值减小。

(13)答：③、④为较好的缓冲溶液，且④比③更好；①、⑤为较差的缓冲溶液，且①比⑤更差；②不是缓冲溶液，因为不存在共轭酸碱对。

(14)答：在弱电解质溶液中，若加入其他强电解质盐，则该弱电解质的解离度将略有增大，这种现象称为盐效应。

例如，在 0.1 mol·L^{-1} HAc 溶液中，加入 0.1 mol·L^{-1} NaCl，HAc 的解离度将从 1.34% 增大到 1.68%。盐效应的产生，是由于强电解质的加入，增大了溶液中的离子浓度，使溶液中离子间的相互牵制作用增强，即活度降低，离子结合为分子的机会减少，降低了分子化速率，因此，达到平衡时，HAc 的解离度要比未加 NaCl 时大。

(15)答：由于 $Zn^{2+} + H_2S \rightleftharpoons ZnS + 2H^+$溶液酸度增大，使 ZnS 沉淀生成受到抑制，若通 H_2S 之前，先加适量固体 NaAc，则溶液呈碱性，再通入 H_2S 时生成的 H^+被 OH^-中和，溶液的酸度减小，则有利于 ZnS 的生成。

(16)答：某些盐类溶于水中会呈现出一定的酸碱性，盐主要分为强酸强碱盐、弱酸强碱盐、弱碱强酸盐、弱酸弱碱盐。盐本身不具有 H^+或 OH^-，但呈现一定酸碱性，说明发生了盐的水解作用，即盐的阳离子或阴离子和水电离出来的 H^+或 OH^-结合生成弱酸或弱碱，使水的解离平衡发生移动。按酸碱质子理论，盐的水解是质子的转移过程，是两对共轭酸碱之间争夺质子的平衡，应属酸碱平衡。

(17)答：是错误的。$H_2S(aq)$以一级电离为主，因此 H_2S 溶液中 $c(H^+) \approx c(HS^-)$，而不是两倍的关系。

(18)答：缓冲能力主要与以下因素有关：

①缓冲溶液中共轭酸的 $pK_a^{\ominus}$值：缓冲溶液的 pH 值在其 $pK_a^{\ominus}$值附近时，缓冲能力最大。

②缓冲对的浓度：缓冲对的浓度均较大时，缓冲能力较大。

③缓冲对的浓度比：为 1∶1 或相近(0.1～10)时，缓冲能力较大。

(19)答：常用的方法有以下几种：

①利用酸碱反应，例：$CaCO_3(s) + 2H^+(aq) \rightleftharpoons Ca^{2+}(aq) + CO_2(g) + H_2O(l)$

②利用配位反应，例：$AgBr(s) + 2S_2O_3^{2-}(aq) \rightleftharpoons [Ag(S_2O_3)_2]^{3-}(aq) + Br^-(aq)$

③利用氧化还原反应，例：$3CuS(s) + 8HNO_3$(稀) $\rightleftharpoons 3Cu(NO_3)_2 + 3S(s) + 2NO(g) + 4H_2O(l)$

(20)答：水溶液中的单相离子平衡的特点是：包括酸碱解离平衡，特征平衡常数是 $K_a^{\ominus}$，$K_b^{\ominus}$。多相离子平衡属于难溶物质的溶解平衡过程，符合溶度积规则，特征平衡常数是 $K_{sp}^{\ominus}$。可以利用热力学数据计算(298.15 K)，即 $\ln K^{\ominus} = \frac{-\Delta_r G_m^{\ominus}}{RT}$。

第 5 章

电化学基础

5.1 教学基本要求

1. 了解原电池的组成及其中的化学反应的热力学原理。
2. 了解电极电势的概念。
3. 掌握能斯特方程。
4. 掌握电极电势在化学上的应用。
5. 了解电解的原理及应用。
6. 了解金属腐蚀及防护原理。
7. 理解电极电势在电解中的应用。
8. 掌握电极电势在化学上的应用。
9. 了解电解的原理。
10. 了解超电势,掌握超电势的应用。

5.2 知识点归纳

1. 氧化还原反应与原电池

电化学是研究化学能与电能相互转化的过程及其规律的科学。电化学反应的本质特点是在反应中发生了电子转移,即发生了氧化数值的变化,此类反应称为氧化还原反应。在电池中能发生自发的氧化还原反应,将化学能转化为电能;相反,在电解池中电能将促使非自发的氧化还原反应发生,将电能转化为化学能。

把锌片放入 $CuSO_4$溶液中,Zn 与 $CuSO_4$之间发生自发的氧化还原反应,其离子式为

$$Zn(s) + Cu^{2+}(aq) \xlongequal{} Zn^{2+}(aq) + Cu(s)$$

此反应过程中的化学能变成热能,反应只放出热而没有做功。若设计成如图 5.1 所示的装置,由于 Zn 发生的氧化反应和 Cu^{2+}离子发生的还原反应被分隔在两处进行,同时又通过导线、盐桥保持着联系,因此,电子经导线连成的外电路、离子经溶液构成的内电路有序地、持续地发生定向转移,形成恒稳电流。这种利用氧化还原反应产生电流、使化学

能转变为电能的装置称为原电池(Galvanic Cell)。

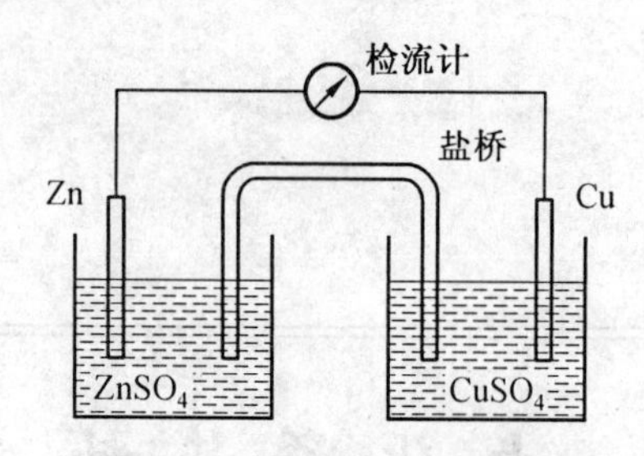

图 5.1　铜锌原电池示意图

2. 原电池符号表达式

铜锌原电池中,铜片与硫酸铜溶液组成铜电极,从外电路获得电子,称为正极(Anode);锌片与硫酸锌溶液组成锌电极,向外电路供给电子,称为负极(Cathode)。

将电极中发生的氧化半反应或还原半反应,称为电极反应(Electrode Reaction)或半电池反应(Half-Cell Reaction)。正、负极分别发生的两个电极反应综合起来,则得到发生在电池中的完整的氧化还原反应,称为电池反应(Cell Reaction)。

原电池符号的书写规则如下:

(-)、(+)分别表示电池的负极和正极,习惯上把负极写在左边,正极写在右边。用竖线"|"表示物质间的相界面。用双竖线"‖"表示盐桥,盐桥左右分别为原电池的负极和正极。在原电池的组成式中,一般需要注明各物质的浓度、分压或物态,若未加注明则认为是处于各自的标准状态。

若在某些情况下,组成电对的物质中没有固相,如 Fe^{3+}/Fe^{2+}、Sn^{4+}/Sn^{2+}、$Cr_2O_7^{2-}/Cr^{3+}$,或固相物质本身不导电,不能做电极,如 Hg_2Cl_2/Hg、MnO_2/Mn^{2+} 等,则组成电池时,必须另外加一个电极板起导电作用。因这种电极在电池中不参与氧化还原反应,只起导电作用,故称为惰性电极(Inert Electrode)。常用的惰性电极材料有石墨、铂等。

3. 电极和电极反应

电极的种类很多,结构各异,根据组成电极电对的特点,通常把电极分成如下四类:

(1)金属-金属离子电极

由金属浸在含该金属阳离子的电解质溶液中组成的电极,称为金属-金属离子电极,如锌电极、铜电极、银电极等。以下给出表示金属电极的通式:

电对:$M^{n+}(aq)/M(s)$

电极组成式:$M \mid M^{n+}(c)$

电极反应:$M^{n+}(aq)+ne^- \longrightarrow M(s)$

(2)气体-离子电极

由气体单质及其相应的离子组成的电极,称为气体-离子电极,例如氢电极、氧电极、氯电极等。它们相应的电对分别为 H^+/H_2,Cl_2/Cl^-,O_2/OH^- 等。由于组成该类电极的电对本身不含有作电子导体的固体物质,因此常常借助惰性电子导体,如铂或石墨等参与组成电极。

以上三个气体电极的组成式及相应的电极反应分别表示如下:

$Pt, H_2(p) | H^+(c)$　　$2H^+(c)+2e^- = H_2(p)$

$Pt, Cl_2(p) | Cl^-(c)$　　$Cl_2(p)+2e^- = 2Cl^-(c)$

$Pt, O_2(p) | OH^-(c)$　　$O_2(p)+2H_2O+4e^- = 4OH^-(c)$

(3)金属-金属难溶盐或氧化物-阴离子电极

由某些金属在其表面涂该金属难溶盐(或难溶的氧化物、氢氧化物),浸在与难溶盐(或难溶的氧化物、氢氧化物)具有相同的阴离子的电解质溶液中组成的电极,称为金属-金属难溶盐或氧化物-阴离子电极。如银-氯化银电极由金属银、氯化银及KCl溶液所组成的。

电对:$AgCl(s)/Ag(s)$

电极组成式:$Ag, AgCl \mid Cl^-(c)$

电极反应:$AgCl(s)+e^- = Ag(s)+Cl^-(c)$

(4)"氧化还原"电极

由惰性电子导体浸在含有同种元素两种不同氧化数的离子溶液中组成的电极,称为"氧化还原"电极。如将铂插在含有Fe^{3+},Fe^{2+}两种离子的溶液中,则

电对:$Fe^{3+}(aq)/Fe^{2+}(aq)$

电极组成式:$Pt \mid Fe^{3+}(c_1), Fe^{2+}(c_2)$

电极反应:$Fe^{3+}(c_1)+e^- = Fe^{2+}(c_2)$

4. 原电池电动势 E 与吉布斯自由能变 ΔG 的关系

我们可以将氧化还原反应的吉布斯自由能变与原电池的电动势联系起来,可以通过测定原电池的电动势来计算电池中反应的吉布斯自由能变化。

在等温等压条件下,系统吉布斯自由能的减少值等于系统所做的最大非体积功。电池做了功,则系统吉布斯自由能减少。任意一个原电池所做的最大电功 W_{max} 等于两电极之间的电动势 E 与所通过的电量 q 的乘积,即

$$-\Delta G = W_{max} = E \cdot q$$

当电池反应中有 n mol 的电子流过外电路,则

$$\Delta_r G_m = -nFE$$

若电池反应中所有相关物质都处于各自标准状态下,则

$$\Delta_r G_m^{\ominus} = -nFE^{\ominus}$$

5. 标准电动势与氧化还原反应的平衡常数

在原电池中

$$\Delta_r G_m^{\ominus} = -nFE^{\ominus}$$

$$\ln K^{\ominus} = \frac{nFE^{\ominus}}{RT}$$

在298 K时,得

$$\lg K^{\ominus} = \frac{nE^{\ominus}}{0.059\ 2}$$

此方法为人们提供了用电化学原理,通过测量电池电动势来求氧化还原反应的标准摩尔吉布斯自由能变 $\Delta_r G_m^{\ominus}$ 及标准平衡常数 $K^{\ominus}$ 的方法。由于测量电池的电动势不仅很

方便，而且测量精度和准确性都很高，因而这种方法得到广泛的应用。

6. 标准电极电势

迄今人们尚无法测定电极电势的绝对值，所以只能选择某一电极作为“参照”，以该电极与待测电极组成一个原电池，获得原电池的电动势，从中推算出待测电极相对于标准电极的相对的电极电势值。

(1)标准氢电极

按照 IUPAC 的规定，选择标准氢电极（Standard Hydrogen Electrode，SHE）作为比较的基准，来测定各种电极的电极电势，从而得到电极电势相对于标准氢电极的相对值。氢电极属于气体-离子电极，是在铂片上镀一层疏松的铂黑，因为铂黑可以强烈地吸附氢气，再把此铂片浸在含有 H^+ 的溶液中，通入 H_2，使铂黑吸附 H_2 至饱和而构成。如果 H_2 分压为 100 kPa，溶液中 H^+ 离子浓度为 1 $mol \cdot L^{-1}$，氢电极则处于标准状态。

(2)标准电极电势的测定

为了测定任意电极相对于标准氢电极的电极电势，只要把待测电极与标准氢电极组成原电池，测定该电池的电动势，即可计算得到电极电势。

任何一个电极的电势高低，不仅与组成电极的电对的本性有关，而且与电对组分的相对量也有关。因此，为了便于对不同电对组成的电极的电势进行比较，需对各电极组成的相对量做出统一的规定。

对任一电极而言，若与电极反应有关的所有物种都处于热力学规定的标准状态，则该电极就是标准电极，其电极电势即为标准电极电势，用符号 $E^{\ominus}$ 表示。

(3)标准电极电势表

用各种标准电极与标准氢电极或其他参比电极相比较，即可求出各种电极的标准电极电势值。各种常见的电对组成的电极的标准电极电势都已测得，在一般理化手册中都能查到。

标准电极电势的定义规定了所有与电极反应有关的物种都应处于标准状态，即所有相关物种的浓度皆为 1.0 $mol \cdot L^{-1}$（或其分压为标准压力 100 kPa）。因此标准电极电势排除了电极反应物质浓度（或分压）的影响，反映了各种电对本身所固有的特征电势。

在使用标准电极电势表时应注意以下三点：

①对于同一电极而言，其标准电极电势值不随电极反应方程式中的化学计量数而变化。

②任一电极的标准电极电势值的正负号，不随电极反应的实际方向而变化。

③电极电势的数值与溶液的酸碱性有关。

7. 电极电势的能斯特方程

我们在附录中查到的电极电势均为标准电极电势，实际上电极电势不仅与电对中氧化态和还原态的本性有关，而且与温度和它们的浓度有关。在多数情况下，电极并非处于标准状态，因此能斯特（Nernst）从理论上导出了计算任何电极在指定状态时的实际电势值的公式，即能斯特方程。

对任一电极反应：　　氧化态物质 $+ne^- \rightleftharpoons$ 还原态物质

能斯特方程表示为

$$E(M^{n+}/M)=E^{\ominus}+\frac{RT}{nF}\ln\frac{c(\text{氧化态})}{c(\text{还原态})}$$

在一般情况下,可用 $T=298$ K 近似代替。由此可得到能斯特方程的常用形式,即

$$E(M^{n+}/M)=E^{\ominus}+\frac{0.059\ 2\ \text{V}}{n}\lg\frac{c(\text{氧化态})}{c(\text{还原态})}$$

应用能斯特方程进行有关计算时,应注意下列几点:

①在电极反应中,若有固体或液体物质参与反应,则这些物质的相对浓度在反应中可看作不变,在能斯特方程中相应于该物质的浓度为1。

②电极反应方程式中,若某些物质的反应系数不为1,则能斯特方程中,相应于该物质的相对浓度项,应以其相应的反应系数为指数的幂代入。

③电极反应中若涉及气态物质,则能斯特方程中用气体的相对分压代入。

④若电极反应中除了直接发生氧化还原的物质外,还涉及一些相关的离子(如 H^+、OH^-、Cl^- 等),虽然这些离子本身在该电极反应中并不发生电子得失,但却与某种电极反应物质密切相关,从而对电极电势产生影响。这些物质的相对浓度也应在能斯特方程中有所体现,若该种离子出现在电极反应方程式的氧化态物质一边,就当氧化态物质处理;若在还原态物质一边出现,就当作还原态物质处理。

8. 氧化剂与还原剂相对强弱的比较

对若干组电对在指定状态下的电极电势进行比较,即可确定各电对组分物质在相应状态下的氧化还原能力的强弱。在所有电对中实际电极电势最高的电对中的氧化态物质是所有电对中氧化能力最强的氧化剂,它与其中任何一个电对组成电池时总是作为正极,发生还原反应。而在所有电对中实际电极电势最低的电对中的还原态物质,则是所有电对中还原能力最强的还原剂。它与其中任何一个电对组成电池时总是作为负极,发生氧化反应。

电对的标准电极电势,表征了在标准状态下电对的氧化还原性,即排除了电对组分物质浓度的影响,而直接表征了电对组分物质的氧化还原特性。标准电极电势 E 越高(越正),表明组成该电对的氧化态物质本身(不考虑浓度的影响)得电子能力越强,是越强的氧化剂;而标准电极电势 E 越低(越负),则表明组成该电对的还原态物质本身失电子能力更强,是越强的还原剂。所以若不考虑浓度因素的影响,一般说来,电极电势表中,电势值高的电对中的氧化态物质多为强氧化剂(如 F_2、$S_2O_8{}^{2-}$、MnO_4^-、$Cr_2O_7^{2-}$ 等);而电势值低的电对中的还原态物质多为传统的强还原剂(如 K、Na、Al、Zn 等)。

9. 氧化还原反应方向的判断

任何氧化还原反应都可看成是由一个氧化反应和一个还原反应组合而成的,因此可把任何一个氧化还原反应拆成氧化和还原两部分。通过比较相关两个电对的电极电势值的大小,就可判断氧化还原反应的方向,由电极电势高的一个电对中的氧化态物质做氧化剂,电极电势低的一个电对中的还原态物质做还原剂,进行氧化还原反应。

对于一个氧化还原反应,如果没有特别加以说明,可以认为它是在标准状态下进行,通过计算 $E^{\ominus}$ 值并根据其正负来判断反应的自发方向。如果已知该反应在非标准状态下进行,则需要应用 Nernst 方程计算 E 值并根据其正负来判断反应的自发方向。至于改变

介质酸度,或生成难溶盐、配位化合物,则会导致电池电动势与标准状态下电池电动势发生显著差异,因此,此情况下应先用Nernst方程分别计算$E_{(+)}$和$E_{(-)}$,从而计算E值,再根据E值的正负来判断反应的自发方向。

10. 氧化还原反应进行程度的衡量

我们用标准平衡常数$K^{\ominus}(T)$的大小来表征氧化还原反应进行的程度。任一指定的氧化还原反应的标准平衡常数$K^{\ominus}(T)$,或其标准摩尔吉布斯自由能变$\Delta_r G_m^{\ominus}(T)$,与其相应电池的标准电动势$E^{\ominus}$及标准电极电势$E_{(+)}^{\ominus}$值与$E_{(-)}^{\ominus}$间的关系。因此,可由电池标准电动势或标准电极电势计算出相应的反应标准平衡常数$K^{\ominus}(T)$,进而估计出反应达到平衡时产物与生成物的浓度比,求出反应物的转化率(或产物的理论产率),由此可估算出反应的程度。

11. 分解电压与超电压

保证电解真正开始,并能顺利进行下去所需的最低外加电压称为分解电压(Decomposition Voltage,$E_{分解}$)。分解电压的大小,主要取决于被电解物质的本性,也与其浓度有关。

当外加在电解池两极间的电压等于分解电压时,电解池两个电极上的电位分别称为阳极和阴极的析出电势(Precipitation Potential,$E_{析出}$)。

实际析出电势与理论析出电势值之差$\Delta E_{超}$称为超电压(Overvoltage)。实际分解电压比理论值超出的部分,$\Delta E_{超}=E_{分解,r}-E_{分解,t}$,阳极上的实际析出电势要比理论析出电势更高(更正),而阴极上的实际析出电势要比理论析出电势位更低(更负)。

实际析出电势偏离理论析出电势值的现象称为电极的极化(Electrode Polarization)。电极的极化包括浓差极化(Concentration Polarization)和电化学极化(Electrochemical Polarization)。搅拌和升温可以使浓差极化降到最低,但电化学极化目前尚无法克服与消除。

12. 电解池中两极的电解产物

在可能发生的电极过程中,究竟哪一种电解反应会优先发生,这可根据各种电解产物的实际析出电势高低来判断。因为在阳极上发生的是氧化反应,优先在阳极上放电的物质必然是电解液中最易于失去电子的物质,也就是体系中可能在阳极放电的电对中实际析出电势最低的电对中的还原态物质,将优先在阳极放电而被氧化。而在阴极上发生的是还原反应,体系中所有可能在阴极放电的电对中,实际析出电势最高的电对的氧化态物质是得电子能力最强的物质,必将优先在阴极放电,得到电子而被还原。而电解池中各种可能放电物质的实际析出电势,可由其理论析出电势及其在电极上放电时的超电势估算出来。

(1)阳极产物

①当用石墨(或其他非金属惰性物质)做电极,电解卤化物、硫化物等盐类时,体系中可能在阳极放电的负离子主要是OH^-及相应的卤素负离子(X^-)或硫负离子(S^{2-}),这种情况下阳极产物通常是卤素(X_2)或硫S(单质)析出。

②当用石墨或其他惰性物质做电极,电解含氧酸盐的水溶液时,体系中可能在阳极放电的负离子主要是OH^-及相应的含氧酸根离子。此时阳极通常是OH^-放电,析出氧气。

③当用一般金属(很不活泼的金属,如Pt,及易钝化的金属,如铅,铁等除外)做阳极

进行电解时,通常发生阳极溶解,即

$$M(s) = M^{n+} + ne^-$$

(2)阴极产物

①当电解活泼金属(如 Na^+、K^+、Mg^{2+}、Al^{3+})的盐溶液时,在阴极上总是 H^+ 优先放电,析出氢气。

②当电解不活泼金属(如 Fe^{2+}、Zn^{2+})的盐溶液时,在阴极上发生金属离子放电,析出相应的金属。

③当电解不太活泼的金属(如铁、锌、镍、镉、锡、铅等)的盐溶液时,在阴极上究竟是 H^+ 还是金属离子优先被还原,受多方面因素影响,需要通过能斯特方程计算出理论析出电势并考虑可能出现的超电势,估算出 H^+ 和相应金属离子的实际析出电势,通过进行比较,才能得出确定的结论。但是由于电解溶液中电解质的浓度通常要远大于 H^+ 浓度,而且析出氢的超电势较大,通常要比析出金属的超电势大得多。因此,往往是金属离子优先在阴极放电,得到相应的金属。

13. 电解的应用

(1)电镀

应用电解原理在某些金属表面镀上一层其他金属或合金的过程称为电镀(Electroplating)。电镀的目的主要是使金属增强抗腐蚀能力,增加美观及表面硬度。镀层金属通常是一些在空气或溶液中不易起变化的金属(如铬、锌、镍、银)或合金。

(2)电化学工业

以电解的方法制取化工产品的工业,称为电化学工业(Electrochemical Industry)。如电解食盐溶液制取氯气和烧碱,电解水制氢气和氧气。

(3)电冶金工业

利用电解原理从金属化合物制取金属的过程称为电冶(Electro Metallurgical)。一些活泼金属如钠、钙、镁、铝等的制取,就是利用电解原理。应注意的是,要电解的是它们的熔融化合物,不是水溶液。

14. 腐蚀的分类

(1)化学腐蚀

由一般化学作用而非电化学反应引起的腐蚀,称为化学腐蚀(Chemical Corrosion)。金属在高温下和干燥的气体接触,或与非电解质液体(如苯、石油)接触都会发生化学腐蚀。

(2)电化学腐蚀

当金属和电解质溶液接触时,由电化学作用而引起的腐蚀称为电化学腐蚀(Electrochemical Corrosion)。它和化学腐蚀不同,是由于形成原电池而引起的。

电化学腐蚀的主要形式有析氢腐蚀、吸氧腐蚀及浓差腐蚀等。

①析氢腐蚀。当钢铁暴露在潮湿的空气中时,在表面会形成一层极薄的水膜。空气中 CO_2、SO_2 等气体溶解在水膜中,使其呈酸性。而通常的钢铁并非纯金属,常含有不活泼的合金成分(如 Fe_3C)或能导电的杂质,这样就形成了许多微小的腐蚀电池。

②吸氧腐蚀与浓差腐蚀。当介质呈中性或酸性很弱时,则主要发生吸氧腐蚀。这是

一种“吸收”氧气的电化学腐蚀，此时溶解在水膜中的氧气是氧化剂。

当一块钢板暴露在潮湿的空气中时，总会形成一层 Fe_2O_3 薄膜。如果该膜是致密的，则可以阻滞腐蚀过程。若在膜上有一小孔，则有小面积的金属裸露出来，这里的金属将被腐蚀。腐蚀产物[如 Fe_2O_3、$Fe(OH)_3$ 等]疏松地堆积在周围，把孔遮住。这样氧气难于进入孔内，又会发生浓差腐蚀，使小孔内的腐蚀不断加深，甚至穿孔。孔蚀是一种局部腐蚀现象。常常被表面的尘土或锈堆隐蔽，不易发现，因而危害性更大。

15. 金属腐蚀的防止

(1)制成耐腐蚀的合金

将不同物料与金属(如铬、铜、钛)组成合金，既可改变金属的使用性能，又可改善金属的耐腐蚀性能。例如，含铬18%(质量分数)的不锈钢能耐硝酸的腐蚀。根据我国资源的特点，目前正在研制加锰、硅、稀土元素等耐腐蚀的合金钢，以满足各种工程的需要。

(2)隔离介质

由于在腐蚀过程中，介质总是参加反应的，因此在可能情况下，设法将金属制品和介质隔离，便可起到防护作用。例如，油漆、搪瓷、塑料喷涂等。镀锌铁皮(自铁皮)有良好的耐腐蚀性能。锌的表面易形成致密的碱式碳酸锌 $Zn_2(OH)_2CO_3$ 薄膜，阻滞了腐蚀过程。当镀层有局部破裂时，因为锌比铁活泼，能起“牺牲阳极”的作用，继续保护基体金属。

(3)介质处理

介质处理方法的原理是改变介质的氧化还原性能。例如，用 Na_2SO_3 除去水中的溶解氧。

(4)电化学防腐法

因为金属的电化学腐蚀是阳极(活泼金属)被腐蚀，所以借助于外加的阳极(较活泼的金属)或直流电源而将金属设备作为阴极保护起来，故称为阴极保护法。这又可分为牺牲阳极法和外加电流法。将较活泼的金属(如 Mg、Al、Zn 等)或其合金连接在被保护的金属设备上，形成腐蚀电池。这时较活泼的金属作为阳极而被腐蚀，金属设备则作为阴极而得到保护，称为“牺牲阳极”法，常用于保护海轮外壳、海底设备等金属制品。

若将直流电源的负极接在被保护的金属设备上，正极接到另一导体上(如石墨、废钢铁等)，控制适当的电流，可达到保护阴极的目的。这种外加电流法常用于防止土壤中金属设备的腐蚀。

5.3 典型题解析

【例1】 有一原电池：

$$Zn(s)|Zn^{2+}(aq) \parallel MnO_4^-(aq), Mn^{2+}(aq)|Pt$$

若 $pH=2.00$，$c(MnO_4^-)=0.12\ mol \cdot L^{-1}$，$c(Mn^{2+})=0.001\ mol \cdot L^{-1}$，$c(Zn^{2+})=0.015\ mol \cdot L^{-1}$，$T=298.15\ K$。已知：$E^{\ominus}(MnO_4^-/Mn^{2+})=1.512\ V$，$E^{\ominus}(Zn^{2+}/Zn)=-0.762\ 1\ V$。

(1)计算两电极的电极电势：

(2)计算该电池的电动势。

解题思路:本题是考查物质浓度与电极电势的关系,利用能斯特方程式:$E(M^{n+}/M)=E^{\ominus}+\frac{RT}{nF}\ln\frac{c(\text{氧化态})}{c(\text{还原态})}$,分别计算出正极电对($MnO_4^-/Mn^{2+}$)和负极电对($Zn^{2+}/Zn$)的电极电势即可求两电极的电极电势。由算得的正负极的电极电势值,利用公式 $E_{\text{电池}}=E_{(+)}-E_{(-)}=E(MnO_4^-/Mn^{2+})-E(Zn^{2+}/Zn)$ 即可算得该电池中的电动势。

解题注意:利用能斯特方程式计算正极的电极电势时,即 $E(MnO_4^-/Mn^{2+})$ 不要漏掉 H^+ 的浓度,其中 pH=2.00,即 $c(H^+)=10^{-2}\ mol\cdot L^{-1}$。

解:(1)正极为 MnO_4^-/Mn^{2+},负极为 Zn^{2+}/Zn。相应的电极反应为

$$MnO_4^-+8H^++5e^- \rightleftharpoons Mn^{2+}+4H_2O$$

$$Zn^{2+}+2e^- \rightleftharpoons Zn$$

298 K 时,

$$E^{\ominus}(MnO_4^-/Mn^{2+})=1.512\ V, E^{\ominus}(Zn^{2+}/Zn)=-0.762\ 1\ V$$

$$pH=2.00, c(H^+)=1.0\times10^2\ mol\cdot L^{-1}$$

正极 $c(MnO_4^-)=0.12\ mol\cdot L^{-1}$, $c(Mn^{2+})=0.001\ mol\cdot L^{-1}$, $c(H^+)=10^{-2}\ mol\cdot L^{-1}$

$$E(MnO_4^-/Mn^{2+})=E^{\ominus}(MnO_4^-/Mn^{2+})+\frac{0.059\ 2\ V}{5}\lg\frac{\{c(MnO_4^-)/c^{\ominus}\}\{c(H^+)/c^{\ominus}\}^8}{\{c(Mn^{2+})/c^{\ominus}\}}=$$

$$1.512\ V+\frac{0.059\ 2\ V}{5}\lg\frac{0.12\times(1.0\times10^{-2})^8}{0.001}\approx1.347\ V$$

所以,正极的电极电势为 1.347 V。

负极

$$c(Zn^{2+})=0.015\ mol\cdot L^{-1}$$

$$E(Zn^{2+}/Zn)=E^{\ominus}(Zn^{2+}/Zn)+\frac{0.059\ 2\ V}{2}\lg\frac{\{c(Zn^{2+})/c^{\ominus}\}}{1}=$$

$$-0.762\ 1\ V+\frac{0.059\ 2\ V}{2}\lg 0.015\approx-0.816\ V$$

所以,负极的电极电势为-0.816 V。

(2) 电池的电动势

$$E_{MF}=E_{(+)}-E_{(-)}=E(MnO_4/Mn^{2+})-E(Zn^{2+}/Zn)=$$

$$1.347\ V-(-0.816\ V)=2.163\ V$$

电池 $Zn(s)|Zn^{2+}(aq)\parallel MnO_4^-(aq), Mn^{2+}(aq)|Pt$ 的电动势为 2.163 V。

【例2】 试判断反应:$MnO_2(s)+4HCl(aq) \rightleftharpoons MnCl_2(aq)+Cl_2(g)+2H_2O(l)$

(1)在 25 ℃时的标准状态下,该反应能否向右进行?

(2)实验室中为什么能用 $MnO_2(s)$ 与浓盐酸反应制取 $Cl_2(g)$?

已知: $E^{\ominus}(MnO_2/Mn^{2+})=1.229\ 3\ V$; $E^{\ominus}(Cl_2/Cl^-)=1.36\ V$。

解题思路:本题是通过计算电池的电动势,来判断给定的化学反应能否自发进行。本题中(1)是计算电池的标准电动势 $E^{\ominus}$,通过判断 $E^{\ominus}$ 大于 0 还是小于 0,判断反应的自发性。若 $E^{\ominus}>0$,即 $\Delta_r G_m<0$,向右进行;若 $E^{\ominus}<0$,即 $\Delta_r G_m>0$,向左进行自发。电池的标准电动势 $E^{\ominus}$ 通过 $E^{\ominus}=E^{\ominus}_{(+)}-E^{\ominus}_{(-)}$ 可以算得。本题中(2)需应用能斯特方程式计算负极的电

极电势 $E(Cl_2/Cl^-)$，再通过计算电池的电动势来判断反应的方向。

解题注意：本题中(2)中浓盐酸的浓度为 12 mol·L^{-1}，即 $c(H^+)$ = 12 mol·L^{-1}，$c(Cl^-)$ = 12 mol·L^{-1}，为非标准状态下的浓度，不仅影响负极的电极电势 $E(Cl_2/Cl^-)$，而且还影响正极的电极电势 $E(MnO_2^-/Mn^{2+})$。另外，一般若题中未给出物质的浓度，我们均按其处于标准状态下处理，溶液即为 1 mol·L^{-1}，气体即为一个大气压 p=100 kPa。

解：正极的电极反应式：$MnO_2+4H^++2e^- \longrightarrow 2H_2O+Mn^{2+}$，$E^\ominus$=1.229 3 V

负极的电极反应式：$Cl_2(g)+2e^- \longrightarrow 2Cl^-(aq)$，$E^\ominus$=1.36 V

电池的标准电动势为

$$E_{MF}^\ominus=E^\ominus(MnO_2/Mn^{2+})-E^\ominus(Cl_2/Cl^-)=(1.229\ 3-1.360)\ \text{V}=-0.131\ \text{V}<0$$

所以，在标准状态下，反应 $MnO_2(s)+4HCl(aq) \rightleftharpoons MnCl_2(aq)+Cl_2(g)+2H_2O(l)$ 不能由左向右进行。

(2)在实验室中制取 $Cl_2(g)$ 时，用的是浓盐酸(12 mol·L^{-1})。根据 Nernst 方程式可分别计算上述两电对的电极电势，并假定 $c(Mn^{2+})$ = 1.0 mol·L^{-1}，$p(Cl_2)$ = 100 kPa。在浓盐酸中，$c(H^+)$ = 12 mol·L^{-1}，$c(Cl^-)$ = 12 mol·L^{-1}，则

$$E(MnO_2/Mn^{2+})=E^\ominus(MnO_2/Mn^{2+})-\frac{0.059\ 2\text{V}}{2}\lg\frac{c(Mn^{2+})/c^\ominus}{\{c(H^+)/c^\ominus\}^4}=$$

$$1.229\ 3\text{V}-\frac{0.059\ 2\ \text{V}}{2}\lg\frac{1}{12^4}\approx 1.36\ \text{V}$$

所以，正极的电极电势为 1.36 V。

$$E(Cl_2/Cl^-)=E^\ominus(Cl_2/Cl^-)-\frac{0.059\ 2\text{V}}{2}\lg\frac{\{c(Cl^-)/c^\ominus\}}{\{p(Cl_2)/p^\ominus\}}=$$

$$1.360\ \text{V}-0.059\ 2\text{V}\ \lg 12\approx 1.30\ \text{V}$$

所以，负极的电极电势为 1.30 V。

由 $E^\ominus=E_{(+)}^\ominus-E_{(-)}^\ominus$，可得 $E_{MF}^\ominus=(1.36-1.30)\text{V}=0.06\ \text{V}>0$

所以，实验室中能用 $MnO_2(s)$ 与浓盐酸反应制取 $Cl_2(g)$。

因此，从热力学方面考虑，MnO_2 可与浓盐酸反应制取 Cl_2。实际操作中，还采取加热的方法，以便能加快反应速率，并使 Cl_2 尽快逸出，以减少其压力。

【例 3】 试估计反应：$Zn(s)+Cu^{2+}(aq) \longrightarrow Zn^{2+}(aq)+Cu(s)$ 在 298 K 下进行的限度。已知：$E^\ominus(Cu^{2+}/Cu)$= 0.339 4 V；$E^\ominus(Zn^{2+}/Zn)$= −0.762 1 V。

解题思路：在前面的热力学当中，我们可以利用热力学的函数来计算化学反应的标准平衡常数。而本题则是考查如何利用电池的标准电动势来计算化学反应的标准平衡常数，进而利用标准平衡常数来评价化学反应进行的限度。首先，计算电池的标准电动势即 $E^\ominus=E_{(+)}^\ominus-E_{(-)}^\ominus$，正极标准电极电势 $E^\ominus(Cu/Cu^{2+})$ = 0.339 4 V；负极标准电极电势 $E^\ominus(Zn/Zn^{2+})$ =−0.762 1 V。根据 298 K 时，$\lg K^\ominus=\frac{nE^\ominus}{0.059\ 2}$ 计算标准平衡常数。

解题注意：应用公式 $\lg K^\ominus=\frac{nE^\ominus}{0.059\ 2}$，要注意温度一定是 25 ℃即 298 K 时。若为其他温度 T 时，则要用公式 $\ln K^\ominus=\frac{nFE^\ominus}{RT}$，公式中的 n 一定要与题中的化学反应方程式相一

致。

解：$Zn(s) + Cu^{2+}(aq) \longrightarrow Zn^{2+}(aq) + Cu(s)$

$E_{MF}^{\ominus}=E^{\ominus}(Cu^{2+}/Cu)-E^{\ominus}(Zn^{2+}/Zn)=0.339\,4\ V-(-0.762\,1\ V)=1.101\,5\ V$

298 K下，由公式 $\lg K^{\ominus}=\dfrac{nE^{\ominus}}{0.059\,2}$，其中 $n=2$

所以，$\lg K^{\ominus}=\dfrac{nE^{\ominus}}{0.059\,2}=\dfrac{2\times1.101\,5}{0.059\,2}=37.212\,8$，得

$$K^{\ominus}=1.63\times10^{37}$$

可见该化学反应的标准平衡常数 $K^{\ominus}$ 值很大，说明反应向右进行得很完全。

【例4】　根据下列电池反应写出相应的电池符号。

(1) $H_2+2Ag^+ \longrightarrow 2H^++2Ag$

(2) $Cu+2Fe^{3+} \longrightarrow Cu^{2+}+2Fe^{2+}$

解题思路：本题是考查电池符号的表示方法。

解题注意：注意区分电池的正负极。本题(1)中电对 Ag^+/Ag 为正极的反应，电对 H^+/H_2 为负极的反应；本题(2)中电对 Cu^{2+}/Cu 为负极的反应，电对 Fe^{2+}/Fe 为正极的反应。

当组成电对的物质中没有固相，如电对 Fe^{3+}/Fe^{2+} 或电对 H^+/H_2，不能做电极，若组成电池时，必须另外加一个电极板起导电作用。因这种电极在电池中不参与氧化还原反应，只起导电作用，故称为惰性电极。常用的惰性电极材料有石墨、铂等。

解：(1)电池反应 $H_2+2Ag^+ \longrightarrow 2H^++2Ag$ 相应的电池符号：

$$(-)Pt, H_2(p)\ |\ H^+(c_1)\ \|\ Ag^+(c_2)\ |\ Ag\ (+)$$

(2)电池反应 $Cu+2Fe^{3+} \longrightarrow Cu^{2+}+2Fe^{2+}$ 相应的电池符号：

$$(-)\ Cu\ |\ Cu^{2+}(c_1)\ \|\ Fe^{3+}(c_2), Fe^{2+}(c_2)\ |\ Pt\ (+)$$

【例5】　写出298 K时下列电对的能斯特方程。

(1) Cu^{2+}/Cu　(2) MnO_2/Mn^{2+}　(3) O_2/H_2O　(4) $AgCl/Ag$

解题思路：本题是考查对能斯特方程式理解情况。首先写出电对的电极反应，一般写成：氧化态物质 $+ne^- \longrightarrow$ 还原态物质，根据 $E(M^{n+}/M)=E^{\ominus}+\dfrac{RT}{nF}\ln\dfrac{c(\text{氧化态})}{c(\text{还原态})}$，其中转移电子数目 n 一定要与电极反应中的转移电子数目 n 相一致。

解：(1) Cu^{2+}/Cu

电极反应：$Cu^{2+}(aq)+2e^- \longrightarrow Cu(s)$

$E(M^{n+}/M)=E^{\ominus}+\dfrac{RT}{nF}\ln\dfrac{c(\text{氧化态})}{c(\text{还原态})}$，$n=2$，$c(\text{氧化态})=c(Cu^{2+})$；$c(\text{还原态})=c(Cu)$，固体 $Cu(s)$ 在能斯特方程中相应于该物质的浓度为1。

所以，298 K时，电对 Cu^{2+}/Cu 的能斯特方程为

$$E(Cu/Cu^{2+})=E^{\ominus}(Cu/Cu^{2+})+\frac{0.059\,2\ V}{2}\lg\frac{c(Cu^{2+})}{1}$$

(2) MnO_2/Mn^{2+}

电极反应：　$MnO_2+4H^++2e^- \longrightarrow 2H_2O+Mn^{2+}$

$E(M^{n+}/M)=E^{\ominus}+\frac{RT}{nF}\ln\frac{c(\text{氧化态})}{c(\text{还原态})}$，$n=2$，$MnO_2(s)$ 和 H_2O 分别为固体和纯液体物质，在能斯特方程中相应于该物质的浓度为1，c（氧化态）$=c(H^+)$；c（还原态）$=c(Mn^{2+})$。

所以，298 K时，电对 MnO_2/Mn^{2+} 的能斯特方程为

$$E(MnO_2/Mn^{2+})=E^{\ominus}(MnO_2/Mn^{2+})+\frac{0.059\ 2\ V}{2}\lg\frac{\{c(H^+)/c^{\ominus}\}^4}{\{c(Mn^{2+})/c^{\ominus}\}}$$

(3) O_2/H_2O

电极反应　　　　$O_2+4H^++2e^-$ ══ $2H_2O$

$E(M^{n+}/M)=E^{\ominus}+\frac{RT}{nF}\ln\frac{c(\text{氧化态})}{c(\text{还原态})}$，$n=2$，$c$（氧化态）$=c(H^+)$；$c$（还原态）$=c(H_2O)$，其中 H_2O 为纯液体物质，在能斯特方程中相应于该物质的浓度为1。

所以，298 K时，电对 O_2/H_2O 的能斯特方程为

$$E(O_2/H_2O)=E^{\ominus}(O_2/H_2O)+\frac{0.059\ 2\ V}{4}\lg\{P(O_2)\,c(H^+)^4\}$$

(4) AgCl/Ag

电极反应：　　　$AgCl(s)+e^-$ ══ $Ag(s)+Cl^-$

$E(M^{n+}/M)=E^{\ominus}+\frac{RT}{nF}\ln\frac{c(\text{氧化态})}{c(\text{还原态})}$，$n=1$，AgCl(s)和Ag(s)均为固体物质，在能斯特方程中相应于该物质的浓度为1，c（还原态）$=c(Cl^-)$。

所以，298 K时，电对 O_2/H_2O 的能斯特方程为

$$E(AgCl/Ag)=E^{\ominus}(AgCl/Ag)-0.059\ 2\lg c(Cl^-)$$

【例6】　已知：$E^{\ominus}(O_2/OH^-)=0.4\ V$，求 $pH=13$，$p(O_2)=100\ kPa$，电极反应(298 K) $O_2+H_2O+4e^-$ ══ $4OH^-$ 的电极电势。

解题思路：本题是考查对能斯特方程式理解情况，注意事项同上。

$E(M^{n+}/M)=E^{\ominus}+\frac{RT}{nF}\ln\frac{c(\text{氧化态})}{c(\text{还原态})}$，当298 K，$E(M^{n+}/M)=E^{\ominus}+\frac{0.059\ 2\ V}{n}\lg\frac{c(\text{氧化态})}{c(\text{还原态})}$

解：$pH=13$，则 $pOH=1$，$c(OH^-)=10^{-1}\ mol\cdot L^{-1}$，$p(O_2)=100\ kPa$，$n=4$

所以，$E(O_2/OH^-)=E^{\ominus}(O_2/OH^-)+\frac{0.059\ 2\ V}{4}\lg\frac{P(O_2)}{c(OH^-)^4}=$

$$0.4\ V+\frac{0.059\ 2\ V}{4}\lg\frac{100/100}{(10^{-1})^4}=(0.4+0.059\ 2)\ V=0.459\ V$$

所以，电极反应(298 K) $O_2+H_2O+4e^-=4OH^-$ 的电极电势 E 为0.459 V。

【例7】　已知 $E^{\ominus}(Pb^{2+}/Pb)=-0.126\ 2\ V$；$E^{\ominus}(Sn^{2+}/Sn)=-0.137\ 5\ V$，试判断反应 $Sn+Pb^{2+}$ ══ $Sn^{2+}+Pb$，在标准状态下能否自发向右进行？

解题思路：本题中的各物质均在标准状态下，故应计算电池的标准电动势 $E^{\ominus}$，来判断反应进行的方向。通过判断 $E^{\ominus}$ 大于零还是小于零，判断反应的自发性。若 $E^{\ominus}>0$，即 $\Delta_rG_m<0$，向右进行；若 $E^{\ominus}<0$，即 $\Delta_rG_m>0$，向左进行自发。电池的标准电动势 $E^{\ominus}$ 通过 $E^{\ominus}=E^{\ominus}_{(+)}-E^{\ominus}_{(-)}$ 可以算得。由反应 $Sn+Pb^{2+}$ ══ $Sn^{2+}+Pb$ 可知，电对 Pb^{2+}/Pb 在正极上发生

反应；电对 Sn^{2+}/Sn 在负极上的发生反应。

解题注意：本题为判断在标准状态下进行的方向，所以由标准电极电势计算标准电池的电动势即可。正极电极电势 $E^{\ominus}(Pb^{2+}/Pb)=-0.1262\ V$；负极电极电势 $E^{\ominus}(Sn^{2+}/Sn)=-0.1375\ V$。

解：按照给定反应方向，写出电极反应。

正极反应：$Pb^{2+}+2e^{-}=Pb$　　$E^{\ominus}=-0.1262\ V$

负极反应：$Sn^{2+}+2e^{-}=Sn$　　$E^{\ominus}=-0.1375\ V$

则 $E^{\ominus}=E^{\ominus}_{(+)}-E^{\ominus}_{(-)}=E^{\ominus}(Pb^{2+}/Pb)-E^{\ominus}(Sn^{2+}/Sn)=(-0.1262\ V)-(-0.1375\ V)=+0.0113\ V>0$

因此，反应 $Sn+Pb^{2+}=Sn^{2+}+Pb$ 在标准状况下能正向自发进行。

【例8】　试通过计算判断电池反应：$Zn+Cu^{2+}=Zn^{2+}+Cu$ 在 298 K 进行的完全程度。已知：$E^{\ominus}(Cu^{2+}/Cu)=+0.3419\ V$；$E^{\ominus}(Zn^{2+}/Zn)=-0.7618\ V$。

解题思路：任意一个化学反应完成的程度可以用平衡常数的大小来衡量。在一定程度下反应达到平衡时，反应物向产物的转化达到了最大限度。如果反应的 $E^{\ominus}$ 的数量很大，则该反应正向进行的程度大，反应进行比较完全。相反，如果 $E^{\ominus}$ 的数值很小，则该反应正向进行的程度很小，反应进行得很不完全。氧化还原反应的平衡常数可以通过两个电对的标准电极电势求得。正极标准电极电势 $E^{\ominus}(Cu^{2+}/Cu)=+0.3419\ V$；负极标准电极电势 $E^{\ominus}(Zn^{2+}/Zn)=-0.7618\ V$。

解题注意：本题未给出 Cu^{2+} 和 Zn^{2+} 两种离子的浓度，一般习惯上默认为是处于标准状态下，即 Cu^{2+} 和 Zn^{2+} 的离子浓度均为 $1.0\ mol\cdot L^{-1}$，此时铜电极和锌电极的电极电势均为标准电极电势。

解：正极反应：$Cu^{2+}+2e^{-}=Cu$　　$E^{\ominus}=+0.3419\ V$

　　负极反应：$Zn^{2+}+2e^{-}=Zn$　　$E^{\ominus}=-0.7618\ V$

根据：$E^{\ominus}=E^{\ominus}_{(+)}-E^{\ominus}_{(-)}=0.3419\ V-(-0.7618\ V)=+1.1037\ V$

在 298 K，$\lg K^{\ominus}=\dfrac{nE^{\ominus}}{0.0592}=\dfrac{2\times1.1.37}{0.0592}=37.287$

可见，反应 $Zn+Cu^{2+}=Zn^{2+}+Cu$ 标准平衡常数非常大，说明反应进行得很完全。

【例9】　试通过计算说明，298.15 K 时沉淀的生成对 Ag^{+}/Ag 电对的电极电势的影响。已知：$E^{\ominus}(Ag^{+}/Ag)=0.799\ V$。

解：相应的电极反应为

$$Ag^{+}(aq)+e^{-}\rightleftharpoons Ag(s)$$

其 Nernst 方程式为

$$E(Ag^{+}/Ag)=E^{\ominus}(Ag^{+}/Ag)+0.0592\ln[c(Ag^{+})/c^{\ominus}]$$

若加入 NaCl，生成 AgCl 沉淀。

$$K^{\ominus}_{sp}(AgCl)=1.8\times10^{-10},\ c(Ag^{+})/c^{\ominus}=\frac{K^{\ominus}_{sp}(AgCl)}{c(Cl^{-})/c^{\ominus}}$$

代入上述 Nernst 方程，则

$$E(Ag^{+}/Ag)=E^{\ominus}(Ag^{+}/Ag)+0.0592\ V\ln\frac{K^{\ominus}_{sp}(AgCl)}{c(Cl^{-})/c^{\ominus}}$$

当 $c(Cl^-)=1.0\ mol\cdot L^{-1}$时,则

$$E(Ag^+/Ag)=E^{\ominus}(Ag^+/Ag)+0.059\ 2\ V\ \ln\frac{K_{sp}^{\ominus}(AgCl)}{c(Cl^-)/c^{\ominus}}=$$

$$0.799\ V+0.059\ 2\ V\ \ln 1.8\times10^{-10}\approx0.222\ V$$

由此可见,当氧化型生成沉淀时,使氧化型离子浓度减小,电极电势降低。这里计算所得 $E(Ag^+/Ag)$值 ,实际上是电对 AgCl/Ag 的标准电极电势,因为当 $c(Cl^-)=1.0\ mol\cdot L^{-1}$时,电极反应:$AgCl(s)+e^-\rightleftharpoons Ag(s)+Cl^-(aq)$处于标准状态。由此可以得出下列关系式

$$E^{\ominus}(AgCl/Ag)=E^{\ominus}(Ag^+/Ag)+0.059\ 2\ V\ \ln K_{sp}^{\ominus}(AgCl)$$

很显然,由于氧化型生成沉淀,则

$$E^{\ominus}(AgCl/Ag)<E^{\ominus}(Ag^+/Ag)$$

当还原型生成沉淀时,由于还原型离子浓度减小,电极电势将增大。

当氧化型和还原型都生成沉淀时,若

$$K_{sp}^{\ominus}(\text{氧化型})<K_{sp}^{\ominus}(\text{还原型})$$

则电极电势减小。反之,则电极电势变大。

【例 10】 请设计一种方法,来测定铜电极的标准电极电势。为了测定任意电极相对于标准氢电极的电极电势,只要把待测电极与标准氢电极组成原电池,然后在一定温度下测定该电池的电动势,即可计算得到电极电势。

解题思路:为了测定铜电极电极电势,我们可以利用标准氢电极 $E^{\ominus}(H^+/H_2)=0$。计算出铜电极相对于标准氢电极的电极电势,只要把待测电极与标准氢电极组成原电池,测定该电池的电动势,即可计算得到电极电势,标准电池电动势 $E^{\ominus}=E^{\ominus}_{(+)}-E^{\ominus}_{(-)}$。

解题注意:设计出来的电池是自发的,所以一定是正极的标准电极电势大于负极的标准电极电势,即 $E^{\ominus}_{(+)}>E^{\ominus}_{(-)}$,所以铜电极为正极,锌电极为负极。

解:用 Cu^{2+}/Cu 电对与氢电极组成原电池,该电池组成式为

$$(-)\ Pt\ |H_2(p)\ |HCl\ (1\ mol\cdot L^{-1})\ \|CuSO_4(1\ mol\cdot L^{-1})\ |\ Cu\ (+)$$

测得电池的电动势 E,电子从氢电极流到 Cu 电极,Cu 电极为正极,因此所测得的电动势 E 即为铜电极的标准电极电势。

【例 11】 判断 $2Fe^{3+}+Cu \longrightarrow 2Fe^{2+}+Cu^{2+}$ 自发进行的方向如何。已知: $E^{\ominus}(Fe^{3+}/Fe^{2+})=0.770\ V$; $E^{\ominus}(Cu^{2+}/Cu)=0.337\ V$。

解题思路:通过判断 $E^{\ominus}$大于零还是小于零,判断反应的自发性。若 $E^{\ominus}>0$,即 $\Delta_r G_m<0$,向右进行;若 $E^{\ominus}<0$,即 $\Delta_r G_m>0$,向左进行自发。电池的标准电动势 $E^{\ominus}$ 通过 $E^{\ominus}=E^{\ominus}_{(+)}-E^{\ominus}_{(-)}$ 可以算得。由反应 $2Fe^{3+}+Cu \longrightarrow 2Fe^{2+}+Cu^{2+}$可知,电对 Fe^{3+}/Fe^{2+} 在正极上发生反应; 电对 Cu^{2+}/Cu 在负极上发生反应。

解题注意:本题中的各物质均在标准状态下,故应计算电池的标准电动势 $E^{\ominus}$,来判断反应进行的方向。所以由标准电极电势计算标准电池的电动势即可。正极电极电势 $E^{\ominus}(Fe^{3+}/Fe^{2+})=0.770\ V$; 负极电极电势 $E^{\ominus}(Cu^{2+}/Cu)=0.337\ V$。

解:负极电对:Cu^{2+}/Cu,$E^{\ominus}_{(-)}=E^{\ominus}(Cu^{2+}/Cu)=0.337\ V$

正极电对:Fe^{3+}/Fe^{2+},$E^{\ominus}_{(+)}=E^{\ominus}(Fe^{3+}/Fe^{2+})=0.770\ V$

因为 $E^{\ominus}=E^{\ominus}_{(+)}-E^{\ominus}_{(-)}=E^{\ominus}(Fe^{3+}/Fe^{2+})-E^{\ominus}(Cu^{2+}/Cu)=(0.77-0.337)\ V=0.433\ V>0$

所以，可自发进行，即反应 $2Fe^{3+}+Cu \longrightarrow 2Fe^{2+}+Cu^{2+}$ 向右进行。

【例12】 289 K 时，在 Fe^{3+}、Fe^{2+} 的混合溶液中加入 NaOH 溶液时，有 $Fe(OH)_3$、$Fe(OH)_2$ 沉淀生成(假设无其他反应发生)。当沉淀反应达到平衡时，保持 $c(OH^-)=1.0\ mol\cdot L^{-1}$。求 $E(Fe^{3+}/Fe^{2+})$。

解：

$$Fe^{3+}(aq)+e^- \rightleftharpoons Fe^{2+}(aq)$$

在 Fe^{3+}、Fe^{2+} 混合溶液中，加入 NaOH 溶液后，发生如下反应：

$$Fe^{3+}(aq)+3OH^-(aq) \rightleftharpoons Fe(OH)_3(s)$$

$$K_1^{\ominus}=\frac{1}{K_{sp}^{\ominus}[Fe(OH)_3]}=\frac{1}{\{c(Fe^{3+})/c^{\ominus}\}\{c(OH^-)/c^{\ominus}\}^3}$$

$$Fe^{2+}(aq)+2OH^-(aq) \rightleftharpoons Fe(OH)_2(s)$$

$$K_2^{\ominus}=\frac{1}{K_{sp}^{\ominus}[Fe(OH)_2]}=\frac{1}{\{c(Fe^{2+})/c^{\ominus}\}\{c(OH^-)/c^{\ominus}\}^2}$$

平衡时，$c(OH^-)=1.0\ mol\cdot L^{-1}$，则

$$\frac{c(Fe^{3+})}{c^{\ominus}}=\frac{K_{sp}^{\ominus}[Fe(OH)_3]}{\{c(OH^-)/c^{\ominus}\}^3}=K_{sp}^{\ominus}[Fe(OH)_3]$$

$$\frac{c[Fe^{2+}]}{c^{\ominus}}=K_{sp}^{\ominus}[Fe(OH)_2]$$

转移电子的数目 z 为 1 mol，所以

$$E(Fe^{3+}/Fe^{2+})=E^{\ominus}(Fe^{3+}/Fe^{2+})-\frac{0.059\ 2\ V}{z}\lg\frac{c(Fe^{2+})/c^{\ominus}}{c(Fe^{3+})/c^{\ominus}}=$$

$$E^{\ominus}(Fe^{3+}/Fe^{2+})-\frac{0.059\ 2\ V}{z}\lg\frac{K_{sp}^{\ominus}[Fe(OH)_2]}{K_{sp}^{\ominus}[Fe(OH)_2]}=$$

$$0.769\ V-0.059\ 2\ V\lg\frac{4.86\times10^{-17}}{2.8\times10^{-39}}\approx-0.55\ V$$

【例题13】 298 K 时，已知下列电极反应的标准电极电势。

$$Ag^+(aq)+e^- \longrightarrow Ag(s),E^{\ominus}=0.799\ 1\ V$$

$$[Ag(NH_3)_2]^++e^- \longrightarrow Ag(s)+2NH_3(aq),E^{\ominus}=0.371\ 9\ V$$

试求 $K_f^{\ominus}[Ag(NH_3)_2^+]$。

解：以给出的两电极反应组成原电池，电池反应为

$$Ag^+(aq)+2NH_3(aq) \longrightarrow [Ag(NH_3)_2]^+(aq),K^{\ominus}=K_f^{\ominus}[Ag(NH_3)_2^+]$$

$$E_{MF}^{\ominus}=E^{\ominus}(Ag^+/Ag)-E^{\ominus}\{[Ag(NH_3)_2]^+/Ag\}=(0.799\ 1-0.371)V=0.427\ 2\ V$$

转移电子的数目 z 为 1 mol，则

$$\lg K^{\ominus}=\frac{zE_{MF}^{\ominus}}{0.059\ 2\ V}=\frac{1\times0.427\ 2\ V}{0.059\ 2\ V}=7.216$$

$$K^{\ominus}=K_f^{\ominus}[Ag(NH_2)_2^+]\approx1.64\times10^7$$

【例14】 在含有 $1.0\ mol\cdot L^{-1}$ 的 Fe^{3+} 和 $1.0\ mol\cdot L^{-1}$ 的 Fe^{2+} 的溶液中加入 KCN(s)，有 $[Fe(CN)_6]^{3-}$、$[Fe(CN)_6]^{4-}$ 配离子生成。当系统中 $c(CN^-)=1.0\ mol\cdot L^{-1}$，

$c\{[Fe(CN)_6]^{3-}\}=c\{[Fe(CN)_6]^{4-}\}=1.0\ mol\cdot L^{-1}$时,求$E(Fe^{3+}/Fe^{2+})$。

解:$Fe^{3+}(aq)+e^- \rightleftharpoons Fe^{2+}(aq)$

加 KCN 后,发生下列配位反应:

$$Fe^{3+}(aq)+6CN^-(aq) \rightleftharpoons [Fe(CN)_6]^{3-}(aq)$$

$$K_f^\ominus\{[Fe(CN)_6]^{3-}\}=\frac{c\{[Fe(CN)_6]^{3-}\}/c^\ominus}{\{c(Fe^{3+})/c^\ominus\}\{c(CN^-)/c^\ominus\}^6}$$

$$Fe^{2+}(aq)+6CN^-(aq) \rightleftharpoons [Fe(CN)_6]^{4-}(aq)$$

$$K_f^\ominus\{[Fe(CN)_6]^4\}=\frac{c\{[Fe(CN)_6]^4\}/c^\ominus}{\{c(Fe^{3+})/c^\ominus\}\{c(CN^-)/c^\ominus\}^6}$$

$$E(Fe^{3+}/Fe^{2+})=E^\ominus(Fe^{3+}/Fe^{2+})-\frac{0.059\ 2\ V}{z}\lg\frac{c(Fe^{2+})/c^\ominus}{c(Fe^{3+})/c^\ominus}$$

当$c(CN^-)=c\{[Fe(CN)_6]^{3-}\}=c\{[Fe(CN)_6]^{4-}\}=1.0\ mol\cdot L^{-1}$时,则

$$\frac{c(Fe^{3+})}{c^\ominus}=\frac{1}{K_f^\ominus\{[Fe(CN)_6]^{3-}\}}$$

$$\frac{c(Fe^{2+})}{c^\ominus}=\frac{1}{K_f^\ominus\{[Fe(CN)_6]^{4-}\}}$$

所以

$$E(Fe^{3+}/Fe^{2+})=E^\ominus(Fe^{3+}/Fe^{2+})-\frac{0.059\ 2\ V}{z}\lg\frac{K_f^\ominus\{[Fe(CN)_6]^{3-}\}}{K_f^\ominus\{[Fe(CN)_6]^{4-}\}}$$

其中,转移电子的数目 z 为 1 mol,则

$$E(Fe^{3+}/Fe^{2+})=0.769\ V-0.059\ 2\ V\ \lg\frac{4.1\times10^{52}}{4.2\times10^{45}}\approx0.36\ V$$

【例 15】 工业上常采用通Cl_2于盐卤中,将溴离子和碘离子置换出来,以制取Br_2和I_2。当Cl_2通入Br^-和I^-混合液中,如何知道哪一种离子先被氧化呢?已知:$E^\ominus(Cl_2/Cl^-)=1.360\ V$;$E^\ominus(Br_2/Br^-)=+1.065\ V$;$E^\ominus(I_2/I^-)=+0.536\ V$。

解题思路:本题实际上就是判断Br^-离子和I^-离子的还原性强弱问题。可以通过标准电极电势大小来判断电对中还原性物质的还原性强弱,因为$E^\ominus(Br_2/Br^-)=+1.065V$;$E^\ominus(I_2/I^-)=+0.536V$,$E^\ominus(Br_2/Br^-)$大于$E^\ominus(I_2/I^-)$,所以$I^-$还原性强于$Br^-$。本题还可将其设计成电池,通过电池的电动势来判断。

解题注意:本题未给出Br^-和I^-的浓度,我们认为两者的浓度相差不大。

解:由电对Cl_2/Cl^-和电对Br_2/Br^-组成电池的电动势为

$$E_1=E^\ominus(Cl_2/Cl^-)-E^\ominus(Br_2/Br^-)=1.360\ V-1.065\ V=0.295\ V$$

由电对Cl_2/Cl^-和电对I_2/I^-组成电池的电动势为

$$E_2=E^\ominus(Cl_2/Cl^-)-E^\ominus(I_2/I^-)=1.360\ V-0.536\ V=0.824\ V$$

因为$E_2>E_1$,所以,在I^-与Br^-浓度相近时,Cl_2首先氧化I^-。

5.4　习题详解

1. 判断题。

(1) 金属铁可以置换 Cu^{2+}，因此 $FeCl_3$ 不能与金属铜发生反应。　(　　)

(2) 电极电势的数值与电池反应中化学计量数的选择及电极反应方向无关。(　　)

(3) 钢铁在大气的中性或弱酸性水膜中主要发生吸氧腐蚀，只有在酸性较强的水膜中才主要发生析氢腐蚀。　(　　)

(4) 电镀工艺是将欲镀零件作为电解池的阳极。　(　　)

(5) 电解含有 Na^+、K^+、Zn^{2+}、Ag^+ 等金属离子的盐类水溶液，其中 Na^+、K^+ 能被还原成金属单质，Zn^{2+}、Ag^+ 不能被还原成金属单质。　(　　)

(6) 在海上航行的轮船，为防止其发生电化学腐蚀，应在船尾和船壳的水线以下部分焊上一定数量的铅块。　(　　)

(7) 氢电极的电极电势始终为零。　(　　)

(8) 电动势 E 的数值与电池反应式的写法无关，而平衡常数的数值随反应式的写法不同而变。　(　　)

(9) 当溶液中增加 H^+ 时，氧化剂 $Cr_2O_7^{2-}$ 氧化能力将增强。　(　　)

(10) 电解烧杯中的食盐水时，其电解产物是钠、氯气。　(　　)

答：(1) 错。

解题思路：本题中的各物质均在标准状态下，所以利用标准电极电势即可判断。

方法一：$E^\ominus(Cu^{2+}/Cu)$ 大于 $E^\ominus(Fe^{2+}/Fe)$，说明 Cu^{2+} 可以把 Fe 氧化成 Fe^{2+}，Cu^{2+} 被还原成单质 Cu。所以，金属铁可以置换 Cu^{2+}，即化学反应 $Fe + Cu^{2+} = Fe^{2+} + Cu$ 向右进行。

同理，$E^\ominus(Fe^{3+}/Fe^{2+})$ 大于 $E^\ominus(Cu^{2+}/Cu)$，说明 Fe^{3+} 可以把 Fe 氧化成 Fe^{2+}，Fe^{3+} 被还原成 Fe^{2+}。所以，三氯化铁能与金属铜发生反应，即化学反应 $2Fe^{3+} + Cu = 2Fe^{2+} + Cu^{2+}$ 向右进行。

方法二：应计算电池的标准电动势 $E^\ominus$，来判断反应进行的方向。需要利用 $E^\ominus(Cu^{2+}/Cu)$ 和 $E^\ominus(Fe^{2+}/Fe)$，通过判断 $E^\ominus$ 大于零还是小于零，判断反应的自发性。若 $E^\ominus > 0$，即 $\Delta_r G_m < 0$，向右进行；若 $E^\ominus < 0$，即 $\Delta_r G_m > 0$，向左进行。电池的标准电动势 $E^\ominus$ 通过 $E^\ominus = E^\ominus_{(+)} - E^\ominus_{(-)}$ 可以算得。

负极电对：Fe^{2+}/Fe，$E^\ominus_{(-)} = E^\ominus(Fe^{2+}/Fe)$

正极电对：Cu^{2+}/Cu，$E^\ominus_{(+)} = E^\ominus(Cu^{2+}/Cu)$

因为，电池的标准电动势 $E^\ominus = E^\ominus_{(+)} - E^\ominus_{(-)} = E^\ominus(Cu^{2+}/Cu) - E^\ominus(Fe^{2+}/Fe) > 0$

所以，可自发进行，即化学反应 $Fe + Cu^{2+} = Fe^{2+} + Cu$ 向右进行。所以，金属铁可以置换 Cu^{2+}。

同理，负极电对：Cu^{2+}/Cu，$E^\ominus_{(-)} = E^\ominus(Cu^{2+}/Cu)$

正极电对：Fe^{3+}/Fe^{2+}，$E^\ominus_{(+)} = E^\ominus(Fe^{3+}/Fe^{2+})$

因为，$E^{\ominus}=E^{\ominus}_{(+)}-E^{\ominus}_{(-)}=E^{\ominus}(Fe^{3+}/Fe^{2+})-E^{\ominus}(Cu^{2+}/Cu)>0$

所以，可自发进行，即反应 $2Fe^{3+}+Cu \longrightarrow 2Fe^{2+}+Cu^{2+}$向右进行，因此三氯化铁能与金属铜发生反应。综上所述本题的说法是错误的。

答：(2)对。

解题思路：若参加电极反应的各物质均处于标准状态下，则为标准电极电势，其电极电势的数值与电池反应中化学计量数的选择及电极反应方向无关。在多数情况下，电极并非处于标准状态，因此能斯特(Nernst)从理论上导出了计算任何电极在指定状态时的实际电势值的公式即能斯特方程。对任一电极反应：氧化态物质$+ne^- \rightleftharpoons$ 还原态物质

能斯特方程表示为

$$E(M^{n+}/M)=E^{\ominus}+\frac{RT}{nF}\ln\frac{c(\text{氧化态})}{c(\text{还原态})}$$

式中 $E(M^{n+}/M)$——电极在指定状态下的电极电势；

$E^{\ominus}(M^{n+}/M)$——标准电极电势；

[氧化态]——指定状态下参与电极反应的氧化态物质的相对浓度；

[还原态]——指定状态下参与电极反应的还原态物质的相对浓度；

n——电极反应中得失电子数(按相应的电极反应方程式得出)；

F——法拉第常数，$1F=96485\ C\cdot mol^{-1}$；

T——电极反应的热力学温度。

可以看出，电极电势的数值与电极半反应式配平时的系数及电极半反应的写法无关，换句话说，对应同一个电对来说，电极半反应式配平时的系数不同或者电极半反应的写法不同时，最终通过能斯特方程求得的电极电势的数值是相同的。所以本题说法是正确的。

答：(3)对。

解题思路：当金属和电解质溶液接触时，由电化学作用而引起的腐蚀称为电化学腐蚀。它和化学腐蚀不同，是由于形成原电池而引起的。电化学腐蚀的主要形式有析氢腐蚀、吸氧腐蚀及浓差腐蚀等。

析氢腐蚀：当钢铁暴露在潮湿的空气中时，在表面会形成一层极薄的水膜。空气中CO_2、SO_2等气体溶解在水膜中，使其呈酸性。而通常的钢铁并非纯金属，常含有不活泼的合金成分(如Fe_3C)或能导电的杂质，这样就形成了许多微小的腐蚀电池。铁为阳极，Fe_3C或杂质为阴极。由于阴、阳极彼此紧密接触，电化学腐蚀作用得以不断进行。阳极的铁被氧化成Fe^{2+}进入水膜，同时电子移向阴极，H^+在阴极(Fe_3C或杂质)结合电子，被还原成氢气析出。水膜中的Fe^{2+}和由水解离出的OH^-结合，生成$Fe(OH)_2$。其反应如下：

阳极(铁) $Fe \longrightarrow Fe^{2+}+2e^-$

$Fe^{2+}+2H_2O \longrightarrow Fe(OH)_2+2H^+$

阴极(Fe_3C等) $2H^++2e^- \longrightarrow H_2\uparrow$

总反应 $Fe+2H_2O \longrightarrow Fe(OH)_2+H_2\uparrow$

$Fe(OH)_2$进一步被空气中的O_2氧化成$Fe(OH)_3$

$$4Fe(OH)_2+O_2+2H_2O \longrightarrow 4Fe(OH)_3$$

$Fe(OH)_3$及其脱水产物Fe_2O_3是红褐色铁锈的主要成分。这种腐蚀过程中有氢气析

出,所以称为析氢腐蚀。当介质的酸性较强时,钢铁发生析氢腐蚀。

吸氧腐蚀:当介质呈中性或酸性很弱时,则主要发生吸氧腐蚀,这是一种“吸收”氧气的电化学腐蚀。此时溶解在水膜中的氧气是氧化剂。在阴极上,O_2结合电子被还原成OH^-;在阳极上,铁被氧化成Fe^{2+}。其反应式如下:

阳极　　$Fe = Fe^{2+} + 2e^-$

阴极　　$O_2(g) + 2H_2O + 4e^- = 4OH^-$

总反应式　　$2Fe + O_2 + 2H_2O = 2Fe(OH)_2$

$Fe(OH)_2$进一步被空气中的O_2氧化成$Fe(OH)_3$,所得的产物与析氢腐蚀相似。

由于O_2的氧化能力比H^+强,故在大气中金属的电化学腐蚀一般是以吸氧腐蚀为主。

吸氧腐蚀是电化学腐蚀的主要形式,几乎是无处不在。只要是处在天然的大气环境中,总会含有一定的水气和氧气。而只要环境中有水气和氧气,就可能发生吸氧腐蚀。而析氢腐蚀只有当环境中酸性较强时才会发生,而且在发生析氢腐蚀时,一般也同时伴有吸氧腐蚀,后者甚至比前者更甚。金属表面常因氧气分布不均匀而引起腐蚀。所以本题说法是正确的。

答:(4)错。

解题思路:应用电解原理在某些金属表面镀上一层其他金属或合金的过程称为电镀。电镀的目的主要是使金属增强抗腐蚀能力,增加美观及表面硬度。镀层金属通常是一些在空气或溶液中不易起变化的金属(如铬、锌、镍、银)或合金。

以电镀锌为例说明电镀的原理。它是将被镀的零件作为阴极材料,用金属锌作为阳极材料,在锌盐溶液中进行电解。电镀用的锌盐通常不能直接用简单锌离子的盐溶液。若用硫酸锌作电镀液,由于锌离子浓度较大,结果使镀层粗糙、厚薄不均匀,镀层与基体金属结合力差。若采用碱性锌酸盐溶液镀层,则镀层较细致光滑。这种电镀液是由氧化锌、氢氧化钠和添加剂等配制而成的。氧化锌在氢氧化钠溶液中形成$Na_2[Zn(OH)_4]$溶液:

$$2NaOH + ZnO + H_2O = Na_2[Zn(OH)_4]$$

$$[Zn(OH)_4]^{2-} = Zn^{2+} + 4OH^-$$

随着电解的进行,Zn^{2+}不断放电,同时$[Zn(OH)_4]^{2-}$不断解离,能保证电镀液中Zn^{2+}的浓度基本稳定。两极主要反应为:

阴极　　$Zn^{2+} + 2e^- = Zn$

阳极　　$Zn = Zn^{2+} + 2e^-$

可见电镀工艺是将欲镀零件作为电解池阴极材料,所以本题说法是错误的。

答:(5)错。

解题思路:在电解质溶液中,除了电解质的离子外,还有由水电离产生的H^+和OH^-离子。因此,可能在阴极上放电的正离子通常有金属离子和H^+,而在阳极上可能放电的负离子,包括酸根离子和OH^-离子。在这些可能发生的电极过程中,究竟哪一种电解反应会优先发生,这可根据各种电解产物的实际析出电势高低来判断。在阴极上发生的是还原反应,体系中所有可能在阴极放电的电对中,实际析出电势最高的电对的氧化态物质,是得电子能力最强的物质,必将优先在阴极放电,得到电子而被还原。而电解池中各种可能放电物质的实际析出电势,可由其理论析出电势及其在电极上放电时的超电势估算出来。据此可判断电解的实际产物。

因此,电解含有 Na^+、K^+、Zn^{2+}、Ag^+金属离子的盐类水溶液,其中 Na^+、K^+不能被还原成金属单质,Zn^{2+}、Ag^+能被还原成金属单质,所以本题说法是错误的。

答:(6)错。

解题思路:在海上航行的轮船,为防止其发生电化学腐蚀,应在船尾和船壳的水线以下部分焊上一定数量的锌块。

答:(7)错。

解题思路:氢电极的标准电极电势始终为零,若氢电极中的氢离子浓度不为1 mol/L,或者氢气的压力不为一个大气压,则氢电极的电极电势都会发生变化,我们可以利用能斯特方程式计算出来此时的电极电势。

答:(8)对。

答:(9)对。

解题思路:写成电极反应式,根据能斯特方程式,即可找出电极电势与氢离子浓度的关系。

答:(10)错。

解题思路:电解烧杯中的食盐水时,其电解产物是氢氧化钠钠、氯气、氢气。

2. 选择题。

(1)下列各组物质能够在标准状态下能够共存的是 ( )

A. Fe^{3+}, Cu　　B. Fe^{3+}, Br^-

C. Sn^{2+}, Fe^{3+}　　D. H_2O_2, Fe^{2+}

(2)今有一种 Cl^-、Br^-、I^-的混合溶液,标准状态时能氧化 I^-而不氧化 Cl^-、Br^-的物质是 ( )

A. $KMnO_4$　　B. MnO_2

C. $Fe_2(SO_4)_3$　　D. $Cu(SO_4)$

(3)$\Delta_r G_m^\ominus$ 是一个氧化还原反应的标准吉布斯函数变,$K^\ominus$是标准平衡常数,$E^\ominus$是标准电动势,下列哪组所表示的 $\Delta_r G_m^\ominus$, $K^\ominus$, $E^\ominus$的关系是一致的 ( )

A. $\Delta_r G_m^\ominus>0, E^\ominus<0, K^\ominus<1$

B. $\Delta_r G_m^\ominus>0, E^\ominus>0, K^\ominus<1$

C. $\Delta_r G_m^\ominus>0, E^\ominus<0, K^\ominus>1$

D. $\Delta_r G_m^\ominus<0, E^\ominus<0, K^\ominus>1$

(4)非金属碘在 $0.01 mol \cdot kg^{-1}$的 I^-溶液中,当加入少量 H_2O_2时,碘的电极电势应该 ( )

A. 增大　　B. 减小　　C. 不变　　D. 不能判断

(5)电池 (-) P_t, H_2 | HCl(aq) ‖ $CuSO_4$(aq) | Cu(+) 的电动势与下述情况无关的是 ( )

A. 温度　　B. 盐酸浓度　　C. 氢气体积　　D. 氢气压力

(6)下列关于原电池说法错误的是 ( )

A. 给出电子的极叫负极,负极被氧化

B. 电流从负极流向正极

C. 盐桥使电池构成通路

D. 原电池是借助于氧化还原反应使化学能转变成电能的装置

(7)根据下列反应设计的原电池,不需要惰性电极的反应是　　(　　)

A. $H_2 + Cl_2 = 2HCl(aq)$　　B. $Ce^{4+} + Fe^{2+} = Ce^{3+} + Fe^{3+}$

C. $Zn + Ni^{2+} = Zn^{2+} + Ni$　　D. $2Hg^{2+} + Sn^{2+} + 2Cl^- = Hg_2Cl_2(s) + Sn^{4+}$

(8)电解烧杯中的食盐水时,其电解产物是　　(　　)

A. Na, H_2　　B. Cl_2, H_2　　C. Na, O_2　　D. $NaOH, Cl_2$

(9)在酸性介质中 MnO_4^- 与 Fe^{2+} 反应,其还原产物为　　(　　)

A. MnO_2　　B. MnO_4^{2-}　　C. Mn^{2+}　　D. Fe

(10)有关标准氢电极的叙述,不正确的是　　(　　)

A. 标准氢电极是指将吸附纯氢气(1.01×10^5Pa)达饱和的镀铂黑的铂片浸在 H^+ 浓度为 1 mol·L^{-1} 的酸性溶液中组成的电极

B. 使用标准氢电极可以测定所有金属的标准电极电势

C. H_2 分压为 1.01×10^5Pa,H^+ 的浓度已知但不是 1 mol·L^{-1} 的氢电极也可用来测定其他电极电势

D. 任何一个电极的电势绝对值都无法测得,电极电势是指定标准氢电极的电势为 0 而测出的相对电势

答:(1)选 B。

解题思路:题中的 A、C、D 选项均不能够在标准状态下共存,会发生氧化还原反应。选项 A 中,$E^\ominus(Fe^{3+}/Fe^{2+})$ 大于 $E^\ominus(Cu^{2+}/Cu)$,说明 Fe^{3+} 可以把 Fe 氧化成 Fe^{2+},Fe^{3+} 被还原成 Fe^{2+}。所以,三氯化铁能与金属铜发生反应,即化学反应 $2Fe^{3+} + Cu = 2Fe^{2+} + Cu^{2+}$ 向右进行。选项 C 中,$E^\ominus(Fe^{3+}/Fe^{2+})$ 大于 $E^\ominus(Sn^{4+}/Sn^{2+})$,说明 Fe^{3+} 可以把 Sn^{2+} 氧化成 Sn^{4+},Fe^{3+} 被还原成 Fe^{2+},即化学反应 $2Fe^{3+} + Sn^{2+} = 2Fe^{2+} + Sn^{4+}$ 向右进行。选项 D 中,$H_2O_2 + Fe^{2+} = 2Fe^{3+} + H_2O$ 向右进行,因此本题选 B。

答:(2)选 C。

解题思路:本题属于比较氧化剂与还原剂的相对强弱问题。标准状态时能氧化 I^- 而不氧化 Cl^-、Br^- 的物质一定是该物质的标准电极电势数值大于电对 I_2/I^- 标准电极电势,即大于 $E^\ominus(I_2/I^-)$,所以能氧化 I^-。不氧化 Cl^- 和 Br^- 则要求该物质的标准电极电势数值小于电对 Cl_2/Cl^- 标准电极电势,即小于 $E^\ominus(Cl_2/Cl^-)$,并且小于电对 Br_2/Br^- 标准电极电势即小于 $E^\ominus(Br_2/Br^-)$。C 选项中 $E^\ominus(Cl_2/Cl^-) > E^\ominus(Fe^{3+}/Fe) > E^\ominus(I_2/I^-)$;$E^\ominus(Br_2/Br^-) > E^\ominus(Fe^{3+}/Fe) > E^\ominus(I_2/I^-)$,所以在 Cl^-、Br^-、I^- 的混合溶液,标准状态时 $Fe_2(SO_4)_3$ 能氧化 I^- 而不氧化 Cl^-、Br^-,因此本题选 C。

答:(3)选 A。

解题思路:热力学指出,Gibbs 自由能的变化 $\Delta_r G_m$ 的正负,可以作为等温等压下化学反应能否自发进行的判据,即 $\Delta_r G_m < 0$,化学反应正向自发;$\Delta_r G_m > 0$,化学反应正向非自

发,或逆向自发。根据公式$-\Delta_r G_m = nFE$,将电池反应的 Gibbs 自由能变化 $\Delta_r G_m$ 与电池电动势联系起来,根据电池电动势 E,来判断电池反应的自发方向。当 $E > 0$,即 $\Delta_r G_m < 0$,正向自发进行;当 $E < 0$,即 $\Delta_r G_m > 0$,逆向反应自发。

任一指定的氧化还原反应的标准平衡常数 $K^{\ominus}(T)$,或其标准摩尔吉布斯自由能变 $\Delta_r G_m^{\ominus}(T)$,与其相应电池的标准电动势 $E^{\ominus}$ 及标准电极电势 $E_{(+)}^{\ominus}$ 值与 $E_{(-)}^{\ominus}$ 间的关系。因此,可由电池标准电动势或标准电极电势计算出相应的反应标准平衡常数 $K^{\ominus}(T)$,进而估计出反应达到平衡时产物与生成物的浓度比,求出反应物的转化率(或产物的理论产率),由此可估算出反应的程度。

根据化学反应等温式,知道标准摩尔吉布斯自由能变与标准平衡常数的关系为

$$\Delta_r G_m^{\ominus} = -RT\ln K^{\ominus}$$

在原电池中

$$\Delta_r G_m^{\ominus} = -nFE^{\ominus}$$

因此

$$RT\ln K^{\ominus} = nFE^{\ominus}$$

$$\ln K^{\ominus} = \frac{nFE^{\ominus}}{RT}$$

所以,$\Delta_r G_m^{\ominus} > 0$,$E^{\ominus} < 0$, $K^{\ominus} < 1$,因此本题选 A。

答:(4)选 A。

解题思路:非金属碘在 0.01 $mol \cdot kg^{-1}$ 的 I^- 溶液中,此时电对 I_2/I^- 的电极电势为非标准电极电势 E,所以要应用能斯特方程来计算此时的电极电势。

$$E(M^{n+}/M) = E^{\ominus} + \frac{RT}{nF}\ln\frac{c(\text{氧化态})}{c(\text{还原态})}$$

$$I_2(s) + 2e^- \rightleftharpoons I^-(aq)$$

$$E(I_2/I^-) = E^{\ominus}(I_2/I^-) + \frac{0.059\ 2\ V}{2}\lg\frac{1}{c(I^-)^2}$$

当加入少量 H_2O_2 时,则 H_2O_2 会将 I^- 氧化,即发生化学反应 $2H^+ + H_2O_2 + 2I^- = 2H_2O + I_2$,而使 I^- 离子浓度降低,所以由 $E(I_2/I^-) = E^{\ominus}(I_2/I^-) + \frac{0.059\ 2\ V}{2}\lg\frac{1}{c(I^-)^2}$ 可知非金属碘在 0.01 $mol \cdot kg^{-1}$ 的 I^- 溶液中,此时电对 I_2/I^- 的电极电势将会增大,因此本题选 A。

答:(5)选 C 。

解题思路:本题考查能斯特方程和电池的反应式的关系。根据电池 (-) P_t, H_2 | HCl (aq) ‖ $CuSO_4$(aq) | Cu(+) ,我们可以写出该电池的正负极的电极反应,两个电极反应式加和则为该电池所对应的化学反应,根据能斯特方程可以得到该电池的电动势与哪些物理量相关。

负极反应: $H_2(g) - 2e^- = 2H^+(aq)$

正极反应: $Cu^{2+}(aq) + 2e^- = Cu(s)$

电池反应: $H_2(g) + Cu^{2+}(aq) = 2H^+(aq) + Cu(s)$

由能斯特方程可知该电池的电动势: $E(M^{n+}/M) = E^{\ominus} + \frac{RT}{nF}\ln\frac{c(\text{氧化态})}{c(\text{还原态})}$

可见,该电动势与氢气体积无关,而与反应温度、盐酸浓度、氢气压力均有关系,因此

本题选 C。

答:(6)选 B。

解题思路:从外电路获得电子,发生还原反应,称为正极;向外电路供给电子,发生氧化反应,称为负极。选项 B 的说法是错误的,正确的说法应是电流从正极流向负极,因此本题选 B。

答:(7)选 C。

解题思路:在某些情况下,组成电对的物质中没有固相,如 Fe^{3+}/Fe^{2+}、Sn^{4+}/Sn^{2+}、$Cr_2O_7^{2-}/Cr^{3+}$;或固相物质本身不导电,不能做电极,如 Hg_2Cl_2/Hg、MnO_2/Mn^{2+}等,则组成电池时,必须另外加一个电极板起导电作用。因这种电极在电池中不参与氧化还原反应,只起导电作用,故称为惰性电极(Inert Electrode)。常用的惰性电极材料有石墨、铂等。

选项 C 的电池不需要惰性电极,该电池的电池符号表达式为

$$(-)Zn \mid Zn^{2+}(aq) \parallel Ni^{2+}(aq) \mid Ni\ (+)$$

选项 A 的电池不需要惰性电极,该电池的电池符号表达式为

$$(-)\ Pt \mid H_2(p) \mid H^+(aq) \mid Cl_2(p) \mid Pt\ (+)$$

选项 B 的电池不需要惰性电极,该电池的电池符号表达式为

$$(-)\ Pt \mid Fe^{3+}(aq),\ Fe^{2+}(aq) \parallel Ce^{4+}(aq),\ Ce^{3+}(aq) \mid Pt\ (+)$$

选项 D 的电池不需要惰性电极,该电池的电池符号表达式为

$$(-)\ Pt \mid Sn^{2+}(aq),\ Sn^{4+}(aq) \parallel Hg^{2+}(aq),\ Cl^-(aq) \mid Hg_2Cl_2(s)\ (+)$$

因此,本题选 C。

答:(8)选 B。

解题思路:在电解质溶液中,除了电解质的离子外,还有由水电离产生的 H^+和 OH^-。因此,可能在阴极上放电的正离子通常有金属离子和 H^+,而在阳极上可能放电的负离子,包括酸根离子和 OH^-离子。当用锌、镍、铜等金属做阳极板时,往往还会发生阳极板金属被氧化成相应的金属离子的反应,即所谓阳极溶解。

在这些可能发生的电极过程中,究竟哪一种电解反应会优先发生,这可根据各种电解产物的实际析出电势高低来判断。因为在阳极上发生的是氧化反应,优先在阳极上放电的物质必然是电解液中最易于失去电子的物质,也就是体系中可能在阳极放电的电对中实际析出电势最低的电对中的还原态物质,将优先在阳极放电而被氧化。而在阴极上发生的是还原反应,体系中所有可能在阴极放电的电对中,实际析出电势最高的电对的氧化态物质,是得电子能力最强的物质,必将优先在阴极放电,得到电子而被还原。而电解池中各种可能放电物质的实际析出电势,可由其理论析出电势及其在电极上放电时的超电势估算出来,据此可判断电解的实际产物。

电解烧杯中的食盐水时,其电解产物是氯气和氢气,反应方程式:$2NaCl + 2H_2O \xrightarrow{电解} 2NaOH + H_2\uparrow + Cl_2\uparrow$,阳极得到的是 Cl_2,而阴极得到的是 H_2,因此本题选 B。

答:(9)选 C。

解题思路:由 MnO_4^-与 Fe^{2+}的电极电势大小,判断两者可以发生氧化还原反应,即可写成产物。

答:(10)选 B。

3. 填空题。

(1)由标准电极电势可知:在标准状态下,MnO_4^-的氧化性________Fe^{3+}的氧化性。已知 $E^{\ominus}(MnO_4^-/Mn^{2+})=1.1491$ V;$E^{\ominus}(Fe^{3+}/Fe^{2+})=0.77$ V(填"大于","小于"或"相等")。

(2)已知下列反应均按正方向进行:

$$2FeCl_3+SnCl_2 = 2FeCl_2+SnCl_4$$

$$2KMnO_4+10FeSO_4+8H_2SO_4 = 2MnSO_4+5Fe_2(SO_4)_3+K_2SO_4+8H_2O$$

在上述这些物质中,最强的氧化剂是________,最强的还原剂是________。

(3)电镀工艺是将欲镀零件作为电解池的________。

(4)已知 $E^{\ominus}(A/B)>E^{\ominus}(C/D)$,在标准状态下自发进行的反应为:________________。

(5)非金属碘在 $0.01mol\cdot kg^{-1}$ 的 I^- 溶液中,当加入少量 H_2O_2 时,碘的电极电势应该________。

答:(1)大于

答:(2)$KMnO_4$　$SnCl_2$

答:(3)阴极

答:(4)$A+D \longrightarrow B+C$

答:(5)增大

4. 判断下列氧化还原反应进行的方向。

(1)$Sn^{2+}(1.0\ mol\cdot L^{-1})+2Fe^{3+}(1.0\ mol\cdot L^{-1}) = Sn^{4+}(1.0\ mol\cdot L^{-1})+2Fe^{2+}(1.0\ mol\cdot L^{-1})$

(2)$2Fe^{2+}(1.0\ mol\cdot L^{-1})+I_2 = 2Fe^{3+}(1.0\ mol\cdot L^{-1})+2I^-(1.0\ mol\cdot L^{-1})$

(3)$Sn^{2+}(1.0\ mol\cdot L^{-1})+Pb = Sn+Pb^{2+}(0.1\ mol\cdot L^{-1})$

(4)$Sn^{2+}(1.0\ mol\cdot L^{-1})+Pb = Sn+Pb^{2+}(1.0\ mol\cdot L^{-1})$

(5)$Ni^{2+}(1.0\ mol\cdot L^{-1})+Zn = Ni+Zn^{2+}(0.010\ mol\cdot L^{-1})$

答:(1)正向进行　(2)逆向进行　(3)逆向进行　(4)逆向进行　(5)正向进行

解题思路:通过判断 E 大于零还是小于零,判断反应的自发性。若 $E>0$,即 $\Delta_r G_m<0$,向右进行;若 $E<0$,即 $\Delta_r G_m>0$,向左进行自发。电池的标准电动势 E 通过 $E=E_{(+)}-E_{(-)}$ 可以算得。

解题注意:本题中的(3)中 $Pb^{2+}(0.1\ mol\cdot L^{-1})$ 和 $Zn^{2+}(0.010\ mol\cdot L^{-1})$ 应利用能斯特方程计算此时的电极电势 E,而其他各物质均在标准状态下,故应计算电池的标准电动势 $E^{\ominus}$,来判断反应进行的方向。

(1)电池的标准电动势 $E^{\ominus}$ 通过 $E^{\ominus}=E^{\ominus}_{(+)}-E^{\ominus}_{(-)}$ 可以算得。

负极电对:Sn^{4+}/Sn^{2+},$E^{\ominus}_{(-)}=E^{\ominus}(Sn^{4+}/Sn^{2+})$

正极电对:Fe^{3+}/Fe^{2+},$E^{\ominus}_{(+)}=E^{\ominus}(Fe^{3+}/Fe^{2+})$

电池的标准电动势 $E^{\ominus}=E^{\ominus}_{(+)}-E^{\ominus}_{(-)}=E^{\ominus}(Fe^{3+}/Fe^{2+})-E^{\ominus}(Sn^{4+}/Sn^{2+})>0$

所以，$E^{\ominus}(Fe^{3+}/Fe^{2+})$大于$E^{\ominus}(Sn^{4+}/Sn^{2+})$，说明$Fe^{3+}$可以把$Sn^{2+}$氧化成$Sn^{4+}$，$Fe^{3+}$被还原成$Fe^{2+}$。即化学反应$Sn^{2+}(1.0\ mol\cdot L^{-1})+2Fe^{3+}(1.0\ mol\cdot L^{-1})$ ═══ $Sn^{4+}(1.0\ mol\cdot L^{-1})+2Fe^{2+}(1.0\ mol\cdot L^{-1})$正向进行。

(2)电池的标准电动势$E^{\ominus}$通过$E^{\ominus}=E^{\ominus}_{(+)}-E^{\ominus}_{(-)}$可以算得。

负极电对：Fe^{3+}/Fe^{2+}，$E^{\ominus}_{(-)}=E^{\ominus}(Fe^{3+}/Fe^{2+})$

正极电对：I_2/I^-，$E^{\ominus}_{(+)}=E^{\ominus}(I_2/I^-)$

因为，电池的标准电动势$E^{\ominus}=E^{\ominus}_{(+)}-E^{\ominus}_{(-)}=E^{\ominus}(I_2/I^-)-E^{\ominus}(Fe^{3+}/Fe^{2+})<0$

所以，$E^{\ominus}(I_2/I^-)$小于$E^{\ominus}(Fe^{3+}/Fe^{2+})$，说明$I_2$不能把$Fe^{2+}$氧化成$Fe^{3+}$，即化学反应$2Fe^{2+}(1.0\ mol\cdot L^{-1})+I_2$ ═══ $2Fe^{3+}(1.0\ mol\cdot L^{-1})+2I^-(1.0\ mol\cdot L^{-1})$逆向进行。

(3)负电极反应式是$Pb^{2+}+2e^-$ ═══ Pb

查教材附表得$E^{\ominus}=-0.126\ 6\ V$

当$c(Pb^{2+})=0.1\ mol\cdot L^{-1}$，应用Nernst方程式

负极的电极电势：$E_{(-)}=E(Pb^{2+}/Pb)=E^{\ominus}(Pb^{2+}/Pb)-\frac{0.059\ 2\ V}{2}\lg\frac{1}{0.1}=-0.156\ 2\ V$

正极的电极电势：$E^{\ominus}_{(+)}=E^{\ominus}(Sn^{2+}/Sn)=-0.141\ V$

电池的电动势：$E=E_{(+)}-E_{(-)}=-0.141\ V-(-0.156\ 2\ V)=0.015\ 2\ V>0$

所以，即化学反应$Sn^{2+}(1.0\ mol\cdot L^{-1})+Pb$ ═══ $Sn+Pb^{2+}(0.1\ mol\cdot L^{-1})$正向进行。

(4)电池的标准电动势$E^{\ominus}$通过$E^{\ominus}=E^{\ominus}_{(+)}-E^{\ominus}_{(-)}$可以算得。

负极电对：Pb^{2+}/Pb，$E^{\ominus}_{(-)}=E^{\ominus}(Pb^{2+}/Pb)$

正极电对：Sn^{2+}/Sn，$E^{\ominus}_{(+)}=E^{\ominus}(Sn^{2+}/Sn)$

因为，电池的标准电动势$E^{\ominus}=E^{\ominus}_{(+)}-E^{\ominus}_{(-)}=E^{\ominus}(Sn^{2+}/Sn)-E^{\ominus}(Pb^{2+}/Pb)<0$

所以，$E^{\ominus}(Sn^{2+}/Sn)$小于$E^{\ominus}(Pb^{2+}/Pb)$，说明Sn^{2+}不能把Pb氧化成Pb^{2+}，即化学反应$Sn^{2+}(1.0\ mol\cdot L^{-1})+Pb$ ═══ $Sn+Pb^{2+}(1.0\ mol\cdot L^{-1})$逆向进行。

(5)负电极反应式是$Zn^{2+}+2e^-$ ═══ Zn

查教材附表得$E^{\ominus}=-0.763\ V$

当$c(Zn^{2+})=0.01mol\cdot L^{-1}$，应用Nernst方程

$$E(Zn^{2+}/Zn)=E^{\ominus}(Zn^{2+}/Zn)+\frac{0.059\ 2\ V}{2}\lg\frac{c(Zn^{2+})/c^{\ominus}}{1}=$$

$$-0.763\ V+\frac{0.059\ 2\ V}{2}\lg 0.01\approx-0.822\ 2\ V$$

正极的电极电势：$E^{\ominus}_{(+)}=E^{\ominus}(Ni^{2+}/Ni)=-0.236\ 3\ V$

电池的电动势：$E=E_{(+)}-E_{(-)}=-0.236\ 3\ V-(-0.822\ 2\ V)=0.585\ 9\ V>0$

所以，即化学反应$Ni^{2+}(1.0\ mol\cdot L^{-1})+Zn$ ═══ $Ni+Zn^{2+}(0.010\ mol\cdot L^{-1})$正向进行。

5. 计算下列情况电极电势大小。

(1)$c(OH^-)=0.1\ mol\cdot L^{-1}$时，$E(O_2/OH^-)$是多少？

(2)$c(H^+)=1.0\times10^{-5}\ mol\cdot L^{-1}$时，$E(MnO_4^-/Mn^{2+})$是多少？

(1)解题思路:本题中物质的浓度为非标准状态下,所以应该利用能斯特方程式计算电极电势的大小。首先写出电对的电极反应,一般写成:氧化态物质$+ne^-\rightleftharpoons$还原态物质,根据$E(M^{n+}/M)=E^{\ominus}+\dfrac{RT}{nF}\ln\dfrac{c(\text{氧化态})}{c(\text{还原态})}$,其中转移电子数目$n$一定要与电极反应中的转移电子数目$n$相一致。应用$E(M^{n+}/M)=E^{\ominus}+\dfrac{RT}{nF}\ln\dfrac{c(\text{氧化态})}{c(\text{还原态})}$计算电极电势$E$,25 ℃时

$$E(M^{n+}/M)=E^{\ominus}+\frac{0.0592}{n}\lg\frac{c(\text{氧化态})}{c(\text{还原态})}$$

解:电极反应: $O_2+2H_2O+4e^-=\!=\!=4OH^-$

25 ℃时,当$c(OH^-)=0.1\text{mol}\cdot L^{-1}$,$p(O_2)=100$ kPa, $E^{\ominus}(O_2/OH^-)=0.4$ V

$$E(O_2/OH^-)=E^{\ominus}(O_2/OH^-)+\frac{0.059\ 2\ V}{4}\lg\frac{P(O_2)}{c(OH^-)^4}=$$

$$0.4\ V+\frac{0.059\ 2\ V}{4}\lg\frac{100/100}{(10^{-1})^4}=0.4\ V+0.059\ 2\ V=0.459\ V$$

所以,当$c(OH^-)=0.1\ \text{mol}\cdot L^{-1}$,$p(O_2)=100$ kPa时,$E^{\ominus}(O_2/OH^-)=0.459$ V。

(2)解:电极反应: $MnO_4^-+8H^++5e^-=\!=\!=Mn^{2+}+4H_2O$

25 ℃下,当$c(H^+)=1.0\times10^{-5}\text{mol}\cdot L^{-1}$时,$E^{\ominus}(MnO_4/Mn^{2+})=1.507$ V

$$E(MnO_4^-/Mn^{2+})=E^{\ominus}(MnO_4^-/Mn^{2+})+\frac{0.059\ 2\ V}{5}\lg\frac{\{c(MnO_4^-)/c^{\ominus}\}\{c(H^+)/c^{\ominus}\}^8}{\{c(Mn^{2+})/c^{\ominus}\}}=$$

$$1.507\ V+\frac{0.059\ 2\ V}{5}\lg(1\times10^{-5})^8=1.034\ V$$

所以,当$c(H^+)=1.0\times10^{-5}\text{mol}\cdot L^{-1}$时,$E(MnO_4^-/Mn^{2+})=1.034$ V。

6. 由镍电极和标准氢电极组成原电池,若$c(Ni^{2+})=0.010\ 0\ \text{mol}\cdot L^{-1}$,原电池的$E=0.315$ V,其中Ni为负极,计算镍电极的标准电极电势?

解题思路:此题已知原电池的电动势,计算电极电势。题中已知Ni为负极,则标准氢电极做正极,由$E=E_{(+)}-E_{(-)}=E^{\ominus}(H^+/H_2)-E(Ni^{2+}/Ni)$即可计算得出此原电池中的镍电极$E(Ni^{2+}/Ni)$的数值,再由能斯特方程式可计算出镍电极的标准电极电势$E^{\ominus}(Ni^{2+}/Ni)$。

解:当$c(Ni^{2+})=0.010\ 0\ \text{mol}\cdot L^{-1}$时,镍电极的电极电势为

$$E(Ni^{2+}/Ni)=E^{\ominus}(Ni^{2+}/Ni)+\frac{0.059\ 2\ V}{2}\lg c(Ni^{2+})=E^{\ominus}(Ni^{2+}/Ni)+\frac{0.059\ 2\ V}{2}\lg 0.01$$

镍电极和标准氢电极组成原电池的电动势为

$$E=0-E(Ni^{2+}/Ni)=0.315\ V$$

即:$0-E^{\ominus}(Ni^{2+}/Ni)-\dfrac{0.059\ 2\ V}{2}\lg 0.01=0.315\ V$

所以,$E^{\ominus}(Ni^{2+}/Ni)=-0.315\ V-\dfrac{0.059\ 2\ V}{2}\lg 0.01=-0.315\ V+0.059\ 2\ V=-0.256\ V$

7. 由两氢电极 $H_2(101.325\text{Pa})\mid H^+(0.01\ \text{mol}\cdot L^{-1})\mid Pt$ 和 $H_2(101.325\text{kPa})\mid H^+(x)\mid Pt$组成原电池,若测得该原电池的电动势为0.016 V,若后一电极作为正极,问组

成该电极溶液中的 H^+ 摩尔浓度是多少?

解题思路:本题给出的电池实际上属于浓差电池。

解:正极和负极均为氢电极,但两个氢电极中的氢离子浓度不同,所以利用能斯特方程分别列出两个氢电极的电极电势,然后由 $E^{\ominus}=E^{\ominus}_{(+)}-E^{\ominus}_{(-)}=0.016\ V$ 解关于含有氢离子浓度的方程即可求 H^+ 的摩尔浓度。

正极:$E_1(H^+/H_2)=E^{\ominus}(H^+/H_2)+\dfrac{0.059\,2\ V}{2}\lg\dfrac{\{c(H^+)/c^{\ominus}\}^2}{p(H_2)/p^{\ominus}}$

负极:$E_2(H^+/H_2)=E^{\ominus}(H^+/H_2)+\dfrac{0.059\,2\ V}{2}\lg(0.1)^2$

电动势:$E=E_1-E_2=0.016\ V$

即:$E=\dfrac{0.059\,2\ V}{2}\lg c(H^+)^2+0.059\,2\ V=0.016\ V$

所以,$\lg c(H^+)^2=-1.46, c(H^+)^2=0.035, c(H^+)=0.19\ mol\cdot L^{-1}$

对于由 $H_2(101.325\ Pa)\mid H^+(0.01\ mol\cdot L^{-1})\mid Pt$ 和 $H_2(101.325kPa)\mid H^+(x)\mid Pt$ 组成的原电池,当电动势为 0.016 V 时 H^+ 摩尔浓度为 $0.19\ mol\cdot L^{-1}$。

8.将锡和铅的金属片分别插入含有该金属离子的溶液中,并组成原电池。

(1)$c(Sn^{2+})=0.01\ mol\cdot L^{-1}, c(Pb^{2+})=1.0\ mol\cdot L^{-1}$;

(2)$c(Sn^{2+})=1.0\ mol\cdot L^{-1}, c(Pb^{2+})=0.01\ mol\cdot L^{-1}$。

分别计算原电池的电动势,写出原电池的两极反应和总反应式。

答:(1)$E=0.070\ V$　　　　(-) $Sn\mid Sn^{2+}\parallel Pb^{2+}\mid Pb(+)$

负极:$Sn-2e^-=\!=\!=Sn^{2+}$

正极:$Pb^{2+}+2e^-=\!=\!=Pb$

总式:$Pb^{2+}+Sn=\!=\!=Pb+Sn^{2+}$

(2)$E=0.020\ V$　　　　(-) $Pb\mid Pb^{2+}\parallel Sn^{2+}\mid Sn(+)$

负极:$Pb-2e^-=\!=\!=Pb^{2+}$

正极:$Sn^{2+}+2e^-=\!=\!=Sn$

总式:$Sn^{2+}+Pb=\!=\!=Sn+Pb^{2+}$

解题思路:本题首先利用能斯特方程式,分别计算当 $c(Sn^{2+})=0.01\ mol\cdot L^{-1}$ 时,电对 Sn^{2+}/Sn 的电极电势 $E(Sn^{2+}/Sn)$ 和当 $c(Pb^{2+})=0.01\ mol\cdot L^{-1}$ 时,电对 Pb^{2+}/Pb 的电极电势 $E(Pb^{2+}/Pb)$,电池的电动势 E 通过 $E=E_{(+)}-E_{(-)}$ 可以算得。

解:(1)查教材附表可知,$E^{\ominus}(Sn^{2+}/Sn)=-0.137\,5\ V$;$E^{\ominus}(Pb^{2+}/Pb)=-0.126\,3\ V$

正极电极电势:

$$E(Sn^{2+}/Sn)=E^{\ominus}(Sn^{2+}/Sn)+\frac{0.059\,2\ V}{2}\lg c(Sn^{2+})=-0.137\,5\ V+\frac{0.059\,2\ V}{2}\lg 0.01=-0.196\,5\ V$$

负极电极电势:$E^{\ominus}(Pb^{2+}/Pb)=-0.126\,3\ V$

原电池的电动势:$E=E(Sn^{2+}/Sn)-E^{\ominus}(Pb^{2+}/Pb)=-0.126\,2\ V-(-0.196\,5\ V)=0.07\ V$

(-) $Sn\mid Sn^{2+}\parallel Pb^{2+}\mid Pb(+)$

负极：$Sn-2e^- === Sn^{2+}$

正极：$Pb^{2+}+2e^- === Pb$

总式：$Pb^{2+}+Sn === Pb+Sn^{2+}$

(2)正极电极电势：　　$E^{\ominus}(Sn^{2+}/Sn) = -0.137\,5\ V$

负极电极电势：

$$E(Pb^{2+}/Pb) = E^{\ominus}(Pb^{2+}/Pb) + \frac{0.059\,2\ V}{2}\lg c(Pb^{2+}) = -0.126\,3\ V + \frac{0.059\,2\ V}{2}\lg 0.01 = -0.155\,7\ V$$

原电池的电动势：$E = E^{\ominus}(Sn^{2+}/Sn) - E(Pb^{2+}/Pb) = -0.137\,5\ V - (-0.155\,7\ V) = 0.02\ V$

$$(-)\ Pb \mid Pb^{2+} \parallel Sn^{2+} \mid Sn(+)$$

负极：$Pb-2e^- === Pb^{2+}$

正极：$Sn^{2+}+2e^- === Sn$

总式：$Sn^{2+}+Pb === Sn+Pb^{2+}$

9.已知 $Cr_2O_7^{2-}+14H^++6e^- === 2Cr^{3+}+7H_2O$，若 $c(Cr_2O_7^{2-})$ 与 $c(Cr^{3+})$ 固定为 $1\ mol\cdot L^{-1}$。试比较 $c(H^+)$ 分别为 $2\ mol\cdot L^{-1}$ 和 $0.001\ mol\cdot L^{-1}$ 时，$Cr_2O_7^{2-}$ 的氧化能力大小。已知：$E^{\ominus}(Cr_2O_7^{2-}/Cr^{3+}) = -1.33\ V$。

解题思路：此题考查能斯特方程式的掌握情况。将各物质的浓度代人能斯特方程式即可计算出 $c(H^+)$ 分别为 $2\ mol\cdot L^{-1}$ 和 $0.001\ mol\cdot L^{-1}$ 时 $E(Cr_2O_7^{2-}/Cr^{3+})$ 的电极电势。再根据电对的电极电势越大，其对应的氧化态物质的氧化性就越强，即可比较出 $c(H^+)$ 分别为 $2\ mol\cdot L^{-1}$ 和 $0.001\ mol\cdot L^{-1}$ 时，$Cr_2O_7^{2-}$ 的氧化能力大小。

解：(1)当 $c(H^+) = 2\ mol\cdot L^{-1}$ 时，$c(Cr_2O_7^{2-}) = c(Cr^{3+}) = 1\ mol\cdot L^{-1}$

$$Cr_2O_7^{2-}+14H^++6e^- === 2Cr^{3+}+7H_2O$$

由能斯特方程式

$$E(Cr_2O_7^{2-}/Cr^{3+}) = E^{\ominus}(Cr_2O_7^{2-}/Cr^{3+}) + \frac{0.0592\ V}{6}\lg\frac{\{c(Cr_2O_7^{2-})\cdot c(H^+)\}^{14}}{c(Cr^{3+})^2} =$$

$$-1.33\ V + \frac{0.059\,2\ V}{6}\lg 2^{14} = 1.37\ V$$

(2)同理，可算得当 $c(H^+) = 0.001\ mol\cdot L^{-1}$ 时，$c(Cr_2O_7^{2-}) = c(Cr^{3+}) = 1 mol\cdot L^{-1}$

$$Cr_2O_7^{2-}+14H^++6e^- === 2Cr^{3+}+7H_2O$$

由能斯特方程式

$$E(Cr_2O_7^{2-}/Cr^{3+}) = E^{\ominus}(Cr_2O_7^{2-}/Cr^{3+}) + \frac{0.059\,2\ V}{6}\lg\left(\frac{c(Cr_2O_7^{2-})\cdot c(H^+)^{14}}{c(Cr^{3+})^2}\right) =$$

$$-1.33\ V + \frac{0.059\,2\ V}{6}\lg(0.001)^{14} = 0.916\ V$$

可见，若 $c(Cr_2O_7^{2-}) = c(Cr^{3+}) = 1\ mol\cdot L^{-1}$，当 $c(H^+) = 2\ mol\cdot L^{-1}$ 时，电对 $(Cr_2O_7^{2-}/Cr^{3+})$ 的电极电势 $E(Cr_2O_7^{2-}/Cr^{3+}) = 1.37\ V$。

当 $c(H^+) = 0.001\ mol\cdot L^{-1}$ 时，电对 $(Cr_2O_7^{2-}/Cr^{3+})$ 的电极电势 $E(Cr_2O_7^{2-}/Cr^{3+}) = 0.916\ V$，前者大于后者的电极电势。

根据电极电势越高的物质其氧化性越强，所以，酸性介质中 $Cr_2O_7^{2-}$ 的氧化能力较强，这就是要求许多氧化-还原反应在一定酸度下进行的道理。

10. 已知电池 (-) Zn | Zn^{2+}(x mol · L^{-1}) ‖ Ag^{+}(0.1 mol · L^{-1}) | Ag(+) ，该电池的电动势 E = 1.51 V，求 Zn^{2+} 离子浓度 x 为多少？已知：$E^{\ominus}(Zn^{2+}/Zn) = -0.763$ V；$E^{\ominus}(Ag^{+}/Ag) = 0.799$ V。

解题思路：本题首先根据能斯特方程式，可以计算出 0.1 mol · L^{-1} Ag^{+}的电极电势 $E(Ag^{+}/Ag)$。根据题给出的电池符号，可以知道银电极为正极，锌电极为负极。已知原电池的电动势 E = 1.51 V，即可计算电极电势。所以由 $E = E_{(+)} - E_{(-)} = E(Ag^{+}/Ag) - E(Zn^{2+}/Zn)$即可计算得出此原电池中的锌电极 $E(Zn^{2+}/Zn)$的数值，再由能斯特方程式，

$$E(Zn^{2+}/Zn) = E^{\ominus}(Zn^{2+}/Zn) + \frac{0.059\ 2\ V}{2}\lg c(Zn^{2+}) = -0.763\ V + \frac{0.059\ 2\ V}{2}\lg x$$

即可计算出锌电极中的 Zn^{2+}浓度。

解：由能斯特方程式，当 $c(Zn^{2+})$ = x mol · L^{-1} 时，可得电对 Zn^{2+}/Zn 的电极电势 $E(Zn^{2+}/Zn)$。同理，$c(Ag^{+})$ = 0.1 mol · L^{-1}时，可得电对 Ag^{+}/Ag 的电极电势$E(Ag^{+}/Ag)$。

$$E(Ag^{+}/Ag) = E^{\ominus}(Ag^{+}/Ag) + 0.059\ 2\ V\lg c(Ag^{+}) = 0.799\ V + 0.059\ 2\ V\lg 0.1 = 0.739\ 8\ V$$

电池 (-) Zn | Zn^{2+}(x mol · L^{-1}) ‖ Ag^{+}(0.1 mol · L^{-}) | Ag(+) ，该电池的电动势为

$$E = E_{(+)} - E_{(-)} = E(Ag^{+}/Ag) - E(Zn^{2+}/Zn) = 1.51\ V$$

即：$0.0592/2\ \lg x = -0.772\ V + 0.763\ V$

$$x = 0.57\ mol/L$$

所以，Zn^{2+}浓度 x 为 0.57 mol/L。

11. 根据标准电极电势，请将下列物质的氧化性从强到弱排列：Fe^{2+}，Fe^{3+}，Ni^{2+}，Ag^{+}，S，Cu^{2+}。

解题思路：查教材附表可知：$E^{\ominus}(Ni^{2+}/Ni) = -0.25$ V；$E^{\ominus}(Ag^{+}/Ag) = 0.799$ V；$E^{\ominus}(S/H_2S) = 0.141$ V；$E^{\ominus}(Fe^{3+}/Fe^{2+}) = 0.77$ V；$E^{\ominus}(Fe^{2+}/Fe) = -0.44$V；$E^{\ominus}(Cu^{2+}/Cu) = 0.337$ V

对若干组电对在指定状态下的电极电势进行比较，即可确定各电对组分物质在相应状态下的氧化还原能力的强弱。在所有电对中实际电极电势最高的电对中的氧化态物质是所有电对中氧化能力最强的氧化剂，它与其中任何一个电对组成电池时总是作为正极，发生还原反应。而在所有电对中实际电极电势最低的电对中的还原态物质，则是所有电对中还原能力最强的还原剂。它与其中任何一个电对组成电池时总是作为负极，发生氧化反应。

答：氧化性从强到弱顺序为：Ag^{+}，Fe^{3+}，Cu^{2+}，S，Ni^{2+}，Fe^{2+}。

12. 将氢电极插入含有 0.50 mol · L^{-1}HA 和 0.10 mol · L^{-1} A^{-}的缓冲溶液中，作为原电池的负极；将银电极插入含有 AgCl 沉淀和 1.0 mol · L^{-1} Cl^{-}的 $AgNO_3$溶液中。已知 $p(H_2)$ = 100 kPa时，测得原电池的电动势为 0.450 V。

(1)写出电池符号和电池反应方程式；

(2)计算负极溶液中的 $c(H^{+})$。

答：(1)(-)Pt | H_2 | HA，A^{-} ‖ Cl^{-} | AgCl | Ag(+)

$$H_2(g) + A^{-}(aq) + AgCl(s) \rightleftharpoons\!=\!= HA(aq) + Ag(s) + Cl^{-}(aq)$$

(2) $c(H^+)=1.39\times10^{-4}\ mol\cdot L^{-1}$

13.已知298 K和$p^\ominus$压力下,$Ag_2SO_4(s)+H_2(p^\ominus)$══$2Ag(s)+H_2SO_4(0.100\ mol\cdot L^{-1})$。

(1)为该化学反应设计一可逆电池,并写出其两极反应和电池反应;

(2)计算电池的电动势E;

(3)计算Ag_2SO_4的$K_{sp}^\ominus$。

答:(1) $(-)Pt,H_2\mid H_2SO_4(0.100\ mol\cdot L^{-1})\mid Ag_2SO_4(s),Ag(s)(+)$

$(-)H_2=2H^+(0.200\ mol\cdot L^{-1})+2e^-$

$(+)Ag_2SO_4+2e^-$══$2Ag+2H^+(0.200\ mol\cdot L^{-1}+SO_4^{2-}(0.100\ mol\cdot L^{-1})$

(2)0.698 V　(3)1.5×10^{-6}

14.根据标准电极电势,求Ag^++Cl^-══$AgCl(s)$的平衡常数$K^\ominus$和溶度积常数$K_{sp}^\ominus$。

解题思路:本题是利用给出的两个电极设计成原电池,此电池正极为金属银电极,电极电势$E^\ominus(Ag^+/Ag)=0.7996V$;电池负极为氯化银电极,电极电势$E^\ominus(AgCl/Ag)=0.222\ 3\ V$。由正负极的标准电极电势计算电池的电动势。

$E^\ominus=E_{(+)}^\ominus-E_{(-)}^\ominus=E^\ominus(Ag^+/Ag)-E^\ominus(AgCl/Ag)$,通过$\ln K^\ominus=\dfrac{nFE^\ominus}{RT}$即可计算出标准平衡常数$K^\ominus$。由氯化银沉淀的解离平衡$AgCl(s)$══$Ag^++Cl^-$可得到AgCl沉淀溶度积常数$K_{sp}^\ominus=c(Ag^+)\cdot c(Cl^-)$与通过标准电动势计算得到的$K^\ominus$正好互为倒数关系。

解题注意:本题设计的电池为标准状态下的电池。

解:将Ag^+生成$AgCl(s)$的反应方程式两边各加1个金属Ag,得电池反应式:

$$Ag^++Cl^-+Ag══AgCl(s)+Ag$$

负极:Cl^-+Ag-e══$AgCl(s)$,$E^\ominus(AgCl/Ag)=0.222\ 3\ V$

正极:Ag^++e══Ag,$E^\ominus(Ag^+/Ag)=0.799\ 6\ V$

$$\lg K^\ominus=(0.799\ 6-0.222\ 3)/0.059\ 2=9.75$$

所以,化学反应Ag^++Cl^-══$AgCl(s)$的标准平衡常数为$K^\ominus=5.62\times10^9$。

AgCl沉淀溶度积常数$K_{sp}^\ominus=1/K^\ominus=1.78\times10^{-10}$。

15.已知298 K时,电极反应:$MnO_4^-+8H^++5e^-$══$Mn^{2+}+4H_2O$,Cl_2+2e^-══$2Cl^-$。

(1)把两个电极组成原电池时,计算其标准电动势;

(2)计算当H^+浓度为$0.10\ mol\cdot L^{-1}$,其他各离子浓度为$1.0\ mol\cdot L^{-1}$,Cl_2分压为100 kPa时原电池的电动势。已知:$E^\ominus(MnO_4/Mn^{2+})=1.507\ V$;$E^\ominus(Cl_2/Cl^-)=1.357\ V$。

解题思路:由题可知$MnO_4^-+8H^++5e^-$══$Mn^{2+}+4H_2O$为正极的反应;Cl_2+2e^-══$2Cl^-$为负极的反应。

标准电动势$E^\ominus=E_{(+)}^\ominus-E_{(-)}^\ominus=E^\ominus(MnO_4/Mn^{2+})-E^\ominus(Cl_2/Cl^-)$。当氢离子浓度为$0.10\ mol\cdot L^{-1}$时,应用能斯特方程式,即可算得此条件下电极电势$E(MnO_4/Mn^{2+})$。

解:(1)把两个电极组成原电池时,标准电动势为

$$E=E^\ominus(MnO_4/Mn^{2+})-E^\ominus(Cl_2/Cl^-)=1.507\ V-1.357\ V=0.15\ V$$

(2)氯气分压为100 kPa,此时Cl_2+2e^-══$2Cl^-$处于标准状态,其电极电势为标准电极电势,即

$$E^{\ominus}(Cl_2/Cl^-)=1.357\ V$$

当 $c(H^+)=0.1\ mol\cdot L^{-1}$时,应用能斯特方程式计算 $E(MnO_4^-/Mn^{2+})$。

电极反应:　$MnO_4^-+8H^++5e^- \longrightarrow Mn^{2+}+4H_2O$

25 ℃下,当 $c(H^+)=0.1\ mol\cdot L^{-1}$时,$E^{\ominus}(MnO_4/Mn^{2+})=1.507\ V$

$$E(MnO_4^-/Mn^{2+})=E^{\ominus}(MnO_4^-/Mn^{2+})+\frac{0.059\,2\ V}{5}\lg\frac{\{c(MnO_4^-)/c^{\ominus}\}\{c(H^+)/c^{\ominus}\}^8}{\{c(Mn^{2+})/c^{\ominus}\}}=$$

$$1.507\ V+\frac{0.059\,2\ V}{5}\lg(0.1)^8=1.418\,7\ V$$

所以,当 $c(H^+)=0.1\ mol\cdot L^{-1}$时,$E(MnO_4^-/Mn^{2+})=1.418\,7\ V$

此时原电池的电动势:$E=E(MnO_4/Mn^{2+})-E^{\ominus}(Cl_2/Cl^-)=1.418\,7\ V-1.357\ V=0.061\,7\ V$

16. 已知:$E^{\ominus}(Cu^{2+}/Cu^+)=0.17\ V$;$E^{\ominus}(Cu^+/Cu)=0.52\ V$,$K_{sp}^{\ominus}(CuCl)=1.02\times10^{-6}$,试计算在 298 K 时反应:$Cu+Cu^{2+}+2Cl^- \longrightarrow 2CuCl(s)$ 的平衡常数 $K^{\ominus}$。

解题思路:本题由 CuCl 的溶度积常数 $K_{sp}^{\ominus}(CuCl)$,推导出反应 $Cu+Cu^{2+}+2Cl^- \longrightarrow 2CuCl(s)$ 的平衡常数 $K^{\ominus}$。

解:

$$Cu+Cu^{2+} \longrightarrow 2Cu^+$$

$$\lg K_1^{\ominus}=nE^{\ominus}/0.059\,2=-5.922$$

所以,$K_1^{\ominus}=1.2\times10^{-6}$,$K_2^{\ominus}=1/c(Cu^{2+})\cdot c(Cl^-)^2$

$$K_1^{\ominus}=c(Cu^+)^2/c(Cu^{2+})=[c(Cu^+)^2\cdot c(Cl^-)^2]/[c(Cu^{2+})\cdot c(Cl^-)^2]=[K_{sp}^{\ominus}(CuCl)]\cdot K_2^{\ominus}$$

$$K_2^{\ominus}=K_1^{\ominus}/[K_{sp}^{\ominus}(CuCl)]^2=1.2\times10^6$$

17. 已知 $E^{\ominus}(Ag^+/Ag)=0.799\,6\ V$,$E^{\ominus}(AgBr/Ag)=0.071\,3\ V$,求 AgBr 在 298 K 时的溶度积常数 $K_{sp}^{\ominus}(AgBr)$。

解题思路:本题是利用给出的两个电极设计成原电池,此电池正极为金属银电极,电极电势 $E^{\ominus}(Ag^+/Ag)=0.799\,6\ V$;电池负极为溴化银电极,电极电势 $E^{\ominus}(AgBr/Ag)=0.071\,3\ V$。

由正负极的标准电极电势计算电池的电动势 $E^{\ominus}=E_{(+)}^{\ominus}-E_{(-)}^{\ominus}=E^{\ominus}(Ag^+/Ag)-E^{\ominus}(AgBr/Ag)$,通过 $\ln K^{\ominus}=\frac{nFE^{\ominus}}{RT}$即可计算出标准平衡常数 $K^{\ominus}$。由溴化银沉淀的解离平衡 $AgBr(s) \longrightarrow Ag^++Br^-$可得到 AgBr 沉淀溶度积常数 $K_{sp}^{\ominus}=c(Ag^+)\cdot c(Br^-)$,与通过标准电动势计算得到的 $K^{\ominus}$正好互为倒数关系。

解题注意:本题设计的电池为标准状态下的电池。

解:将 Ag^+生成 AgBr (s)的反应方程式两边各加 1 个金属 Ag,得电池反应式:

$$Ag^++Br^-+Ag \longrightarrow AgBr(s)+Ag$$

负极:$Br^-+Ag-e^- \longrightarrow AgBr(s)$,$E^{\ominus}(AgBr/Ag)=0.071\,3\ V$

正极:$Ag^++e^- \longrightarrow Ag$,$E^{\ominus}(Ag^+/Ag)=0.799\,6\ V$

$$\lg K^{\ominus}=(0.799\,6-0.071\,3)/0.059\,2=12.3$$

所以,化学反应 $Ag^++Br^- \longrightarrow AgBr(s)$的标准平衡常数为 $K^{\ominus}=2.0\times10^{12}$

AgBr 沉淀溶度积常数 $K_{sp}^{\ominus}=1/K^{\ominus}=0.5\times10^{-12}$

18. 298 K 时,在 Ag^{+}/Ag 电极中加入过量 I^{-},设达到平衡时 $c(I^{-})=0.10\ mol\cdot L^{-1}$,而另一个电极为 Cu^{2+}/Cu,$c(Cu^{2+})=0.01\ mol\cdot L^{-1}$,现将两电极组成原电池,写出原电池的符号,电池反应,并计算电池反应的平衡常数。已知:$E^{\ominus}(Ag^{+}/Ag)=0.80\ V$,$E^{\ominus}(Cu^{2+}/Cu)=0.34\ V$,$K_{sp}^{\ominus}(AgI)=1.0\times10^{-18}$。

解:$E(Cu^{2+}/Cu)=0.34\ V+(0.059\ 2\ V/2)\lg(0.01)=0.28\ V$

$$E(AgI/Ag)=0.80\ V+0.059\ 2\ V[K_{sp}^{\ominus}/c(I^{-})]=-0.2\ V$$

所以原电池符号:(-) Ag, AgI|I^{-}(0.1)||Cu^{2+}(0.01)|Cu(+)

电池反应式:$2Ag+Cu^{2+}+2I^{-}=\!=\!=2AgI+Cu$

$$E^{\ominus}(AgI/Ag)=0.80\ V+0.059\ 2\ V\lg K_{sp}^{\ominus}(AgI)=-0.26\ V$$

$$E^{\ominus}=0.34\ V-(-0.26\ V)=0.6\ V$$

$$\lg K^{\ominus}=nE^{\ominus}/0.059\ 2=20.34, K^{\ominus}=2.2\times10^{20}$$

19. 已知 $Zn^{2+}+2e^{-}=\!=\!=Zn$,$E^{\ominus}=-0.76\ V$;$ZnO_2^{2-}+2H_2O+2e^{-}=\!=\!=Zn+4OH^{-}$,$E^{\ominus}=-1.22\ V$。试通过计算说明锌在标准状况下,既能从酸中又能从碱中置换放出 H_2。

解题思路:利用电极电势的大小,判断氧化剂和还原剂之间的反应情况。

答:锌在酸中置换 H_2: $Zn+2H^{+}=\!=\!=Zn^{2+}+H_2$

$E^{\ominus}=0.76>0$,能自发进行,锌在酸中置换 H_2。

锌在碱中置换 H_2: $Zn+2OH^{-}=\!=\!=ZnO^{2-}+H_2$

$$2H_2O+2e^{-}=\!=\!=H_2+2OH^{-}$$

$$E=0+(0.059\ 2/2)\lg c(H^{+})^2=-0.83\ V$$

因为 $E=-0.83\ V-(-1.22\ V)=0.39\ V>0$

所以锌在碱中也能置换出 H_2。

20. 有原电池 (-) A | A^{2+} ‖ B^{2+} | B (+),当 $c(A^{2+})=c(B^{2+})$ 时,其电动势为 +0.360 V,现若使 $c(A^{2+})=0.100\ mol\cdot L^{-1}$,$c(B^{2+})=1.00\times10^{-4}\ mol\cdot L^{-1}$,这时该电池的电动势是多少?

解题思路:由题中的电池符号可以知道,$E(B^{2+}/B)$ 做正极,$E(A^{2+}/A)$ 做负极,所以有电池的电动势 $E=E_{(+)}-E_{(-)}=E(B^{2+}/B)-E(A^{2+}/A)$。结合能斯特方程式,$c(A^{2+})=0.100\ mol\cdot L^{-1}$,$c(B^{2+})=1.00\times10^{-4}\ mol\cdot L^{-1}$ 时,即可求得这时该电池的电动势。

解:因为 $c(A^{2+})=c(B^{2+})$

所以,$E^{\ominus}(B^{2+}/B)-E^{\ominus}(A^{2+}/A)=E=0.036\ V$

$$E=E(B^{2+}/B)-E(A^{2+}/A)=$$

$$E^{\ominus}(B^{2+}/B)-E^{\ominus}(A^{2+}/A)+\frac{0.059\ 2\ V}{2}\lg\frac{c(B^{2+})}{c(A^{2+})}$$

代入数据可得

$$E=0.36\ V+\frac{0.059\ 2\ V}{2}\lg\frac{10^{-4}}{0.1}=0.271\ V$$

21. 为什么锌棒与铁制管道接触可防止管道的腐蚀?

答:因为 $E^{\ominus}(Zn^{2+}/Zn)=-0.76\ V$,$E^{\ominus}(Fe^{2+}/Fe)=-0.44\ V$,可见 Zn 比 Fe 更易被氧

化,管道与锌棒接触被腐蚀的首先是锌而不是铁。

22. 已知电池符号,请写出电池的电极反应和电池反应?

$Pt \mid Fe^{2+}(1.0\ mol/L),\ Fe^{3+}(0.1\ mol/L) \parallel Cl^-(2.0\ mol/L) \mid Cl_2(p^\ominus) \mid Pt$

解:负极: $Fe^{2+}(aq) - e^- \xlongequal{} Fe^{3+}(aq)$

正极: $Cl_2(g) + 2e^- \xlongequal{} Cl^-(aq)$

电池反应: $Cl_2(g) + 2Fe^{2+}(aq) \xlongequal{} 2Fe^{3+}(aq) + 2Cl^-(aq)$

23. 根据标准电极电势,说明并讨论下列物质的氧化性由强到弱的次序:

$$Fe^{3+}, H^+, Cu^{2+}, Cl_2, Ni^{2+}, Cr_2O_7^{2-}, Br_2, MnO_4^-, Fe^{2+}$$

已知: $E^\ominus(Cl_2/Cl^-) = 1.360\ V$; $E^\ominus(Br_2/Br^-) = 1.077\ 4\ V$; $E^\ominus(Fe^{3+}/Fe^{2+}) = 0.769\ V$; $E^\ominus(Cu^{2+}/Cu) = 0.339\ 4\ V$; $E^\ominus(MnO_4^-/Mn^{2+}) = 1.512\ V$; $E^\ominus(Ni^{2+}/Ni) = -0.236\ 3\ V$; $E^\ominus(Fe^{2+}/Fe) = -0.4089V$; $E^\ominus(Cr_2O_7^{2-}/Cr^{3-}) = 1.33\ V$

解:因为电对的电极电势越高,其对应的氧化态物质的氧化性越强。

上述的电对电极电势由高到低的顺序为

$$E^\ominus(MnO_4^-/Mn^{2+}); E^\ominus(Cl_2/Cl^-); E^\ominus(Cr_2O_7^{2-}/Cr^{3-}); E^\ominus(Br_2/Br^-);$$

$$(Fe^{3+}/Fe^{2+}); E^\ominus(Cu^{2+}/Cu); E^\ominus(H^+/H_2); E^\ominus(Ni^{2+}/Ni); E^\ominus(Fe^{2+}/Fe)$$

所以,氧化性由强到弱的次序为

$$MnO_4^-, Cl_2, Cr_2O_7^{2-}, Br_2, Fe^{3+}, Cu^{2+}, H^+, Ni^{2+}, Fe^2$$

24. 试计算298 K时,电极 $Pt \mid Fe^{3+}(1\ mol\cdot L^{-1}), Fe^{2+}(10^{-3} mol\cdot L^{-1})$ 的电极电势的大小? 已知: $E^\ominus(Fe^{3+}/Fe^{2+}) = 0.771\ V$

解:由能斯特方程可得

$$E^\ominus(Fe^{3+}/Fe^{2+}) = 0.771\ V - 0.059\ 2\ V\ \lg 10^{-3} = 0.948\ 6\ V$$

25. 解释说明下面反应进行的方向。

$$Sn^{2+} + 2Fe^{3+}(1.0\ mol\cdot L^{-1}) \longrightarrow Sn^{4+} + 2Fe^{2+}(10^{-3}\ mol\cdot L^{-1})$$

已知: $E^\ominus(Sn^{4+}/Sn^{2+}) = 0.154\ V$; $E^\ominus(Fe^{3+}/Fe^{2+}) = 0.771\ V$。

解:由能斯特方程式可得 $E(Fe^{3+}/Fe^{2+}) = 0.948\ 6\ V$

此反应对应的原电池的电动势为

$E = E^\ominus(+) - E^\ominus(-) =$

$E^\ominus(Fe^{3+}/Fe^{2+}) - E^\ominus(Sn^{4+}/Sn^{2+}) = 0.948\ 6\ V - 0.154\ V > 0$

所以,反应 $Sn^{2+} + 2Fe^{3+}(1.0\ mol\cdot L^{-1}) \longrightarrow Sn^{4+} + 2Fe^{2+}(10^{-3}\ mol\cdot L^{-1})$ 向正向进行。

26. 计算下列原电池的电动势,写出相应的电池反应。

$$Zn \mid Zn^{2+}(0.01\ mol/L) \parallel Fe^{2+}(0.001\ mol/L) \mid Fe$$

已知: $E^\ominus(Zn^{2+}/Zn) = -0.762\ 1\ V$; $E^\ominus(Fe^{2+}/Fe) = -0.408\ 9\ V$。

解:由能斯特方程式

$$E(Zn^{2+}/Zn) = -0.762\ 1\ V + 0.059\ 2\ V/2 \cdot \lg 0.01 = -0.880\ 5\ V$$

$$E(Fe^{2+}/Fe) = -0.408\ 9\ V + 0.059\ 2\ V/2 \cdot \lg 0.001 = -0.479\ 9\ V$$

所以, $E_{MF} = E(Fe^{2+}/Fe) - E(Zn^{2+}/Zn) = -0.479\ 9\ V - (-0.880\ 5\ V) = 0.400\ 6\ V$

电池反应: $Zn + Fe^{2+}(0.001\ mol/L) \xlongequal{} Zn^{2+}(0.01\ mol/L) + Fe$

27. 写出电池 Pt,$H_2(p^{\ominus})$|NaOH(水溶液,$a=1$)|HgO+Hg 的电极反应和电池反应。已知 298 K,上述电池的 $E^{\ominus}=0.9625$ V,$\Delta_f G_m^{\ominus}$(H_2O,l,298 K)$=-237.2$ kJ·mol^{-1}。计算反应 HgO ══ Hg+$\frac{1}{2}O_2$ 平衡时 O_2 的压力 p_{O_2}。

解:电池 Pt,$H_2(p^{\ominus})$|NaOH(水溶液,$a=1$)|HgO+Hg

负极: $H_2+2OH^- \longrightarrow 2H_2O(l)+2e^-$

正极: $HgO(s)+H_2O+2e^- \longrightarrow 2OH^-+Hg(l)$

电池反应: $H_2(p^{\ominus})+HgO(s) \longrightarrow H_2O(l)+Hg(l)$

$\Delta_r G_m^{\ominus}=-ZE^{\ominus}F=(-2\times 96\,500\times 0.962\,5)\ \text{J}\cdot\text{mol}^{-1}=-178\,814\ \text{J}\cdot\text{mol}^{-1}$

而 $\Delta_r G_m^{\ominus}=\Delta_f G_m^{\ominus}(H_2O,l)-\Delta_f G_m^{\ominus}(HgO,s)$

则 $\Delta_f G_m^{\ominus}(HgO,s)=\Delta_f G_m^{\ominus}(H_2O,l)-\Delta_r G_m^{\ominus}=$

$(-237.2+178.8)\ \text{kJ}\cdot\text{mol}^{-1}=$

$-58.4\ \text{kJ}\cdot\text{mol}^{-1}$

$$HgO(s) \longrightarrow Hg(l)+\frac{1}{2}O_2(g),\ \Delta_r G_m^{\ominus}=58.4\ \text{kJ}\cdot\text{mol}^{-1}$$

$$\Delta_r G_m^{\ominus}=-RT\ln K_{sp}^{\ominus}=-RT\ln\left(\frac{p}{p^{\ominus}}\right)^{\frac{1}{2}}$$

$$58\,400=-8.314\times 298\ \ln\left(\frac{p_{O_2}}{p^{\ominus}}\right)^{\frac{1}{2}}$$

所以 $p_{O_2}=3.36\times 10^{-21}p^{\ominus}$

5.5 同步训练题

1. 是非题(正确的用“对”表示,错误的用“错”表示)。

(1)电动势 E 的数值与电池反应式的写法无关,而平衡常数的数值随反应式的写法不同而变。 ( )

(2)氢电极的电极电势为零。 ( )

(3)在海上航行的轮船,为防止其发生电化学腐蚀,应在船尾和船壳的水线以下部分焊上一定数量的铅块。 ( )

(4)H_2分压为 1.01×10^5Pa,H^+的浓度已知但不是 1 mol·L^{-1}的氢电极也可用来测定其他电极电势。 ( )

(5)对于电对 Zn^{2+}/Zn,增大其 Zn^{2+}的浓度,则其标准电极电势值将减小。 ( )

(6)利用能斯特方程,计算 MnO_4^-/Mn^{2+}的电极电势 E,E 和得失电子数无关。 ( )

(7)电池反应为:$2Fe^{2+}$(1 mol·L^{-1})+I_2 ══ $2Fe^{3+}$(0.000 1 mol·L^{-1})+$2I^-$(0.000 1 mol·L^{-1})原电池符号正确的是:(-)Pt | Fe^{2+}(1 mol·L^{-1}),Fe^{3+}(0.000 1 mol·L^{-1}) ‖ I^-(0.000 1 mol·L^{-1}),I_2 | Pt(+)。 ( )

(8)在 Sn^{2+}盐溶液中加入锡粒可以防止它被氧化。 ( )

(9)氧化数与化合价的概念是相同的,数值是相等的。　(　　)

(10)电对中氧化态物质生成沉淀或配离子,则沉淀物的 $K_{sp}^{\ominus}$ 越小或配离子 $K_f^{\ominus}$ 越大,它们的标准电极电势就越小或越大。　(　　)

(11)电解含有 Na^+、K^+、Zn^{2+}、Ag^+ 金属离子的盐类水溶液,其中 Na^+、K^+ 能被还原成金属单质,Zn^{2+}、Ag^+ 不能被还原成金属单质。　(　　)

(12)原电池中的氧化还原反应达到平衡时,两电极的电势相等。　(　　)

(13)在一个氧化还原反应中,若两电对的电极电势值差很大,则可判断该反应的反应趋势很大。　(　　)

(14)$Cl_2+Ca(OH)_2 \xrightarrow{\triangle} Ca(ClO_3)_2+CaCl_2+H_2O$,上述反应中 Cl_2 是氧化剂。　(　　)

(15)金属标准电极电势的大小与金属电极表面积的大小无关。　(　　)

(16)任何一个电极的电势绝对值都无法测得,电极电势是指定标准氢电极的电势为零而测出的相对电势。　(　　)

(17)使用标准氢电极可以测定所有金属的标准电极电势。　(　　)

(18)当溶液中增加 H^+ 时,氧化剂 $Cr_2O_7^{2-}$ 氧化能力将增强。　(　　)

(19)原电池中,电流从负极流向正极。　(　　)

(20)电解烧杯中的食盐水时,其电解产物是钠、氯气。　(　　)

2.选择题。

(1)电化学法处理含酚废水利用电化学的原理是　(　　)

A. 原电池　B. 电解池　C. 化学平衡　D. 以上都不对

(2) 在 Fe-Cu 原电池中,其正极反应式及负极反应式正确的为　(　　)

A. (+) $Fe^{2+}+2e^- = Fe$　(-) $Cu = Cu^{2+}+2e^-$

B. (+) $Fe = Fe^{2+}+2e^-$　(-) $Cu^{2+}+2e^- = Cu$

C. (+) $Cu^{2+}+2e^- = Cu$　(-) $Fe^{2+}+2e^- = Fe$

D. (+) $Cu^{2+}+2e^- = Cu$　(-) $Fe = Fe^{2+}+2e^-$

(3)根据下列能正向进行的反应,判断电极电势最大的电对是　(　　)

$$2FeCl_3+SnCl_2 = 2FeCl_2+SnCl_4$$

$$2KMnO_4+10FeSO_4+8H_2SO_4 = 2MnSO_4+5Fe_2(SO_4)_3+K_2SO_4+8H_2O$$

A. Fe^{3+}/Fe^{2+}　B. Sn^{4+}/Sn^{2+}　C. Mn^{2+}/MnO_4^-　D. MnO_4^-/Mn^{2+}

(4)下列关于原电池说法错误的是　(　　)

A. 给出电子的极称为负极,负极被氧化

B. 电流从负极流向正极

C. 盐桥使电池构成通路

D. 原电池是借助于氧化还原反应使化学能转变成电能的装置

(5)已知 $E^{\ominus}(MnO_2/Mn^{2+}) = 1.23V$,$E^{\ominus}(Cl_2/Cl^-) = 1.36$ V,从标准电极电势看,MnO_2 不能氧化 Cl^-,但用 MnO_2 加浓盐酸可以生成 $Cl_2(g)$,这是因为　(　　)

A. 两个 $E^{\ominus}$ 相差不太大　B. 酸度增加,$E(MnO_2/Mn^{2+})$ 也增加

C. Cl^- 浓度增加,$E(Cl_2/Cl^-)$ 减小　D. 上面三因素都有

(6)电池反应 $Mn(OH)_3 = Mn(OH)_2 + 1/4O_2 + 1/2H_2O$ 的半反应为(　　)和(　　)

A. $Mn(OH)_3 + e^- = Mn(OH)_2 + OH^-$

B. $Mn(OH)_2 + 2e^- = Mn + 2OH^-$

C. $MnO_2 + 2H_2O + 2e^- = Mn(OH)_2 + 2OH^-$

D. $O_2 + 2H_2O + 4e^- = 4OH^-$

(7)已知:$Ag + I \rightleftharpoons AgI + e^-$, $E^{\ominus} = -0.15V$,如果将其组成原电池(-)Ag-AgI | HI(1mol·L^{-1}) | H_2(101325Pa),Pt(+)的电动势为　　(　　)

A. 0.30 V　　B. -0.30 V　　C. 0.45 V　　D. 0.15 V

(8) $K_2Cr_2O_7$与浓盐酸发生如下反应的理由是　　(　　)

$$K_2Cr_2O_7 + 14HCl \longrightarrow 2CrCl_3 + 3Cl_2 + 2KCl + 7H_2O$$

A. 因为 $Cr_2O_7^{2-}/Cr^{3+}$ 的 $E_1^{\ominus} = 1.33$ V, Cl_2/Cl^- 的 $E_2^{\ominus} = 1.36$ V, $E_1^{\ominus} < E_2^{\ominus}$

B. 由于用的是浓盐酸,Cl^-浓度增大使 Cl_2/Cl^- 的 E 增大,从而使 E 增大

C. 由于加热使反应物的动能增加

D. 因为用的是浓盐酸,使 $Cr_2O_7^{2-}/Cr^{3+}$ 的 $E_1^{\ominus}$ 增大,同时使 Cl_2/Cl^- 的 $E_2^{\ominus}$ 减小,从而使 $E_1^{\ominus} > E_2^{\ominus}$

(9)已知电对 Ag^+/Ag 和 Fe^{3+}/Fe^{2+} 的 $E^{\ominus}$ 各为 0.799 V 和 0.771 V,又知下列原电池的 $E = 0.698$ V,则 AgBr 的溶度积常数 $K_{sp}^{\ominus}$ 为　　(　　)

(-)Ag,AgBr | Br^-(1 mol·L^{-1}) ‖ Fe^{2+}(1 mol·L^{-1}),Fe^{3+}(1 mol·L^{-1}) | Pt(+)

A. 2.5×10^{-25}　　B. 2.5×10^{-13}　　C. 5.5×10^{-13}　　D. 5×10^{-11}

(10)电解时,氧化反应发生在　　(　　)

A. 阳极　　B. 阴极　　C. 阳极或阴极　　D. 溶液

(11)反应式 $2MnO_4^- + 10Cl^- + 16H^+ = 2Mn^{2+} + 5Cl_2 + 8H_2O$ 组成电池,各物质都在标准状态下的电池电动势为[$E^{\ominus}(MnO_4^-/Mn^{2+}) = 1.491$ V, $E^{\ominus}(Cl_2/Cl^-) = 1.358$ V]　　(　　)

A. -0.133 V　　B. 2.849 V　　C. 0.133 V　　D. 1.424 V

(12)根据在标准状态下列反应皆正向进行,判断 $E^{\ominus}$ 最小的电对是　　(　　)

$$Cr_2O_7^{2-} + 6Fe^{2+} + 14H^+ = 2Cr^{3+} + 6Fe^{3+} + 7H_2O$$

$$2Fe^{3+} + 2S_2O_3^{2-} = 2Fe^{2+} + S_4O_6^{2-}$$

A. $Cr_2O_7^{2-}/Cr^{3+}$　　B. Fe^{3+}/Fe^{2+}

C. $S_4O_6^{2-}/S_2O_3^{2-}$　　D. $Cr^{3+}/Cr_2O_7^{2-}$

(13)已知电对 Pb^{2+}/Pb 的 $E^{\ominus} = -0.13$ V 及 PbI_2 的 $K_{sp}^{\ominus}$ 为 7.8×10^{-9},则下列电池反应的 E 为　　(　　)

$$Pb(s) + 2HI(1mol \cdot L^{-1}) = PbI_2(s) + H_2(101\ 325\ Pa)$$

A. -0.037 V　　B. -0.61 V　　C. +0.37 V　　D. +0.61 V

(14)在用金属铜作电极电解稀 $CuSO_4$ 溶液时,阴阳极区溶液颜色的变化为　　(　　)

A. 阳极区变浅,阴极区变深　　B. 阴阳极区都变深

C. 阳极区变深,阴极区变浅　　D. 阴阳极区都变浅

(15)一个电解池以原电池作电源进行电解反应,则 ( )

A. 电解池的阴极发生氧化反应

B. 电解池的阳极发生氧化反应

C. 原电池的负极发生还原反应

D. 电解池和原电池的阴极均发生氧化反应

(16)已知:$E^{\ominus}(PbSO_4/Pb) = -0.359$ V;$E^{\ominus}(Pb^{2+}/Pb) = -0.126$ V。当 $c(Pb^{2+}) = 0.01$ mol/L,$c(SO_4^{2-}) = 1$ mol/L 时,其电池符号是( ),电池反应式是( )。

A. (-) Pb | SO_4^{2-}(1 mol/L) ‖ Pb^{2+}(0.01 mol/L) | Pb (+)

B. (-) Pb ,$PbSO_4$(s) | SO_4^{2-}(1 mol/L) ‖ Pb^{2+}(0.01 mol/L) | Pb (+)

C. $Pb^{2+} + 2e^- = Pb$

D. $Pb^{2+} + SO_4^{2-} = PbSO_4$

(17)电池 (-) P_t, H_2 | HCl (aq) ‖ $CuSO_4$(aq) | Cu(+) 的电动势与下述情况无关的是 ( )

A. 温度 B. 盐酸浓度 C. 氢气体积 D. 氢气压力

(18)在 Fe-Cu 原电池中,其正极反应式及负极反应式正确的为 ( )

A. (+) $Fe^{2+} + 2e^- = Fe$ (-) $Cu = Cu^{2+} + 2e^-$

B. (+) $Fe = Fe^{2+} + 2e^-$ (-) $Cu^{2+} + 2e^- = Cu$

C. (+) $Cu^{2+} + 2e^- = Cu$ (-) $Fe^{2+} + 2e^- = Fe$

D. (+) $Cu^{2+} + 2e^- = Cu$ (-) $Fe = Fe^{2+} + 2e^-$

(19)下列电极反应,其他条件不变时,将有关离子浓度减半,电极电势增大的是 ( )

A. $Cu^{2+} + 2e^- = Cu$ B. $I_2 + 2e^- = 2I^-$

C. $Fe^{3+} + e^- = Fe^{2+}$ D. $Sn^{4+} + 2e^- = Sn^{2+}$

(20)下列电对 $E^{\ominus}$ 值最小的是 ( )

A. $E^{\ominus}(Ag^+/Ag)$ B. $E^{\ominus}(AgCl/Ag)$

C. $E^{\ominus}(AgBr/Ag)$ D. $E^{\ominus}(AgI/Ag)$

3. 填空题。

(1)电解的应用很广,最常见的是________、阳极氧化、电解加工等。在我国于 20 世纪 80 年代兴起应用电刷镀的方法对机械的局部破坏进行修复,在铁道、航空、船舶和军事工业等方面均已推广应用。

(2)在电解池中正极发生________反应,在原电池中正极发生________反应。

(3)已知:$E^{\ominus}(Sn/Sn^{2+}) = 0.15$V, $E^{\ominus}(H_2/H^+) = 0.000$ V, $E^{\ominus}(SO_4^{2-}/SO_2) = +0.17$ V, $E^{\ominus}(Mg^{2+}/Mg) = -2.375$ V, $E^{\ominus}(Al^{3+}/Al) = -1.66$ V, $E^{\ominus}(S/H_2S) = +0.141$ V。

根据以上 $E^{\ominus}$ 值,把还原型还原能力大小的顺序排列为

____。

(4)指出化学反应方程式:

$$2KMnO_4 + 5H_2O_2 + 6HNO_3 = 2Mn(NO_3)_2 + 2KNO_3 + 8H_2O + 5O_2\uparrow$$

中氧化剂是________,还原剂为________。

(5)已知下列反应均按正方向进行。

$$2FeCl_3+SnCl_2 = 2FeCl_2+SnCl_4$$

$$2KMnO_4+10FeSO_4+8H_2SO_4 = 2MnSO_4+5Fe_2(SO_4)_3+K_2SO_4+8H_2O$$

在上述这些物质中,最强的氧化剂是________,最强的还原剂是________。

(6)氧化-还原反应中,氧化剂是$E^{\ominus}$值较高的电对是________,还原剂是$E^{\ominus}$值较低的电对是________。

(7)在酸性溶液中MnO_4^-作为氧化剂的半反应为________。$H_2C_2O_4$作为还原剂的半反应为________________。

(8)已知$E^{\ominus}(NO_3^-/NO)=0.957$ V,$E^{\ominus}(O_2/H_2O_2)=0.695$ V,$E^{\ominus}(MnO_4^-/Mn^{2+})=1.507$ V,则最强的氧化剂为________,最强的还原剂为________。

(9)已知$E^{\ominus}(Zn^{2+}/Zn)=-0.7618V$,$E^{\ominus}(Cu^{2+}/Cu)=0.3419V$,原电池:

$Zn|Zn^{2+}(1.0mol\cdot L^{-1})||Cu^{2+}(1.0\ mol\cdot L^{-1})|Cu$ 的电动势为________。

(10)钢铁在大气的中性或弱酸性水膜中主要发生________,只有在酸性较强的水膜中才主要发生________。

(11)电镀工艺是将欲镀零件作为电解池的________。

(12)电极电势的数值与电池反应中化学计量数的选择及电极反应方向________。

(13)原电池中,得到电子的电极为________极,该电极上发生________反应。原电池可将________能转化为________能。

(14)非金属碘在0.01 $mol\cdot kg^{-1}$的I^-溶液中,当加入少量H_2O_2时,碘的电极电势应该________________。

(15)Fe^{3+}和Cu ________在标准状态下能够共存。

(16)电解烧杯中的食盐水时,其电解产物是________和________。

(17)(-)$Pt(H_2,100\ kPa)|H^+(0.001\ mol\cdot kg^{-1})\|H^+(1\ mol\cdot kg^{-1})|Pt(H_2,100\ kPa)$(+)的电动势应为________。

(18)298 K,对于电极反应$O_2+4H^++4e^- = 2H_2O$来说,当$p(O_2)=100$ kPa,酸度与电极电势的关系式是________。

(19)已知$E^{\ominus}(A/B)>E^{\ominus}(C/D)$在标准状态下自发进行的反应为____________。

(20)电对Br_2/Br^-的E值与介质pH值________。

4.计算题。

(1)已知电池 (-) Zn | Zn^{2+}(x mol/L) ‖ Ag^+(0.1 mol/L) | Ag | (+) ,测得该电池的电动势$E=1.51V$,求Zn^{2+}浓度x为多少?已知:$E^{\ominus}(Zn^{2+}/Zn)=-0.763$ V;$E^{\ominus}(Ag^+/Ag)=0.799$ V。

(2)某Cu^{2+}溶液通过0.500 A电流28.7 min。如果电流效率为100%,计算阴极上析出多少克铜?

(3)计算$MnO_2+4H^+(aq)+2Cl^-(aq) \rightleftharpoons Mn^{2+}(aq)+Cl_2(g)+2H_2O$的平衡常数。已知:$E^{\ominus}(MnO_2/Mn^{2+}=1.23$ V; $E^{\ominus}(Cl_2/Cl^-)=1.360$ V。

(4)计算锌在$[Zn^{2+}]=0.001$ mol/L的溶液中的电极电势。已知:$E^{\ominus}(Zn^{2+}/Zn)=$

$-0.763\ V$。

(5)电极反应 $MnO_4^- + 8H^+ + 5e^- \rightleftharpoons Mn^{2+} + 4H_2O$,求此反应在298.15 K,pH=1 和pH=3的溶液中的电极电势,已知:$E^\ominus(MnO_4^-/Mn^{2+}) = +1.507\ V$。

(6)试判断下列原电池的正、负极,并计算其电动势。已知:$E^\ominus(Zn^{2+}/Zn) = -0.763\ V$。

$$Zn|Zn^{2+}(0.001\ mol/L)\|Zn^{2+}(1\ mol/L)|Zn$$

(7)当 $c(H^+) = 1.0\times10^{-5}\ mol\cdot L^{-1}$ 时,试求 $E(MnO_4^-/Mn^{2+})$ = ? 已知:$E^\ominus(MnO_4^-/Mn^{2+}) = 1.507\ V$。

(8)已知电池反应:$Zn+Cu^{2+} = Zn^{2+}+Cu$ 试求在298 K的标准平衡常数。已知:$E^\ominus(Cu^{2+}/Cu) = +0.341\ 9\ V$; $E^\ominus(Zn^{2+}/Zn) = -0.761\ 8\ V$。

(9)由标准电极电势求 $Ag^+ + Cl^- = AgCl(s)$ 的 $K^\ominus$ 和 $K_{sp}^\ominus$。已知:$E^\ominus(Ag/AgCl) = 0.222\ 3\ V$; $E^\ominus(Ag^+/Ag) = 0.799\ 6\ V$。

(10)试求电极反应 $O_2+2H_2O+4e = 4OH^-$,当 OH^- 浓度为 $0.1\ mol\cdot L^{-1}$ 时,氧气在标准压力下,$E^\ominus(O_2/OH^-)$ 为多少? 已知:$E^\ominus(O_2/OH^-) = 0.4\ V$。

(11)已知 $E^\ominus(Ag^+/Ag) = 0.799\ V$;$K_{sp}^\ominus(AgCl) = 1.6\times10^{-10}$,试求 $E(AgCl/Ag)$。

(12)已知反应:$2Ag+2HI = 2AgI\downarrow + H_2\uparrow$,试求该反应的平衡常数 $K^\ominus$。已知:$E^\ominus(AgI/Ag) = -0.15\ V$。

(13)对于原电池,若已知电动势 E,则可以计算出该原电池的吉布斯自由能变 $\Delta_r G_m$。现已知铜锌原电池的标准电动势为1.103 V,试计算该原电池的标准吉布斯自由能变 $\Delta_r G_m^\ominus$。

(14)今有如下反应:$2Na(s) + 2H^+(aq) = 2NaOH(aq) + H_2(g)$,若将其设计成原电池,试求其标准电动势 $E^\ominus$。已知:$\Delta_f G_m^\ominus(Na) = 0$;$\Delta_f G_m^\ominus(H^+) = 0$;$\Delta_f G_m^\ominus(NaOH) = -261.9$;$\Delta_f G_m^\ominus(H_2) = 0$。

(15)已知某铜锌原电池反应在25 ℃,标准状态下的标准电动势 $E^\ominus$ 为1.1 V,试求此条件下该反应的标准平衡常数 $K^\ominus$。

(16)由标准氢电极和标准镉电极组成的原电池,对应的电池反应如下:$2Cd+4H^+ = 2Cd^{2+}+2H_2\uparrow$。求该反应的标准吉布斯函数变 $\Delta G^\ominus$。已知 $E^\ominus(Cd^{2+}/Cd) = -0.403\ 0\ V$;$E^\ominus(H^+/H_2) = 0$。

(17)25 ℃时,将锌片分别浸入含有 $1.0\ mol\cdot L^{-1}$ 和 $0.001\ mol\cdot L^{-1}$ 的 Zn^{2+} 溶液中,试通过计算比较两种情况下,锌电极的电极电势的大小。已知:$E^\ominus(Zn^{2+}/Zn) = -0.763\ V$。

(18)某电极反应 $MnO_4^- + 8H^+ + 5e^- = Mn^{2+} + 4H_2O$,$E^\ominus = +1.507\ V$。若 MnO_4^- 和 Mn^{2+} 均处于标准态。求25 ℃,$c(H^+) = 1\times10^{-6}$ 时该电极的电极电势。已知:$E^\ominus(MnO_4^-/Mn^{2+}) = 1.507\ V$。

(19)已知 $E^\ominus(Ag^+/Ag) = +0.799\ 6\ V$, $AgCl(s)$ 的 $K_{sp}^\ominus = 1.77\times10^{-10}$,试求25 ℃,$E^\ominus(AgCl/Ag)$。

(20)25 ℃下,在标准氢电极溶液中加入电解质KAc,达到平衡后,测得HAc和 Ac^- 的浓度均为 $1\ mol\cdot L^{-1}$,若维持 H_2 的分压仍为 $10^5\ Pa$,计算这时氢电极的电极电势 E。

5. 问答题。

(1)请比较原电池与电解池的区别?

(2)已知某原电池的组成式为: Pt | Sn^{2+},Sn^{4+} ‖ Fe^{3+},Fe^{2+} | Pt

试写出该电池反应对应的方程式。

(3)请问制作印刷电路板时,刻蚀铜箔的反应可否自发进行?已知刻蚀铜箔的反应方程式:$2FeCl_3(aq)+Cu(s) \xlongequal{} 2FeCl_2(aq)+CuCl_2(aq)$,$E^{\ominus}(Fe^{3+}/Fe^{2+})=+0.771$ V;$E^{\ominus}(Cu^{2+}/Cu)=+0.341\ 9$ V。

(4)当 pH=5 时,I_2,I^-,MnO_4^-,Mn^{2+},Br_2,Br^-中,哪种物质的氧化性最强,哪种物质的还原性最强?已知 $E^{\ominus}(I_2/I^-)=0.535$ V;$E^{\ominus}(MnO_4^-/Mn^{2+})=1.507$ V;$E^{\ominus}(Br_2/Br^-)=1.605$ V。

(5)试判断反应 $Ni^{2+}+Zn \longrightarrow Ni+Zn^{2+}$在标准态时反应进行的方向?已知:$E^{\ominus}(Ni^{2+}/Ni)=-0.25$V;$E^{\ominus}(Zn^{2+}/Zn)=-0.76$ V。

(6) 298.15 K 下,当 $c(Ag^+)=1.0\times10^{-3}\ mol\cdot L^{-1}$,$c(Fe^{2+})=1.0mol\cdot L^{-1}$时,判断反应 $Fe(s)+2Ag^+(aq) \xlongequal{} 2Ag(s)+Fe^{2+}(aq)$ 能否自发进行?已知:$E^{\ominus}(Ag^+/Ag)=+0.799\ 6$ V;$E^{\ominus}(Fe^{2+}/Fe)=-0.447$ V。

(7)298.15 K 下,现有如下两个反应,请比较哪个反应进行的彻底。已知:$E^{\ominus}(Cu^{2+}/Cu)=+0.341\ 9$ V; $E^{\ominus}(Zn^{2+}/Zn)=-0.761\ 8$ V;$E^{\ominus}(Pb^{2+}/Pb)=-0.126\ 2$ V;$E^{\ominus}(Sn^{2+}/Sn)=-0.137\ 5$ V。

①$Cu^{2+}+Zn \xlongequal{} Cu+Zn^{2+}$

②$Sn+Pb^{2+} \xlongequal{} Sn^{2+}+Pb$

(8)试将化学反应 $MnO_4^-+5Fe^{2+}+8H^+ \xlongequal{} Mn^{2+}+5Fe^{3+}+4H_2O$ 设计成原电池。

(9)试判断反应 $Pb^{2+}(0.1\ mol/L)+Sn \rightleftharpoons Pb+Sn^{2+}(1.0\ mol/L)$进行的方向?已知:$E^{\ominus}(Pb^{2+}/Pb)=-0.13$ V;$E^{\ominus}(Sn^{2+}/Sn)=-0.14$ V。

(10)试判断在标准态时,Fe^{3+}和 Br_2氧化性的强弱?已知:$E^{\ominus}(Fe^{3+}/Fe^{2+})=0.771$ V;$E^{\ominus}(Br_2/Br^-)=1.066$ V。

(11)现有 Br^-、Cl^-、I^-的混合液,请选择一种氧化剂将 I^-除去,而保留 Br^-和 Cl^-。已知:$E^{\ominus}(I_2/I^-)=0.54$ V,$E^{\ominus}(Br_2/Br^-)=1.07$,$E^{\ominus}(Cl_2/Cl^-)=1.36$ V。

(12)25 ℃下,氧化还原反应:$Hg^{2+}+2Ag \xlongequal{} Hg+2Ag^+$,当 Ag^+浓度为 $1.0\ mol\cdot L^{-1}$,Hg^{2+}的浓度分别为 $0.10\ mol\cdot L^{-1}$和 $0.0010\ mol\cdot L^{-1}$时,是否对反应自发进行的方向有影响?已知:$E^{\ominus}(Hg^{2+}/Hg)=+0.851$ V;$E^{\ominus}(Ag^+/Ag)=+0.799\ 6$ V。

(13)已知电池符号,请写出电池的电极反应和电池反应。

Pt | $Fe^{2+}(1.0\ mol/L)$, $Fe^{3+}(0.1\ mol/L)$ ‖ $Cl^-(2.0\ mol/L)$ | $Cl_2(100\ kPa)$ | Pt

(14)已知:$E^{\ominus}(Fe^{3+}/Fe^{2+})=+0.771$ V; $E^{\ominus}(I_2/I^-)=+0.535\ 5$ V; $E^{\ominus}(Sn^{4+}/Sn^{2+})=+0.151$ V; $E^{\ominus}(Ce^{4+}/Ce^{3+})=+1.72$ V; $E^{\ominus}(Cu^{2+}/Cu)=+0.341\ 9$ V; $E^{\ominus}(Br^2/Br^-)=+1.066$ V; $E^{\ominus}(Hg_2{}^{2+}/Hg)=+0.797\ 3$ V。根据如下电对的标准电极电势值 $E^{\ominus}$,

①试将 Fe^{3+}、I_2、Sn^{4+}、Ce^{4+}的氧化性由弱到强排序;

②试将 Cu、Fe^{2+}、Br^-、Hg 的还原性由弱到强排序。

(15)已知$E^{\ominus}(Fe^{3+}/Fe^{2+})=0.77\ V$, $E^{\ominus}(Cr_2O_7^{2-}/Cr^{3+})=1.23\ V$, $E^{\ominus}(MnO_4^-/Mn^{2+})=1.51\ V$,试指出各电对中可做氧化剂的物质,并比较它们的氧化能力。

(16)试判断反应$Ni^{2+}(1.0\ mol/L)+Zn \rightleftharpoons Ni+Zn^{2+}(0.010\ mol/L)$是否自发进行?若能自发反应,若将其设计成原电池,请计算该原电池的电动势为多少?已知:$E^{\ominus}(Ni^{2+}/Ni)=-0.25\ V$;$E^{\ominus}(Zn^{2+}/Zn)=-0.76\ V$。

(17)根据标准电极电势,判断下列物质的氧化性由弱到强的次序:

$$Fe^{3+};H^+;Cu^{2+};Cl_2;Ni^{2+};Cr_2O_7^{2-};Br_2;MnO_4^-;Fe^{2+}$$

已知:$E^{\ominus}(Cl_2/Cl^-)=1.360\ V$;$E^{\ominus}(H^+/H_2)=0.0\ V$;$E^{\ominus}(Br_2/Br^-)=1.077\ 4\ V$;$E^{\ominus}(Fe^{3+}/Fe^{2+})=0.769\ V$;$E^{\ominus}(Cu^{2+}/Cu)=0.339\ 4\ V$;$E^{\ominus}(MnO_4^-/Mn^{2+})=1.512\ V$;
$E^{\ominus}(Ni^{2+}/Ni)=-0.236\ 3\ V$;$E^{\ominus}(Fe^{2+}/Fe)=-0.408\ 9\ V$;$E^{\ominus}(Cr_2O_7^{2-}/Cr^{3-})=1.33\ V$。

(18)请设计一种方法,来测定锌电极的标准电极电势(提示:可以借助测定原电池的电动势来测定)。

(19)为什么在加热条件下,实验室能够用MnO_2与浓HCl反应制备Cl_2?已知:$E^{\ominus}(MnO_2/Mn^{2+})=1.229\ 3\ V$;$E^{\ominus}(Cl_2/Cl^-)=1.360\ V$。

(20)已知下列电对的半反应式,试根据标准电极电势比较I_2,Fe^{2+},Ag^+,ClO^-,MnO_4^-的氧化能力大小?

$$I_2+2e^- = 2I^-, E^{\ominus}=0.535\ V$$
$$Fe^{2+}+2e^- = Fe, E^{\ominus}=-0.44\ V$$
$$Ag^++e^- = Ag, E^{\ominus}=0.799\ V$$
$$ClO^-+H_2O+2e^- = Cl^-+2OH^-, E^{\ominus}=0.89\ V$$
$$MnO_4^-+8H^++5e^- = Mn^{2+}+4H_2O+7H_2O, E^{\ominus}=1.512\ V$$

5.6 同步训练题参考答案

1.判断题(正确的用“对”表示,错误的用“错”表示)。

(1)对 (2)错 (3)错 (4)对 (5)错 (6)对 (7)对 (8)对 (9)错 (10)错 (11)错 (12)对 (13)对 (14)错 (15)对 (16)对 (17)错 (18)对 (19)错 (20)错

2.选择题。

(1)B (2)D (3)D (4)B (5)D (6)A D (7)D (8)D (9)C (10)A (11)C (12)C (13)C (14)C (15)B (16)B D (17)C (18)D (19)B (20)D

3.填空题。

(1)电镀 (2)氧化 还原 (3)Mg,Al^{3+},H_2S,Sn^{2+},SO_4^{2-}

(4)$KMnO_4$ H_2O_2 (5)$KMnO_4$ $SnCl_2$

(6)氧化型 还原型 (7)$MnO_4^-+8H^++5e^- = Mn^{2+}+4H_2O$ $H_2C_2O_4 = 2CO_2+2H^++2e^-$

(8) MnO_4^-　H_2O_2　(9) 1.103 7 V　(10) 吸氧腐蚀　析氢腐蚀
(11)阳极　(12) 无关　(13)正极　还原反应　化学能　电能　(14) 增大
(15) 不能　(16)氯气　氢气　(17) 0.177 6 V　(18)$E = E^{\ominus} - 0.059\text{pH}$
(19) $A+D \longrightarrow B+C$　(20) 无关

4. 计算题。

(1)解:正极:$Ag^+(0.1\ mol/L) \mid Ag$ 处于标准状态,$E^{\ominus}(Ag^+/Ag) = 0.799\ V$

负极:$Zn \mid Zn^{2+}(x\ mol/L)$ 处于非标准状态,应用能斯特方程式 $E(Zn^{2+}/Zn) = -0.763\ V + \frac{0.059\ 2\ V}{2}\lg x$

所以,电动势 $E = E^{\ominus}(Ag^+/Ag) - E(Zn^{2+}/Zn) = 0.799\ V - (-0.763\ V + \frac{0.059\ 2}{2} V \lg x)$

解得 $x \approx 0.57\ mol/L$

(2)解: 电解时,在阴极上发生的反应为

$$Cu^{2+}(aq) + 2e^- \longrightarrow Cu(s)$$

$$m(Cu) = \left(\frac{63.5}{2} \times \frac{0.500 \times 28.7 \times 60}{96\ 487}\right) g = 0.283\ g$$

(3) 解:根据能斯特方程,可得负极的电极电势 $E_{(-)}$ 为

$$E(MnO_2/Mn^{2+}) = E^{\ominus}(MnO_2/Mn^{2+}) - \frac{0.059\ 2\ V}{2}\lg \frac{\{c(Mn^{2+})/c^{\ominus}\}}{\{c(H^+)/c^{\ominus}\}^4}$$

正极的电极电势 $E_{(+)}$ 为

$$E(Cl_2/Cl^-) = E^{\ominus}(Cl_2/Cl^-) - \frac{0.059\ 2\ V}{2}\lg \frac{\{c(Cl^-)/c^{\ominus}\}^2}{p(Cl_2)/p^{\ominus}}$$

当反应达到平衡时,$E_{(+)} = E_{(-)}$

所以,$\lg K^{\ominus} = 2(1.23 - 1.36)/0.059\ 2$

解得 $K^{\ominus} \approx 4.06 \times 10^{-5}$

(4)解:电极反应为:$Zn^{2+}(aq) + 2e^- \longrightarrow Zn\ (s)$

当 $c(Zn^{2+}) = 0.001\ mol \cdot L^{-1}$,应用 Nernst 方程得

$$E(Zn^{2+}/Zn) = E^{\ominus}(Zn^{2+}/Zn) + \frac{0.059\ 2\ V}{2}\lg \frac{c(Zn^{2+})/c^{\ominus}}{1} =$$

$$-0.763\ V + \frac{0.059\ 2\ V}{2}\lg 0.001 = -0.852\ V$$

(5)解:电极反应为:$MnO_4^- + 8H^+ + 5e^- \longrightarrow Mn^{2+} + 4H_2O$

当 pH=1,即$[H^+] = 1 \times 10^{-1}$时

$$E(MnO_4^-/Mn^{2+}) = E^{\ominus}(MnO_4^-/Mn^{2+}) + \frac{0.059\ 2\ V}{5}\lg \frac{\{c(MnO_4^-)/c^{\ominus}\}\{c(H^+)/c^{\ominus}\}^8}{\{c(Mn^{2+})/c^{\ominus}\}} =$$

$$1.507\ V + \frac{0.059\ 2\ V}{5}\lg (1 \times 10^{-1})^8 = 1.412\ V$$

同理,当 pH=3 时

$$E(MnO_4^-/Mn^{2+}) = E^{\ominus}(MnO_4^-/Mn^{2+}) + \frac{0.0592\ V}{5}\lg \frac{\{c(MnO_4^-)/c^{\ominus}\}\{c(H^+)/c^{\ominus}\}^8}{\{c(Mn^{2+})/c^{\ominus}\}} =$$

$$1.507\ V+\frac{0.059\ 2\ V}{5}\lg(1\times10^{-3})^8=1.223\ V$$

(6)$E(Zn^{2+}/Zn)=E^{\ominus}(Zn^{2+}/Zn)+\frac{0.059\ 2\ V}{2}\lg\frac{c(Zn^{2+})/c^{\ominus}}{1}=$

$$-0.763\ V+\frac{0.059\ 2\ V}{2}\lg 0.001=-0.852\ V$$

所以,盐桥左边为负极,盐桥右边为正极,即

$$(-)\ Zn|\ Zn^{2+}(0.001mol/L)\ \|\ Zn^{2+}(1mol/L)\ |Zn\ (+)$$

$$E=E_{(+)}-E_{(-)}=\ -0.762\ 6\ V-(-0.851\ V)\ =\ 0.088\ V$$

上述原电池的正、负两极电对相同,只是半电池内 $c(Zn^{2+})$ 不同,这种原电池称为浓差电池。

(7)解:电对 MnO_4^-/Mn^{2+} 的电极半反应式:

$$MnO_4^-+8H^++5e^-\Longrightarrow Mn^{2+}+4\ H_2O$$

由能斯特方程式:

$$E(MnO_4^-/Mn^{2+})=E^{\ominus}(MnO_4^-/Mn^{2+})+\frac{0.059\ 2\ V}{5}\lg\frac{\{c(MnO_4^-)/c^{\ominus}\}\{c(H^+)/c^{\ominus}\}^8}{\{c(Mn^{2+})/c^{\ominus}\}}$$

$$1.507\ V+\frac{0.059\ 2\ V}{5}\lg(1\times10^{-5})^8=1.034\ V$$

(8) 解:

$$Cu^{2+}+Zn\Longrightarrow Cu+Zn^{2+}$$

根据

$$E^{\ominus}=E^{\ominus}_{(+)}-E^{\ominus}_{(-)}=0.341\ 9\ V-(-0.761\ 8\ V)=+1.10V$$

在 298 K 下,

$$\lg K^{\ominus}=\frac{nE^{\ominus}}{0.059\ 2}=\frac{2\times1.1.37}{0.059\ 2}\approx37.287$$

可见,标准平衡常数非常大,说明反应进行得很完全。

(9)解:将 Ag^+ 生成 AgCl(s)的反应方程式两边各加 1 个金属 Ag,得

$$Ag^++Cl^-+Ag\Longrightarrow AgCl(s)+Ag$$

负极:$Cl^-+Ag-e^-\rightleftharpoons AgCl(s)$, $E^{\ominus}=0.222\ 3\ V$

正极:$Ag^++e^-\rightleftharpoons Ag$, $E^{\ominus}=0.799\ 6\ V$

$$\lg K^{\ominus}=(0.799\ 6\ V-0.222\ 3\ V)/0.059\ 2\ V\approx9.75$$

$$K^{\ominus}\approx5.62\times10^9$$

$$K^{\ominus}_{sp}=1/K^{\ominus}\approx1.78\times10^{-10}$$

(10)解:$c(OH^-)=0.1\ mol\cdot L^{-1}$时,应用能斯特方程式

$$E(O_2/OH^-)=E^{\ominus}(O_2/OH^-)-\frac{0.059\ 2\ V}{4}\lg 0.1^4\ =0.4\ V-\frac{0.059\ 2\ V}{4}\lg(0.1)^4=0.46\ V$$

(11)解:$AgCl+e^-\Longrightarrow Ag(s)+Cl^-$,标准态时 $c(Cl^-)=1\ mol\cdot L^{-1}$

因为,$c(Ag^+)\ =\ K^{\ominus}_{sp}/c(Cl^-)=\ K^{\ominus}_{sp}=1.6\times10^{-10}\ mol\cdot L^{-1}$

所以,$E\ (Ag^+/Ag)=\ E^{\ominus}(Ag^+/Ag)\ +0.059\ 2\ V\ \lg c(Ag^+)=0.799\ V+0.059\ 2\ V\ \lg 1.6\times$

$10^{-10}=0.221\ V$

(12)解:$\lg K^{\ominus}=2[E^{\ominus}(H^+/H_2)-E^{\ominus}(Ag^+/Ag)]/0.059=2[0-(-0.15)]/0.059\ 2=5.08$

解得　$K^{\ominus}=1.2\times10^5$

(13)解:铜锌原电池的电池反应式: $Zn(s)+Cu^{2+}(aq) \rightleftharpoons Zn^{2+}(aq)+Cu(s)$

根据　$\Delta_r G_m^{\ominus}=-nFE^{\ominus}$　　$n=2$

即　$\Delta_r G_m^{\ominus}=-2\ mol\times96\ 485\ C\cdot mol^{-1}\times1.103\ V=-213\ kJ\cdot mol^{-1}$

(14)解:　$2Na(s)+2H^+(aq) \rightleftharpoons 2NaOH(aq)+H_2(g)$

$\Delta_f G_m^{\ominus}/(kJ\cdot mol^{-1})$　　0　　0　　-261.9×2　　0

$\Delta_r G_m^{\ominus}=-261.9\times2\ kJ\cdot mol^{-1}=523.8\ kJ\cdot mol^{-1}<0$,反应可以正向自发进行。

因为　$\Delta_r G_m^{\ominus}=-nFE^{\ominus}$

所以,$E^{\ominus}=\dfrac{-\Delta_r G_m^{\ominus}}{nF}=\dfrac{-(-261.9\times2)\times1\ 000\ J}{1\ mol\times96\ 485\ C/mol}\approx5.42\ V$

(15)解:$Zn(s)+Cu^{2+}(aq) \rightleftharpoons Zn^{2+}(aq)+Cu(s)$

$$\lg K^{\ominus}=\frac{nE^{\ominus}}{0.059\ 2}=\frac{2\times1.1}{0.059\ 2}=37.16$$

所以 $K^{\ominus}=1.45\times10^{37}$

(16)解:$2Cd+4H^+ \rightleftharpoons 2Cd^{2+}+2H_2\uparrow$

$E=E_{(+)}-E_{(-)}=E^{\ominus}(H^+/H_2)-E^{\ominus}(Cd^{2+}/Cd)=0\ V-(-0.403\ 0\ V)=0.403\ 0\ V$

$\Delta G^{\ominus}=-nFE^{\ominus}=-4\ mol\times96\ 485\ C\cdot mol^{-1}\times0.403\ 0\ V=-155.54\ kJ\cdot mol^{-1}$

(17)解:电极反应式:$Zn^{2+}+2e^- \rightleftharpoons Zn$

当 $c(Zn^{2+})=1.0\ mol\cdot L^{-1}$,则

$$E(Zn^{2+}/Zn)=E^{\ominus}(Zn^{2+}/Zn)+\frac{0.059\ 2\ V}{2}\lg\frac{1}{1}=-0.763\ V$$

当 $c(Zn^{2+})=0.001\ mol\cdot L^{-1}$,则

$$E(Zn^{2+}/Zn)=E^{\ominus}(Zn^{2+}/Zn)+\frac{0.0592\ V}{2}\lg\frac{c(Zn^{2+})/c^{\ominus}}{1}=$$

$$-0.763\ V+\frac{0.059\ 2\ V}{2}\lg 0.001=-0.852\ V$$

可见,锌片浸入含有 $1.0\ mol\cdot L^{-1}$ 的 Zn^{2+} 溶液中的电极电势较大。

(18)解: $E(MnO_4^-/Mn^{2+})=E^{\ominus}(MnO_4^-/Mn^{2+})+\dfrac{0.0592\ V}{5}\lg\dfrac{\{c(MnO_4^-)/c^{\ominus}\}\{c(H^+)/c^{\ominus}\}^8}{\{c(Mn^{2+})/c^{\ominus}\}}=$

$$1.507\ V+\frac{0.059\ 2\ V}{5}\lg(1\times10^{-6})^8=0.939\ V$$

所以,25 ℃,$c(H^+)=1\times10^{-6}$时,该电极的电极电势 $E=0.939\ V$。

(19)解: $c(Ag^+)\cdot c(Cl^-)=K_{sp}^{\ominus}(AgCl)=1.77\times10^{-10}$

即 $c(Cl^-)=1\ mol\cdot L^{-1}$

所以,$c(Ag^+)=\dfrac{K_{sp}^{\ominus}}{c(Cl^-)}=\dfrac{1.77\times10^{-10}}{1}\ mol\cdot L^{-1}=1.77\times10^{-10} mol\cdot L^{-1}$

$$E(Ag/Ag^+) = E^{\ominus}(Ag/Ag^+) + 0.059\,2\text{ V}\lg K_{sp}^{\ominus} \approx 0.222\,7\text{ V}$$

所以,电极反应 $AgCl + e^- \Longrightarrow Ag + Cl^-$,$E^{\ominus} = +0.222\,7$ V。

(20)解:标准氢电极的电极反应:$2H^+(aq) + 2e^- \Longrightarrow H_2(g)$, $E^{\ominus} = 0$ V

平衡时,$c(HAc) = c(Ac^-) = 1\text{ mol}\cdot L^{-1}$,含有 H^+ 的溶液是一缓冲溶液,则

$$c(H^+) = K_a^{\ominus}\frac{c(HAc)}{c(Ac^-)} = K_a^{\ominus}\text{ mol}\cdot L^{-1}$$

$$E = E^{\ominus}(H^+/H_2) + \frac{0.059\,2\text{ V}}{2}\lg\frac{\{c(H^+)/c^{\ominus}\}^2}{\{p(H_2)/p^{\ominus}\}} = \frac{0.059\,2\text{ V}}{2}\lg(K_a^{\ominus})^2 = -0.282\text{ V}$$

这时氢电极的电极电势 $E = -0.282$ V。

5. 问答题。

(1)解:原电池与电解池对比见下表。

原　电　池	电　解　池
电子流出的电极称为负极,氧化反应	获得电子的电极称为阴极,还原反应
获得电子的电极称为正极,还原反应	电子流出的电极称为阳极,氧化反应
原电池可以自发进行	电解反应必须加外电压
正离子向正极移动	正离子向阴极移动
负离子向负极移动	负离子向阳极移动
将化学能转变为电能	将电能能转变为化学能

(2)解: 正极电极反应式:$2Fe^{3+} + 2e^- \Longrightarrow 2Fe^{2+}$

负极电极反应式:$Sn^{2+} \Longrightarrow Sn^{4+} + 2e^-$

将两个电极反应式相加即得电池反应式:$2Fe^{3+} + Sn^{2+} \Longrightarrow 2Fe^{2+} + Sn^{4+}$

(3)解:对于反应 :$2Fe^{3+}(aq) + Cu(s) \Longrightarrow 2Fe^{2+}(aq) + Cu^{2+}(aq)$

$$E = E_{(+)} - E_{(-)} = E^{\ominus}(Fe^{3+}/Fe^{2+}) - E^{\ominus}(Cu^{2+}/Cu) = 0.771\text{ V} - 0.341\,9\text{ V} > 0$$

所以,反应 $2Fe^{3+}(aq) + Cu(s) \Longrightarrow 2Fe^{2+}(aq) + Cu^{2+}(aq)$ 可自发进行。

(4)解:pH=5 时,$E^{\ominus}(I_2/I^-)$、$E^{\ominus}(Br_2/Br^-)$ 值与 pH 值无关,而 $E^{\ominus}(MnO_4^-/Mn^{2+})$ 将发生变化:

$$MnO_4^- + 8H^+ + 5e^- \Longrightarrow Mn^{2+} + 4H_2O$$

$$E(MnO_4^-/Mn^{2+}) = E^{\ominus}(MnO_4^-/Mn^{2+}) + \frac{0.059\,2\text{ V}}{5}\lg\frac{\{c(MnO_4^-)/c^{\ominus}\}\{c(H^+)/c^{\ominus}\}^8}{\{c(Mn^{2+})/c^{\ominus}\}} =$$

$$1.507\text{ V} + \frac{0.059\,2\text{ V}}{5}\lg(1\times10^{-5})^8 = 1.034\text{ V}$$

所以,pH=5 时,氧化能力:$Br_2 > MnO_4^- > I_2$,还原能力:$I^- > Mn^{2+} > Br^-$。

(5)解:此反应对应的原电池的电动势为

$$E = E^{\ominus}(+) - E^{\ominus}(-) = E^{\ominus}(Ni^{2+}/Ni) - E^{\ominus}(Zn^{2+}/Zn) = -0.25\text{ V} - (-0.76)\text{ V} = 0.51\text{ V} > 0$$

反应 $Ni^{2+} + Zn \longrightarrow Ni + Zn^{2+}$ 在标准态时向正向进行。

(6)解:$Fe(s) + 2Ag^+(aq) \Longrightarrow 2Ag(s) + Fe^{2+}(aq)$

正极：电对 Ag^+/Ag，电极反应：$Ag^++e^-═══Ag$

当 $c(Ag^+)=1.0\times10^{-3}\ mol\cdot L^{-1}$，正极处于非标准状态，

$$E(Ag^+/Ag)=E^{\ominus}(Ag^+/Ag)+\frac{0.059\,2\ V}{1}\lg c(Ag^+)=0.799\,6\ V+0.059\,2\ V\lg 1\times10^{-3}=0.622\,1\ V$$

负极：电对 Fe^{2+}/Fe，$E_{(-)}=-0.447\ V$

$$E=E_{(+)}-E_{(-)}=0.622\,1\ V-(-0.447\ V)=+1.069\,1\ V>0$$

此时电池电动势 E 大于零，因此该反应在给定的非标准状态下可以自发进行。

(7)解：(1) $Cu^{2+}+Zn═══Cu+Zn^{2+}$

$$E^{\ominus}=E^{\ominus}_{(+)}-E^{\ominus}_{(-)}=0.341\,9\ V-(-0.761\,8\ V)\approx+1.103\,7\ V$$

在 298 K 下，$\lg K^{\ominus}=\frac{nE^{\ominus}}{0.059\,2}=\frac{2\times1.103\,7}{0.059\,2}=37.287$

因此，该反应的 $K^{\ominus}=2.053\times10^{37}$，反应进行得十分彻底。

(2) $Sn+Pb^{2+}═══Sn^{2+}+Pb$

$$E^{\ominus}=E^{\ominus}_{(+)}-E^{\ominus}_{(-)}=(-0.126\,2\ V)-(-0.137\,5\ V)=+0.011\,3\ V$$

在 298.15 K 下，$\lg K^{\ominus}=\frac{nE^{\ominus}}{0.059\,2}=\frac{2\times0.011\,3}{0.059\,2}\approx0.382$

因此，该反应的 $K^{\ominus}=2.41$，反应进行得不彻底。

所以，反应 $Cu^{2+}+Zn═══Cu+Zn^{2+}$ 进行得彻底。

(8)解：原电池的负极反应式：$Fe^{2+}═══Fe^{3+}+e^-$

原电池的正极反应式：$MnO_4^-+8H^++5e^-═══Mn^{2+}+4\ H_2O+7H_2O$

电极组成式分别为：负极：$Pt\ |Fe^{3+},Fe^{2+}$；正极：$Pt\ |MnO_4^-,Mn^{2+},H^+$

所以，反应组成如下电池：

$$(-)\ Pt\ |Fe^{3+},Fe^{2+}\parallel MnO_4^-,Mn^{2+},H^+|Pt\ (+)$$

(9)解：由能斯特方程式计算得

$$E(Pb^{2+}/Pb)=-0.159\,6\ V$$

$$E=E(Pb^{2+}/Pb)-E^{\ominus}(Sn^{2+}/Sn)=-0.159\,6\ V-(-0.14\ V)=-0.019\,6\ V<0$$

所以，反应 $Pb^{2+}(0.1\ mol/L)+Sn\rightleftharpoons Pb+Sn^{2+}$ 向逆向进行。

(10) 解：Br_2 的氧化性强于 Fe^{3+}，因为 $E(Fe^{3+}/Fe^{2+})=0.771\ V$，$E(Br_2/Br^-)=1.066\ V$，即 $E(Br_2/Br^-)>E(Fe^{3+}/Fe^{2+})$，电极电势高的物质其氧化性强。

(11) 解：所选氧化剂的标准电极电势应大于 $E^{\ominus}(I_2/I^-)$ 同时小于 $E^{\ominus}(Br_2/Br^-)$，即 $E^{\ominus}>0.54\ V$，并且 $E^{\ominus}<1.07\ V$。

查教材附表知可以选择 Fe^{3+} 或者 HNO_2。

(12)解：在 $c(Hg^{2+})=0.10\ mol\cdot L^{-1}$，$c(Ag^+)=1.0\ mol\cdot L^{-1}$ 的条件下，

正极处于非标准状态：

$$E(Hg^{2+}/Hg)=E^{\ominus}(Hg^{2+}/Hg)+\frac{0.059\,2\ V}{2}\lg\{c(Hg^{2+})/c^{\ominus}\}=$$

$$0.851\ V+\frac{0.059\,2\ V}{2}\lg 0.1=0.821\ V$$

但负极仍处于标准状态：

$$E_{(-)}= E^{\ominus}_{(-)}=+0.799\ 6\ \text{V}$$

所以，$E=E_{(+)}-E_{(-)}=0.821\ 0\ \text{V}-0.799\ 6\ \text{V}=0.021\ \text{V}>0$

因此，在 $c(Hg^{2+})=0.10\ \text{mol}\cdot\text{L}^{-1}$，$c(Ag^{+})=1.0\ \text{mol}\cdot\text{L}^{-1}$的条件下，该反应正向自发进行。

当 $c(Hg^{2+})=0.001\ 0\ \text{mol}\cdot\text{L}^{-1}$，$c(Ag^{+})=1.0\ \text{mol}\cdot\text{L}^{-1}$的条件下，

正极处于非标准状态：

$$E(Hg^{2+}/Hg)=E^{\ominus}(Hg^{2+}/Hg)+\frac{0.059\ 2\ \text{V}}{2}\lg\{c(Hg^{2+})/c^{\ominus}\}=$$

$$0.851\ \text{V}+\frac{0.059\ 2\ \text{V}}{2}\lg 0.001=0.762\ \text{V}$$

但负极仍处于标准状态：

$$E_{(-)}=E^{\ominus}_{(-)}=+0.799\ 6\ \text{V}$$

所以，$E=E_{(+)}-E_{(-)}=0.762\ \text{V}-0.799\ 6\ \text{V}=-0.038\ \text{V}<0$

故在 $c(Hg^{2+})=0.001\ 0\ \text{mol}\cdot\text{L}^{-1}$，$c(Ag^{+})=1.0\ \text{mol}\cdot\text{L}^{-1}$的条件下，该反应正向非自发进行。

可见，Hg^{2+}的浓度对反应自发进行的方向有影响。

(13) 解：

负极反应：$Fe^{2+}(1.0\ \text{mol/L})-e^{-}=\!=\!=Fe^{3+}(0.1\ \text{mol/L})$

正极反应：$Cl_2(100\ \text{kPa})+2e^{-}=\!=\!=Cl^{-}(2.0\ \text{mol/L})$

电池反应：$Cl_2(100\ \text{kPa})+2Fe^{2+}(1.0\ \text{mol/L})=\!=\!=2Fe^{3+}(0.1\ \text{mol/L})+2Cl^{-}(2.0\ \text{mol/L})$

(14) 解：(1)按照 $E^{\ominus}$代数值递增的顺序排列，得到氧化剂由弱到强的顺序为：

$$Sn^{4+}<I_2<Fe^{3+}<Ce^{4+}$$

(2)按照 $E^{\ominus}$代数值递减的顺序排列，得到还原剂由弱到强的顺序为：

$$Br^{-}<Hg<Fe^{2+}<Cu$$

(15)各电对中可作氧化剂的物质：Fe^{3+}，$Cr_2O_7^{2-}$，MnO_4^{-}。氧化能力由强到弱的顺序为：

$$MnO_4^{-}>Cr_2O_7^{2-}>Fe^{3+}$$

原因：$E^{\ominus}(MnO_4^{-}/Mn^{2+})>E^{\ominus}(Cr_2O_7^{2-}/Cr^{3+})>E^{\ominus}(Fe^{3+}/Fe^{2+})$

(16)解：$E(Zn^{2+}/Zn)=E^{\ominus}(Zn^{2+}/Zn)+\frac{0.059\ 2\ \text{V}}{2}\lg\frac{0.010}{1}=-0.852\ \text{V}$

$$E=E^{\ominus}(+)-E^{\ominus}(-)=E^{\ominus}(Ni^{2+}/Ni)-E(Zn^{2+}/Zn)=-0.25\ \text{V}-(-0.852\ \text{V})=0.602\ \text{V}>0$$

反应 $Ni^{2+}+Zn\longrightarrow Ni+Zn^{2+}$能正向进行，该原电池的电动势为0.602 V。

(17)解：氧化性由弱到强的次序为：

$$MnO_4^{-},Cl_2,Br_2,Cr_2O_7^{2-},\ Fe^{3+},\ Cu^{2+},\ H^{+},\ Ni^{2+},\ Fe^{2+}$$

(18)解：要测定一个锌电极的电极电势，可以把它与标准氢电极组成原电池，该电池组成式为：

$$Zn\ |Zn^{2+}(0.01\ \text{mol}\cdot\text{L}^{-1})\ \|\ H^{+}(1\ \text{mol}\cdot\text{L}^{-1})\ |H_2(100\ \text{kPa}),\ Pt$$

然后在一定温度下测定电池电动势，根据电流的方向判断此电池中标准氢电极是正

极,锌电极是负极。若测得电池电动势为 E,由于标准氢电极的电极电势规定为零,因此,待测锌电极的电极电势就等于$-E$。

(19)解:在实验室中制取 $Cl_2(g)$ 时,用的是浓 HCl(12 mol · L^{-1})。根据 Nernst 方程式可分别计算上述两电对的电极电势,并假定 $c(Mn^{2+}) = 1.0\ mol \cdot L^{-1}$, $p(Cl_2) = 100\ kPa$。在浓 HCl 中, $c(H^+) = 12\ mol \cdot L^{-1}$, $c(Cl^-) = 12\ mol \cdot L^{-1}$,则

$$E(MnO_2/Mn^{2+}) = E^{\ominus}(MnO_2/Mn^{2+}) - \frac{0.059\ 2\ V}{2}\lg\frac{c(Mn^{2+})/c^{\ominus}}{\{c(H^+)/c^{\ominus}\}^4} =$$

$$1.229\ 3\ V - \frac{0.059\ 2\ V}{2}\lg\frac{1}{12^4} \approx 1.36\ V$$

$$E(Cl_2/Cl^-) = E^{\ominus}(Cl_2/Cl^-) - \frac{0.059\ 2\ V}{2}\lg\frac{\{c(Cl^-)/c^{\ominus}\}^2}{p(Cl_2)/p^{\ominus}} =$$

$$1.360\ V - 0.059\ 2\ V\ \lg 12 \approx 1.30\ V$$

$$E_{MF}^{\ominus} = (1.36 - 1.30)\ V = 0.06\ V > 0$$

因此,从热力学方面考虑, MnO_2 可与浓 HCl 反应制取 Cl_2。实际操作中,还采取加热的方法,以便能加快反应速率,并使 Cl_2 尽快逸出,以减少其压力。

(20)解:氧化能力由弱到强的顺序为: $Fe^{2+} < I_2 < Ag^+ < ClO^- < MnO_4^-$

第6章 原子结构与元素周期律

6.1 教学基本要求

1. 掌握4个量子数对核外电子运动状态进行描述。

2. 了解波函数角度分布图与电子云角度分布图的对比。

3. 理解元素周期律与核外电子排布的关系及元素性质变化规律。

4. 理解离子键、共价键、金属键、氢键与物质结构和性质的关系。

5. 了解分子的空间构型与杂化轨道理论的关系。

6. 掌握分子间作用力对物质性质的影响。

6.2 知识点归纳

1. 核外电子的运动状态

微观粒子:物质中电子、质子、中子、原子以及分子等静止质量不为0的实物粒子称为微观粒子。

波粒二象性:既具有波动性,同时又具有粒子性,集波动性和粒子性为一体的特性称为波粒二象性。

微观粒子运动遵循量子力学规律,与经典力学运动规律不同的重要特征是“量子化”。

黑体是一种能全部吸收照射到它上面的各种波长辐射的物体。

(1) 光子学说

① 光是一束光子流,每一种频率的光的能量都有一个最小单位,称为光子,光子的能量与光子的频率成正比,即 $\varepsilon = h\nu$。

② 光子不但有能量,还有质量(m),但光子的静止质量为0,按相对论的质能方程可得 $\varepsilon = mc^2$,结合 $\varepsilon = h\nu$,可知光子的质量为 $m = \frac{h\nu}{c^2}$,即不同频率的光子有不同的质量。

③ 光子具有一定的动量(p),$p = mc = \frac{h\nu}{c} = \frac{h}{\lambda}$,这个公式实际上代表了波动性与粒子

性的统一，即能量和动量由一个 Planck 常量联系起来。

④ 光的强度取决于单位体积内光子的数目，即光子密度。

(2) 微观粒子波动性的两点假设

① 定态规则。原子有一系列定态，每一个定态有一相应的能量，电子在这些定态的能级上绕核做圆周运动，既不放出能量，也不吸收能量，而处于稳定状态；电子做圆周运动的角动量 M 必须为 $h/(2\pi)$ 的整数倍，$M=nh/(2\pi)$ $(n=1,2,3,\cdots)$。

② 频率规则。原子的能量变化（包括发射或吸收电磁衍射）只能在两定态之间以跃迁的方式进行，在正常情况下，原子中的电子尽可能处在离核最近的轨道上，这时原子的能量最低，即原子处于基态。当电子由一个定态跃迁到另一定态时，就会吸收或发射频率为 $v=\Delta E/h$ 的光子。

测不准原理：对微观粒子，不能同时准确确定其位置和动量，二者在 x 轴方向分量的不准确程度之间关系式为 $\Delta p_x \cdot \Delta x \geqslant h$（$h$ 为普朗克常数）。该式表明，微观粒子位置的不确定度与其动量的不确定度的乘积大约等于 Planck 常量的数量级，这就是说，微观粒子位置的不确定度 Δx 越小，则相应它的动量的不确定度 Δp 就越大。电子的位置若能准确地测定，其动量就不可能被准确地测定，据此，揭示了 Bohr 原子理论的缺陷（电子轨道的动量是确定的），原子中的电子没有确定的轨道。

概率波：从统计意义上讲，空间任意一点波的强度与微观粒子出现的概率密度成正比，因此微观粒子的波是具有统计性的概率波。

2. 原子轨道与电子云

波函数：描述微观粒子空间运动的数学函数式，用符号 ψ 来表示，通常也称原子轨道函数。

波函数与原子轨道的关系：量子力学用波函数来描述核外电子的运动状态并借用经典力学描述宏观物体运动的轨道概念，将波函数 ψ 称为原子轨道函数，简称原子轨道。因此波函数 ψ 和原子轨道是同义词，但此处原子轨道绝无宏观物体固定轨道的含义，它只反映了核外电子运动状态所表现出的波动性和统计规律。

概率密度：将电子在空间单位体积内出现的概率，称为概率密度。

电子云：为形象地描述电子在原子核外所成概率密度分布情况，常用密度不同的小黑点表示，这种图像的形象化表示称为电子云。

s 电子云是球形对称的，凡处于 s 状态的电子，在核外空间中半径相同的各个方向出现的概率密度都相同。

p 电子云的形状为无柄哑铃型，它在空间有 3 种不同取向，根据其极值的分布情况分别称为 p_x，p_y，p_z。

d 电子云为五朵花瓣形，在空间有 5 种取向，分别是 d_{xy}，d_{xz}，d_{yz}，$d_{x^2-y^2}$，d_{z^2}。

量子数：一组允许的量子数 n,l,m 取值对应一个合理的波函数 $\psi_{n,l,m}$。

(1) 主量子数 n

主量子数表示原子轨道离核的远近，又称电子层数。主量子数 n 的取值为正整数 $(n=1,2,3,\cdots,n)$，n 值越大，电子离核平均距离越远，n 相同的电子离核平均距离比较接近，即所谓电子处于同一个电子层。电子离核越近其能量越低，因此电子的能量随 n 值的增大而升高。主量子数是决定电子能量的主要量子数，可将 n 值所表示的电子运动状态对应于 K，L，M，N，O，…，电子层。

（2）角量子数 l

原子轨道的角动量由角量子数 l 决定。多电子原子中电子的能级决定于主量子数 n 和角量子数 l。与主量子数决定的电子层间的能量差相比，角量子数决定的亚层间的能量差要小得多。l 的取值受 n 的限制，角量子数的取值 $l \leqslant n-1$ 的整数，即 0，1，2，3，4，…，$(n-1)$，对应的符号为 s，p，d，f，g，……。不同的 n 和 l 组成的各亚层（2s，2p，2d，…），其能量必然不同。所以从能量角度来讲，每一个亚层有不同的能量，称为相应的能级。n 一定，l 的不同取值代表同一电子层中不同状态的亚层，例如：

$n=1$，$l=0$ 时，l 只有 1 个值，即有一个亚层（1s 亚层）；

$n=2$，$l=0,1$ 时，l 有 2 个值，即有 2 个亚层（2s，2p 亚层）；

$n=4$，$l=0,1,2,3$ 时，l 有 4 个值，即有 4 个亚层（4s，4p，4d，4f 亚层）；

……

对于多电子原子而言，当电子层（n）相同时，角量子数 l 越大，原子轨道的能量越高，即 $E_{ns}<E_{np}<E_{nd}$，但是单电子系统，如氢原子，其能量 E 不受 l 的影响，只与 n 有关，即 $E_{ns}=E_{np}=E_{nd}$。

（3）磁量子数 m

用来描述原子轨道在空间伸展方向的量子数。m 的取值受角量子数 l 限制，其取值是从 $+l$ 到 $-l$（包括 0 在内）的任何数值，两者的关系为 $m \leqslant l$，即 $m=\pm 1, \pm 2, \cdots, \pm l$。

当 $l=0$，$m=0$ 时，即 s 亚层只有 1 个伸展方向；当 $l=1$，$m=+1,0,-1$ 时，即 p 亚层有 3 个伸展方向，分别沿直角坐标系的 x, y, z 轴方向伸展，依次称之为 p_x，p_y，p_z 轨道；当 $l=2$，$m=\pm 1, \pm 2, \ldots, \pm l=0$ 时，即 d 亚层有 5 个伸展方向，同理 f 亚层有 7 个伸展方向。

（4）自旋量子数 m_s

电子除绕核运动外，本身还有两种相反方向的自旋运动，描述电子自旋运动的量子数称为自旋量子数，取值为+1/2 或-1/2，分别用符号"↑"和"↓"表示。

在量子力学中，只有同时用主量子数、角量子数、磁量子数和自旋量子数这 4 个量子数，才能准确描述核外电子的运动状态。

3. 多电子原子结构

对于核电荷数为 Z 的多电子原子而言，电子既客观存在核的吸引，又受其余 $(Z-1)$ 个电子的排斥，若不考虑其余电子对电子 i 的排斥，i 电子的能量仅与核电核数 Z 和主量子数 n 有关，即

$$E=-R\frac{Z^2}{n^2}, \quad R=2.179\,9\times 10^{-18}\,\text{J}$$

若考虑其余电子对电子 i 的排斥，假设电子的能量公式可以表示为

$$E=-R\frac{Z'^2}{n^2}$$

由于其余电子对电子 i 的排斥作用使电子 i 的能量升高，$Z'<Z$，$Z'=Z-\sigma$，则

$$E=-R\frac{(Z-\sigma)^2}{n^2}$$

式中　Z'—— 有效核电荷数

σ—— 屏蔽常数,σ 反映了电子间的排斥作用,$1 < \sigma < Z - 1$。

通常仅考虑内层电子对外层电子和同层电子之间的屏蔽效应。屏蔽效应使电子能量升高。

钻穿效应:在原子核出现概率较大的电子,可更多地避免其余电子的屏蔽,受到核的较强的吸引而更靠近核,这种进入原子内部空间的作用称为钻穿效应。

原子轨道能级规律:

① 当主量子数(n) 不同,角量子数(l) 相同时,其能量关系为 $E_{1s} < E_{2s} < E_{3s} < E_{4s}$,即不同电子层的相同亚层,其能级随电子层数增大而升高。

② 当主量子数(n) 相同,角量子数(l) 不同时,其能量关系为 $E_{ns} < E_{np} < E_{nd} < E_{nf}$,即不同电子层的相同亚层,其能级随电子层数增大而升高。

③ 当主量子数(n) 和角量子数(l) 均不同时,由于多电子原子中电子间的互相的作用,引起某些电子层较大的亚层,其能级反而低于某些电子层较小的亚层,这种现象称为能级交错。例如:$E_{4s} < E_{3d}$; $E_{5s} < E_{4d}$; $E_{6s} < E_{4f}$; $E_{7s} < E_{5f}$。

最低能量原理:多电子原子在基态时,核外电子总是尽可能地先占据能级较低的轨道的现象,称为最低能量原理。

泡利不相容原理:在同一原子中不可能有 4 个量子数完全相同的两个电子,称为泡利不相容原理。根据这个原理,如果两个电子处于同一轨道,那么,这两个电子的自旋方向必定相反。也就是说,每一个轨道中只能容纳两个自旋方向相反的电子,根据泡利不相容原理,s 亚层只有 1 个轨道,可以容纳 2 个自旋相反的电子;p 亚层有 3 个轨道,总共可以容纳 6 个电子;d 亚层有 5 个轨道,总共可以容纳 10 个电子。第一电子层(K 层)中只有 1s 亚层,最多容纳 2 个电子;第二电子层(L 层)中包括 2s 和 2p 两个亚层,总共可以容纳 8 个电子;第 3 电子层(M 层)中包括 3s,3p,3d3 个亚层,总共可以容纳 18 个电子,…,第 n 层总共可以容纳 $2n^2$ 个电子。

洪特规则:主量子数 n 和角量子数 l 都相同的电子,尽先占据磁量子数 m 不同的轨道,且自旋量子数 m_s 相同,即自旋平行。

全满:n 和 l 相同的各轨道全部被自旋反平行的电子占有时称为全满(s^2、p^6、d^{10}、f^{14})

半满:n 和 l 相同的轨道中各分布一个电子时称为半满(s^1、p^3、d^5、f^7)。

还有少数元素(如某些原子序数较大的过渡元素和镧系、锕系中的某些元素)的电子排布更为复杂,既不符合鲍林能级图的排布顺序,也不符合全充满、半充满及全空的规律。而这些元素的核外电子排布是由光谱实验结果得出的,我们应该尊重光谱实验事实。

4. 电子层结构与周期表

元素周期律:核外电子有规律地排布,使得元素性质随着核电荷数的递增呈现周期性变化,这个规律称为元素周期律。

周期:周期表中共有 7 行,分别为 7 个周期,7 个周期分别对应 7 个能级组,或者说,原子核外最外层电子的主量子数为 n 时,该原子则属于第 n 周期。

第 1 能级组只有 1 个 s 轨道,至少容纳 2 个电子,因此第一周期为特短周期,只有 2 种元素。

第2、3能级组各有1个ns和3个np轨道，可以填充8个电子，因此第二、第三周期各有8种元素，称为短周期。

第4、5能级组有1个ns轨道，5个$(n-1)$d轨道和3个np轨道，至少可容纳18个电子，因此第四、第五周期各有18种元素，称为长周期。

第6、7能级组各有1个ns轨道，7个$(n-2)$f轨道，5个$(n-1)$d轨道，3个np轨道，至多可容纳32个电子，第六周期有32种元素，称为特长周期。第七周期也应有32种元素，至今只发现118种元素，因此称为不完全周期。

族：原子的电子层结构相似的元素在同一列，称为族。

从左到右共有18列，第1、2、13、14、15、16和17列为主族，用A表示主族，前面用罗马数字表示族序数，主族从ⅠA到ⅦA。族的划分与原子的价电子数目和价电子排布密切相关。同族元素的价电子数目相同。主族元素的价电子全部排在最外层的ns和np轨道。尽管同族元素的价电子层数从上到下逐渐增加，但价电子排布完全相同。因此，主族元素的族序数等于价电子总数。

第3、4、5、6、7、11和12列为副族，用B表示，分别称为ⅢB、ⅣB、ⅤB、ⅥB、ⅦB、ⅠB和ⅡB，前5个副族的价电子数目对应族序数。例如，钪的价电子排布为$3d^1 4s^2$，价电子数为3，对应的族名称为ⅢB，而ⅠB和ⅡB是根据ns轨道上是有1个还是2个电子来划分的。第8、9和10列元素称为Ⅷ族，价电子排布一般为$(n-1)d^{6\sim10}ns^{0\sim2}$。

过渡元素：La系和Ac系元素称为内过渡元素；ⅢB族～ⅡB族的元素称为外过渡元素。

(1)电子层结构与周期

周期表中同一周期中最外层电子组态从左向右，除第一周期外，总是起始于ns^1，结束于ns^2np^6轨道，每个周期对应一个能级组。

(2)价层电子构型与族

ⅠA的价层电子构型为ns^1；ⅡA价层电子构型为ns^2；ⅢA族价层电子构型为ns^2np^1；ⅣA族价电子构型为ns^2np^2；ⅤA族价电子构型为ns^2np^3，p轨道上电子排布为半充满；ⅥA族价电子构型为ns^2np^4；ⅦA族为价电子构型为ns^2np^5。

零族是稀有气体元素，包括He、Ne、Ar、Kr、Xe、Rn 6种元素。除He外，稀有气体元素原子的最外层电子排布均为ns^2np^6，呈现稳定结构，称为零族元素，也称为ⅧA族。由于稀有气体价层的ns轨道和np轨道是全充满的，因此在化学反应中一般都很不活泼。

周期表上，在ⅡA族与ⅢA族之间依次排列了ⅢB、ⅣB、ⅤB、ⅥB、ⅦB、ⅧB、ⅠB和ⅡB。ⅢB族至ⅦB族族数等于最外层s电子与次外层d电子的总数，即等于其价层电子数；Ⅷ族为ns和$(n-1)$d电子总数等于8、9、10的元素；ⅠB族与ⅡB族的族数为最外层的s电子的数目，且$(n-1)$d电子数目为10。

(3)元素周期表中的分区

按照各元素原子价层电子的构型特征，周期表可划分为5个区：s区、p区、d区、ds区和f区，

s区：由ⅠA和ⅡA族以及零族的He元素（组态为$2s^2$）构成，它们的最后一个电子均填充在s能级上。价层结构为$ns^{1\sim2}$。s区元素除H、He、Li、Be元素外均是活泼金属，易

失去1个电子或2个电子,形成+1价或+2价离子。

p区:包含了ⅢA至ⅦA和零族(He除外),该区元素最后一个电子填充于p轨道上,价层构型为$ns^2np^{1\sim6}$(He除外),大部分为非金属。p区下方部分元素为金属。

d区:该区元素最后一个电子填充于d轨道上,包括ⅢB~ⅦB族和Ⅷ族元素。其价层结构为$(n-1)d^{1\sim9}ns^{1\sim2}$。

ds区:由ⅠB族和ⅡB族组成,价层的结构为$(n-1)d^{10}ns^{1-2}$。

f区:由镧系元素和锕系元素组成,该区元素最后一个电子填充在f轨道上。结构为$(n-2)f^{1\sim14}(n-1)d^{0\sim2}ns^2$。

s区和p区元素为主族元素,d区,ds区,f区元素为过渡元素。

5. 元素基本性质的周期性变化

(1)有效核电荷Z^*

元素原子序数增加时,原子的核电荷呈线性关系依次增加,电子层结构呈周期性变化,屏蔽常数亦呈周期性变化。导致有效核电荷Z^*呈周期性的变化。

在短周期中,元素从左到右,电子依次填充到最外层,由于同层电子间屏蔽作用弱,因此,有效核电荷显著增加。在长周期中的过渡元素部分,电子填充到次外层,所产生的屏蔽作用比这个电子进入最外层时要大一些,因此有效核电荷增大不多,当次外层电子半充满或全充满时,由于屏蔽作用较大,因此有效核电荷略有下降;但长周期的后半部,电子又填入到最外层,因此有效核电荷又显著增大。

同一族元素由上到下,虽然核电荷增加较多,但由于依次增加一个电子内层,因而屏蔽作用明显增大,结果有效核电荷增加不显著。

(2)原子半径r

原子核的周围是电子云,它们没有确定的边界,不存在经典意义上的半径。人们假定原子呈球体,借助相邻原子的核间距来确定原子半径。原子半径分为金属半径、共价半径、范德华半径3种。

金属半径:金属单质的晶体中,相邻两金属原子核间距离的一半,称为该金属原子的金属半径。

共价半径:同种元素的两个原子以共价单键连接时,它们核间距离的一半称为该原子的共价半径。

范德华半径:在分子晶体中,分子之间是以范德华力(即分子间力)结合的,这时相邻的非键的两个同种原子核间距离的一半,称为范德华半径。

原子半径的变化规律:

①同一短周期中从碱金属到卤素,由于原子的有效核电荷逐渐增加,而电子层数保持不变,因此核对电子的吸引力逐渐增大,原子半径逐渐减小。在长周期中,从过渡元素开始,原子半径减小比较缓慢,而在后半部的元素(例如,第四周期从Cu开始),原子半径反而略为增大,但随即又逐渐减小。这是由于在长周期过渡元素的原子中,电子的增加是填充在$(n-1)$d层上,屏蔽作用大,使有效核电荷增加不多,核对外层电子的吸引力也增加比较少,因而原子半径减小较慢。而到了长周期的后半部,即自ⅠB开始,由于次外层已充满18个电子,新增加的电子要加在最外层,半径又略为增大。当电子继续填入最外层

时，由于有效核电荷的增加，原子半径又逐渐减小。

②长周期中的内过渡元素，如镧系元素，从左到右，原子半径大体也是逐渐减小的，只是幅度更小，这是由于新增加的电子填入$(n-2)$f层上，对外层电子的屏蔽效应更大，有效核电荷增加更小，因此半径减小更慢。这种镧系元素整个系列的原子半径缩小的现象称为镧系收缩。

③同一主族，从上到下由于同一族中电子层构型相同，尽管核电荷数增多，但电子层增加的因素占主导地位，所以原子半径显著增加。副族元素除钪分族外，从上到下原子半径从第四周期过渡到第五周期一般增大幅度较小，但第五周期和第六周期同一族中的过渡元素的原子半径非常相近。

(3)电离能I

电离能用来衡量原子失去电子的难易。电离能越小，原子失去电子越容易，金属性越强；反之，原子失去电子越难，金属性越弱。基态气体原子失去一个电子成为带一个正电荷的气态正离子所消耗的能量称为该元素的第一电离能，用I_1表示。从一价气态正离子再失去一个电子成为二价正离子所需要的能量称为第二电离能I_2，以此类推，还可以有第三电离能I_3、第四电离能I_4等。

电离能的大小主要取决于原子的有效核电荷、原子半径和原子的电子层结构。随着原子逐步失去电子，所形成的离子正电荷越来越大，因而失去电子变得越来越难，故第二电离能大于第一电离能，第三电离能大于第二电离能……，即$I_1<I_2<I_3<\cdots\cdots$。通常所说的电离能，若不加以注明，指的是第一电离能。

电离能的变化规律：

①同一周期中，从左到右，元素的有效核电荷逐渐增加，原子半径逐渐减小，原子的最外层上的电子数逐渐增多，总的说来，元素的电离能逐渐增大。稀有气体由于具有稳定的电子层结构，故在同一周期元素中电离能最大。在长周期中部的过渡元素由于电子加到次外层，有效核电荷增加不多，原子半径减小较慢，电离能增加不显著，个别处变化还不大，十分有规律。第二周期中Be和N的电离能比后面的元素B和O的电离能反而增大，这是由于Be的外电子层结构为$2s^2$，N的外电子层结构为$2s^22p^3$，都是比较稳定的结构，失去电子较难，因此电离能也大些。一般来说，具有p^3、d^5、f^7等半充满电子构型的元素都有较大的电离能，即比其前后元素的电离能都要大。而元素若具有全充满的构型，也将有较大的电离能，如ⅡB族元素。

②同一主族自上而下，最外层电子数相同，有效核电荷增加不多，而原子半径的增大起主要作用，因此核对外层电子的引力逐渐减小，电子逐渐易于失去，电离能逐渐减小。金属元素的电离能一般低于非金属元素。

(4)电子亲和能E_A

电子亲和能用来定性地比较原子结合电子的难易。元素的气态原子在基态时获得一个电子，成为一价气态负离子，所放出的能量称电子亲和能，用E_A表示。非金属原子的第一电子亲和能总是正值，而金属原子的电子亲和能一般很小或为负值。一般元素的第一电子亲和能E_{A1}为正值，而第二电子亲和能量E_{A2}为负值，这是由于负离子带负电排斥外来电子，如果要结合电子必须吸收能量以克服电子的斥力。元素原子的电子亲和能越大，其原子得到电子时放出的能量越多,因此越容易得到电子;反之亦然。电子亲和能的大小也主要决定于原子的有效核电荷、原子半径和原子的电子层结构。

电子亲和能的变化规律:

①同周期元素中,从左到右原子的有效核电荷逐渐增大,原子半径逐渐减小,同时由于最外层电子数逐渐增多,易与电子结合成8电子稳定结构,因此元素的电子亲和能逐渐增大。同周期中以卤素的电子亲和能最大。氮族元素的 ns^2np^3 价电子层结构较稳定,电子亲和能反而较小。稀有气体 ns^2 和 ns^2np^6 的电子层结构稳定,使其电子亲和能非常小,为负值。

②同一主族中,从上而下元素的电子亲和能一般逐渐减小,但第二周期一些元素如F、O、N的电子亲和能反而比第三周期相应元素的要小,这是由于F、O、N的原子半径很小,电子云密度大,电子间相互斥力大,以致在增加一个电子形成负离子时放出的能量减小的缘故。

(5)电负性 χ

元素的电负性是指原子在分子中吸引电子的能力。元素的电负性数值越大,表示原子在分子中吸引电子的能力越强。

电负性的变化规律:

同一周期中,从左到右,原子的有效核电荷逐渐增大,原子半径逐渐减小,原子在分子中吸引电子的能力逐渐增加,因而元素的电负性逐渐增大。同一主族中,从上到下电子层构型相同,有效核电荷相差不大,原子半径增加的影响占主导地位,因此元素的电负性依次减小。必需指出,同一元素所处氧化态不同,其电负性值也不同。

电负性是一个相对值,本身没有单位。因此使用数据时要注意出处,并尽量采用同一套电负性数据。

(6)元素的金属性和非金属性

元素的金属性(Metallic Behavior)是指其原子失去电子而变成正离子的倾向。元素的非金属性(Nonmetallic Behavior)是指其原子得到电子变成负离子的倾向。

元素的原子越易失去电子,金属性越强;越易获得电子,非金属性越强。影响元素金属性和非金属性强弱的因素和影响电离能、电子亲和能大小的因素一样,因此常用电离能来衡量原子失去电子的难易,用电子亲和能来衡量原子获得电子的难易。

元素金属性的变化规律:

①同一周期中,从左到右,元素的电离能逐渐增大,因此元素的金属性逐渐减弱;同一主族中,从上到下元素的电离能逐渐减小,因此元素的金属性逐渐增强。

②同一周期中,从左到右,元素的电子亲和能逐渐增大,因此非金属性逐渐增强;同一主族中,从上到下电子亲和能逐渐减小,因此非金属性逐渐减弱。

元素的金属性和非金属性的强弱也可以用电负性来衡量。元素的电负性数值越大,原子在分子中吸引电子的能力越强,因而非金属性也越强。一般来讲,非金属的电负性大于2.0,金属的电负性小于2.0。但不能把电负性2.0作为划分金属和非金属的绝对界限,如非金属元素硅的电负性为1.8。

(7)元素的氧化数

元素的氧化数(或称氧化值)是指某一原子的形式电荷数,这种电荷数是假设化学键中的电负性较大的原子而求得的。

氧化数反映了元素的氧化态,有正、负、零之分,也可以是分数。元素周期表中元素的最高氧化数与原子的价电子构型密切相关(见表6.1),呈周期性变化。

表6.1 元素的最高氧化数与原子的价电子构型关系

主族	ⅠA	ⅡA	ⅢA	ⅣA	ⅤA	ⅥA	ⅦA	ⅧA
价电子构型	ns^1	ns^2	ns^2p^1	ns^2p^2	n^2p^3	n^2p^4	ns^2p^5	ns^2p^6
最高氧化数	+1	+2	+3	+4	+5	+6	+7	+8
副族	ⅠB	ⅡB	ⅢB	ⅣB	ⅤB	ⅥB	ⅦB	ⅧB
价电子构型	$(n-1)d^{10}$ ns^1	$(n-1)d^{10}$ ns^2	$(n-1)d^1$ ns^2	$(n-1)d^2$ ns^2	$(n-1)d^3$ ns^2	$(n-1)d^{4\sim5}$ ns^2	$(n-1)d^5$ ns^2	$(n-1)d^{6\sim10}$ ns^2
最高氧化数	+3 部分元素	+2	+3	+4	+5	+6	+7	+8 部分元素

由表6.1可见,ⅠA~ⅦA族(F除外)、ⅡB~ⅦB族元素的最高氧化数等于价电子总数,也等于其族数;族元素的最高氧化数变化没有规律。例如,ⅠB族元素的最高氧化数,Cu为+2,Ag为+3,Au为+3;ⅧA、ⅧB族元素中,至今只有少数元素(如Xe、Kr和Ru、Os等)有氧化数为+8的化合物。

非金属元素的最高氧化数与负氧化数的绝对值之和等于8。

元素氧化数通常按如下方法确定:

①任何形态的单质中,元素的氧化数都等于零。

②H与比其电负性大的元素化合时,氧化数为+1,如H_2O;反之为+1,如LiH。

③在氧化物中,O的氧化数为-2;但在过氧化物中,如H_2O_2、Na_2O_2中O的氧化数是-1;在氟氧化物中是+2。

④氟在化合物中的氧化数均为-1。

⑤化合物中各元素原子氧化数的代数和等于零。

6.3 典型题解析

例1 下列各组量子数的组合中,哪一组是正确的 ( )

A. 2,1,1 B. 3,-1,0 C. 3,0,1 D. 2,2,1

解题思路:B选项中,$l=-1$是错误的,l不能取负数;C选项中,m只等于$-l,\cdots,0,\cdots,+l$,$|m|>l$是错误的;D选项中,l不能等于n,只能小于n,故正确答案为A。

例2 下列电子的各组量子数合理的是 ( )

A. 1,0,0,+1/2 B. 1,1,1,1 C. 1,0,1,+1/2 D. 1,1,0,+1/2

解题思路:原子核外电子运动可用4个量子数 n,l,m 和 m_s 来描述,4个量子数都有一定取值范围,$n=1$ 时,l 只能取0,m 也只能取0,m_s 可以取+1/2或-1/2,所以A是合理的一组量子数,故正确答案为A。

例3 氢原子的3d和4s能级的能量高低为 ( )

A. 3d > 4s B. 3d = 4s C. 3d < 4s D. 无法比较

解题思路:氢原子是单电子原子,各轨道能量只由主量子数 n 决定,与角量子数 l 无关,n 越大,轨道的能量就越高,所以4s > 3d,正确答案为C。

例4 微观粒子的运动有什么特点?

解题思路:电子、质子和中子等微观粒子和光子一样,它们的运动规律与宏观物体不同,具有波粒二象性,服从测不准原理,并且能量是量子化的。

例5 符号d和 $3d^1$ 各代表什么意义?

解题思路:d是原子轨道的符号,表示 $l=2$ 的电子运动状态。$3d^1$ 代表第三电子层($n=3$)的d($l=2$)原子轨道上有1个电子,该电子处于 $n=3,l=2$、$m=0$、±1 或 ±2、$m_s=+1/2$ 或 $-1/2$ 的运动状态。

例6 原子轨道、几率密度和电子云等概念有何联系和区别?

解题思路:波函数是空间坐标的函数,它是描述核外电子空间运动状态的数学函数式,这种波函数又称为原子轨道。每一个波函数代表核外电子的一种空间运动状态,表示一个轨道。几率密度是电子在空间某处单位体积中出现的几率,用 $|\psi|^2$ 表示,而电子云是电子在核外空间出现的几率密度分布的形象化描述。

由上述定义可见,原子轨道的含义并不等于电子的几率密度分布,更不等于电子云。原子轨道是指电子的一定空间运动状态,而电子的一定空间运动状态除了有一定的几率密度分布外,还有一定的其他物理性质,如能量、平均距离等。

例7 玻尔理论有哪几条假设?根据这些假设得到哪些结果?解决了什么问题?有什么缺点?

解题思路:玻尔为了解释氢光谱的实验结果,提出了如下两条假设:

①核外电子运动取一定轨道,在此轨道上运动的电子不放出能量,也不吸收能量。

②在一定轨道上运动的电子有一定的能量,此能量只能取某些由量子化条件决定的正整数值。

根据这些假设,玻尔计算了定态轨道的半径和能量,对氢光谱频率的理论推算与实验结果十分吻合,圆满地解释了氢原子光谱以及类氢离子(只有1个电子的离子)光谱。初步肯定了电子在核外是分层排布的,即引入了主量子数的概念。

但玻尔理论的推算采用的是研究宏观运动的经典力学,没有考虑电子运动的另一重要特征——波粒二象性,因而玻尔理论不能说明多电子原子的光谱以及氢原子光谱的精细结构。

例8 下列说法是否正确?应如何改正?

(1)s电子绕核旋转,其轨道为一圆圈,而p电子是走∞字形。

(2)主量子数为1时,有自旋相反的两条轨道。

(3)主量子数为3时,有3s、3p、3d、3f四条轨道。

解题思路：(1)不对。应改为：s电子绕核旋转，其原子轨道为球形，而p电子绕核旋转，其原子轨道为哑铃形。

(2)不对。应改为：主量子数为1时，只有1条1s轨道。

(3)不对。应改为：主量子数为3时，有3s、$3p_x$、$3p_y$、$3p_z$、$3\ d_{xy}$、$3\ d_{yz}$、$3\ d_{z}^2$、$3\ d_{xz}$、$3d_{x^2-y^2}$ 9条轨道，没有f轨道。

例9　什么是屏蔽效应？什么是钻穿效应？如何解释下列轨道能量的差别？

(1)$E_{1s}<E_{2s}<E_{3s}<E_{4s}$；

(2)$E_{3s}<E_{3p}<E_{3d}$；

(3)$E_{4s}<E_{3d}$。

解题思路：其他电子的屏蔽作用对某个选定电子产生的效果为屏蔽效应。

由于电子的角量子数l不同，其几率的径向分布不同，电子钻到核附近的几率较大者受到核的吸引作用较大，因而能量不同的现象称为电子的钻穿效应。

(1)当n不同，l相同时，n越大，电子离核的平均距离越远，原子中其他电子对它的屏蔽作用则越大，即n值越大，能量就越高，故$E_{1s}<E_{2s}<E_{3s}<E_{4s}$。

(2)当n相同，l不同时，l越小，电子的钻穿效应越大，电子钻得越深，受核吸引力越强，其他电子对它的屏蔽作用就越小，其能量就越低，故$E_{3s}<E_{3p}<E_{3d}$。

(3)在多电子原子中，4s轨道比3d轨道钻穿效应大，可以更好地回避其他电子的屏蔽，4s轨道虽然主量子数比3d多1，但角量子数少2，其钻穿效应增大对轨道的降低作用超过了主量子数对轨道的升高作用，因此$E_{4s}<E_{3d}$。

例10　试以钾原子为例来说明电子层、能级、能机组等概念的联系和区别。

解题思路：在一个原子内，具有相同主量子数的电子归为同一电子层。例如，K原子2s和2p轨道上的8个电子同属于第二电子层，电子层是由主量子数决定的。

每个轨道所处的能量状态称为能级(亚层)，能级由n、l均相同的轨道组成，例如，K原子的2p能级由$2p_x$、$2p_y$和$2p_z$ 3条轨道所组成。

把能量相近的能级分为一组，称为能级组。例如，K原子的2s能级组成了第二能级组。

例11　在氢原子中4s和3d哪一个轨道能量高？19号元素钾和20号元素钙的4s和3d，哪一个轨道能量高？说明理由。

解题思路：在氢原子中$E_{4s}>E_{3d}$，氢原子核外只有1个电子，它只受原子核的作用而没有其他电子的作用。因此，轨道能量由主量子数n决定，n越大，轨道的能量就越高，因此4s的能量高于3d。

钾原子和钙原子都是多电子原子，不同运动状态的电子彼此间存在屏蔽作用，轨道的能量由n和l决定，又由于4s电子的钻穿效应比3d电子大，能较好地回避其他电子对它的屏蔽作用，相反却能对其他电子起屏蔽作用，因而其能量越低，使4s轨道的能量低于3d。

例12　试分别写出12号、24号元素原子的电子构型和价层电子构型。

解题思路：电子构型书写方法要点如下：

①轨道排列顺序为：n由小到大，从左到右依次书写；n相同，l由小到大，从左到右依

次书写。

②轨道中电子个数以阿拉伯数字写在轨道符号的右上角。

③电子总数等于原子序数。

④轨道中电子数按电子分布规则依次填写,同时注意全满或半满的情况。

答:$_{12}$Mg 原子电子构型为 $1s^2 2s^2 2p^6 3s^2$;价层电子构型为 $3s^2$。$_{24}$Cr 原子电子构型为 $1s^2 2s^2 2p^6 3s^2 3d^5 4s^1$;价层电子构型为 $3d^5 4s^1$。

例 13 已知某元素在氪之前,当此元素的原子失去 2 个电子后,在它的角量子数为 2 的轨道内全充满,试推断此为何元素,指出在周期表中位置和所在区。

解题思路:该元素失去电子后,d 亚层(l=2)内有 10 个电子(d^{10}为全充满),可知该元素失去的 2 个电子为最外层的 s 电子,因此该元素的外层电子构型为$(n-1)d^{10}ns^2$,为ⅡB族元素,属 ds 区元素,又知该元素在 Kr 之前,故该元素为 Zn。

例 14 在第 4 周期的 A、B、C、D 4 种元素,其最外层电子数依次为 1、2、2、7,其原子序数按 A、B、C、D 依次增大。已知 A 和 B 的次外层电子数为 8,而 C 与 D 为 18,根据原子结构判断:

(1)哪些是金属元素?

(2) D 与 A 的简单离子是什么?

(3)哪一元素的氢氧化物碱性最强?

(4) B 与 D 能形成何种化合物? 写出化学式。

解题思路:根据题中已知条件推知 A 为 K 元素;B 为 Ca 元素;C 为 Zn 元素;D 为 Br 元素。

答:(1)K、Ca、Zn 为金属元素。

(2) D 与 A 的简单离子是 Br^- 和 K^+。

(3) KOH 碱性最强。

(4) B 和 D 能形成溴化钙,化学式为 $CaBr_2$。

例 15 (1) 主族、副族元素的电子层结构各有什么特点?

(2)周期表中 s 区、p 区、d 区和 ds 区元素的电子层结构各有什么特点?

(3)具有下列电子层结构的元素位于周期表中哪一个区?它们是金属元素还是非金属元素?

ns^2;ns^2np^5;$(n-1)d^5ns^2$;$(n-1)d^{10}ns^2$

解题思路:(1) 主族元素的电子层结构的特点,是最后的电子填充在最外层 s 或 p 轨道上,副族元素最后的电子填入次外层的 d 轨道或倒数第三层的 f 轨道上。

(2) s 区元素的价电子层结构为 $ns^{1\sim2}$;p 区元素的价电子层结构为 $ns^2np^{1\sim6}$;d 区元素的电子层结构为$(n-1)d^{1\sim9}ns^{1\sim2}$;ds 区元素的价电子层结构为$(n-1)d^{10}ns^{1\sim2}$。

d 区的 Pd 最外层电子构型为 $4d^{10}$,属于例外。

(3)具有 ns^2价电子层结构的元素位于周期表中 s 区,属于金属元素;具有 ns^2np^5价电子层结构的元素位于周期表中 p 区,属于非金属元素;具有$(n-1)d^5ns^2$价电子层的元素位于周期表中 d 区,属于金属元素;具有$(n-1)d^{10}ns^2$价电子层结构的元素位于周期表中 ds 区,属于金属元素。

例16　说明下列事实的原因：

(1)元素最外层电子数不超过8个；

(2)元素次外层电子数不超过18个；

(3)各周期所包含的元素数分别为2、8、8、18、18、32个。

解题思路：(1) 当元素最外层电子数超过8个时，电子需要填充在最外层的d轨道上，但由于钻穿效应的影响，$E_{ns}>E_{(n-1)d}$，故填充d轨道之前必须先填充更外层的s轨道。而充满更外层s轨道，则增加了一个新电子层，原来的d电子层变成了次外层，故最外层电子数不超过8个。

(2)当次外层电子数要超过18个时，必须填充f轨道，但在多电子原子中，由于$E_{ns}<E_{(n-2)f}$，故在填充f轨道前，必须先填充比次外层还多两层的s轨道，这样就又增加了一个新电子层，原来的次外层变成了倒数第三层。因此，任何原子的次外层电子数不超过18个。

(3)各周期所容纳元素的数目，是由相应能级组中原子轨道所能容纳的电子总数决定的，如第一能级组，只有1s轨道，可容纳2个电子，所以第一周期有2个元素；同理，第二、三、四、五、六周期中分别有8、8、18、18、32个元素。

例17　电离能、电子亲和力、电负性的含义是什么？它们与元素周期律有什么样的关系？

解题思路：处于基态的气态原子生成+1价气态阳离子所需要的能量为第一电离势；从+1价气态阳离子失去第二个电子，成为+2价气态阳离子时所需要的能量为第二电离势，以此类推。

同一周期中的元素，随着核电荷数的增加，原子半径逐渐减小，电离势逐渐增大，稀有气体的电离势最大；同一族中的元素，随着核电荷数的增大，原子半径增大，电离势逐渐减小。

处于基态的气态原子获得一个电子成为-1价气态阴离子时，所放出的能量为电子亲和势。

根据现有数据可以看出，活泼的非金属一般具有较高的电子亲和势，金属元素的电子亲和势都比较小，然而，最大的电子亲和势不是出现在每族的第二周期的元素，而是第三周期以下的元素。这是由于第二周期的非金属元素（如F、O等）的原子半径小，电子密度大，电子间排斥力大，以至于当结合一个电子形成负离子时，放出的能量减小。

元素的原子在分子中吸引电子的能力称为电负性。

同周期的元素从左到右，电负性随着原子序数增加逐渐变大；同族元素从上到下，随着原子半径的增大而减小。电负性最高的是氟，电负性最低的是铯。

6.4　习题详解

1.判断题。

(1)原子核外电子运动具有波粒二象性特征，其运动规律要用量子力学来描述。

(　　)

(2)s 电子是球型对称分布的,凡处于 s 状态的电子,在核外空间中半径相同的各方向上出现的概率相同。 ( )

(3)3p 亚层又可称为 3p 能级。 ( )

(4)磁量子数为 1 的轨道都是 p 电子。 ( )

(5)每个电子层中最多只能容纳两个自旋相反的电子。 ( )

(6)每个原子轨道必须同时用 n, l, m, m_s 4 个量子数来描述。 ( )

(7)ⅠB ~ ⅧB 族元素统称为过渡元素。 ( )

(8)元素第一电离能(I_1)越小,其金属性越强,非金属越弱。 ( )

(9)$_{26}Fe^{2+}$的核外电子分布是[Ar]$3d^6$而不是[Ar]$3d^4 4s^2$。 ( )

(10)根据元素在元素周期表的位置,可以断定 $Mg(OH)_2$的碱性比 $Al(OH)_3$强。 ( )

答:(1)对。

解题思路:本题考查的是关于微观粒子的相关问题,波粒二象性是微观粒子的基本特性。微观粒子运动遵循量子力学规律,与经典力学运动规律不同的重要特征是"量子化"。因此,原子核外电子运动具有波粒二象性特征,其运动规律要用量子力学来描述。

答:(2)错。

解题思路:本题考查的是电子与电子云的相关问题,电子在空间单位体积内出现的概率,称为概率密度。为形象描述电子在原子核外成概率密度分布情况,常用密度不同的小黑点表示,这种图像的形象化表示称为电子云。s 电子云是球形对称的,凡处于 s 状态的电子,在核外空间中半径相同的各个方向出现概率密度都相同。

答:(3)对。

解题思路:本题考查的是量子数的相关问题,只有同时用主量子数、角量子数、磁量子数和自旋量子数这 4 个量子数,才能准确描述核外电子的运动状态,n 一定,l 的不同取值代表同一电子层中不同状态的亚层,从能量角度来讲,每一个亚层有不同的能量,亦称为相应的能级。

答:(4)错。

解题思路:原子轨道的角动量由角量子数 l 决定。角量子数的取值 $l \leqslant n-1$ 的整数,即 0,1,2,3,4,…,$(n-1)$,对应的符号为 s,p,d,f,g,…。磁量子数 m 就是用来描述原子轨道在空间伸展方向的量子数。m 的取值受角量子数 l 限制,其取值是从 $+l$ 到 $-l$(包括 0 在内)的任何数值,两者的关系为 $m \leqslant l$,即 $m = \pm 1, \pm 2, \cdots, \pm l$,因此,角量子数为 1 的轨道是 p 电子。

答:(5)错。

解题思路:本题考查的是多电子原子的核外电子排布的问题,s 亚层只有 1 个轨道,可以容纳两个自旋相反的电子;p 亚层有 3 个轨道,总共可以容纳 6 个电子;d 亚层有 5 个轨道,总共可以容纳 10 个电子。第一电子层(K 层)中只有 1s 亚层,最多容纳两个电子;第二电子层(L 层)中包括 2s 和 2p 两个亚层,总共可以容纳 8 个电子;第三电子层(M 层)中包括 3s、3p、3d 三个亚层,总共可以容纳 18 个电子,…,第 n 层总共可以容纳 $2n^2$ 个电子。

答:(6)错。

解题思路:n,l,m 按着它们之间取值的相互制约关系的合理组合可代表一个波函数,即一个原子轨道,n,l,m,m_s 4 个量子数的合理组合则表示一个电子的运动状态。

答:(7)对。

答:(8)错。

解题思路:第二周期中,非金属性:Be>B,N>O。Be 和 N 的电离能比后面的元素 B 和 O 的电离能反而增大,这是由于 Be 的外电子层结构为 $2s^2$,N 的外电子层结构为 $2s^22p^3$,都是比较稳定的结构,失去电子较难,因此电离能也大些。一般来说,具有 p^3、d^5、f^7 等半充满电子构型的元素都有较大的电离能,即比其前后元素的电离能都要大。而元素若具有全充满的构型,也将有较大的电离能,如ⅡB 族元素。

答:(9)对。

答(10)对。

解题思路:Mg 的金属性比 Al 强,则其对应氢氧化物的碱性较强。

2. 选择题。

(1)下列个符号中,表示第二电子层沿 x 轴方向伸展 p 轨道是　(　)

A. p　B. 2p　C. $2p_x$　D. $2p_x^1$

(2)下列原子轨道中,属于等价轨道一组是　(　)

A. 2s,3s　B. $2p_x$,$3p_x$　C. $3p_x$,$3p_y$　D. 3d,4s

(3)核外某一电子的运动状态可用一套量子数来描述,下列表示正确的是　(　)

A. 3,1,2,+1/2　B. 3,-2,-1,+1/2　C. 3,2,0,-1/2　D. 3,2,1/2,0

(4)基态多电子原子中,$E_{3d}>E_{4s}$的现象称为　(　)

A. 能级交错　B. 镧系收缩　C. 洪特规则　D. 洪特规则特例

(5)下列能级中不可能存在的是　(　)

A. 4s　B. 2d　C. 3p　D. 4f

(6)在连二硫酸钠 $Na_2S_4O_6$ 中,S 的氧化数是　(　)

A. +6　B. +4　C. + 2　D. +5/2

(7)根据元素在周期表中的位置,下列气态氢化物最稳定的是　(　)

A. CH_4　B. H_2S　C. HF　D. NH_3

(8)根据元素在周期表中的位置,下列酸中最强酸是　(　)

A. HNO_3　B. $HClO_3$　C. H_3PO_4　D. $HBrO_4$

答:(1)选 C。

解题思路:n=2 表示第二电子层,p 亚层有 3 个伸展方向,分别沿直角坐标系的 x,y,z 轴方向伸展,依次称为 p_x,p_y,p_z轨道,故本题选 C。

答:(2)选 C。

解题思路:原子轨道是由主量子数、角量子数、磁量子数(n,l,m)按着它们之间取值的相互制约关系的合理组合。A 选项中,两个原子轨道的角量子数相同,但主量子数不同,所以不属于等价轨道;B 选项同 A、D 选项中,两个轨道的主量子数和角量子数均不同;C 选项中,主量子数和角量子数均相同,故本题选 C。

答:(3)选 C。

解题思路:主量子数 n 的取值为正整数($n=1,2,3,\cdots,n$),角量子数 l 的取值受 n 的限制,角量子数的取值 $l\leqslant n-1$ 的整数,即 $0,1,2,3,4,\cdots,(n-1)$,磁量子数 m_s 取值是从 $+l$ 到 $-l$(包括 0 在内)的任何数值,两者的关系为 $m\leqslant l$,即 $m=\pm1,\pm2,\cdots,\pm l$。自旋量子数 m_s 取值为 $+1/2$ 或 $-1/2$,故本题选 C。

答:(4)选 A。

答:(5)选 B。

解题思路:本题考查的是主量子数与角量子数的相关问题,l 的取值受 n 的限制,角量子数的取值 $l\leqslant n-1$ 的整数,即 $0,1,2,3,4,\cdots,(n-1)$,对应的符号为 s,p,d,f,g,…。不同的 n 和 l 组成的各亚层(2s,2p,2d,…)其能量必然不同。$n=1,l=0,l$ 只有 1 个值,即有一个亚层(1s 亚层);$n=2,l=0,1,l$ 有 2 个值,即有 2 个亚层(2s,2p 亚层);$n=4,l=0,1,2,3,l$ 有 4 个值,即有 4 个亚层(4s,4p,4d,4f 亚层)……,故本题选 B。

答:(6)选 D。

答:(7)选 C。

解题思路:4 个选项中,电负性(非金属性):F>S>N>C,则其对应氢化物的稳定性依次减弱,故本题选 C。

答:(8)选 B。

3. 填空题。

(1)根据现代结构理论,核外电子运动状态可用________来描述,习惯上被称为________,它的形象化表示是________。

(2)4p 亚层中轨道主量子数为________,角量子数为________,该亚层的轨道最多可以有________种空间取向,最多可容纳________个电子。

(3)给出下列元素的原子核外电子排布式 W ________,Nb ________,Ru ________,Rh ________,Pd ________,Pt ________。

(4)比较原子轨道的能量高低,用“>”、“<”或“=”填空。

氢原子中 E_{3s}________ E_{3P},E_{3d}________ E_{4s};

钾原子中 E_{3s}________ E_{3P},E_{3d}________ E_{4s};

铁原子中 E_{3s}________ E_{3P},E_{3d}________ E_{4s}。

(5)42 号元素 Mo 的电子构型为________;其最外层的 4 个量子数为________;价层轨道的符号为________。

答:(1)波函数 ψ　原子轨道　电子云

(2)4　1　3　6

(3)$5d^46s^2$　$4d^45s^1$　$4d^85s^1$　$4d^45s^0$　$5d^96s^1$

(4)=　<　<　>　<　>

(5)[Kr] $4d^55s^1$　$n=5,l=0,m=0,m_s=\pm\frac{1}{2}$　$4d^55s^1$

4. 问答题。

(1)试用斯莱脱规则计算说明原子序数为 13、17、27 三个元素中 4s 和 3d 哪一个能极高？

(2)用s,p,d,f等符号表示元素^{20}Ca,^{27}Co,^{32}Ge,^{48}Cd,^{83}B的原子的电子结构(原子的电子构型)？判断它们是第几周期,第几主族或副族？

(3)写出K^+,Ti^{3+},Sc^{3+},Br^-离子半径从大到小的顺序？

(4)下列元素中何者第一电离能最大？何者第一电离能最小？

①B；②Ca；③N；④Mg；⑤Si；⑥S；⑦Se

(5)s,p,d,f各轨道最多能容纳多少个电子？为什么？

(6)将氢原子核外的1s电子激发到2s和2p,哪种情况所需能量最大？若是氦原子情况又如何？

(7)在氢原子中4s和3d哪一个状态能量高？19号元素K哪一个状态能量高？试说明理由。

(8)某元素的原子序数为24,试问：

①此元素的原子的电子总数是多少？

②它有多少电子层？有多少个亚层？

③它的外围电子构型是怎样的？价电子是多少？

④它属第几周期？第几族？主族还是副族？

⑤它有多少个成单电子？

答:(1) ①$E_{4s}<E_{3d}$　② $E_{4s}<E_{3d}$　③$E_{3d}<E_{4s}$

(2) ① $^{20}Ca[Ar]4s^2$,价电子$4s^2$,$n=4$,第四周期,ⅡA族。

②$^{27}Co[Ar]\ 3d^7 4s^2$,价电子$3d^7 4s^2$,$n=4$,第四周期,Ⅷ(B)族。

③$^{32}Ge[Ar]\ 3d^{10}\ 4s^2\ 4p^2$价电子$3d^{10}\ 4s^2\ 4p^2$,$n=4$,第四周期,ⅣA族。

④$^{48}Cd[Kr]4d^{10}4s^2$,价电子$4d^{10}5s^2$,$n=5$,第五周期,ⅡB族。

⑤$^{83}Bi[Xe]4f^{14}\ 5d^{10}\ 6s^2\ 6p^3$价电子$6s^2\ 6p^3$,$n=6$,第六周期,ⅤA族。

(3) $Br^- > K^+ > sc^{3+} > Ti^{3+}$

(4) $I_1(N)$最大,$I_1(Ca)$最小

(5) ① s轨道容纳2个电子。

②p轨道容纳6个电子。

③d轨道容纳10个电子。

④f轨道容纳14个电子。

(6) ①$E_{2s}=E_{2p}$;②$E_{2s}<E_{2p}$

(7) ①$E_{4s}>E_{3d}$;②$E_{4s}<E_{3d}$

(8) ①该元素的原子的电子总数为24个。

②其电子层结构为$1s^2,2s^2,2p^6,3d^5,4s^1$,即有4个电子层,7个亚层。

③其外围电子构型是$3d^5,4s^1$,价电子数为6个。

④它属于第四周期,ⅥB族。

⑤共有6个成单电子。

6.5 同步训练题

1. 判断题。

(1)2p 有 3 个轨道,可以容纳 3 个电子。 ( )

(2)主量子数 $n=3$ 时,有 3s,3p,3d,3f 等 4 种原子轨道。 ( )

(3)主量子数为 4 的电子层最多容纳电子数为 32 个。 ( )

(4)同周期元素从左至右原子半径减小。 ( )

(5)$n=1$ 时,l 可取 0 和 1。 ( )

(6)ψ 是核外电子运动的轨迹。 ( )

(7)微观粒子的特征主要是波粒二象性。 ( )

(8)一组 n,l,m 组合确定一个波函数。 ( )

(9)一组 n,l,m,m_s组合可表述核外电子一种运动状态。 ( )

(10)3d 轨道上的电子的 4 个量子数组合只有 3 种。 ( )

(11)s 电子云是球形对称的,凡处于 s 状态的电子,在核外空间中半径相同的各个方向出现概率密度都相同。 ( )

(12)钾原子中的 1s 能级比钠高。 ( )

(13)第 114 号元素在周期表中应处于第 7 周期ⅣA 族。 ( )

(14)每个电子层中最多只能容纳两个自旋相反的电子。 ( )

(15)电负性越大的元素的原子越容易获得电子。 ( )

(16)在多电子原子中存在着屏蔽效应,相当于原子核对电子的吸引力减小。 ( )

2. 选择题。

(1)将分子的概念引入到化学中的是 ( )

A. 盖·吕萨克　　B. 道尔顿　　C. 汤姆逊　　D. 阿伏加德罗

(2)玻尔原子模型能够很好地解释 ( )

A. 多电子原子的光谱

B. 原子光谱线在磁场中的分裂

C. 氢原子光谱的成因和规矩

D. 原子光谱线的强度

(3)不可能同时准确地测出核外电子的位置和速度,这是因为 ( )

A. 核外电子运动具有波粒二象性

B. 核外电子的能量具有量子化特征

C. 核外电子太小,测量仪器精度达不到要求

D. 由于电子运动速度太快

(4)波函数一定,则原子核外电子在空间运动状态就确定,但仍不能确定的是 ( )

A. 电子的能量

B. 电子在空间各处出现的概率密度

C. 电子距原子核的平均距离

D. 电子的运动轨迹

(5)下列关于电子云的说法,正确的是　　　　　　　　　　　　　　　　　　(　　)

A. 电子云是电子在空间出现的概率密度分布的形象化表示法

B. 电子云就是高速运动电子所分散成的云

C. 电子距原子核的平均距离

D. 电子的运动轨迹

(6)3d 电子的磁量子数可以是　　　　　　　　　　　　　　　　　　　　　(　　)

A. 0,1,2,3　　　　　　　　　　　　B. 1,2,3

C. -3,-2,-1,0,1,2,3　　　　　　　D. -2,-1,0,1,2

(7)下列元素中外层电子构型为 $ns^2\ np^5$ 的是　　　　　　　　　　　　　(　　)

A. Na　　　　B. Mg　　　　C. Si　　　　D. F

(8)下列分子构型中以 sp^3 杂化轨道成键的是　　　　　　　　　　　　　(　　)

A. 直角形　　　　B. 平面三角形　　　　C. 八面体形　　　　D. 四面体形

(9)下列关于 19 世纪原子分子论,不正确的是　　　　　　　　　　　　　(　　)

A. 解决了用原子论解释某些问题碰到的“半个原子”的矛盾

B. 打破了原子不能再分的形而上学观点

C. 引进了分子的概念

D. 阐明了原子和分子间联系和差别

(10)已知某元素原子的价电子层结构为 $3d^5\ 4s^2$,则该元素在周期表中位置为

(　　)

A. 第四周期ⅡA 族　　　　　　　　B. 第四周期ⅡB 族

C. 第四周期ⅦA 族　　　　　　　　D. 第四周期ⅦB 族

(11)K 层有 2 个电子,L 层有 8 个电子,M 层有 6 个电子的某元素原子形成的离子,最可能的电荷数是　　　　　　　　　　　　　　　　　　　　　　　　(　　)

A. +6　　　　B. -6　　　　C. +2　　　　D. -2

(12)波函数和原子轨道是同义词,波函数可理解为　　　　　　　　　　　(　　)

A. 电子的运动轨迹

B. 电子在空间某处出现的概率密度

C. 电子的运动状态

D. 以上都不对

(13)下列各组量子数中,不合理的是　　　　　　　　　　　　　　　　　(　　)

A. $n=3, l=3, m=0$　　　　　　　B. $n=3, l=2, m=0$

C. $n=3, l=1, m=0$　　　　　　　D. $n=3, l=0, m=0$

(14)下列电子的量子数(n, l, m, m_s)合理的是　　　　　　　　　　　(　　)

A. $3,0,-1,+\frac{1}{2}$　　　B. $3,0,0,+\frac{1}{2}$　　　C. $3,1,2,+\frac{1}{2}$　　　D. $3,2,1,1$

(15)下列说法正确的是　　　　　　　　　　　　　　　　　　　　　　　(　　)

A. s 电子绕核旋转,其轨道为一圆圈,而 p 电子是走"∞"字形

B. 主量子数为 1 时,有自旋相反的两条轨道

C. 主量子数为 4 时,有 3s、3p、3d 三条轨道

D. 主量子数为 4 的电子层最多容纳电子数为 32 个

(16)在多电子原子中存在着屏蔽效应,相当于 ( )

A. 原子核对电子的吸引力增加　　B. 原子核对电子的吸引力减小

C. 电子间的相互作用力减小　　D. 以上都不对

(17)电子的钻穿本领及其受其他电子屏蔽效应之间的关系是 ( )

A. 本领越大,效应越小　　B. 本领越大,效应越大

C. 两者无关系　　D. 以上都不对

(18)在多电子原子中,与量子数为 $3,2,-1,-\frac{1}{2}$ 的电子能量相等的电子的 4 个量子数是 ( )

A. $3,1,-1,+\frac{1}{2}$　　B. $2,0,0,+\frac{1}{2}$

C. $2,1,0,-\frac{1}{2}$　　D. $3,2,1,+\frac{1}{2}$

(19)在多电子原子中,下列各电子具有如下量子数,其中能量最高的电子是 ( )

A. $2,1,0,-\frac{1}{2}$　　B. $2,1,1,-\frac{1}{2}$

C. $3,1,1,+\frac{1}{2}$　　D. $3,2,-2,-\frac{1}{2}$

(20) 当某基态原子的第六电子层只有 2 个电子时,则该原子的第五电子层的电子数为 ( )

A. 肯定为 8 个电子　　B. 肯定为 18 个电子

C. 肯定为 8 ~ 18 个电子　　D. 肯定为 8 ~ 32 个电子

(21)下列基态原子的电子排布式中,不正确的是 ( )

A. $1s^22s^22p^63s^23p^64s^14p^5$　　B. $1s^22s^22p^63s^23p^63d^6$

C. $1s^22s^22p^63s^23p^63d^44s^2$　　D. $1s^22s^22p^63s^23p^63d^54s^1$

(22)下列原子各电子层中电子数不合理的是 ( )

A. $_{21}Sc$:K (2) L (8) M (8) N (3)

B. $_{24}Cr$:K (2) L (8) M (13) N (1)

C. $_{63}Eu$:K (2) L (8) M (18) N (25) O (8) P (2)

D. $_{29}Cu$:K (2) L (8) M (17) N (2)

(23)某元素原子的 $n=4,l=0$ 的能级上有 2 个电子,$n=3,l=2$ 的能级上有 5 个电子,该元素是 ( )

A. Fe　　B. Cu　　C. Mn　　D. Ni

(24)被誉为"近代化学之父"的科学家是 ( )

A. 道尔顿　　B. 拉瓦锡　　C. 阿佛加德罗　　D. 门捷列夫

(25)按原子半径由大到小排列,顺序正确的是　(　　)

A. Mg > B > Si　　B. Si > Mg > B

C. Mg > Si > B　　D. B > Si > Mg

(26)具有下列电子构型的元素中,其第一电离能最小的是　(　　)

A. $3d^9 4s^2$　　B. $3d^4 4s^2$　　C. $4d^{10} 5s^0$　　D. $4d^8 5s^2$

(27)下列各组元素的第一电离能按递增的顺序排列,正确的是　(　　)

A. Na < Mg < Al　　B. B < C < N

C. Si < P < As　　D. He < Ne < Ar

(28)第二电离能最大的元素具有的电子结构是　(　　)

A. $1s^2$　　B. $1s^2 2s^1$　　C. $1s^2 2s^2$　　D. $1s^2 2s^2 2p^1$

(29)各周期包含的元素数目为　(　　)

A. 2、8、18、32、76、98　　B. 2、8、8、18、18、32

C. 2、8、8、18、32、32　　D. 2、8、18、32、32、72

(30)下列各组元素按电负性大小排列正确的是　(　　)

A. F > N > O　　B. O > Cl > F

C. As > P > H　　D. Cl > S > As

(31)某元素原子的电子构型为[Xe]$4f^4 6s^2$,它在周期表中属于　(　　)

A. s 区　　B. p 区　　C. d 区　　D. f 区

(32)待发现的第 114 号元素在周期表中应处于　(　　)

A. 第七周期ⅡA 族　　B. 第七周期ⅣB 族

C. 第七周期ⅣA 族　　D. 不能推测

(33)按电负性减小的顺序的是　(　　)

A. K,Na,Li　　B. F,O,N　　C. As,P,N　　D. 以上都不对

(34)钠和钾原子中的 1s 能级的相对高低为　(　　)

A. 两者一样高　　B. 钠的 1s 能级高

C. 钾的 1s 能级高　　D. 两者不能比较

(35)利用 Slater 规则估算某一电子所受屏蔽效应,一般要考虑的排斥是　(　　)

A. 内层电子对外层电子　　B. 外层电子对内层电子

C. 所有电子对某一电子　　D. 同层电子对某一电子

(36)某元素原子的 $n=4,l=0$ 的能级上有 2 个电子,$n=3,l=2$ 的能级上有 5 个电子,该元素是　(　　)

A. Fe　　B. Co　　C. Mn　　D. Ni

(37)某元素的质量数为 51,中子数为 28,则基态该元素原子的未成对电子数为　(　　)

A. 0　　B. 1　　C. 2　　D. 3

3. 填空题。

(1)由于微观粒子具有________性和________性,所以对微观粒子的________状态,只能用统计的规律来说明。波函数是描述________________________。

(2)下列各原子的电子构型错误的是________,属于激发态的是________,属于基态的是________。

①$1s^2 2s^2 2p^2$　　②$1s^2 2s^1 2d^1$

③$1s^2 2s^2 2p^4 3s^1$　　④$1s^2 2s^2 2p^6 3s^2 3p^3$

⑤$1s^2 2s^2 2p^6 3s^1$　　⑥$1s^2 2s^2 2p^6 3s^2 3p^5 4s^1$

(3)下列各组量子数组合中,能量由高到低的顺序为________。

①$(3,2,1,+\frac{1}{2})$　②$(2,1,1,-\frac{1}{2})$　③$(2,1,0,+\frac{1}{2})$

④$(3,1,0,+\frac{1}{2})$　⑤$(2,0,0,-\frac{1}{2})$

(4)第31号元素镓(Ga)是重要的半导体材料之一。Ga的核外电子构型为________,外层电子构型为________,它属于周期表中的________区。

(5)周期表中d区元素包括________族元素,外层电子构型为________。

(6)用元素符号填空:

①最活泼的气态金属元素是________;

②最活泼的气态非金属元素是________;

③最不易吸引电子的元素是________;

④第四周期的第六个元素的电子构型是________;

⑤第一电离势最大的元素是________;

⑥第一电子亲和势最大的元素是________;

⑦第2、3、4周期原子中p轨道半充满的元素是________;

⑧3d轨道半充满和全充满的元素分别是________和________;

⑨电负性相差最小的元素是________;

⑩电负性相差最大的元素是________。

4.问答题。

(1)原子核外电子的运动有什么特征?

(2)已知某元素原子的外层电子构型为$3d^{10}4s^1$,试写出其电子构型、原子序数,判断它为第几周期、第几族?属元素周期表中的哪一区?

(3)某元素原子的最外层只有一个电子,该电子的4个量子数组合为$n=3,l=0,m=0,m_s=+\frac{1}{2}$,该元素的原子序数为多少?其电子排布式(电子构型)如何?

(4)在原子结构中,p,2p,$3p^2$等各表示什么含义?

(5)下列元素基态原子电子构型各有何错误?为什么?

①氮 N　$1s^2 2s^2 2p_x^2 2p_y^1$

②铝 Al　$1s^2 2s^2 2p^6 3s^3$

③锂 Li　$1s^2 2p^1$

(6)用原子结构观点说明为什么同一主族元素的原子的电离能自上而下减少?

(7)多电子原子中核外电子排布遵循哪些基本规律?由此说明周期表1~36号元素

的电子排布？

(8)已知元素原子的电子层结构为 $3s^2$, $4s^24p^1$, $3d^54s^2$, $3s^23p^3$。它们分别属于第几周期？第几族？最高氧化数是多少？

6.6 同步训练题参考答案

1. 判断题。

(1)错 (2)错 (3)对 (4)对 (5)错 (6)错 (7)对 (8)对 (9)对 (10)错 (11)对 (12)错 (13)对(14)错 (15)对 (16)对

2. 选择题。

(1)D (2)C (3)A (4)D (5)A (6)D (7)D (8)D (9)B (10)D (11)D (12)C (13)A (14)B (15)D (16)B (17)A (18)D (19)D (20)C (21)D (22)A (23)B (24)A (25)C (26)C (27)B (28)B (29)B (30)D (31)D (32)C (33)B (34)B (35)AD (36)C (37)D

3. 填空题。

(1)波动　粒子　运动　核外电子运动状态的数学函数式

(2)②⑤　①③⑥　④

(3)①>④>②=③>⑤

(4) $1s^22s^22p^63s^23p^63d^{10}4s^24p^1$　$4s^24p^1$　p

(5)ⅢB～ⅦB、Ⅷ　$(n-1)d^{1\sim8}ns^2$

(6) ①Cs　②F　③Cs　④$1s^22s^22p^63s^23p^63d^54p^1$　⑤He　⑥Cl　⑦N、P、As　⑧Cr、Mn　Cu,Zn　⑨镧系和锕系　⑩F和Cs

4. 问答题。

(1) 原子核外电子的运动具有波粒二象性，不能同时准确测定其位置和速度（即测不准关系），因而它的运动不遵循经典力学的规律，没有经典式的轨道，而是服从量子力学的规律，需用统计规律来描述。

(2)电子构型为 $1s^2\,2s^2\,2p^6\,3s^23p^6\,3d^{10}\,4s^1$；电子数等于原子序数，所以是29号元素，为第四周期ⅠB族，所在区为ds区。

(3)根据题中4个量子数的取值可知该元素的原子的最外层为第3层，s亚层上只有一个自旋量子数为$+\frac{1}{2}$的电子，再由电子排布式及周期表的分区可知，其为11号元素金属钠原子，电子排布式为 $1s^22s^22p^63s^1$。

(4)在原子结构中，p表示p轨道，即 $l=1$ 时的轨道，也可以称作p亚层。2p表示第二电子层p亚层，又称 $n=2$ 轨道上的p亚层或2p轨道，还可以说是 $n=2, l=1$ 的波函数（或轨道）。$3p^2$表示在 $n=3$ 的p轨道上有2个自旋平行的电子。

(5)①根据洪特规则，n 相同的电子应尽可能先占据 m 不同的轨道，且自旋平行，该写法违背了此规则，应为N $1s^2\,2s^2\,2p_x^{\,1}2p_y^{\,1}2p_z^{\,1}$

②3s只有一个轨道，可容纳两个自旋相反的电子，该写法违背了泡利不相容原理，应

为 Al $1s^2 2s^2 2p^6 3s^2 3p^1$

③此写法违背了能量最低原理，n 相同 l 不同的轨道，能量高低为 $ns<np$，应为 $1s^2 2s^1$。

(6)同一主族中，从上而下电子层数增加，由于屏蔽效应，外层电子的有效核电荷数减小，原子核对外层电子的吸引力减小，原子半径增大，所以电离能随之减小。

(7)多电子原子中核外电子排布遵守以下规律：

①能量最低原理：电子在原子轨道上排布，要尽可能使电子能量为最低。

②泡利不相容原理：在同一原子中，不可能有两个电子处于完全相同的状态。

③洪特规则：在等价轨道上的电子排布全充满。半充满或全空状态具有较低的能量和较大的稳定性。

1 ~ 36 号元素的电子排布顺序为：$1s^2 \rightarrow 2s^2 \rightarrow 2p^6 \rightarrow 3s^2 \rightarrow 3p^6 \rightarrow 4s^2 \rightarrow 3d^{10} \rightarrow 4p^6$

其中，由于钻穿效应引起的能级交错现象使得 4s 轨道能量低于 3d。因此，4s 和 3d 轨道的填充顺序是先填充 4s 轨道，后填充 3d 轨道。但 24 号元素为 $3d^5 4s^1$，29 号元素为 $3d^{10} 4s^1$，满足洪特规则。

(8)列表表示见下表。

	$3s^2$	$4s^2 4p^1$	$3d^5 4s^2$	$3s^2 3p^3$
周　期	3	4	4	5
族　数	ⅡA	ⅢA	ⅦB	ⅤA
最高氧化数	+2	+3	+7	+5

第 7 章 化学键与分子结构

7.1 教学基本要求

1. 掌握化学键的概念及分类；了解不同类型化学键的特性。

2. 理解离子键的概念；掌握离子键的特点；了解离子的半径、电荷数和外层电子构型对离子键的影响。

3. 掌握共价键的现代价键理论的基本要点、共价键的特点和共价键的类型。

4. 掌握分子轨道理论的概念；理解分子轨道的形成；掌握分子轨道表示式的书写。

5. 掌握杂化轨道的基本要点和杂化类型，能运用杂化轨道理论解释多原子分子或多原子离子的空间构型。

6. 掌握价层电子对互斥原理；能运用价层电子对互斥原理预测多原子分子或多原子离子的空间构型。

7. 了解分子间作用力产生的原因和类型；理解分子间作用力对物质物理性质的影响；掌握氢键的形成条件和特点；了解氢键对化合物物理性质的影响。

8. 理解晶体的概念及晶体的基本类型；掌握不同类型晶体的特点。

9. 了解过渡型晶体；了解晶体的缺陷及其对物质的物理性质的影响。

7.2 知识点归纳

1. 化学键

化学键指分子或晶体中相邻两个或多个原子(或离子)之间的强烈作用力。

化学键的主要类型有离子键、共价键、金属键。

(1)离子键

离子键是指由正负离子之间的静电引力所形成的化学键。

离子键的特点：①无方向性；②无饱和性。

影响离子键强弱的主要因素有：

①离子电荷数。离子电荷数是指原子在形成离子的过程中失去或得到的电子数。

②离子半径。严格说来,离子半径是不能确定的,但通常是将实验测得的正负离子中心的平均距离(核间距 d)认为是正负离子的半径之和,即 $d=r_{+}+r_{-}$。

③离子的电子构型。离子的电子构型是指由原子失去或得到电子所形成的离子外层电子构型。在离子的电子构型中,负离子外层结构相对简单,一般是 8 电子构型。正离子外层结构较复杂,有 2 电子、8 电子、9~17 电子、18 电子、18+2 电子构型。

(2)共价键

共价键是由电负性相等或相接近的原子之间依靠共用电子对结合所形成的化学键。

共价键的特点:①具有方向性;②具有饱和性。

共价键的类型:

①σ 键。原子轨道沿两核连线方向以"头碰头"的重叠方式形成的共价键。

②π 键。原子轨道沿两核连线方向以"肩并肩"的重叠方式形成的共价键。由于形成 π 键的原子轨道的数目不同,可以分为正常 π 键和离域 π 键。正常 π 键是由两个原子轨道形成的;离域 π 键则是由三个或三个以上原子轨道形成的。

在两个原子形成共价单键时,通常形成的是 σ 键。形成共价双键或是三键时,其中只有一个是 σ 键,其余的均为 π 键。由于 π 键的重叠程度小于 σ 键,因此 π 键的稳定性小于 σ 键。通常情况下,σ 键的键能大于 π 键的键能。

键参数:键参数指的是用来表征共价键特性的物理量。共价键的键参数主要包括键长、键角、键能。

①键长。分子中两个成键原子的核间距离称为键长。键长与键的强度(键能)有关。通常情况下,两个原子之间所形成的键越短,键能越大,分子就越稳定。

②键角。分子中相邻两个键之间的夹角称为键角。键角的单位是度(°),键角是反映分子空间构型的重要因素之一。

③键能。通常规定,在标准状态下气态分子断开 1 mol 化学键的焓变称为键能,用符号 E 表示。通常情况下,使用的是键的解离能。键的解离能是指在标准状态下气态分子断开 1 mol 化学键而生成气态原子所需要的能量,用符号 D 表示。在双原子分子中,键能等于解离能;对多原子分子而言,将键的解离能的平均值作为键能。键能可以衡量化学键牢固的程度,它的数值越大说明化学键越牢固,分子就越稳定。

现代价键理论的基本要点:

①当两个原子接近时,只有自旋相反的未成对电子可以互相配对形成共价键。

②每个原子所形成的共价键的个数是由该原子中的未成对电子数决定的。

③共价键尽可能沿着原子轨道最大程度重叠的方向形成。

(3)分子轨道理论

分子理论认为原子在形成分子时,所有电子均有贡献,不再局限某个原子,而是从属于整个分子的分子轨道。分子轨道可以近似的由原子轨道线性组合得到。分子轨道中的电子排布同样遵循三大原则即泡利不相容原理、能量最低原理和洪特规则。

成键分子轨道:组合时,如果分子轨道是由两个原子轨道(即波函数)以相加的形式组合时,这样形成的轨道称为成键分子轨道,用 σ 或 π 来表示。

反键分子轨道:组合时,如果分子轨道是由两个原子轨道(即波函数)以相减的形式组合时，这样形成的轨道称为反键分子轨道，用σ^*或π^*来表示。

成键分子轨道的能量比原来的原子能量低，而反键分子轨道的能量比原来的原子能量高。

组合时遵循三个条件：对称性匹配原则、最大重叠原理、能量近似原理。

键级定义为：(成键电子-反键电子)/2

键级和键能一样，也是一种衡量键牢固程度的物理量，它的数值越大，说明化学键越牢固。

(4)金属键

金属键指金属中间自由电子与原子(或正离子)之间的作用力。

能带理论是现代金属理论之一，它把整个金属晶体看成一个大分子，由于原子之间的相互作用使原子中每一能级可分裂成等于金属晶体中原子数目的许多小能级，这些能级连成一片这就是能带。

能带的分类：

①满带是指充满电子的能带。

②导带是指未充满电子的能带。

③禁带是满带和导带间的能量间隔。

禁带宽度是指禁带的能量范围，用E_g表示，一般$E_g<2eV$为半导体；$E_g>6eV$为绝缘体；$2eV<E_g<6eV$为导体。

(5)分子的极性与偶极矩

键的极性：共价键可分为极性共价键和非极性共价键。

①非极性共价键：是指两个相同原子之间所形成的共价键。

②极性共价键：是指两个不同原子之间所形成的共价键。

分子的极性：

①在双原子分子中，分子的极性与键的极性是一致的。

②在多原子分子中，分子的极性与键的极性并不是一致的。因此，需要借助用偶极矩μ值来判断分子的极性。非极性分子的$\mu=0$，极性分子的$\mu>0$，并且μ值越大分子的极性就越大。此外，还可以根据分子的空间构型来判断分子的极性，如果分子的空间构型是对称的，则分子是非极性分子；如果是不对称的，则是极性分子。

(6)分子的空间构型与杂化轨道理论

分子的空间构型指共价型分子中各原子在空间排列构成的分子几何形状。对单原子分子和双原子分子而言空间构型相对简单，而多原子分子的空间构型则要复杂一些。

杂化轨道理论：

①杂化：同一原子中某些能量相近的轨道在成键的过程中，相互混合，重新组合形成一系列能量相等的新轨道，从而改变了原有轨道的状态，这一过程称为杂化。

②杂化轨道：经杂化后得到的新的原子轨道称为杂化轨道。

杂化轨道理论的基本要点：

①进行杂化的原子轨道必须是能量相近的。

②杂化轨道的成键能力强于原来未杂化的原子轨道，形成的化学键的键能也大。

③形成杂化轨道的个数等于参加杂化的原子轨道的个数。

④分子的空间构型取决于中心原子的杂化类型。

杂化轨道的类型及相应的分子空间类型(以 s-p 杂化为主):

①sp 杂化:原子中的 1 个 *n*s 轨道与 1 个 *n*p 轨道杂化,形成 2 个 sp 杂化轨道。其中每个杂化轨道中含有 1/2s 和 1/2p 成分,两个杂化轨道之间的夹角为 180°。相应的分子空间构型为直线型,典型代表是 $BeCl_2$。

②sp^2杂化:原子中的 1 个 *n*s 轨道与两个 *n*p 轨道杂化,形成 3 个 sp^2杂化轨道。其中每个杂化轨道中含有 1/3s 和 2/3p 成分,3 个杂化轨道之间的夹角为 120°。相应的分子空间构型为平面三角形,典型代表是 BF_3。

③sp^3杂化:sp^3杂化分为 sp^3等性杂化和 sp^3不等性杂化。sp^3等性杂化是指原子中的 1 个*n*s 轨道与 3 个 *n*p 轨道杂化,形成 4 个 sp^3杂化轨道。其中每个杂化轨道中含有 1/4s 和 3/4p 成分。分子的键角为 109°28′,典型代表是 CH_4。sp^3不等性杂化是指原子中的一个 *n*s 轨道与三个 *n*p 轨道杂化,形成 4 个 sp^3杂化轨道。其中每个杂化轨道中含有 s 轨道和 p 轨道的成分不是平均分配的。分子间的夹角小于 109°28′,典型代表为 NH_3和 H_2O,相应的分子空间构型分别是三角锥和 V 型。

(7)价层电子对互斥原理

价层电子对互斥原理是用来推测多原子分子或多原子离子空间构型,该理论基本要点如下:

①多原子分子或离子的空间构型取决于中心原子的价电子层对数;中心原子的价层电子数包括成键电子对和价层孤对电子。

②价层电子对中的相互斥力的大小主要由电子对之间所相距的键角和电对的成键情况来决定,相距键角越小排斥力越大。

③如果分子中存在重键时,例如双键和三键时,上述理论依然适用,只需将双键和三键的电子对看作单键处理即可。由于双键和三键比单键成键的电子数多,排斥力较大,排斥的大小顺序为:三键>双键>单键

根据中心原子的价层电子对数,可以确定价层电子对的空间排布,再根据中心原子的孤对电子数推测出多原子分子或多原子离子的空间构型。

(8)分子间作用力

分子间作用力是分子与分子之间的一种相互作用力,有范德华力和氢键两种。

范德华力包括色散力、诱导力、取向力。

①色散力:由瞬间偶极之间的异极相吸而产生的分子间作用力。

②诱导力:在非极性分子的诱导偶极和极性分子中的固有偶极之间产生的吸引力。

③取向力:由固有偶极之间产生的作用力。

色散力存在于所有分子之间;诱导力存在于极性分子之间或极性分子与非极性分子之间;取向力存在于极性分子之间。一般情况下,色散力是主要的分子间作用力。

氢键是由氢原子与电负性较大的原子以极性共价键结合的同时,还能吸引另一个电负性较大的原子。

①氢键的形成条件

a. 要有氢原子。

b. X 或 Y 原子的电负性较大、半径小、有孤对电子。通常情况为 H 与 N、O 和 F 等电负性较大、半径较小的非金属原子所形成的化合物能形成氢键。

②氢键的特点

a. 氢键具有饱和性和方向性。这与共价键相类似,这也是氢键与分子间力的区别。

b. 氢键的强弱与元素的电负性有关。

c. 氢键的键能与分子间力的数量级相同。

③氢键的分类:分子间氢键和分子内氢键。

2. 晶体结构

(1)晶体的简介

晶胞:是指晶体中具有代表性的最小重复单元。

晶格:是指晶体内粒子在空间按一定方式、有规则、周期性的排列所形成的几何构型。

晶格结点:是指晶格中排有物质粒子的点,晶格结点又称晶格点或格点。

晶体:是指具有一定的几何外形,内部粒子按一定规则呈周期性排列,具有熔点,而光学、力学、导电、导热等各向异性的固体物质。

晶体的特征:

①具有固定的几何外形。

②具有固定熔点。

③具有各向异性。所谓各向异性是指由于经各个方向排列的质点的距离不同,所带来的晶体在各个方向上的性质也不一定相同。

(2)晶体的基本类型

①离子晶体:指由正负离子交替排列在晶格结点上,相互间以离子键结合构成的晶体。离子晶体的配位数与离子晶体中正负离子半径之比有关。离子晶体中没有独立的分子存在,具体情况见下表。

r_+/r_-	配位数	空间构型
0.225 ~ 0.414	4	ZnS 型
0.414 ~ 0.732	6	NaCl 型
0.732 ~ 1.000	8	CsCl 型

②原子晶体:指由原子排列在晶格结点上,相互间以共价键结合构成的晶体。由于共价键具有饱和性和方向性,因此原子晶体的配位数低。晶体中没有独立的分子存在。

③分子晶体:指由分子排列在晶格结点上,相互间以范德华力结合构成的晶体。分子间采取紧密堆积方式排列,配位数高达 12。分子晶体中有独立的分子存在。

④金属晶体:指由金属原子或金属正离子排列在晶格结点上,相互间以金属键结合构成的晶体。金属晶体也是采取紧密堆积方式,大多数金属配位数是 12,少数是 8。晶体中没有独立的分子存在。

⑤过渡型晶体(混合型晶体):晶格结点微粒之间的相互作用力有两种或两种以上

时,称为过渡型晶体(混合型晶体),主要包括链状结构和层状结构的过渡型晶体。

a. 链状结构晶体:晶体中链内的原子以共价键相结合形成长链。其典型代表是硅酸盐晶体。

b. 层状结构晶体:晶体中层内各原子以共价键相结合形成层片。其典型代表是石墨。

(3)晶体的缺陷

晶体中一切偏离理想的晶体结构都称为晶体缺陷。晶体缺陷实际上是普遍存在的。有缺陷的晶体又称为实际晶体。

晶体缺陷的分类(按几何特征分类):点缺陷、线缺陷、面缺陷、体缺陷。

①点缺陷:主要是指晶体中有杂原子置换或空位或间隙粒子的现象。

②线缺陷:主要是指晶体中有位错现象。

③面缺陷:主要是指晶体中有堆垛层错或晶粒边界现象。

④体缺陷:主要是指晶体中有空洞或包裹物现象。

面缺陷和体缺陷实际上是将点缺陷和线缺陷推及到平面和空间构成的。

(4)非整比化合物

研究发现无机化合物中存在原子个数之比为非整数比,这一类化合物称为非整比化合物,又称非化学计量化合物。非整比化合物在化学性质方面与整比化合物差别不大,在物理性质方面有较大的差别。

7.3 典型题解析

例1 指出下列离子分别属于何种电子构型。

Be^{2+}、Cr^{3+}、Fe^{2+}、Ag^{+}、S^{2-}、Pb^{2+}

解题思路:本题主要考查外层电子的构型,解答此题需要熟悉离子的外层电子构型。

Be^{2+}的价层电子构型为$1s^2$,属于2电子构型;

Cr^{3+}的价层电子构型为$3s^23p^63d^3$,属于9~17电子构型;

Fe^{2+}的价层电子构型为$3s^23p^63d^6$,属于9~17电子构型;

Ag^{+}的价层电子构型为$4s^24p^64d^{10}$,属于18电子构型;

S^{2-}的价层电子构型为$3s^23p^6$,属于8电子构型;

Pb^{2+}的价层电子构型为$5s^25p^65d^{10}6s^2$,属于18+2电子构型。

例2 BF_3是平面三角形的几何构型,但NF_3却是三角锥形的几何构型,试用杂化轨道理论加以说明。

答:在B原子与F原子化合时,B原子采取的是sp^2杂化,形成3个能量相等的sp^2杂化轨道,每个sp^2杂化轨道中含有1个单电子。在成键的过程中,B原子的用3个能量相等的sp^2杂化轨道分别与3个F原子中含有单电子的2p轨道形成新的σ键,键角为120°,所以BF_3分子的空间构型为平面三角形。在N原子与F原子化合时,N原子采取的是sp^3不等性杂化,N原子其余的3个sp^3杂化轨道与3个F原子中含有单电子的2p轨道形成新的σ键,由于N原子的一对孤对电子占据了1个sp^3杂化轨道,所以键角小于109°28′,所以NF_3的分子空间构型是三角锥形。

例3　利用价层电子对互斥理论判断下列分子或离子的空间构型。

$$BeF_2、BF_3、NH_3、NO_2^-、ClO_4^-、ClO_2^-$$

解题思路:根据价层电子对互斥原理判断物质的空间构型,要遵循如下步骤:先确定中心原子价层电子数,由价层电子数来初步判断分子或离子的空间构型,再根据配位原子数可知中心原子的孤对电子数,从而近一步推断出分子或离子的空间构型。

BeF_2:中心原子 Be 有 2 对价层电子,价层电子对的空间构型为直线形。由于 2 对价层电子都是成键电子,因此 BeF_2分子的空间构型为直线形。

BF_3:中心原子 B 有 3 对价层电子,价层电子对的空间构型为平面三角形。由于 3 对价层电子都是成键电子,因此 BF_3分子的空间构型为平面三角形。

NH_3:中心原子 N 有 4 对价层电子,价层电子对的空间构型为四面体。由于 N 的 1 个孤对电子占据了四面体的一个顶点,因此 NH_3分子的空间构型为三角锥形。

NO_2^-:中心原子 N 有 3 对价层电子,价层电子对的空间构型为平面三角形。由于 N 的 1 个孤对电子占据了平面三角形的一个顶点,因此 NO_2^-分子的空间构型为 V 字形。

ClO_4^-:中心原子 Cl 有 4 对价层电子,价层电子对的空间构型为四面体。由于 4 对价层电子都是成键电子,因此 ClO_4^- 分子的空间构型为正四面体。

ClO_2^-:中心原子 Cl 有 4 对价层电子,价层电子对的空间构型为四面体。由于 Cl 的 2 对孤对电子占据了四面体的 2 个顶点,因此 ClO_2^-分子的空间构型为 V 字形。

例4　写出 O_2、O_2^+、O_2^-、O_2^{2-} 的分子轨道表示式,并指出键能的相对大小。

解题思路:根据分子轨道原理中电子排布原则写出分子轨道表示式,然后由分子轨道表示式计算出分子的键级,最后比较键级的大小。

$O_2:(\sigma_{1s})^2(\sigma_{1s}^*)^2(\sigma_{2s})^2(\sigma_{2s}^*)^2(\sigma_{2px})^2(\pi_{2py})^2(\pi_{2pz})^2(\pi_{2py}^*)^1(\pi_{2pz}^*)^1$

$$键级=(10-6)/2=2$$

$O_2^+:(\sigma_{1s})^2(\sigma_{1s}^*)^2(\sigma_{2s})^2(\sigma_{2s}^*)^2(\sigma_{2px})^2(\pi_{2py})^2(\pi_{2pz})^2(\pi_{2py}^*)^1$

$$键级=(10-5)/2=2.5$$

$O_2^-:(\sigma_{1s})^2(\sigma_{1s}^*)^2(\sigma_{2s})^2(\sigma_{2s}^*)^2(\sigma_{2px})^2(\pi_{2py})^2(\pi_{2pz})^2(\pi_{2py}^*)^2(\pi_{2pz}^*)^1$

$$键级=(10-7)/2=1.5$$

$O_2^{2-}:(\sigma_{1s})^2(\sigma_{1s}^*)^2(\sigma_{2s})^2(\sigma_{2s}^*)^2(\sigma_{2px})^2(\pi_{2py})^2(\pi_{2pz})^2(\pi_{2py}^*)^2(\pi_{2pz}^*)^2$

$$键级=(10-8)/2=1$$

由分子轨道的相关原理可知,键级越大,键能就越大。因此,键能大小的相对顺序为 $O_2^+>O_2>O_2^->O_2^2$。

例5　氢键与化学键有何区别?与一般分子间力有何异同?

答:虽然氢键具有饱和性和方向性,但是氢键与化学键相比,它的强度较弱。氢键与分子间力相比较,氢键的强度与分子间力相近,但是分子间力没有饱和性和方向性。

例6　什么是极性分子和非极性分子?分子的极性与化学键的极性有何联系?

答:$\mu\neq0$,正、负电荷中心不重合的分子为极性分子;$\mu=0$,正、负电荷中心重合的分子为非极性分子。且通常情况下,μ 值越大分子的极性就越大。在双原子分子中化学键的极性与分子的极性是一致的。若分子的几何构型是对称的,不论化学键是否为极性键,分子都是非极性分子；若分子的几何构型不是对称的，则分子为极性分子，通常化学键的极性越强，分子的极性也越强。

例 7 试解释为什么稀有气体 He、Ne、Ar、Kr、Xe 的沸点依次升高？

答：物质的沸点与物质的分子间力大小有关。一般分子间力越大，沸点越高。而分子间力通常以色散力为主，色散力随着分子的相对分子质量的增加而增大。这 5 种稀有气体的相对分子质量从左到右依次增大，分子间力也呈同样趋势，所以它们的沸点依次增高。

例 8 下列晶体在熔化时，需要克服色散力的是（ ），需要克服离子键的是（ ），需要克服共价键的是（ ）。

A. SiO_2　　B. $CaCl_2$　　C. 冰　　D. 干冰

答：D，B，A。

解题思路：根据晶体的类型、晶格结点上的微粒和微粒间的相互作用力可知，干冰是 CO_2 的固体形态，为分子晶体，晶格结点上为 CO_2，微粒之间的作用力为分子间力（以色散力为主）；$CaCl_2$ 为离子晶体，晶格结点上为 Ca^{2+} 和 Cl^-，微粒之间的作用力为离子键；SiO_2 为原子晶体，晶格结点上为 Si 和 O，微粒之间的作用力为共价键。

例 9 已知 NO_2、CS_2、SO_2 分子的键角分别为 132°、180°、120°，试判断它们的中心原子的轨道杂化的方式？

答：NO_2 分子的键角分别为 132°，接近 120°，故 N 原子采取 sp^2 杂化。CS_2 分子的键角为 180°，故 C 原子采取 sp 杂化。SO_2 分子的键角为 120°，故 S 原子采取 sp^2 杂化。

例 10 判断下列各组分子间存在什么形式的作用力？

A. C_6H_6 和 CCl_4　　B. He 和 H_2O

C. CO_2 气体和 HBr 气体　　D. CH_3CH_2OH 和 H_2O

解题思路：本题考查分子间作用力。分子间作用力包括色散力、诱导力、取向力，此外还有氢键。分析分子间作用力时，还要注意分子的极性，有些分子间作用力与分子的极性有关。

A. C_6H_6 和 CCl_4 均为非极性分子，C_6H_6 和 CCl_4 之间只存在色散力。

B. He 为非极性分子，而 H_2O 为极性分子，He 和 H_2O 分子之间存在诱导力和色散力。

C. CO_2 为非极性分子，而 HBr 为极性分子，CO_2 气体和 HBr 气体分子之间存在诱导力和色散力。

D. CH_3CH_2OH 和 H_2O 均为极性分子，CH_3CH_2OH 和 H_2O 分子之间存在取向力、诱导力和色散力；此外，在 CH_3CH_2OH 和 H_2O 之间还存在分子间氢键。

例 11 为什么干冰和石英物理性质差异很大？金刚石和石墨都是碳元素的单质，为什么物理性质不同？

答：干冰和石英物理性质差异很大，原因是二者的晶体类型不同，干冰属于分子晶体，而石英属于原子晶体。虽然金刚石和石墨都是碳元素的单质，但是由于金刚石是原子晶体，而石墨是过渡型晶体，所以它们的物理性质有很大的差异。

例 12 下列化合物中是否存在氢键？若存在氢键，是属于分子间氢键，还是分子内氢键？

A. NH_3　　B. H_3BO_3　　C. CFH_3　　D. 邻羟基苯甲酸（苯环上 OH 与 COOH 处于邻位）

答：A、B、D 中存在氢键；D 中存在分子内氢键；A、B 中存在分子间氢键。

解题思路：只有当 H 原子直接与电负性较大、半径较小的原子以共价键相结合时，才能形成氢键。D 中羟基(—OH)和羧基(—COOH)处于邻位，两者相距较近，故可以形成分子内氢键；而 A、B 只能形成分子间氢键。

例 13　用价键理论和分子轨道理论分别说明为什么 H_2 能稳定存在，而 He_2 不能稳定存在？

答：基态 H 原子的电子构型为 $1s^1$，基态 He 原子的电子构型为 $1s^2$。

由价键理论可知氢原子有 1 个未成对电子，若两个氢原子的成对电子自旋相反，当它们接近时可以形成共价键，生成氢分子。氦原子没有未成对电子，接近时不能形成共价键，所以氦分子不能存在。

按分子轨道理论，氢分子的分子轨道表示式为 $(\sigma_{1s})^2$，键级为 1，两个氢原子以共价单键结合生成氢分子。氦分子的分子轨道为 $(\sigma_{1s})^2(\sigma_{1s}^*)^2$，键级为 0，所以两个氦原子不能形成共价键，故氦分子不能稳定存在。

例 14　试比较下列各组物质的分子偶极矩的大小。

①CO_2 和 SO_2；②CCl_4 和 CH_4；③PH_3 和 NH_3；④H_2O 和 H_2S

答：①CO_2 分子的空间构型为直线形，结构对称，分子的偶极矩为零；SO_2 的分子空间构型为 V 字形，结构不对称，分子偶极矩大于零。因此，SO_2 分子的偶极距大于 CO_2 分子。

②CCl_4 和 CH_4 分子的空间构型均为正四面体，结构对称，分子的偶极矩为零。因此，CCl_4 分子和 CH_4 分子的偶极矩相等。

③PH_3 和 NH_3 分子的空间构型均为三角锥形，结构不对称，分子的偶极矩均大于零。由于 N-H 键的极性大于 P-H 键，因此，PH_3 分子的偶极矩大于 NH_3 分子的偶极矩。

④H_2O 和 H_2S 分子的空间构型均为 V 字形，结构不对称，分子的偶极矩均大于零。由于 H-O 键的极性大于 H-S 键，因此，H_2O 分子的偶极矩大于 H_2S 分子的偶极矩。

例 15 HF 分子间氢键比 H_2O 分子间氢键大些，为什么 HF 的沸点及汽化热均比 H_2O 的低？

答：F-H…F 的氢键键能为 28.0 $kJ \cdot mol^{-1}$，而 O-H…O 氢键键能为 18.8 $kJ \cdot mol^{-1}$，可见 HF 分子间氢键强于 H_2O 分子间氢键。

H_2O 分子中有 2 个孤对电子，2 个 H 原子，因此，H_2O 分子最多可与周围分子形成 4 个氢键；而 HF 分子只有 1 个 H 原子，最多可与周围 HF 分子形成 2 个氢键，即 H_2O 分子间氢键比 HF 分子间氢键多。另外，H_2O 汽化时，气态的 H_2O 均为分子而没有二聚、三聚分子，说明水汽化时要断开全部的氢键；而 HF 汽化时，气相中有二聚体 $(HF)_2$，即 HF 汽化时不必断开全部的氢键。综上所述，由于 H_2O 分子间氢键较多，且要在汽化时全部断开，HF 分子间氢键较 H_2O 少，且汽化时 HF 不必断开全部氢键，结果是 H_2O 汽化热比 HF 汽化热大，H_2O 沸点比 HF 沸点高。

7.4　习题详解

1. 判断题。

(1)色散力是主要的分子间力。　(　)

(2)共价键的类型有 σ 键和 π 键两种。　(　)

(3)$\mu=0$ 的分子中化学键一定是非极性键。　(　)

(4)NH_3和 BF_3都是 4 个原子的分子,所以它们的空间构型相同。　(　)

(5)由于 C 和 Si 是同族元素,所以 CO_2和 SiO_2属于同一类型晶体。　(　)

(6)NCl_3的中心原子是等性杂化。　(　)

(7)一般晶格能越大的离子晶体,熔沸点越高,硬度也越大。　(　)

(8)晶体缺陷在常温下几乎不可避免。　(　)

(9)形成离子晶体的化合物中不可能有共价键。　(　)

(10)σ 键的键能一定大于 π 键的键能。　(　)

答:(1)对。

解题思路:由分子间作用力的特点可知:色散力存在于所有物质分子中,且一般情况下,色散力为主要的分子间作用力。

答:(2)对。

解题思路:这是由原子轨道的重叠方式所决定的。因为共价键成键时,一种是“头碰头”的重叠方式,一种是“肩并肩”的重叠方式,所以共价分子成键时只能形成 σ 键和 π 键。

答:(3)错。

解题思路:由于分子的极性与化学键的极性并不完全一致。因此,$\mu=0$ 只是判断分子是否为极性的依据,不能用于判断化学键的极性与否。

答:(4)错。

解题思路:NH_3的空间构型为三角锥形;BF_3的空间构型为平面三角形。由此可见,分子的空间构型是一个综合因素的结果,而分子中的原子个数仅是其中一个参数。因此,不能将原子个数作为判断的主要依据。

答:(5)错。

解题思路:晶体的判断类型主要是由分子晶体间的晶格结点间的作用力来决定。虽然 C 和 Si 是同族元素,但是由于所形成的晶体间的晶格结点间的作用力不同,故所形成的晶体不同,CO_2是典型的分子晶体,而 SiO_2是典型的原子晶体。

答:(6)错。

解题思路:由分子的杂化轨道理论可知,由于 N 原子在形成杂化轨道时含有孤对电子,因此 N 原子在形成 NCl_3分子时,形成的是 sp^3不等性杂化。

答:(7)对。

解题思路:由离子晶体的特点可知:通常是晶格能越大,其相应的离子晶体的熔沸点越高,硬度也越大。

答:(8)对。

解题思路:由晶体缺陷的定义可知:通常情况下所说的晶体都是完美晶体,实际上晶体都存在结构缺陷。

答:(9)错。

解题思路:许多离子晶体中的阴离子为复杂结构,阴离子与阳离子间虽然是由离子键结合,但阴离子内部的原子间却有可能含有共价键。例如:NaOH 中 O—H 就是共价键。

答:(10)错。

解题思路:一般说来,σ 键比 π 键的稳定,σ 键比 π 键的键能大。但这不是绝对的,有的分子中 σ 键的键能比 π 键的键能小。例如:N_2分子中,π_{2p}键能大于σ_{2p}的键能。

2. 选择题。

(1)下列分子构型中以 sp^3 等性杂化轨道成键的是 ( )

A. 直线型　B. 平面三角形　C. 八面体型　D. 正四面体型

(2)下列物质中,分子间不含有氢键的是 ( )

A. HCl　B. NH_3　C. HF　D. H_2O

(3)下列物质属于分子晶体的是 ( )

A. KCl　B. Fe　C. SiO_2　D. CO_2

(4)有关共价键的说法,错误的是 ( )

A. 两个原子间键长越短,键越牢固

B. 两个原子半径之和约等于所形成的共价键键长

C. 双原子分子中化学键增加,键长变短

D. 两个原子间键越长,键越牢固

(5)下列分子中是极性分子的 ( )

A. CCl_4　B. BCl_3　C. CH_3OCH_3　D. PCl_5

(6)下列化合物中含有极性共价键的是 ( )

A. $KClO_3$　B. Na_2O_2　C. Na_2O　D. KI

(7)中心原子是 sp^2 杂化的分子是 ( )

A. NH_3　B. BCl_3　C. PCl_3　D. H_2O

(8)下列分子中,属于非极性分子的是 ( )

A. SO_2　B. CO_2　C. NO_2　D. ClO_2

(9)下列化合物中含有非极性共价键的离子化合物是 ( )

A. H_2O_2　B. Na_2CO_3　C. Na_2O_2　D. Na_2S

(10)下列分子或离子中,构型不为直线形的是 ( )

A. I_3^+　B. I_3^-　C. CS_2　D. $BeCl_2$

答:(1)选 D。

解题思路:由分子的杂化轨道理论与分子空间构型的关系可知:以 sp 杂化轨道成键的空间构型是直线型;以 sp^2 杂化轨道成键的空间构型是平面三角形;以 sp^3 等性杂化轨道成键的空间构型是正四面体型;以 sp^3d^2 杂化轨道成键的空间构型是八面体型。

答:(2)选 A。

解题思路:由氢键的定义及氢键的类型可知:NH_3、HF、H_2O 均可以形成分子间氢键。

答:(3)选 D。

解题思路:由晶体分类的定义可知:KCl 是离子晶体;Fe 是金属晶体;SiO_2是原子晶体;CO_2是分子晶体。

答:(4)选 D。

解题思路:由共价键的成键特点可知:选项 A、B、C 均为正确选项。

答:(5)选 C。

解题思路:判断分子的极性与否除了可以用μ是否为零来判断之外,还可以根据分子的空间构型是否对称来判断。由分子的空间构型可知 CCl_4、BCl_3、PCl_5三种物质的分子空间构型都是对称的,所以选项 A、B、D 三种物质的分子都是非极性分子。

答:(6)选 A。

解题思路:由化学键的类型可知:$KClO_3$分子中除了离子键之外,还有 Cl 原子与 O 原子之间的极性共价键;Na_2O_2中除了离子键之外,还含有非极性共价键;Na_2O 和 KI 之间都只有离子键。

答:(7)选 B。

解题思路:由分子的杂化轨道理论与分子空间构型的关系可知:NH_3、PCl_3和 H_2O 的中心原子 N、P 和 O 都是 sp^3不等性杂化;而 BCl_3的中心原子 B 是 sp^2杂化。

答:(8)选 B。

解题思路:判断分子的极性与否除了可以用μ是否为零来判断之外,还可以根据分子的空间构型是否对称来判断。由分子的空间构型可知 SO_2、NO_2、ClO_2三种物质的分子空间构型都是不对称的,所以选项 A、C、D 三种物质的分子都是极性分子。

答:(9)选 C。

解题思路:由题意可知,要选择离子化合物,所以只能从选项 B、C、D 中选择。B 选项的 CO_3^{2-}中 C 与 O 之间是极性共价键;C 选项的 O_2^{2-} 中 O 与 O 之间是非极性共价键;D 选项中的物质只有离子键。

答:(10)选 A。

解题思路:由价层电子对互斥原理可知 I_3^-、CS_2、$BeCl_2$的分子构型都是直线形,所以选择 A。

3. 填空题。

(1)s 轨道和 p 轨道的杂化类型有________、________、________、________。

(2)晶体的基本类型包括:________、________、________、________。

(3)共价键具有________性和________性。

(4)范德华力包括:________、________、________。

(5)氢键有________和________两种。

(6)晶体缺陷包括:________、________、________、________。

(7)排列键角大小顺序(从大到小)________。

①BCl_3;②NH_3;③H_2O;④CH_4;⑤$BeCl_2$

(8)下列分子中能形成分子内氢键的是________;不能形成分子间氢键的是________。

①HNO_3;②NH_3;③H_2O;④NH_4^+;⑤HF_2^-

(9)分子轨道是由________线性组合而成的,这种组合必须满足的三个条件是________、________、________。

(10)用价层电子对互斥原理判断下列分子或离子的几何构型:ICl_2^-________、BrF_3________、ICl_4^-________、NO_2^+________。

答:(1)sp 杂化 sp^2杂化 sp^3等性杂化 sp^3不等性杂化

(2)离子晶体 原子晶体 分子晶体 金属晶体

(3)饱和性 方向性

(4)色散力 诱导力 取向力

(5)分子间氢键 分子内氢键

(6)点缺陷 线缺陷 面缺陷 体缺陷

(7)⑤>①>④>②>③

解题思路:由分子杂化轨道与分子空间构型的关系可知:BCl_3中原子轨道是sp^2杂化,成键的键角为120°;NH_3中原子轨道是sp^3不等性杂化,成键的键角为107°;H_2O中原子轨道是sp^3不等性杂化,但由于中心原子O中具有两对孤对电子,比NH_3多一对孤对电子;所以成键的键角为104°40′小于NH_3的键角107°;CH_4中原子轨道是sp^3等性杂化,成键的键角为109°28′;$BeCl_2$中原子轨道是sp杂化,成键的键角为180°。

(8)②③ ④⑤

解题思路:HNO_3可以形成分子内氢键;NH_4^+分子中,由于N上无孤对电子,所以不能形成分子间氢键。HF_2^-的结构为F–H…F,没有可形成分子间氢键的H原子。

(9)原子轨道 对称性匹配原则 最大重叠原理 能量近似原则

(10)直线形 T型 平面正方形 直线形

解题思路:运用价层电子对互斥原理进行分子构型的判断。

4.简答题。

(1)双原子分子中能否存在两个以上σ键,为什么?

(2)下列化合物晶体中既存在离子键又有共价键的是哪些?

①NaOH;②Na_2S;③$CaCl_2$;④Na_2SO_4;⑤MgO

(3)试解释为什么C_2H_4中键角均接近120°?

(4)干冰(CO_2)和SiO_2是化学式相似的两种共价化合物,为什么干冰和SiO_2物理性质差异很大?

(5)下列化合物中分子间有氢键的是哪些?

①C_2H_6;②NH_3;③C_2H_5OH;④H_3BO_3;⑤CH_4

(6)写出下列物质的晶体类型:SO_2,SiC,HF,KCl,MgO。

(7)下列物质中存在何种分子间力:①Cl_2;②CCl_4;③HCl;④NH_3。

(8)用分子轨道理论解释为何Ne_2分子不存在?

(9)试用价层电子对互斥原理预测下列分子或离子的空间构型:ClF_3、SO_2Cl_2、PCl_5、O_3、SF_6、$BeCl_2$。

(10)有下列分子或离子：Li_2、Be_2、N_2、CO^+、CN^-，试回答下列问题：

①写出它们的分子轨道表示式；

②通过键级判断哪种物质最稳定，哪种物质最不稳定。

答：(1)在双原子分子中，只能形成一个σ键，不可能有两个以上的σ键，这是由成键原子轨道的方向性决定的，只要形成一个σ键，其余的只能形成π键。

(2)由于所有的化合物都属于离子晶体，所以均含有离子键；在NaOH中，OH^-中含有共价键；在Na_2SO_4中，SO_4^{2-}中含有共价键，所以既有离子键，又有共价键的物质是①NaOH和④Na_2SO_4。

(3)在C_2H_4分子中，每个C以sp^2杂化轨道分别与两个H和另一个C形成σ键，所以键角约为120°。

(4)因为SiO_2是原子晶体，晶格结点上分别为Si和O，微粒之间作用力为共价键，结合较牢。而干冰是CO_2的固体形态，为分子晶体，晶格结点上为CO_2，微粒之间的相互作用力为分子间力，作用较弱，所以SiO_2和干冰的物理性质差异很大。

(5)NH_3、H_3BO_3、C_2H_5OH三种物质的分子间含有氢键。

(6)SO_2、HF为分子晶体；SiC为原子晶体；KCl、MgO为离子晶体。

(7)①Cl_2为非极性分子，在其同种分子之间只有色散力。

②CCl_4为非极性分子，分子之间存在色散力。

③HCl是极性分子，分子之间存在色散力、诱导力和取向力。

④NH_3是极性分子，且N与H之间能形成氢键，所以NH_3分子之间存在色散力、诱导力、取向力和氢键。

(8)Ne_2的分子轨道表示式为：

$(\sigma_{1s})^2(\sigma_{1s}^*)^2(\sigma_{2s})^2(\sigma_{2s}^*)^2(\sigma_{2px})^2(\pi_{2py})^2(\pi_{2pz})^2(\pi_{2py}^*)^2(\pi_{2pz}^*)^2(\sigma_{2px}^*)^2$

它的键级为：(10-10)/2=0，故Ne_2分子不存在。

(9)ClF_3：中心原子Cl有5对价层电子，价层电子对的空间构型为三角双锥，由于Cl的2个孤对电子占据了三角双锥的2个顶点，因此ClF_3分子的空间构型为T形。

SO_2Cl_2：中心原子S有4对价层电子，价层电子对的空间构型为正四面体，由于4对价层电子均为成键电子，因此SO_2Cl_2分子的空间构型为正四面体。

PCl_5：中心原子P有5对价层电子，价层电子对的空间构型为三角双锥，由于5对价层电子均为成键电子，因此PCl_5分子的空间构型为三角双锥。

O_3：中心原子O有3对价层电子，价层电子对的空间构型为平面三角形，由于O的1个孤对电子占据了平面三角形的1个顶点，因此O_3分子的空间构型为V形。

SF_6：中心原子Cl有6对价层电子，价层电子对的空间构型为正八面体，由于4对价层均为成键电子，因此SF_6分子的空间构型为正八面体。

$BeCl_2$：中心原子Be有2对价层电子，价层电子对的空间构型为直线形，由于2对价层均为成键电子，因此$BeCl_2$分子的空间构型为直线形。

(10)①分子轨道表示式如下：

Li_2：$(\sigma_{1s})^2(\sigma_{1s}^*)^2(\sigma_{2s})^2$

Be_2：$(\sigma_{1s})^2(\sigma_{1s}^*)^2(\sigma_{2s})^2(\sigma_{2s}^*)^2$

$B_2:(\sigma_{1s})^2(\sigma_{1s}^*)^2(\sigma_{2s})^2(\sigma_{2s}^*)^2(\pi_{2py})^1(\pi_{2pz})^1$

$N_2:(\sigma_{1s})^2(\sigma_{1s}^*)^2(\sigma_{2s})^2(\sigma_{2s}^*)^2(\pi_{2py})^2(\pi_{2pz})^2(\sigma_{2px})^2$

$CO^+:(\sigma_{1s})^2(\sigma_{1s}^*)^2(\sigma_{2s})^2(\sigma_{2s}^*)^2(\pi_{2py})^2(\pi_{2pz})^2(\sigma_{2px})^1$

$CN^-:(\sigma_{1s})^2(\sigma_{1s}^*)^2(\sigma_{2s})^2(\sigma_{2s}^*)^2(\pi_{2py})^2(\pi_{2pz})^2(\sigma_{2px})^2$

②通过键级的公式的计算公式求出各物质的键级如下:

$Li_2:(4-2)/2=1$

$Be_2:(4-4)/2=0$

$B_2:(6-4)/2=1$

$N_2:(10-4)/2=3$

$CO^+:(9-4)/2=2.5$

$CN^-:(10-4)/2=3$

由分子轨道理论可知,键级越大的物质越稳定。因此由键级可知:最稳定的物质是N_2和CN^-;最不稳定的是Be_2,因为键级为零,是不能稳定存在的。

7.5　同步训练题

1.判断题。

(1)非极性分子内的化学键一定是非极性键。 (　　)

(2)能溶于水导电的必为离子晶体。 (　　)

(3)虽然氢键具有饱和性和方向性,但氢键不是共价键。 (　　)

(4)1个s轨道和3个p轨道一定会形成sp^3杂化轨道。 (　　)

(5)一般来说,平面三角形的分子都是采用sp^2杂化轨道成键的。 (　　)

(6)多原子分子中,键的极性越强,分子的极性也越强。 (　　)

(7)具有共价键的物质必为分子晶体。 (　　)

(8)杂化轨道形成的键都是σ键。 (　　)

(9)石墨属于层状晶体,可以用来做导电体和润滑剂。 (　　)

(10)诱导力存在于极性分子与非极性分子之间。 (　　)

(11)由于Fe^{2+}有两个电子,所以Fe^{2+}属于2电子构型。 (　　)

(12)全部由共价键结合形成的化合物只能形成分子晶体。 (　　)

(13)相对分子质量越大,分子间力越大。 (　　)

(14)色散力只存在于非极性分子之间。 (　　)

(15)氢键是一种特殊的化学键。 (　　)

2.选择题。

(1)有关杂化轨道说法错误的是 (　　)

A.所有原子轨道都参与杂化

B.同一原子中能量相近的原子轨道参与杂化

C.参与杂化的原子轨道混合后重新分配能量

D.有几个原子轨道参与杂化就生成几个杂化轨道

(2)s 轨道和 p 轨道杂化的类型有 ( )

A. sp、sp^2、sp^3杂化　B. sp、sp^2杂化

C. sp^2、sp^3杂化　D. sp、sp^2、sp^3、sp^3不等性杂化

(3)Li^+离子的电子构型属于 ( )

A. 2 电子构型　B. 8 电子构型　C. 9 ~17 电子构型　D. 18 电子构型

(4)下列物质属于非极性分子的是 ( )

A. H_2S　B. H_2O　C. CO_2　D. NH_3

(5)在 HCOH 分子中,4 个原子处在同一平面上,C 原子所采用的杂化轨道是 ( )

A. sp 杂化　B. sp^2杂化　C. sp^3等性杂化　D. sp^3不等性杂化

(6)关于 sp 杂化轨道描述正确的是 ( )

A. 它是由一个 1s 轨道和一个 2p 轨道线性组合而成

B. 等性 sp 杂化轨道中所含 s、p 的成分相同

C. 等性 sp 杂化轨道有两个,一个能量上升,一个能量下降,但总能量保持不变

D. 等性 sp 杂化轨道可与其他原子轨道形成 σ 键和 π 键

(7)下列分子中,中心原子是以 sp^3不等性杂化成键的是 ( )

A. $BeCl_2$　B. $SiCl_4$　C. CO_2　D. PH_3

(8)下列各物质的分子中只存在色散力的是 ( )

A. CO_2　B. NH_3　C. HBr　D. CH_3OCH_3

(9)下列各种化合物中不含有氢键的是 ( )

A. HCOOH　B. HF　C. CH_4　D. H_3BO_3

(10)下列各晶体熔化时只需要克服色散力的是 ( )

A. CH_3COOH　B. SiO_2　C. $CHCl_3$　D. CS_2

(11)下列原子轨道若沿 x 轴方向成键,能行成 π 键的是 ( )

A. p_y-p_y　B. p_x-p_x　C. p_x-p_y　D. p_x-p_z

(12)下列能说明氦原子是以单原子分子存在的电子排布是 ( )

A. $(\sigma_{1s})^2(\sigma_{1s}^*)^2$　B. $(\sigma_{1s})^2(\sigma_{2s})^2$

C. $(\sigma_{1s})^2(\sigma_{1s}^*)^1(\sigma_{2s})^1$　D. $(\sigma_{1s})^2(\sigma_{2p})^2$

(13)由价层电子对互斥原理可知 ClO_3F 的分子构型是 ( )

A. 直线形　B. 平面三角形　C. 平面四方形　D. 四面体

(14)下列偶极矩为零的化合物是 ( )

A. H_2O　B. NH_3　C. HF　D. C_6H_6

(15)假设 NH_3^+是平面构型,且有 3 个等价的氢原子,则中心氮原子的杂化方式为 ( )

A. sp^3　B. sp　C. sp^2　D. sp^3d^2

3. 填空题。

(1)分子间普遍存在、且起主要作用的分子间力是________,它随相对分子质量的增大而________。

(2)在 C_2H_6、NH_3、CH_4几种分别单独存在的物质中,分子间有氢键的是________。

(3)MgO 晶体中,晶格结点上排列微粒为________,微粒间作用力为________,晶体类型为________。

(4)在下列化合物中键角由小到大的排列顺序是________________________。

①BF_3;②CCl_4;③H_2O; ④CO_2

(5)在 NCl_3分子中,N 原子采用________杂化,分子空间构型为________,分子间力为________。

(6)下列各物质的化学键中,只存在 σ 键的是________;同时存在 σ 键和 π 键的是________。

①PH_3; ②CO_2;③N_2;④丁二烯; ⑤丙烯腈

(7)化学键的定义是________________,化学键的类型有________________。

(8)汽油的主要成分之一辛烷(C_8H_{18})结构是对称的,因此它是________分子(填写"非极性"或"极性"),汽油和水不相溶的原因是________________。

(9)原子晶体的晶格结点之间的作用力是________,这类晶体一般熔点________。

(10)PH_3分子($\mu>0$)的轨道类型是________杂化,分子空间构型为________。

(11)按由大到小的顺序排列下列物质的键角________。

①CH_4;②H_2O;③NH_3;④H_2S

(12)按分子轨道理论写出 Li_2的分子轨道表示式________,说明(答"有"或"没有")________ Li_2分子。

(13)$SiCl_4$分子具有四面体构型,这是因为 Si 以________杂化轨道与 4 个 Cl 分别形成________键,杂化轨道间的夹角为________。

(14)C_2H_2分子和 C_6H_6分子的杂化轨道类型分别是________杂化和________杂化。

(15)半导体的禁带宽度 E_g ________ eV,绝缘体的 E_g ________ eV。

4. 简答题。

(1)为何共价键具有饱和性和方向性?

(2)为何 HCl、HBr、HI 的熔点、沸点依次增高,而 HF 的熔点、沸点却高于 HCl?

(3)分子间力的大小对物质的物理性质有何影响?

(4)比较并简单解释 BBr_3与 NCl_3分子的空间构型。

(5)指出下列离子外层电子构型属于何种构型?

A. Sn^{2+}　B. Cd^{2+}　C. Fe^{2+}　D. Be^{2+}　E. Se^{2-}　F. Cu^{2+}　G. Ti^{4+}

(6)判断下列各组分子之间存在何种形式的分子间力。

A. CS_2和 CCl_4　B. H_2O 和 NH_3　C. CH_3Cl　D. H_2O 和 N_2

(7)下列分子中,哪些是极性分子? 哪些是非极性分子? 为什么?

A. CCl_4　B. $CHCl_3$　C. BCl_3　D. NCl_3　E. H_2S　F. CS_2

(8)PCl_3的分子空间构型是三角锥形,键角略小于 109°28′;$SiCl_4$分子是正四面体,键角为 109°28′。试用杂化轨道理论加以解释。

(9)根据分子轨道理论判断 NO^+、NO、NO^-稳定性的大小。

(10)试用价层电子对互斥原理预测下列分子或离子的空间构型。

ICl_2^+,XeO_4,ICl_2^-,SF_4,CO_3^{2-},SO_2,PO_4^{3-},ClO_2^-

7.6 同步训练题参考答案

1. 判断题。

(1)错 (2)错 (3)对 (4)错 (5)对 (6)错 (7)错 (8)对 (9)对

(10)对 (11)错 (12)错 (13)错 (14)错 (15)错

2. 选择题。

(1)A (2)D (3)A (4)C (5)B (6)B (7)D (8)A (9)C (10)D

(11)A (12)A (13)D (14)D (15)C

3. 填空题。

(1)色散力 增大

(2)NH_3

(3)Mg^{2+} O^{2-} 离子键 离子晶体

(4)③②①④

(5)sp^3不等性 三角锥 色散力、诱导力、取向力

(6)① ②③④⑤

(7)指分子或晶体中相邻两个或多个原子(或离子)之间的强烈作用力 离子键、共价键、金属键

(8)非极性 汽油的非极性分子与水分子的强极性之间的极性差异大

(9)共价键 较大

(10)sp^3不等性 三角锥形

(11)①>③>②>④

(12)$(\sigma_{1s})^2(\sigma_{1s}^*)^2(\sigma_{2s})^2$ 有

(13)sp^3 σ 109°28′

(14)sp sp^2

(15)<2 >6

4. 简答题。

(1)因为共价键是由成键原子轨道重叠而成,原子轨道除 s 轨道外,其余均在空间有一定的伸展方向,成键时必须按着一定的方向重叠才能有效成键,所以具有一定的方向性。此外,共价键是由自旋相反(反平行)的两个电子形成一个共价键(称自旋配对),不可能再与其他电子成键,所以共价键具有饱和性。

(2)题中所给的分子均为极性分子,但分子间作用力仍以色散力为主。对相同结构类型的物质,色散力随相对分子质量的增大而增大。HCl、HBr、HI 三者的相对分子质量依次增大,分子间力也依次增大,它们的熔点、沸点同样依次增高。但是在 HF 分子中,除以色散力为主外,还多了氢键的作用,所以 HF 的熔点、沸点高于 HCl。

(3)分子间力的大小影响到物质的某些物性质,例如沸点、凝固点、液化温度等。因为分子间力越大,物质的分子间相互吸引力也越大,由液态变成气态需热量越多,沸点越高,但却易于由气态变成液态或是由液态变成固态,也就是液化温度越高,或是固化温度

越高,反之亦然。

(4)两者的化学键都是极性共价键,但 BBr_3 为平面三角形的空间构型,是非极性分子。而 NCl_3 的空间构型为三角锥形,是极性分子。BBr_3 采用 sp^2 杂化,三键等同,键角为120°。而 NCl_3 采用 sp^3 不等性杂化,生成4个杂化轨道,虽然形成的4键等同,但因其中一个轨道是被孤对电子占据,由于斥力,键角被压缩,本应为正四面体的空间构型变成了三角锥形。

(5)A. Sn^{2+} 的价层电子构型为 $4s^24p^64d^{10}5s^2$,属于18+2电子构型。

B. Cd^{2+} 的价层电子构型为 $4s^24p^64d^{10}5s^0$,属于18电子构型。

C. Fe^{2+} 的价层电子构型为 $3s^23p^63d^64s^0$,属于9~17电子构型。

D. Be^{2+} 的价层电子构型为 $1s^2$,属于2电子构型。

E. Se^{2-} 的价层电子构型为 $4s^24p^6$,属于8电子构型。

F. Cu^{2+} 的价层电子构型为 $3s^23p^63d^9s^0$,属于9~17电子构型。

G. Ti^{4+} 的价层电子构型为 $3s^23p^63d^04s^0$,属于8电子构型。

(6)A. CS_2 和 CCl_4:色散力。

B. H_2O 和 NH_3:取向力、诱导力、色散力、氢键。

C. CH_3Cl:取向力、诱导力、色散力。

D. H_2O 和 N_2:诱导力、色散力。

(7)极性分子为:B、D、E;非极性分子为:A、C、F。

A. CCl_4 的空间构型为正四面体,结构对称,为非极性分子。

B. $CHCl_3$ 的空间构型为四面体,结构不对称,为极性分子。

C. BCl_3 空间构型为平面正三角形,结构对称,为非极性分子。

D. NCl_3 空间构型为三角锥形,结构不对称,为极性分子。

E. H_2S 空间构型为V形,结构不对称,为极性分子。

F. CS_2 空间构型为直线形,结构对称,为非极性分子

(8)中心原子P的外层电子构型为 $3s^23p^3$,成键时P的1个3s轨道和3个3p轨道进行的是 sp^3 不等性杂化,杂化轨道的构型为四面体。P原子用其中各有1个电子的3个 sp^3 成键杂化轨道分别与3个Cl的含有1个电子的3p轨道重叠,形成3个σ键。另一个 sp^3 非杂化轨道中有1对孤对电子,故 PCl_3 分子的空间构型为三角锥形。由于3个成键的 sp^3 杂化轨道中p轨道的成分大于3/4,而s轨道的成分小于1/4,因此3个P−Cl成键的键角小于109°28′。

中心原子Si的外层电子构型为 $3s^23p^2$,成键时Si的1个3s轨道和3个3p轨道进行的是 sp^3 等性杂化,每个杂化轨道中各有1个电子。Si原子用4个各有1个电子的 sp^3 杂化轨道分别与4个Cl的含有未成对电子的3p轨道重叠,形成4个σ键。由于中心原子Si所提供的4个成键 sp^3 杂化轨道的构型为正四面体,因此形成 $SiCl_4$ 分子的空间构型为正四面体,成键的键角为109°28′。

(9)由分子轨道理论可知 NO^+、NO、NO分子轨道表示式如下:

NO^+:$(\sigma_{1s})^2(\sigma_{1s}^*)^2(\sigma_{2s})^2(\sigma_{2s}^*)^2(\pi_{2py})^2(\pi_{2pz})^2(\sigma_{2px})^2$

NO:$(\sigma_{1s})^2(\sigma_{1s}^*)^2(\sigma_{2s})^2(\sigma_{2s}^*)^2(\pi_{2py})^2(\pi_{2pz})^2(\sigma_{2px})^2(\pi_{2py}^*)^1$

NO^-:$(\sigma_{1s})^2(\sigma_{1s}^*)^2(\sigma_{2s})^2(\sigma_{2s}^*)^2(\pi_{2py})^2(\pi_{2pz})^2(\sigma_{2px})^2(\pi_{2py}^*)^1(\pi_{2pz}^*)^1$

NO^+的键级:$(10-4)/2=3$

NO 的键级:$(10-5)/2=2.5$

NO^-的键级:$(10-6)/2=2$

由分子轨道理论可知,键级越大,物质越稳定。

因此由键级的数值大小可知稳定性:$NO^+>NO>NO^-$

(10)ICl_2^+:中心原子 I 有 4 对价层电子,价层电子对的空间构型为四面体,由于 I 的 2 个孤对电子占据了四面体的 2 个顶点,因此ICl_2^+分子的空间构型为 V 形。

XeO_4:中心原子 Xe 有 4 对价层电子,价层电子对的空间构型为四面体,由于 4 对电子均为成键电子,因此XeO_4分子的空间构型为正四面体。

ICl_2^-:中心原子 I 有 5 对价层电子,价层电子对的空间构型为三角双锥,由于 I 的 3 个孤对电子占据了三角双锥的 3 个顶点,因此ICl_2^-分子的空间构型为三角双锥。

SF_4:中心原子 S 有 5 对价层电子,价层电子对的空间构型为三角双锥,由于 S 的 1 个孤对电子占据了三角双锥的 1 个顶点,因此SF_4分子的空间构型为变形四面体。

CO_3^{2-}:中心原子 C 有 3 对价层电子(O 原子不提供电子),价层电子对的空间构型为平面三角形,由于 3 对电子均为成键电子,因此CO_3^{2-}分子的空间构型为平面三角形。

SO_2:中心原子 S 有 3 对价层电子(O 原子不提供电子),价层电子对的空间构型为直线形,由于 S 的 1 对孤对电子占据了平面三角形的 1 个顶点,因此SO_2分子的空间构型为变形 V 形。

PO_4^{3-}:中心原子 P 有 4 对价层电子(O 原子不提供电子),价层电子对的空间构型为四面体,由于 4 对价层均为成键电子,因此PO_4^{3-}分子的空间构型为正四面体。

ClO_2^-:中心原子 Cl 有 4 对价层电子(O 原子不提供电子),价层电子对的空间构型为四面体,由于 Cl 的 2 对孤对电子占据了四面体的 2 个顶点,因此ClO_2^-分子的空间构型为正 V 形。

第 8 章

滴定分析法

8.1 教学基本要求

1. 掌握滴定分析法的基本概念。
2. 了解酸碱标准溶液的配制和标定，掌握酸碱指示剂的变色原理和变色范围的确定。
3. 掌握氧化还原滴定法中的基本概念及三种基本的氧化还原滴定方法。
4. 掌握沉淀滴定法中的相关概念及银量法的基本原理。
5. 掌握配位滴定法中的相关概念及金属指示剂的基本原理。

8.2 知识点归纳

1. 滴定分析法概述

(1) 基本概念

①滴定分析法。是化学分析中的一种重要分析方法，它是将一种已知准确浓度的试剂溶液(标准溶液)滴加到待测物质溶液(试液)中，直到化学反应定量完成为止，然后根据所加试剂溶液的浓度和体积计算待测组分含量的一种方法。

②滴定。将标准溶液通过滴定管逐滴加入到待测溶液中的操作过程称为滴定。

③化学计量点。当滴入的标准溶液与被测定的物质定量反应时，也就是两者的物质的量正好符合化学式所表示的化学计量点时，称为理论终点或化学计量点。

④滴定终点。许多的滴定反应达到化学计量点时无外观变化，为了较准确地确定理论终点，需要加入指示剂，即用来确定理论终点的试剂，指示剂恰好发生颜色变化的转变点称为滴定终点。

⑤终点误差。由于化学计量点与实验中实际测得的滴定终点不一定完全相符，造成的分析误差称为终点误差，也称滴定误差。

(2) 滴定分析的反应条件

①反应必须定量完成。

②反应速率快。

③ 要有简便可靠的方法确定滴定终点,如有合适的指示剂可以选择等。

④ 反应必须无干扰杂质存在,否则应进行掩蔽或除去。

(3)滴定分析法的主要方法

①直接滴定法。

②返滴定法。

③置换滴定法。

④间接滴定法。

2. 酸碱滴定法

(1)酸碱指示剂

酸碱指示剂多是弱的有机酸或有机碱,其共轭酸碱对具有不同的结构,且颜色不同。现有如下的转化

$$\underset{\text{酸式形态}}{HIn} = \underset{\text{碱式形态}}{In^- + H^+}$$

如果以 $K_a^{\ominus}$ 表示指示剂的离解常数,则有

$$K_a^{\ominus} = \frac{[H^+][In^-]}{HIn}$$

那么

$$\frac{[In^-]}{[HIn]} = \frac{K_a^{\ominus}}{[H^+]}$$

变色范围讨论:

①当$\frac{[In^-]}{[HIn]} \geqslant 10$时,只能观察出碱式型体的颜色。

②当$\frac{[In^-]}{[HIn]} \leqslant \frac{1}{10}$时,只能显示出酸式型体的颜色。

③当$\frac{1}{10} \leqslant \frac{[In^-]}{[HIn]} \leqslant 10$时,一般显示的是指示剂的混合色。

指示剂的理论变色范围:将 $pH = pK_{HIn} \pm 1$ 称为指示剂理论变色的 pH 值范围,简称指示剂理论变色范围。

指示剂的理论变色点:将 $pH = pK_{HIn}$ 称为指示剂的理论变色点。

(2)酸碱标准溶液的配制和标定

①酸标准溶液。浓盐酸具有挥发性,因此不能用直接法配制标准溶液,而是先配成大致需要的浓度,再用基准物质进行标定。标定时常用的基准物质是无水碳酸钠和硼砂。

②碱标准溶液。标定氢氧化钠溶液的基准物质有草酸、邻苯二甲酸氢钾(常简写为KHP)等,化学反应式为

$$KHP + NaOH = KNaP + H_2O$$

3. 氧化还原滴定法

(1)氧化还原滴定法指示剂

①自身指示剂。在进行氧化还原滴定的过程中,有些标准溶液本身有很深的颜色,反应后变为无色或很浅的颜色,那么,在滴定过程中,该试剂稍有过量易被察觉,因此,滴定时不需要另加指示剂。

②氧化还原指示剂。氧化还原指示剂是一些复杂的有机化合物，它们本身参与氧化还原反应后结构发生变化，因此发生颜色的变化，而指示终点。

③特殊的指示剂。特殊的指示剂又称专用指示剂，它是在滴定反应中能与标准溶液或被测物质反应而生成特殊颜色的物质。

(2)常用氧化还原滴定法介绍

①高锰酸钾法。高锰酸钾法是用高锰酸钾作氧化剂配制成标准溶液进行滴定的氧化还原方法。高锰酸钾是强氧化剂，在不同介质中，MnO_4^- 被还原的产物不同，半反应为：

强酸溶液：$MnO_4^- + 8H^+ + 5e^- = Mn^{2+} + 4H_2O$

弱酸性，中性或弱碱性溶液：$MnO_4^- + 2H_2O + 3e^- = MnO_2 + 4OH^-$

强碱性溶液：$MnO_4^- + e^- = MnO_4^{2-}$

②重铬酸钾法。重铬酸钾法是以 $K_2Cr_2O_7$ 作标准溶液的氧化还原滴定方法。$K_2Cr_2O_7$ 是较强氧化剂，在酸性溶液中得到6个电子成为 Cr^{3+}，半反应为

$$Cr_2O_7^{2-} + 14H^+ + 6e^- = 2\ Cr^{3+} + 7\ H_2O$$

③碘量法。碘量法是氧化还原滴定方法中最重要的方法。它是利用碘作氧化剂和碘离子作还原剂进行氧化还原滴定的方法，I_2/I^- 电对的半反应为

$$I_2 + 2e^- = 2I^-$$

4. 沉淀滴定法

(1)概述

用于沉淀滴定反应必须符合下列条件：

①沉淀的组成恒定，溶解度小，在沉淀过程中也不易发生共沉淀现象。

②反应速率快，不易形成过饱和溶液。

③有确定化学计量点(滴定终点)的简单方法。

④沉淀的吸附现象应不妨碍化学计量点的测定。

(2)银量法确定理论终点的方法

①莫尔法。以 K_2CrO_4 为指示剂的银量法称为莫尔法，又称铬酸钾指示剂法。主要用于以 $AgNO_3$ 标准溶液直接滴定 Br^- 或 Cl^- 的反应。

基本原理：当用 $AgNO_3$ 标准溶液作滴定剂滴定含指示剂 CrO_4^{2-} 和 Cl^- 的溶液时，生成的产物 AgCl 与 Ag_2CrO_4 溶解度和颜色有显著的不同。

滴定反应：$Ag^+ + Cl^-(Br^-) = AgCl\downarrow$（白色）（$AgBr\downarrow$ 黄色）

指示反应：$2Ag^+ + CrO_4^{2-} = Ag_2CrO_4\downarrow$（砖红色）

根据分步沉淀的原理，由于 AgCl 的溶解度小于 Ag_2CrO_4 的溶解度，故在滴定过程中首先析出白色 AgCl 沉淀。适当的控制加入的 K_2CrO_4 的量，当 AgCl 被定量沉淀后，稍过量的 Ag^+ 即与 CrO_4^{2-} 反应生成砖红色的 Ag_2CrO_4 沉淀，从而指示剂滴定到达终点。

②福尔哈德法。本法是以铁铵矾为指示剂，测定银盐和卤素化合物的方法，也称为铁铵矾指示剂法。

基准原理：

a. 直接滴定法。在酸性溶液中，以铁铵矾为指示剂，用硫氰化钾或硫氰化铵标准溶液

直接滴定溶液中的 Ag^+,当溶液中出现的棕红色 $FeSCN^{2+}$时即为终点。

终点前:$Ag^+ + SCN^- = AgSCN\downarrow$(白色)

终点时:$Fe^{3+} + SCN^- = FeSCN^{2+}$(红色)

b. 返滴定法。此法主要用于测定卤化物和硫氰酸盐。先向试液中加入准确过量的硝酸银标准溶液,使卤离子或硫氰酸根离子定量生成银盐沉淀后,再加入铁铵矾指示剂,用硫氰根标准溶液返滴定剩余的 Ag^+。

滴定条件:

a. 滴定应在酸性溶液中进行,以防止铁离子水解。一般控制溶液酸度在 0.1 ~ 1.0 mol/L之间。若酸度太低,则因铁离子水解,甚至产生氢氧化铁沉淀,影响终点的观察。

b. 用直接滴定法滴定 Ag^+时,为防止 SCN^-对 Ag^+的吸附,临近终点时必须剧烈摇动;用返滴定法滴定 Cl^-时,为了避免氯化银沉淀发生转化,应轻轻摇动。

c. 强氧化剂可以将 SCN^- 氧化;氮的低价氧化物与 SCN^- 能形成红色的 ONSCN 化合物;铜盐、汞盐等与 SCN^-反应生成硫氰化铜或硫氰化汞沉淀。

③法扬司法。用吸附指示剂确定终点的银量法,也称为吸附指示剂法。

基本原理:吸附指示剂是一种有机化合物,当它被沉淀表面吸附以后,会因结构的改变引起颜色的变化,从而指示滴定终点。

滴定条件:

a. 尽可能使沉淀保持溶胶状态,以具有较大的比表面,便于吸附更多的指示剂。故常在滴定时加入糊精或淀粉等胶体保护剂。

b. 应控制适宜的酸度。适宜酸度的高低与指示剂酸性的强弱即解离常数有关。

c. 卤化银易感光变黑,影响终点观察,应避免在强光照射下滴定。

d. 沉淀对指示剂的吸附能力略小于对待测离子的吸附能力。

5. 配位滴定法

(1)概述

配位滴定法是以配位反应为基础的滴定分析方法。它是用配位剂作为标准溶液直接或间接滴定被测物质。在滴定过程中通常需要选用适当的指示剂来指示滴定终点。

常见氨羧配位体:乙二胺四乙酸(简称 EDTA)、环己烷二胺四乙酸(简称 CDTA)、乙二醇二乙醚二胺四乙酸(简称 EGTA)、乙二胺四丙酸(简称 EDTP)。

(2)配位滴定法的基本原理

金属指示剂本身是一种有机染料,它与被滴定的金属离子反应,生成与指示剂本身的颜色明显不同的有色配合物,当加指示剂于被测金属离子溶液中时,它即与部分金属离子配位,此时溶液呈现该配合物的颜色。若以 M 表示金属离子,In 表示指示剂的阴离子(略去电荷),其反应可表示如下

$$\underset{(\text{色A})}{M + In} \rightleftharpoons \underset{(\text{色B})}{MIn}$$

滴定开始后,随着 EDTA 的不断滴入,溶液中大部分处于游离状态的金属离子即与 EDTA 配位,至计量点时,由于金属离子与指示剂的配合物(MIn)稳定性比金属离子与

EDTA 的配合物(MY)的稳定性差,因此,EDTA 能从 MIn 配合物中夺取 M 而使 In 游离出来。即

$$\underset{(\text{色 B})}{\text{MIn}}+\text{Y} = \text{MY} + \underset{(\text{色 A})}{\text{In}}$$

此时,溶液由色 B 转变成色 A 而指示终点到达。

(3)金属指示剂应具备的条件

①在滴定的 pH 值条件下,MIn 与 In 的颜色应有显著的不同,这样终点的颜色变化才明显,更容易辨认。

②MIn 的稳定性要适当,且其稳定性小于 MY。

③MIn 应是水溶性的,指示剂的稳定性好,与金属离子的配位反应灵敏性好,并具有一定的选择性。

(4)使用金属指示剂时可能出现的问题

①指示剂的封闭现象。有的指示剂能与某些金属离子生成极稳定的配合物,这些配合物较对应的 MY 配合物更稳定,以致到达化学计量点时滴入过量 EDTA,指示剂也不能释放出来,溶液颜色不变化,即指示剂的封闭现象。

②指示剂的僵化现象。有些指示剂和金属离子配合物在水中的溶解度小,使 EDTA 与指示剂金属离子配合物 MIn 的置换缓慢,终点的颜色变化不明显,这种现象称为指示剂僵化。这时,可加入适当的有机物或加热,以增大其溶解度。

③指示剂的氧化变质现象。金属指示剂多数是具有共轭双键体系的有机物,容易被日光、空气、氧化剂等分解或氧化;有些指示剂在水中不稳定,日久会分解。所以,常将指示剂配成固体混合物或加入还原性物质,或临用时配制。

常用的金属指示剂有铬黑 T 和钙指示剂。

8.3　典型题解析

例1　若将 $H_2C_2O_4 \cdot 2H_2O$ 基准物质长期保存于保干器中,用以标定 NaOH 溶液的浓度时,结果是偏高还是偏低?分析纯的 NaCl 试剂,若不作任何处理,用以标定 $AgNO_3$ 溶液的浓度,结果会偏离,试解释。

解题思路:$H_2C_2O_4 \cdot 2H_2O$ 基准物质长期保存于保干器中易脱水变成 $H_2C_2O_4 \cdot H_2O$ 或 $H_2C_2O_4$。在计算时,仍以 $H_2C_2O_4 \cdot H_2O$ 计算表观的 NaOH 浓度。

解:表观的 NaOH 浓度为

$$c'(\text{NaOH})=\frac{2n(H_2C_2O_4 \cdot 2H_2O)}{V(\text{NaOH})}=\frac{2w_{\text{标}}\times 1\ 000}{M(H_2C_2O_4 \cdot 2H_2O)\cdot V(\text{NaOH})}$$

而实际的 NaOH 浓度为

$$c(\text{NaOH})=\frac{2w_{\text{标}}\times 1\ 000}{M(H_2C_2O_4)\cdot V(\text{NaOH})}\text{或 }c(\text{NaOH})=\frac{2w_{\text{标}}\times 1\ 000}{M(H_2C_2O_4 \cdot H_2O)\cdot V(\text{NaOH})}$$

因为 $M(H_2C_2O_4 \cdot H_2O)<M(H_2C_2O_4 \cdot 2H_2O)$

所以 $c'(\text{NaOH})<c(\text{NaOH})$,即标定结果偏低。

同理可对 NaCl 标定 $AgNO_3$ 的情况进行分析，NaCl 若不作处理，含有较多的水份。表观的 $AgNO_3$ 浓度为

$$c'(AgNO_3)=\frac{n(NaCl)}{V(AgNO_3)}=\frac{w_{标}\times1000}{M(NaCl)\cdot V(AgNO_3)}$$

而标准的 $AgNO_3$ 浓度为

$$c(AgNO_3)=\frac{w_{标}\times1000}{M(NaCl\cdot nH_2O)\cdot V(AgNO_3)}$$

因为 $M(NaCl\cdot nH_2O)>M(NaCl)$，所以 $c'(AgNO_3)>c(AgNO_3)$，表观浓度偏高。

例 2 称取干燥 $Al(OH)_3$ 凝胶 0.398 6 g，于 250 mL 容量瓶中溶解后，吸取 25 mL，精确加入 EDTA 标准液（0.051 40 $mol\cdot L^{-1}$）25.00 mL，过量的 EDTA 溶液用标准锌溶液（0.049 98 $mol\cdot L^{-1}$）回滴，用去 15.02 mL，求样品中 Al_2O_3 的质量分数。

解题思路：做这类习题时要注意的一点就是，一般情况下 EDTA 与金属离子反应时都是按照 1∶1 的化学计量比反应，抓住这一点此类习题就很容易解答了。

解：

$$w(Al_2O_3)=\frac{(0.05140\times25.00-0.04988\times15.02)\times(101.94/2000)\times(250/25)}{0.3986}\times100\%\approx68.28\%$$

例 3 称取含有 KI 的试样 0.500 0 g，溶于水后先用 Cl_2 水氧化 I^- 为 IO_3^-，煮沸除去过量 Cl_2；再加入过量 KI 试剂，滴定 I_2 时消耗了 0.020 82 $mol\cdot L^{-1}$ $Na_2S_2O_3$ 21.30mL。计算试样中 KI 的质量分数。

解题思路：有关氧化还原反应滴定法的相应计算，多数是考察学生的相关方程式的掌握情况，只要能正确掌握方程式，找出相应物质的计量关系，这类习题自然就迎刃而解。

解：

$$I^-+3Cl_2+3H_2O\longrightarrow IO_3^-+6Cl^-+6H^+$$

$$IO_3^-+5I^-+6H^+\longrightarrow 3H_2O+3I_2$$

$$w(KI)=\frac{c(Na_2S_2O_3)\cdot V(Na_2S_2O_3)\cdot M\left(\frac{1}{6}KI\right)}{m_s\times10^3}\times100\%=$$

$$\frac{0.020\ 82\times21.30\times166.0}{0.500\ 0\times10^3\times6}\times100\%\approx2.454\%$$

例 4 解释下列现象。

答：① 以 $KMnO_4$ 滴定 $C_2O_4^{2-}$ 时，滴入 $KMnO_4$ 的红色消失速度由慢到快。

② 在 $K_2Cr_2O_7$ 标准溶液中，加入过量 KI，以淀粉为指示剂，用 $Na_2S_2O_3$ 溶液滴定至终点时，溶液由蓝变为绿。

③ 以纯铜标定 $Na_2S_2O_3$ 溶液时，滴定到达终点后（蓝色消失）又返回到蓝色。

解题思路：

①$KMnO_4$ 与 $C_2O_4^{2-}$ 的反应速度很慢，但 Mn(Ⅱ)可催化该反应。$KMnO_4$ 与 $C_2O_4^{2-}$ 反应开始时，没有 Mn(Ⅱ)或极少量，故反应速度很慢，$KMnO_4$ 的红色消失得很慢。随着反应的进行，Mn(Ⅱ)不断产生，反应将越来越快，所以 $KMnO_4$ 的红色消失速度由慢到快，此现象即为自动催化反应。

② $K_2Cr_2O_7$与过量 KI 反应,生成 I_2和 Cr^{3+}(绿色)。加入淀粉,溶液即成蓝色,掩盖了 Cr^{3+}的绿色。用 $Na_2S_2O_3$滴定至终点,I_2完全反应,蓝色消失,呈现出 Cr^{3+}的绿色。

③以纯铜标定 $Na_2S_2O_3$溶液是基于 Cu^{2+}与过量 KI 反应定量析出 I_2,然后用 $Na_2S_2O_3$溶液滴定 I_2。由于 CuI 沉淀表面会吸附少量 I_2,当滴定到达终点后(蓝色消失),吸附在 CuI 表面上的 I_2又会与淀粉结合,溶液返回到蓝色。解决的方法是在接近终点时,加入 KSCN 使 CuI 沉淀转化为溶解度更小、吸附 I_2的倾向较小的 CuSCN。

例5 有一批铁矿样,含铁质量分数为50%,现用0.016 67 mol · L^{-1}的 $K_2Cr_2O_7$溶液滴定,欲使所用的标准溶液的体积在 20 ~ 30 mL 之间,应称取试样质量的范围是多少?

解:因为 $6n(K_2Cr_2O_7)=n(Fe)$

$$m(样)=6c(K_2Cr_2O_7)\times M(Fe)\times 10^{-3}/50\%=$$
$$6\times 0.01667\times V(K_2Cr_2O_7)\times 55.85\times 10^{-3}/50\%=$$
$$11.17\times V(K_2Cr_2O_7)\times 10^{-3}$$

所以当 $V(K_2Cr_2O_7)=20$ mL 时,$m(样)=0.22$ g;

当 $V(K_2Cr_2O_7)=30$ mL 时,$m(样)=0.34$ g。

例6 准确吸取25.00 mL H_2O_2样品溶液,置于250 mL 容量瓶中,加入水至刻度,摇匀,再准确吸取25.00 mL,置于锥形瓶中,加 H_2SO_4酸化,用0.025 32 mol · L^{-1}的 $KMnO_4$标准溶液滴定,到达终点时,消耗27.68 mL,试计算样品中 H_2O_2的质量分数。

解题思路:解答这类题关键是找准滴定剂与被滴定剂之间的配比关系,正确掌握几种基本氧化还原滴定方法的比较典型的方程式。

解:因为 $2n(H_2O_2)=5n(KMnO_4)$

所以 $w(H_2O_2)=2.5\times 0.025\ 32\times 27.68\times 10^{-3}\times 34.02\times 10\times 100\%/25.00\approx 2.38\%$

例7 某试剂厂生产化学试剂 NH_4Cl,根据国家规定标准:一级为 99.5%(质量分数),二级为99.0%(质量分数),三级为 98.5%(质量分数)。化验室对该厂生产试剂进行质量检验,称取试样 0.200 0 g,以荧光黄为指示剂并加入淀粉,用 0.150 0 mol · L^{-1} $AgNO_3$滴定,用去 24.60 mL,问此产品符合哪级标准?

解:滴定反应为 $Ag^++Cl^-=\!=\!=AgCl\downarrow$

所以 $n(AgNO_3)=n(NH_4)Cl$

所以 $m(NH_4Cl)=n(NH_4Cl)\times M(NH_4Cl)=$
$$c(AgNO_3)V(AgNO_3)\times M(NH_4Cl)=$$
$$0.1500\times 24.60\times 10^{-3}\times 53.49=$$
$$0.197\ 4\ g$$

所以 $w(NH_4Cl)=0.197\ 4\times 100\%/0.200\ 0=98.70\%$

所以该样品为三级。

例8 霉素的化学式为 $C_{11}H_{12}O_5N_2C_{12}$,有氯霉素眼膏试样 1.03 g,在闭管中与金属钠共热以分解有机物并释放出氯化物,将灼烧后的混合物溶于水,过滤除去碳的残渣,用 $AgNO_3$去沉淀氯化物,得0.012 9 g AgCl。计算试样中氯霉素的质量分数。

解:设试样中氯霉素的质量为 xg,则

M(氯霉素)= 323 g·mol^{-1}　M(AgCl)= 143.4 g·mol^{-1}

$C_{11}H_{12}O_5N_2C_{12}=2AgCl$

$323/x=2\times143.4/0.0129$

得 $x=0.014\ 53$ g

氯霉素的质量分数为 0.014 53/1.03≈1.40%

例9　取基准试剂 NaCl 0.200 0 g 溶于水,加入 $AgNO_3$ 标准溶液 50.00 mL,以铁铵矾作指示剂,用 NH_4SCN 标准溶液滴定,用去 25.00 mL。已知 1.00 mL NH_4SCN 标准溶液相当于 1.20 mL $AgNO_3$ 标准溶液。计算 $AgNO_3$ 和 NH_4SCN 溶液的摩尔浓度。

解:滴定反应为

$$NaCl+AgNO_3(\text{过量})=AgCl\downarrow+NaNO_3$$

$$NH_4SCN+AgNO_3(\text{剩余})=AgSCN\downarrow+NH_4SCN$$

在计量点时:$n(NaCl)=n(AgNO_3)-n(NH_4SCN)$

据题意:

$$c(NH_4SCN)=1.20c(AgNO_3)$$

$$n(NaCl)=\frac{m(NaCl)}{M(NaCl)}$$

$$n(AgNO_3)=c(AgNO_3)\cdot V(AgNO_3)$$

$$n(NH_4SCN)=c(NH_4SCN)\cdot V(NH_4SCN)=1.2c(AgNO_3)\cdot V(NH_4SCN)$$

所以 $c(AgNO_3)=\dfrac{m(NaCl)}{M(NaCl)[V(AgNO_3)-1.2V(NH_4SCN)]}=$

$\dfrac{0.200\ 0}{58.44\times(50.00-1.2\times25.00)\times10^{-3}}$ mol/L=

0.171 1 mol/L

$c(NH_4SCN)=1.2c(AgNO_3)=$

1.2×0.171 1 mol/L=

0.205 3 mol/L

8.4　习题详解

1. 应用氧化还原滴定法的反应应具备什么条件?

答:①反应能够定量完成,一般认为,标准溶液和待测物质相对应的条件电极电位差大于 0.4 V,反应即能定量进行。

②有适当的方法或指示剂指示反应终点。

③具有足够快的反应速率,否则应采用加热,加催化剂的方法,加快反应进行。

2. 什么称基准物质?作为基准物质应具备哪些条件?

答:用来直接配制标准溶液的物质称为基准物质。作为基准物质应具备下列条件:

①试剂纯度高;②性质稳定;③物质组成与化学式完全符合;④摩尔质量大。

3.滴定分析法的主要方式有哪些?

答:直接滴定法、返滴定法、置换滴定法、间接滴定法。

4.常用的氧化还原滴定法的指示剂有哪几种?各自如何指示滴定终点?

答:自身指示剂、氧化还原指示剂、特殊指示剂。

①氧化还原指示剂。是一类本身具有氧化还原性质的有机试剂,其氧化型与还原型具有不同的颜色。进行氧化还原滴定时,在化学计量点附近,指示剂或者由氧化型转变为还原型,或者由还原型转变为氧化型,从而引起溶液颜色突变,指示终点。

②自身指示剂。利用滴定剂或被滴定液本身的颜色变化来指示终点。

③特殊指示剂。其本身并无氧化还原性质,但它能与滴定体系中的氧化剂或还原剂结合而显示出与其本身不同的颜色。

5.什么是金属指示剂的封闭与僵化?如何避免?

答:指示剂的封闭:如果溶液中存在这样金属离子,即使滴定已达到计量点,甚至过量的 EDTA 也不能夺取 MIn 络合物中的金属离子而使指示剂 In 释放出来,因而看不到滴定终点应有的颜色变化的现象。采用返滴定法,加入其他解蔽剂,煮沸,可避免封闭。

指示剂僵化:指示剂或 MIn 络合物在水中的溶解度较小,或因 MIn 的稳定性只稍逊 MY,致使 EDTA 与 MIn 之间的置换反应速率减小,终点拖长或颜色变化很不敏锐。采用加入适当有机溶剂,加热,可避免僵化。

6.下列各种情况下,分析结果是否正确,若不正确是偏低还是偏高。

(1)pH=4 时莫尔法滴定 Cl^-;

(2)若试液中含有铵盐,在 pH=10 时,用莫尔法滴定 Cl^-;

(3)用法扬司法滴定 Cl^-时,用曙红作指示剂;

(4)用福尔哈德法测定 Cl^-时,未将沉淀过滤也未加 1,2-二氯乙烷;

(5)用福尔哈德法测定 I^-时,先加铁铵钒指示剂,然后加入过量的硝酸银标准溶液。

答:(1)偏高　(2)偏高　(3)偏低　(4)偏低　(5)偏低

7.用返滴定法测定 Al^{3+}含量时:首先在 pH=3 左右加入过量的 EDTA 并加热,使 Al^{3+}配位,试说明选择此 pH 值的理由。

答:略

8.解释下列现象。

(1)CaF_2 在 pH=3 的溶液中的溶解度较在 pH=5 的溶液中的溶解度大;

(2)Ag_2CrO_4 在 0.001 0 $mol \cdot L^{-1}$ $AgNO_3$ 溶液中的溶解度较在 0.001 0 $mol \cdot L^{-1}$ K_2CrO_4 溶液中的溶解度小。

答:略

9 .0.010 00 $mol \cdot L^{-1}$ $K_2Cr_2O_7$溶液滴定 25.00 mL Fe^{2+}溶液,消耗 $K_2Cr_2O_7$溶液 25.00 mL。求每毫升 Fe^{2+}溶液含铁($M(Fe)=55.85\ g \cdot mol^{-1}$)多少毫克?

解: $K_2Cr_2O_7 \sim 6\ Fe^{2+}$

$$c(Fe^{2+})=0.060\ 00\ mol \cdot L^{-1}$$

$$m(Fe^{2+})=0.060\ 00 \times 55.85\ mg \cdot mL^{-1}=3.351\ mg \cdot mL$$

10.欲配制 1 $mol \cdot L^{-1}$NaOH 溶液 500 mL,应称取多少克 NaOH?

答:0.20 g

11. 称取基准物 Na_2CO_3 0.158 0 g,标定 HCl 溶液的浓度,消耗 $V(HCl)$ 24.80 mL,计算此 HCl 溶液的浓度为多少?

答:0.1202 mol · L^{-1}

12. 在 1.000 g $CaCO_3$试样中加入 0.510 0 mol · L^{-1} HC1 溶液 50.00 mL,待完全反应后再用 0.490 0 mol · L^{-1} NaOH 标准溶液返滴定过量的 HC1 溶液,用去了 NaOH 溶液 25.00 mL。求 $CaCO_3$的纯度。

答:解:

$$2HCl+CaCO_3 = CaCl_2+H_2O+CO_2$$

$$HCl+NaOH = NaCl+H_2O$$

$$CaCO_3\% = \frac{[c(HCl)V(HCl)-c(NaOH)V(NaOH)]\times M(CaCO_3)\times\frac{1}{2}}{m(CaCO_3)\times 1\,000}\times 100\% =$$

$$\frac{(0.510\,0\times 50.00-0.490\,0\times 25.00)\times 100.09\times\frac{1}{2}}{1.000\times 1\,000}\times 100\% = 66.31\%$$

13. 欲使 0.850 0 g 石膏($CaSO_4 \cdot 2H_2O$)中的硫酸根全部转化为 $BaSO_4$形式,需加入多少毫升质量分数为 15% 的 $BaCl_2$溶液?已知:$M(CaSO_4 \cdot 2H_2O) = 172.17$,$M(BaCl_2) = 208.24$,$M(BaSO_4) = 233.39$。

解:设需加入 x_1mL $BaCl_2$溶液来沉淀该石膏样中的硫酸根。

由反应方程式 $$Ba^{2+} + SO_4^{2-} = BaSO_4\downarrow$$

可知,石膏中的 SO_4^{2-}摩尔数与 $BaCl_2$的摩尔数相等,即

$$\frac{0.850\,0}{M(CaSO_4 \cdot 2H_2O)} = \frac{1.0\times x_1\times 15\%}{M(BaCl_2)}, \frac{0.850\,0}{172.17} = \frac{0.15\times x_1}{208.24}$$

得 $$x_1 = 6.8\ mL$$

14. 25.00 mL KI 溶液用稀 HCl 及 10.00 mL 0.050 00 mol · L^{-1} KIO_3溶液处理,煮沸以挥发释放出的 I_2。冷却后,加入过量 KI 使之与剩余的 KIO_3作用,然后将溶液调节弱酸性。析出的 I_2用 0.101 0 mol · L^{-1} $Na_2S_2O_3$标准溶液滴定,用去 21.27 mL。计算溶液的 KI 摩尔浓度。

解:本题是采用返滴定方式进行测定,要求算出 KI 溶液的摩尔浓度。与 KI 反应的一定过量的 KIO_3溶液的浓度和体积已给出,故 KIO_3总的物质的量为已知。而返滴定用的滴定剂 $Na_2S_2O_3$的浓度和体积也已知道。因此,只要知道 KIO_3与 KI 以及与 $Na_2S_2O_3$反应的化学计量关系,通过差减法,可求出真正与 KI 反应的 KIO_3的物质的量。而 KI 的体积已知,因此 KI 的浓度即可求出。

$$IO_3^- + 5I^- + 6H^+ = 3I_2 + 3H_2O \quad ①$$

$$I_2 + 2S_2O_3^{2-} = 2I^- + S_4O_6^{2-} \quad ②$$

由反应①可知 1 mol KI ~ 0.2 mol KIO_3,即

$$n(KI) = 5n(KIO_3) \quad ③$$

由反应①与②可知,在返滴定时 1 mol $S_2O_3^{2-}$ ~0.5 mol I_2 ~ 1/6 mol KIO_3

即　　$n(KIO_3)=6n(Na_2S_2O_3)$　　④

由③与④式可得到溶液的物质的量为 $n(KI)=5[n(KIO_3)-\frac{1}{6}n(Na_2S_2O_3)]$

$$c(KI)\cdot V(KI)=5[c(KIO_3)\cdot V(KIO_3)-\frac{1}{6}c(Na_2S_2O_3)\cdot V(Na_2S_2O_3)]$$

$$c(KI)=\frac{5\times(0.050\ 00\times10.00-\frac{1}{6}\times0.101\ 0\times21.27)}{25.00}\text{mol}\cdot\text{L}^{-1}=0.028\ 39\ \text{mol}\cdot\text{L}^{-1}$$

15. 在1 L 0.200 $mol\cdot L^{-1}$ HCl溶液中,需加入多少毫升水,才能使稀释后的HCl溶液对CaO的滴定度 $T(HCl/CaO)=0.005\ 00\ g\cdot mL^{-1}$,已知:$M_r(CaO)=56.08$。

解:$T(HCl/CaO)=0.005\ 00\ g\cdot mL^{-1}$,$M_r(CaO)=56.08$

$$c(CaO)=\frac{0.005\times100\ 0}{56.08}\text{mol}\cdot\text{L}^{-1}=0.028\ 916\ \text{mol}\cdot\text{L}^{-1}$$

$$1\ CaO\sim1HCl$$

$$c(HCl)=2c(CaO)=2\times0.089\ 16=0.178\ 3\ \text{mol}\cdot\text{L}^{-1}$$

$$\frac{1\times0.200\ 0}{1+x}=0.178\ 3$$

$$x=0.121\ 6\ L=121.6\ mL$$

16. 在硫酸介质中,基准物 $Na_2C_2O_4$ 201.0 mg,用 $KMnO_4$ 溶液滴定至终点,消耗其体积30.00 mL,计算 $KMnO_4$ 标准溶液的摩尔浓度($mol\cdot L^{-1}$)。

解:$2\ MnO_4^-+5\ H_2C_2O_4+6\ H^+=2Mn^{2+}+10CO_2\uparrow+8H_2O$

$$[c(KMnO_4)\cdot V(KMnO_4)]:\frac{m(Na_2C_2O_4)}{M(Na_2C_2O_4)}=2:5$$

$$M(Na_2C_2O_4)=134.0\ g/mol,\ c(KMnO_4)\cdot V(KM_nO_4)=\frac{2}{5}\frac{m(Na_2C_2O_4)}{M(Na_2C_2O_4)}$$

$$c(KMnO_4)=\frac{2\times201.0\times10^{-3}}{5\times134.0\times30.00\times10^{-3}}\text{mol}\cdot\text{L}^{-1}=0.020\ 00\ \text{mol}\cdot\text{L}^{-1}$$

17. 血液中钙的测定,采用 $KMnO_4$ 法间接测定钙。取10.0 mL血液试样,先沉淀为草酸钙,再以硫酸溶解后,用0.005 00 $mol\cdot L^{-1}$ $KMnO_4$ 标准溶液滴定消耗其体积5.00 mL,试计算每10 mL血液试样中含钙多少毫克?

解:本题是间接滴定法。因为 Ca^{2+} 与 $KMnO_4$ 不能直接发生氧化还原反应,所以先将 Ca^{2+} 与草酸反应是 Ca^{2+} 完全生成 CaC_2O_4 沉淀,然后用硫酸溶解,CaC_2O_4 生成与 Ca^{2+} 相等量的 $H_2C_2O_4$,就可以用 $KMnO_4$ 滴定。其反应式为

$$CaC_2O_4+H_2SO_4=\!=\!=H_2C_2O_4+CaSO_4$$

$$2\ MnO_4^-+5\ H_2C_2O_4+6\ H^+=\!=\!=2Mn^{2+}+10CO_2\uparrow+8H_2O$$

所以　$n(Ca)=n(H_2C_2O_4)=\frac{5}{2}n(KMnO_4)$

依公式:$m_B=n_BM_B=\frac{b}{t}c_TV_TM_B$,$M(Ca)=40.08\ g\cdot mol^{-1}$

所以　$m(\mathrm{Ca})=\frac{5}{2}\times 0.005\ 00\times 5.00\times 40.08\ \mathrm{mg}\approx 2.50\ \mathrm{mg}$

18. 称取铁矿试样 0.400 0 g，以 $K_2Cr_2O_7$溶液测定铁的含量，若欲使滴定时所消耗$K_2Cr_2O_7$溶液的体积(以 mL 为单位)恰好等于铁的质量分数表示的数值，则$K_2Cr_2O_7$溶液对铁的滴定度应配制为多少($\mathrm{g\cdot mL^{-1}}$)?

解：设消耗 $K_2Cr_2O_7$溶液体积(以 mL 为单位)为 x，滴定度为 $T(K_2Cr_2O_7/Fe)$，则

$$T(K_2Cr_2O_7/Fe)=\frac{0.400\ 0\times w(\mathrm{Fe})}{V(K_2Cr_2O_7)}=\frac{0.400\ 0\cdot x}{100x}=0.004\ 00\ \mathrm{g/mL}$$

8.5　同步训练题

1. 选择题。

(1)用 $0.1\ \mathrm{mol\cdot L^{-1}}$ HCl 溶液滴定 0.16 g 纯 $Na_2CO_3(M=106)$至甲基橙变色为终点，需 $V(\mathrm{HCl})$　(　　)

A. 10 mL　B. 20 mL　C. 30 mL　D. 40 mL

(2)下列物质中(　　)只能用间接法配制一定浓度的溶液，然后再标定。

A. $KHC_8H_4O_4$　B. HNO_3　C. $H_2C_2O_4\cdot 2H_2O$　D. NaOH

(3)用碘量法测定 Cu^{2+}时，加入 KI 是作为　(　　)

A. 氧化剂　B. 还原剂　C. 络合剂　D. 沉淀剂

(4)法扬司法中应用的指示剂其性质属于　(　　)

A. 配位　B. 沉淀　C. 酸碱　D. 吸附

(5)用莫尔法测定时，干扰测定的阴离子是　(　　)

A. Ac^-　B. NO_3^-　C. $C_2O_4^{2-}$　D. SO_4^{2-}

(6)用莫尔法测定时，阳离子(　　)不能存在。

A. K^+　B. Na^+　C. Ba^{2+}　D. Ag^+

(7)以 Fe^{3+}为指示剂，NH_4SCN 为标准溶液滴定 Ag^+时，应在(　　)条件下进行。

A. 酸性　B. 碱性　C. 弱碱性　D. 中性

(8)pH＝4 时用莫尔法滴定 Cl^-含量，将使结果　(　　)

A. 偏高　B. 偏低　C. 忽高忽低　D. 无影响

(9)莫尔法测定氯的含量时，其滴定反应的酸度条件是　(　　)

A. 强酸性　B. 弱酸性　C. 强碱性　D. 弱碱性或近中性

(10)指出下列条件适用于福尔哈德法的是　(　　)

A. pH＝6.5 ~ 10　B. 以 K_2CrO_4为指示剂

C. 滴定酸度为 $0.1\sim 1\ \mathrm{mol\cdot L^{-1}}$　D. 以荧光黄为指示剂

2. 填空题。

(1)滴定分析中，可采用的滴定方法有________、________、________和________。

(2)根据标准溶液的浓度和所消耗的体积，算出待测组分的含量，这一类分析方法统称为________，滴加标准溶液的操作过程称为________，滴加的标准溶液与待测组分恰

好反应完全的这一点称为________。

(3)用吸收了 CO_2 的标准 NaOH 溶液测定工业 HAc 的含量时，会使分析结果________；如以甲基橙为指示剂，用此 NaOH 溶液测定工业 HCl 的含量时，对分析结果________（填“偏高”、“偏低”或“无影响”）。

(4)EDTA 的化学名称为________。

(5)常用的氧化还原方法有 ________、________和________。

(6)0.1978 g 基准 As_2O_3 在酸性溶液中恰好与 40.00 mL $KMnO_4$ 溶液反应完全，该 $KMnO_4$ 溶液的浓度为________。

(7)淀滴定法中莫尔法的指示剂是________。

(8)滴定法中莫尔法滴定酸度 pH 值是________。

(9)滴定法中福尔哈德法的指示剂是________。

(10)滴定法中福尔哈德法的滴定剂是________。

(11)滴定法中，法扬司法指示剂的名称是________。

(12)滴定法中，莫尔法测定 Cl^- 的终点颜色变化是________。

3. 简答题。

(1)基准物质应具备哪些条件？

(2)适用于滴定分析法的化学反应必须具备的条件是什么？

4. 计算题。

(1)已知浓硫酸的相对密度为 $1.84\ g\cdot mL^{-1}$，其中含 H_2SO_4 约为 96%（质量分数），求其摩尔浓度为多少？若配制 H_2SO_4 液 1 L，应取浓硫酸多少毫升？

(2)试计算 $K_2Cr_2O_7$ 标准溶液（$0.020\ 00\ mol\cdot L^{-1}$）对 Fe、FeO、$Fe_2O_3$ 和 Fe_3O_4 的滴定度。提示：将各含铁样品预处理成 Fe^{2+} 溶液，按下式反应

$$Cr_2O_7^{2-} + 6Fe^{2+} + 14H^+ = 2Cr^{3+} + 6Fe^{3+} + 7H_2O$$

(3)欲配制 NaC_2O_4 溶液用于标定 $0.02\ mol\cdot L^{-1}$ 的 $KMnO_4$ 溶液（在酸性介质中），若要使标定时两种溶液消耗的体积相近，问应配制多少浓度（$mol\cdot L^{-1}$）的 NaC_2O_4 溶液？要配制 100 mL 溶液，应该称取 NaC_2O_4 多少克？

(4)称取铁矿试样 0.314 3 g，溶于酸并还原为 Fe^{2+}，用 $0.200\ 0\ mol\cdot L^{-1}$ $K_2Cr_2O_7$ 溶液滴定消耗了 21.30 mL。计算试样中 Fe_2O_3 的质量分数。

(5)称取 0.100 5 g 纯 $CaCO_3$，溶解后，用容量瓶配成 100 mL 溶液，吸取 25.00 mL，在 pH>12 时，用钙指示剂指示终点，用 EDTA 标准溶液滴定，用去 24.90 mL，试计算：

①EDTA 溶液的摩尔浓度（$mol\cdot L^{-1}$）；

②每毫升 EDTA 溶液相当于 ZnO、Fe_2O_3 的克数。

(6)称取含有 KI 的试样 0.500 0 g，溶于水后先用 Cl_2 水氧化 I^- 为 IO_3^-，煮沸除去过量 Cl_2；再加入过量 KI 试剂，滴定 I_2 时消耗了 $0.020\ 82\ mol\cdot L^{-1}$ $Na_2S_2O_3$ 21.30 mL。计算试样中 KI 的质量分数。

(7)某土壤样品 1.000 g，用重量法获得 Al_2O_3 和 Fe_2O_3 共 0.110 0 g，将此混合氧化物用酸溶解并使铁还原后，以 $0.010\ 0\ mol\cdot L^{-1}$ 的 $KMnO_4$ 进行滴定，用去 8.00 mL。试计算

土壤样品中 Al_2O_3 和 Fe_2O_3 的质量分数。

(8)称取一含银废液 2.075 g,加入适量 HNO_3,以铁铵矾作指示剂,消耗 25.50 mL 0.046 3 $mol \cdot L^{-1}$ 的 NH_4SCN 溶液。计算此废液中银的质量分数。

8.6 同步训练题参考答案

1. 选择题。

(1)C (2)B、D (3)B、C、D (4)D (5)D (6)C (7)A (8)A (9)D (10)C

2. 填空题。

(1) 直接滴定法 间接滴定法 返滴定法 置换滴定法

(2)滴定分析法 滴定 化学计量点

(3)偏高 无影响

(4)乙二胺四乙酸

(5) $KMnO_4$ 法 $K_2Cr_2O_7$ 法 碘量法

(6) 0.020 00 $mol \cdot L^{-1}$

(7) K_2CrO_4

(8) 6.5 ~ 10.5

(9)铁铵矾

(10) NH_4SCN

(11)吸附指示剂

(12)由白色到砖红色

3. 简答题。

(1) ①稳定；②最好具有较大的摩尔质量；③易溶解；④必须具有足够的纯度；⑤物质的组成与化学式完全符合。

(2)①反应必须定量完成;②反应速率要快;③能用简便的方法确定终点。

4. 计算题。

(1)解:由公式 $c=n/V$,得

$$c=[1.84\times0.96\times1\,000/(98.08\times1)]\ mol \cdot L^{-1} \approx 18\ mol \cdot L^{-1}$$

由公式 $c_1V_1=c_2V_2$,得

$$V_2=c_1\times V_1/c_2=0.15/18\ mL\approx 8.3\ mL$$

(2)解:$Cr_2O_7^{2-} + 6Fe^{2+} + 14H^+ \xlongequal{} 2Cr^{3+} + 6Fe^{3+} + 7H_2O$

$$n(Fe)=6n(K_2Cr_2O_7)$$

则 $T(K_2Cr_2O_7)/Fe=6\times0.020\,00\times\frac{55.85}{1\,000}\ g/mL=0.006\,702\ g/mL$

因为 $n(Fe_2O_3)=\frac{1}{2}n(Fe)=3n(K_2Cr_2O_7)$

则 $T(K_2Cr_2O_7)/Fe_2O_3=3\times0.020\,00\times\frac{159.69}{1\,000}\ g/mL\approx 0.009\,581\ g/mL$

因为$n(Fe_3O_4)=\frac{1}{3}n(Fe)=2n(K_2Cr_2O_7)$

则 $T(K_2Cr_2O_7)/Fe_2O_3=2\times 0.020\ 00\times\frac{231.54}{1\ 000}$ g/mL$\approx 0.009\ 262$ g/mL

(3)解：间接测定的反应式为 $Ca^{2+}+C_2O_4^{2-}=\!=\!=CaC_2O_4\downarrow$

$$CaC_2O_4+2HCl=\!=\!=Ca^{2+}+2Cl^-+2H_2C_2O_4$$

$$5C_2O_4^{2-}+2MnO_4^-+16H^+=\!=\!=5CO_2+2Mn^{2+}+8H_2O$$

$$n(CaO)=n(CaC_2O_4)=\frac{5}{4}n(KMnO_4)$$

$$m_{样}=\frac{n(CaO)\cdot M(CaO)}{40\%\times 1\ 000}=\frac{\frac{5}{2}n(KMnO_4)\cdot M(CaO)}{400}=\frac{\frac{5}{2}\times 0.020\times 30\times 56}{400}\ g=0.21\ g$$

所以应该称取试样 0.21 g。

(4)解：1 mol Fe_2O_3和 $1/3Cr_2O_7^{2-}$ 作用，故有

$$w(Fe_2O_3)=\frac{\frac{3}{1}\times 21.30\times 0.020\ 0\times\frac{159.69}{1\ 000}}{0.314\ 3}\times 100\%=64.93\%$$

(5)解：$CaCO_3$摩尔质量为 100.09 $g\cdot mol^{-1}$

①$c(EDTA)=(0.100\ 5/100.09)\times(25/100)\times(1\ 000/24.9)\ mol\cdot L^{-1}\approx 0.010\ 08\ mol\cdot L^{-1}$

②$T_{EDTA/ZnO}=81.38\times 0.010\ 08/1\ 000\ g\cdot mL^{-1}=0.008\ 23\ g\cdot mL^{-1}$

③$T_{EDTA/Fe_2O_3}=(159.68/2)\times(0.010\ 08/1\ 000)\ g\cdot mL^{-1}=0.000\ 804\ 8\ g\cdot mL^{-1}$

(6)解：

$$I^-+3Cl_2+3H_2O\longrightarrow IO_3^-+6Cl^-+6H^+$$

$$IO_3^-+5I^-+6H^+\longrightarrow 3H_2O+3I_2$$

$$w(KI)=\frac{c(Na_2S_2O_3)\cdot V(Na_2S_2O_3)\cdot M\left(\frac{1}{6}KI\right)}{m_s\times 10^3}\times 100\%=$$

$$\frac{0.020\ 82\times 21.30\times 166.0}{0.500\ 0\times 10^3\times 6}\times 100\%=2.454\%$$

(7)因为$2n(Fe_2O_3)=5n(KMnO_4)$

$$Fe_2O_3=\frac{5/2c(MnO_4^-)V(MnO_4^-)\times 10^{-3}\times M(Fe_2O_3)}{m_{样}}\times 100=$$

$$\frac{5/2\times(0.0100\times 8.00\times 10^{-3})\times 159.7}{1.000}\times 100=3.19$$

所以 $w(Al_2O_3)=\frac{0.110\ 0-0.031\ 9}{7.81}\times 100=7.81\%$

(8)解：滴定反应为　$Ag^++SCN^-=\!=\!=AgSCN\downarrow$

计量点时，$n(Ag^+)=m(Ag^+)/M(Ag^+)$

$$n(Ag^+)=c(NH_4SCN)\cdot V(NH_4SCN)\cdot M(Ag^+)$$

$$n(SCN^-)=c(NH_4SCN)\cdot V(NH_4SCN)$$

$$m(\mathrm{Ag^+})=c(\mathrm{NH_4SCN})\cdot V(\mathrm{NH_4SCN})\cdot M(\mathrm{Ag^+})$$

$$w(\mathrm{Ag})=\frac{cV(\mathrm{NH_4SCN})\cdot M(\mathrm{Ag^+})}{m_{样}}\times 100\ \frac{m(\mathrm{Ag^+})}{m_{样}}\times 100=$$

$$\frac{0.046\ 34\times 25.50\times 10^{-3}\times 107.9}{2.075}\times 100=6.15\%$$

第9章 配合物

9.1 教学基本要求

1. 熟悉配合物的基本概念、组成和命名。
2. 熟悉配合物的命名原则,了解配合物的顺反异构概念。
3. 熟悉配合物的价键理论及晶体场理论。
4. 了解配合物的稳定性及其影响因素,弄清 d 轨道的分裂情况。

9.2 知识点归纳

1. 配合物的定义

实验室常见的 NH_3、H_2O、$CuSO_4$、AgCl 等化合物之间,还可以进一步形成一些复杂的化合物,如$[Cu(NH_3)_4]SO_4$、$[Cu(H_2O)_4]SO_4$、$[Ag(NH_3)_2]Cl$。这些化合物都含有在溶液中较难离解、可以像一个简单离子一样参加反应的复杂离子。这些由一个简单阳离子和一定数目的中性分子或阴离子以配位键相结合,所形成的具有一定特性的带电荷的复杂离子称为配离子。配离子可分为配阳离子和配阴离子。多数配离子既能存在于晶体中,也能存在于水溶液中。

由此,可以把配合物粗略定义为由中心离子(中心原子)与配位体以配位键相结合而成的复杂化合物。另外,还有一些不带电荷的电中性的复杂化合物,如$[CoCl_3(NH_3)_3]$、$[Ni(CO)_4]$、$[Fe(CO)_5]$等,也称为配合物。

注意:明矾$[KAl(SO_4)_2 \cdot 12\ H_2O]$是一种分子间化合物,但是在其晶体中仅含有 K^+、Al^{3+}、SO_4^{2-}和 H_2O 等简单离子和分子,溶于水后其性质如同简单 K_2SO_4和 $Al_2(SO_4)_3$的混合水溶液一样。我们称明矾为复盐(Double Salt),复盐不是配位化合物。

2. 配合物的组成

由配离子形成的配合物,如$[Cu(NH_3)_4]SO_4$和 $K_4[Fe(CN)_6]$,由内界和外界两部分组成的。内界为配合物的特征部分,由中心离子和配体结合而成(用方括号标出),不在内界的其他离子构成外界。如:

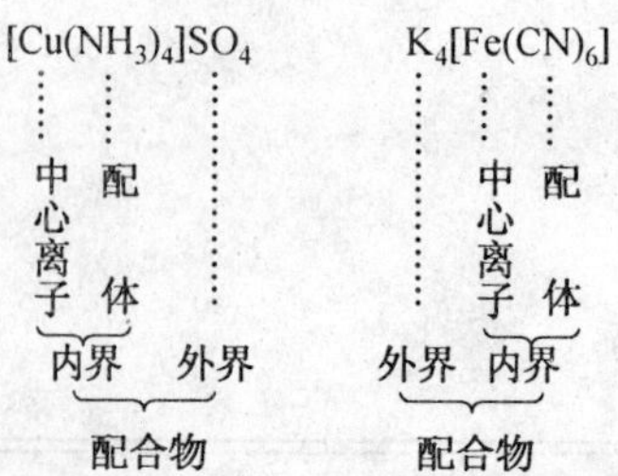

电中性的配合物,如[$CoCl_3(NH_3)_3$]、[$Ni(CO)_4$]等,没有外界。如:

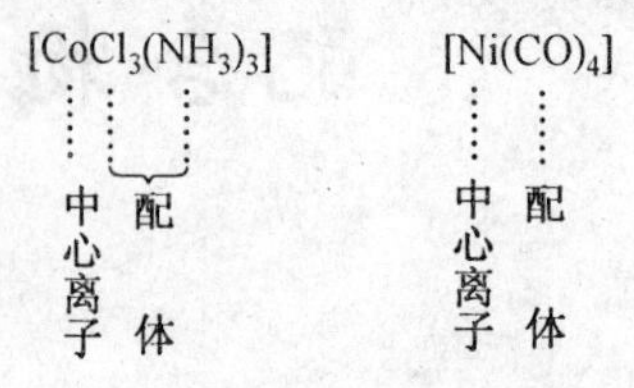

(1)中心离子

中心离子(Central Ion,用 M 表示,也称为配合物的形成体)位于内界的中心,一般为带正电荷的阳离子。

常见的中心离子为过渡金属元素离子,如 Cr^{3+}、Fe^{3+}、Cu^{2+}等,也可以是中性原子和高氧化态的非金属元素,如[$Ni(CO)_4$]中的 Ni 原子,[SiF_6]$^{2-}$中的 Si(Ⅳ)。

(2)配位体

与中心离子(或原子)结合的中性分子或阴离子称为配位体(ligand,用 L 表示),简称配体,例如 NH_3、H_2O、CO、OH^-、CN^-、X^-(卤素阴离子)等。提供配体的物质称为配位剂,如 NaOH、KCN 等。有时配位剂本身就是配体,如 NH_3、H_2O、CO 等。

配体中提供孤对电子与中心离子(或原子)以配位键相结合的原子称为配位原子。配位原子主要是那些电负性较大的 F、Cl、Br、I、O、S、N、P、C 等非金属元素的原子。

可以按一个配体中所含配位原子的数目不同,将配体分为单齿配体和多齿配体。

单齿配体(Unidentate Ligand)中只含有一个配位原子,如 NH_3、OH^-、X^-、CN^-、SCN^-等。

多齿配体(Multidentate Ligand)中含有两个或两个以上的配位原子,如 $C_2O_4{}^{2-}$、乙二胺($NH_2C_2H_4NH_2$,常缩写为 en)、NH_2CH_2COOH 等。多齿配体的多个配位原子可以同时与一个中心离子结合,所形成的配合物特称为螯合物。

(3)配位数

与中心离子(或原子)直接以配位键相结合的配位原子的总数称为该中心离子(或原子)的配位数。

例如,在[$Ag(NH_3)_2$]$^+$中,中心离子 Ag^+的配位数为 2;在[$Cu(NH_3)_4$]$^{2+}$中,中心离子 Cu^{2+}的配位数为 4;在[$Fe(CO)_5$]中,中心原子 Fe 的配位数为 5;在[$Fe(CN)_6$]$^{4-}$和[$CoCl_3(NH_3)_3$]中,中心离子 Fe^{2+}和 Co^{3+}的配位数皆为 6。

多齿配体的数目不等于中心离子的配位数。[$Pt(en)_2$]$^{2+}$中的 en 是双齿配体,因此 Pt^{2+}的配位数不是 2 而是 4。

目前,在配合物中中心离子的配位数可以从 1 到 12,其中最常见的为 6 和 4。

中心离子配位数的大小,与中心离子和配体的性质(它们的电荷、半径、中心离子的电子层构型等)以及形成配合物时的外界条件(如浓度、温度等)有关。

增大配体的浓度或降低反应的温度,都将有利于形成高配位数的配合物。

(4)配离子的电荷数

配离子的电荷数等于中心离子和配体的电荷数的代数和。

3. 配合物的命名

配合物命名时,阴离子在前,阳离子在后,称为某化某或某酸某。

命名时按以下顺序进行:配体数目(用倍数词头二、三、四等表示)→配体名称→“合”→中心离子(用罗马数字标明氧化数)。

配位个体的命名顺序为:有多种配体时,阴离子配体先于中性分子配体;无机配体先于有机配体;简单配体先于复杂配体;同类配体按配位原子元素符号的英文字母顺序排列。不同配体名称之间以圆点“·”分开。例如:

含配阳离子的配合物:

$[Cu(NH_3)_4]SO_4$　　硫酸四氨合铜(Ⅱ)

$[Co(NH_3)_6]Cl_3$　　三氯化六氨合钴(Ⅲ)

$[CrCl_2(H_2O)_4]Cl$　　一氯化二氯·四水合铬(Ⅲ)

$[Co(NH_3)_5(H_2O)]Cl_3$　　三氯化五氨·一水合钴(Ⅲ)

含配阴离子的配合物:

$K_4[Fe(CN)_6]$　　六氰合铁(Ⅱ)酸钾

$K[PtCl_5(NH_3)]$　　五氯·一氨合铂(Ⅳ)酸钾

$K_2[SiF_6]$　　六氟合硅(Ⅳ)酸钾

电中性配合物:

$[Fe(CO)_5]$　　五羰基合铁

$[Co(NO_2)_3(NH_3)_3]$　　三硝基·三氨合钴(Ⅲ)

$[PtCl_4(NH_3)_2]$　　四氯·二氨合铂(Ⅳ)

4. 配合物的几何异构现象

具有相同化学组成但结构不同的分子或离子称为异构体(Isomer)。异构现象在配合物中非常普遍,配合物中存在的异构现象,大部分是由于内界组成即配离子的空间结构不同而引起的。X射线晶体结构分析证实,配体是按一定的规律排列在中心原子周围的,而不是任意的堆积。中心原子的配位数与配离子的空间结构有密切的关系。配位数不同,配离子的空间结构也不同。即使配位数相同,由于中心原子和配位体种类以及互相作用情况不同,配离子的空间结构也不相同。

配合物表现出许多形式的异构现象,最重要的两类异构现象是顺-反异构(Cis-Trans isomerism)和旋光异构(Optical Isomerism)。这里只介绍顺-反异构现象,顺式是指同种配体处于相邻位置,反式是指同种配体处于对角位置,这种不同的结合方式使得配合物具有不同的性质。例如,$[PtCl_2(NH_3)_2]$的顺-反异构体均为平面正方形,但两者的性质不同。顺式为棕黄色,溶解度为0.252 3 g/100 g水(273.15 K);反式为淡黄色,溶解度为0.033 6 g/100 g水(273.15 K)。另外,两者的反应性能也不相同,顺式配合物经氧化银处理后转变为顺式[$Pt(OH)_2(NH_3)_2$]后，由于两个氢氧根处于邻位位置，可以被草酸根取代成[$Pt(NH_3)C_2O_4$]。反式虽然也能转变成为[$Pt(OH)_2(NH_3)_2$]，由于两个氢氧根处于对角位置，故不能与草酸根作用，正是利用这一反应，证明了两者是平面正方形结构而不是四面体结构。因为如果是四面体结构，就无邻位与对位的差别，也就没有与草酸根反应的差别。

5. 配合物的价键理论

配合物中的化学键，是指配合物内中心离子（或原子）与配体之间的化学键。1931 年鲍林首先将分子结构的价键理论应用于配合物，后经他人修正补充，逐步完善形成了近代配合物的价键理论。

价键理论认为：中心离子（或原子）M 与配体 L 形成配合物时，中心离子（或原子）以空的杂化轨道，接受配体提供的孤对电子，形成 σ 配键（一般用 M←L 表示），即中心离子（或原子）空的杂化轨道与配位原子的孤对电子所在的原子轨道重叠，形成配位共价键。中心离子杂化轨道的类型与配位离子的空间构型和配位化合物类型（内轨型或外轨型配位化合物）密切相关。由于中心离子的杂化轨道具有一定的方向性，所以配合物具有一定的空间构型（见表 9.1）。

表 9.1　杂化轨道类型与空间结构的关系

杂化类型	配位数	空间构型	实　　例
sp	2	直线型	[$Cu(NH_3)_2$]$^+$、[$Ag(NH_3)_2$]$^+$、[$CuCl_2$]$^-$、[$Ag(CN)_2$]$^-$
sp^2	3	平面三角形	[$CuCl_3$]$^{2-}$、[HgI_3]$^-$、[$Cu(CN)_3$]$^{2-}$
sp^3	4	正四面体形	[$Ni(NH_3)_4$]$^{2+}$、[$Zn(NH_3)_4$]$^{2+}$、[$Ni(CO)_4$]、[HgI_4]$^{2-}$、[BF_4]$^-$

续表 9.1

杂化类型	配位数	空间构型	实　　例
dsp^2	4	正方形	$[Ni(CN)_4]^{2-}$、$[Cu(NH_3)_4]^{2+}$、$[PtCl_4]^{2-}$、$[Cu(H_2O)_4]^{2+}$
dsp^3	5	三角双锥形	$[Fe(CO)_5]$、$[Ni(CN)_5]^{3-}$
sp^3d^2	6	正八面体	$[FeF_6]^{3-}$、$[Fe(H_2O)_6]^{3+}$、$[Co(NH_3)_6]^{2+}$、
d^2sp^3	6		$[Fe(CN)_6]^{3-}$、$[Fe(CN)_6]^{4-}$、$[Co(NH_3)_6]^{3+}$、$[PtCl_6]^{2-}$

(1)外轨型配合物

$[Ni(NH_3)_4]^{2+}$和$[FeF_6]^{3-}$中,中心离子 Ni^{2+}和 Fe^{3+}分别以最外层的 ns、np 和 ns、np、nd 轨道组成 sp^3和 sp^3d^2杂化轨道,再与配位原子成键,所以这样形成的配键称为外轨配键,所形成的配合物称为外轨型(Outer Orbital)配合物。在形成外轨型配合物时,中心离子的电子排布不受配体的影响,仍保持自由离子的电子层构型,所以配合物中心离子的未成对电子数和自由离子的未成对电子数相同,此时具有较多的未成对电子数。

(2)内轨型配合物

$[Ni(CN)_4]^{2-}$和$[Fe(CN)_6]^{3-}$中,中心离子 Ni^{2+}和 Fe^{3+}分别以次外层$(n-1)$d 和外层的 ns、np 轨道组成 dsp^2和 d^2sp^3杂化轨道,再与配位原子成键,这样形成的配键称为内轨配键,所形成的配合物为内轨型(Inner Orbital)配合物。形成内轨型配合物时,中心离子的电子排布在配体的影响下发生了变化,配合物中心离子的未成对电子数比自由离子的未成对电子数少,此时具有较少的未成对电子数,共用电子对深入到了中心离子的内层轨道。

(3)配合物的稳定性

对于同一中心离子,由于 sp^3d^2 杂化轨道的能量比 d^2sp^3 杂化轨道的能量高;sp^3 杂化轨道的能量比 dsp^2 杂化轨道的能量高,故同一中心离子形成相同配位数的配离子时,一般内轨型配合物比外轨型配合物要稳定,在溶液中内轨型配合物比外轨型配合物要难离解。配合物的键型也影响到配合物的氧化还原性质。

(4)配合物的磁性

物质的磁性强弱用磁矩(μ)表示,$\mu=0$ 的物质,其中电子皆已成对,具有反磁性;$\mu>0$ 的物质,其中有未成对电子,具有顺磁性。

假定配体中的电子皆已成对,则 d 区过渡元素所形成的配离子的磁矩可用下式作近似计算:

$$\mu=\sqrt{n(n+2)} \tag{9.1}$$

式中,μ 的单位为玻尔磁子,简写为 B. M.;n 为中心离子的未成对电子数。

根据式(9.1),可计算出与未成对电子数 $n=1\sim5$ 相对应的理论 μ 值。因此,由磁天平测定了配合物的磁矩,就可以了解中心离子的未成对电子数,进而可以确定该配合物是内轨型还是外轨型配合物。

价键理论根据配离子形成时所采用的杂化轨道类型成功地说明了配离子的空间结构,解释了外轨型与内轨型配合物的稳定性和磁性差别,但是其应用价值有一定的局限性。例如,它不能解释配合物的可见和紫外吸收光谱以及过渡金属配合物普遍具有特征颜色的现象。因此从 20 世纪 50 年代后期以来,价键理论已逐渐为配合物的晶体场理论和配位场理论所取代。

6. 晶体场理论

晶体场理论(Crystal Field Theory, CFT)是 1929 年皮塞(Beter)首先提出的。该理论将中心离子与配体之间的作用完全看作静电作用,这种作用是纯粹的静电斥力和吸引,不交换电子,即不形成任何共价键。金属离子的简并 d 轨道在周围配体产生的电场作用下发生分裂,产生配位效应。在解释配离子的光学、磁学等性质方面非常成功。

(1)晶体场理论的基本要点

①在配合物中,中心离子与配体之间的作用类似于离子晶体中正负离子间的静电作用,晶体场理论也因此得名。

②中心离子在周围配体非球形对称电场力的作用下,原来能量相同的 5 个简并 d 轨道分裂成能级不同的几组轨道。

③由于 d 轨道的分裂,d 轨道上的电子将重新排布,优先占据能量较低的轨道,往往使体系的总能量有所下降。

7. 配位平衡

与多元弱酸(弱碱)的离解相类似,多配体的配离子在水溶液中的离解是分步进行的,最后达到某种平衡状态。配离子的离解反应的逆反应是配离子的形成反应,其形成反应也是分步进行的,最后也达到了某种平衡状态,这就是配位平衡。

(1)配离子的稳定常数 $K^{\ominus}_{稳}$

配离子形成反应达到平衡时的平衡常数,称为配离子的稳定常数(Stability Constant)。在溶液中配离子的形成是分步进行的,每一步都相应有一个稳定常数,称为逐级稳定常数(或分步稳定常数)。

例如,考虑$[Cu(NH_3)_4]^{2+}$配离子的形成过程:

$$Cu^{2+} + NH_3 \rightleftharpoons [Cu(NH_3)]^{2+}$$

$$K^{\ominus}_{稳1} = \frac{[Cu(NH_3)^{2+}]}{[Cu^{2+}][NH_3]} = 10^{4.31}$$

$$[Cu(NH_3)]^{2+} + NH_3 \rightleftharpoons [Cu(NH_3)_2]^{2+}$$

$$K^{\ominus}_{稳2} = \frac{[Cu(NH_3)_2^{2+}]}{[Cu(NH_3)^{2+}][NH_3]} = 10^{3.67}$$

$$[Cu(NH_3)_2]^{2+} + NH_3 \rightleftharpoons Cu[(NH_3)_3]^{2+}$$

$$K^{\ominus}_{稳3} = \frac{[Cu(NH_3)_3^{2+}]}{[Cu(NH_3)_2^{2+}][NH_3]} = 10^{3.04}$$

$$Cu[(NH_3)_3]^{2+} + NH_3 \rightleftharpoons [Cu(NH_3)_4]^{2+}$$

$$K^{\ominus}_{稳4} = \frac{[Cu(NH_3)_4^{2+}]}{[Cu(NH_3)_3^{2+}][NH_3]} = 10^{2.30}$$

逐级稳定常数随着配位数的增加而减小。因为配位数增加时,配体之间的斥力增大,同时中心离子对每个配体的吸引力减小,故配离子的稳定性减弱。

逐级稳定常数的乘积等于该配离子的总稳定常数:

$$Cu^{2+} + 4\ NH_3 \rightleftharpoons [Cu(NH_3)_4]^{2+}$$

$$K^{\ominus}_{稳} = K^{\ominus}_{稳1} \cdot K^{\ominus}_{稳2} \cdot K^{\ominus}_{稳3} \cdot K^{\ominus}_{稳4} = \frac{[Cu(NH_3)_4^{2+}]}{[Cu^{2+}][NH_3]^4} = 10^{13.32}$$

$K^{\ominus}_{稳}$值越大,表示该配离子在水中越稳定。因此,从 $K^{\ominus}_{稳}$的大小可以判断配位反应完成的程度,判断其能否用于滴定分析。

若将逐级稳定常数依次相乘,就得到各级累积稳定常数(β_i):

$$\beta_1 = K^{\ominus}_{稳1} = \frac{[Cu(NH_3)^{2+}]}{[Cu^{2+}][NH_3]}$$

$$\beta_2 = K^{\ominus}_{稳1} \cdot K^{\ominus}_{稳2} = \frac{[Cu(NH_3)_2^{2+}]}{[Cu^{2+}][NH_3]^2}$$

$$\beta_3 = K^{\ominus}_{稳1} \cdot K^{\ominus}_{稳2} \cdot K^{\ominus}_{稳3} = \frac{[Cu(NH_3)_3^{2+}]}{[Cu^{2+}][NH_3]^3}$$

$$\beta_4 = K^{\ominus}_{稳1} \cdot K^{\ominus}_{稳2} \cdot K^{\ominus}_{稳3} \cdot K^{\ominus}_{稳4} = K^{\ominus}_{稳} = \frac{[Cu(NH_3)_4^{2+}]}{[Cu^{2+}][NH_3]^4}$$

配离子在水溶液中会发生逐级离解,这些离解反应是配离子各级形成反应的逆反应,离解生成了一系列各级配位数不等的配离子,其各级离解的程度可用相应的逐级不稳定常数 $K^{\ominus}_{不稳}$表示,例如,$[Cu(NH_3)_4]$在水溶液中的离解:

$$[Cu(NH_3)_4]^{2+} \rightleftharpoons [Cu(NH_3)_3]^{2+} + NH_3$$

$$K^{\ominus}_{不稳1} = \frac{[Cu(NH_3)_3^{2+}][NH_3]}{[Cu(NH_3)_4^{2+}]} = 10^{-2.30}$$

$$[Cu(NH_3)_3]^{2+} \rightleftharpoons [Cu(NH_3)_2]^{2+} + NH_3$$

$$K^{\ominus}_{不稳2} = \frac{[Cu(NH_3)_2^{2+}][NH_3]}{[Cu(NH_3)_3^{2+}]} = 10^{-3.04}$$

$$[Cu(NH_3)_2]^{2+} \rightleftharpoons [Cu(NH_3)]^{2+} + NH_3$$

$$K^{\ominus}_{不稳3} = \frac{[Cu(NH_3)^{2+}][NH_3]}{[Cu(NH_3)_2^{2+}]} = 10^{-3.67}$$

$$[Cu(NH_3)]^{2+} \rightleftharpoons Cu^{2+} + NH_3$$

$$K^{\ominus}_{不稳4} = \frac{[Cu^{2+}][NH_3]}{[Cu(NH_3)^{2+}]} = 10^{-4.31}$$

显然，逐级不稳定常数分别与相对应的逐级稳定常数互为倒数。

$$K^{\ominus}_{不稳1} = \frac{1}{K^{\ominus}_{稳4}},\ K^{\ominus}_{不稳2} = \frac{1}{K^{\ominus}_{稳3}},\ K^{\ominus}_{不稳3} = \frac{1}{K^{\ominus}_{稳2}},\ K^{\ominus}_{不稳4} = \frac{1}{K^{\ominus}_{稳1}}$$

(2)配离子稳定常数的应用

配离子 $ML_x^{(n-x)+}$、金属离子 M^{n+} 及配体 L^- 在水溶液中存在下列平衡：

$$M^{n+} + xL^- \rightleftharpoons ML_x^{(n-x)+}$$

如果向溶液中加入某种试剂(包括酸、碱、沉淀剂、氧化还原剂或其他配位剂)，由于这些试剂与 M^{n+} 或 L^- 可能发生各种化学反应，必将导致上述配位平衡发生移动，其结果是原溶液中各组分的浓度发生变动。这个过程涉及配位平衡与其他化学平衡之间相互联系的多重平衡。

利用配离子的稳定常数 $K^{\ominus}_{稳}$，可以计算配合物溶液中有关离子的浓度，判断配位平衡与沉淀溶解平衡之间、配位平衡与配位平衡之间相互转化的可能性，计算有关氧化还原电对的电极电势。

①配位平衡与沉淀溶解平衡之间的转化。有关配位平衡与沉淀溶解平衡之间的相互转化关系，可以用下述实验事实说明。在 $AgNO_3$ 溶液中，加入数滴 KCl 溶液，立即产生白色 AgCl 沉淀。再滴加氨水，由于生成 $[Ag(NH_3)_2]^+$，AgCl 沉淀即发生溶解。若向此溶液中再加入少量 KBr 溶液，则有淡黄色 AgBr 沉淀生成。再滴加 $Na_2S_2O_3$ 溶液，则 AgBr 又将溶解。如若再向溶液中滴加 KI 溶液，则又将析出溶解度更小的黄色 AgI 沉淀。再滴加 KCN 溶液，AgI 沉淀又复溶解。此时若再加入 $(NH_4)_2S$ 溶液，则最终生成棕黑色的 Ag_2S 沉淀。以上各步实验过程为

$$Ag^+(aq)+Cl^-(aq) \xrightleftharpoons[]{K_{sp}^\ominus=1.77\times10^{-10}} AgCl(s)$$

（加沉淀剂）　　　　　　　　+ $2NH_3(aq)$（加配位剂）

$$\Big\Downarrow K_{稳}^\ominus=1.12\times10^{7}$$

$$2NH_3(aq)+AgBr(s) \xrightleftharpoons[]{K_{sp}^\ominus=5.35\times10^{-13}} [Ag(NH_3)_2]^+(aq)+Br^-(aq)$$

+ $2S_2O_3^{2-}(aq)$（加配位剂）　　　　（加沉淀剂）

$$\Big\Downarrow K_{稳}^\ominus=2.88\times10^{13}$$

$$[Ag(S_2O_3)_2]^{3-}(aq)+I^-(aq) \xrightleftharpoons[]{K_{sp}^\ominus=8.52\times10^{-17}} AgI(s)$$

（加沉淀剂）　　　　+ $2CN^-(aq)$（加配位剂）

$$\Big\Downarrow K_{稳}^\ominus=1.26\times10^{21}$$

$$2NH^-(aq)+\frac{1}{2}Ag_2S(s) \xrightleftharpoons[]{K_{sp}^\ominus=2.0\times10^{-49}} [Ag(CN)_2]^-(aq)+\frac{1}{2}S^{2-}(aq)$$

（加沉淀剂）

与沉淀生成和溶解相对应的分别是配合物的离解和形成，决定上述各反应方向的是$K_{稳}^\ominus$和$K_{sp}^\ominus$的相对大小以及配位剂与沉淀剂的浓度。配合物的$K_{稳}^\ominus$值越大，沉淀越易溶解形成相应配合物；而沉淀的$K_{sp}^\ominus$越小，则配合物越易离解转变成相应的沉淀。

②配位平衡之间的转化。配离子之间的相互转化，和配离子与沉淀之间的转化类似，转化反应向生成更稳定的配离子的方向进行。两种配离子的稳定常数相差越大，转化将越完全。

③计算氧化还原电对的电极电势。氧化还原电对的电极电势会因配合物的生成而改变，相应物质的氧化还原性能也会发生改变。

8. 配合物的应用

（1）在元素分离和化学分析中的应用

在定性分析中，广泛应用配合物的形成反应以达到离子分离和鉴定的目的。

（2）在工业上的应用

配合物主要用于湿法冶金。湿法冶金就是用特殊的水溶液直接从矿石中将金属以化合物的形式浸取出来，再进一步还原为金属的过程，广泛用于从矿石中提取稀有金属和有色金属。在湿法冶金中金属配合物的形成起重要的作用。

（3）配合物在生物、医药等方面的应用

配合物在生命活动中起十分重要的作用。生物体内有一类重要的物质——酶，不少酶含有金属元素。酶主要是Fe^{2+}、Zn^{2+}、Mg^{2+}、Co^{2+}、Mo^{2+}、Mn^{2+}、Cu^{2+}、Cu^+和Ca^{2+}等金属离子和氨基酸侧链基团形成的金属配合物。这些配合物在生物体内能量的转换、传递、电荷的转移、化学键的形成或断裂以及伴随这些过程出现的能量变化和分配等过程中起重要的作用。在医药工业中，维生素B_{12}是Co的配合物；EDTA是排除人体内U、Th、Pu等放射性元素的高效解毒剂；Pt、Rh、Ir的配位化合物能使肿瘤萎缩，从而有可能成为治疗癌症的基础。

9.3 典型题解析

例1 命名下列配合物,并指出中心离子、配位体、配位数及配离子电荷。

$K_2[Zn(OH)_4]$,$[Co(NH_3)_5Cl]Cl_2$,$[Pt(NH_3)_4(NO_2)Cl]CO_3$

配合物	名称	中心离子	配位体	配位数	配离子电荷
$K_2[Zn(OH)_4]$	四羟基合锌(Ⅱ)酸钾	Zn^{2+}	Zn^{2+}	4	2−
$[Co(NH_3)_5Cl]Cl_2$	二氯化一氯五氨合钴(Ⅱ)	Co^{3+}	NH_3, Cl^-	6	2+
$[Pt(NH_3)_4(NO_2)Cl]CO_3$	硝酸一氯一硝基四氨合铂(Ⅳ)	Pt^+	NO_2, NH_3, Cl^-	6	2+

例2 指出下列配合物中的配离子、中心离子及其配位数。

(1)$3KNO_2\cdot Co(NO_2)_3$;　(2)$Co(CN)_3\cdot 3KCN$;

(3)$2Cu(CN)_2\cdot Fe(CN)_2$;　(4)$2KCl\cdot PtCl_2$;

(5)$KCl\cdot AuCl_3$;　(6)$CrCl_3\cdot 4H_2O$

化 合 物	配 离 子	中 心 离 子	配 位 数
$3KNO_2\cdot Co(NO_2)_3$	$[Co(NO_2)_6]^{3-}$	Co^{3+}	6
$Co(CN)_3\cdot 3KCN$	$[Co(CN)_6]^{3-}$	Co^{3+}	6
$2Cu(CN)_2\cdot Fe(CN)_2$	$[Fe(CN)_6]^{4-}$	Fe^{2+}	6
$2KCl\cdot PtCl_2$	$[PtCl_4]^{2-}$	Pt^{2+}	4
$KCl\cdot AuCl_3$	$[AuCl_4]^-$	Au^{3+}	4
$CrCl_3\cdot 4H_2O$	$[CrCl_2(H_2O)_4]^+$	Cr^{3+}	6

例3 命名下列配合物,并指出配离子和中心离子的电荷。

(1)$[Cu(NH_3)_4](OH)_2$;　(2)$[CoCl(NO_2)(NH_3)_4]^+$;

(3) $K_3[Co(NO_2)_6]$;　(4)$[CrBr_2(H_2O)_4]Br\cdot 2H_2O$;

(5)$[Cr(OH)(C_2O_4)(en)(H_2O)]$

配合物	配 合 物 名 称	配离子电荷	中心离子电荷
$[Cu(NH_3)_4](OH)_2$	氢氧化四氨合铜(II)	+2	Cu^{2+}
$[CoCl(NO_2)(NH_3)_4]^+$	一氯・一硝基・四氨合钴(III)配离子	+1	Co^{3+}
$K_3[Co(NO_2)_6]$	六硝基合钴(III)酸钾	−3	Co^{3+}
$[CrBr_2(H_2O)_4]Br\cdot 2H_2O$	二水溴化二溴・四水合钴(III)	+1	Cr^{3+}
$Cr(OH)(C_2O_4)(en)(H_2O)]$	一羟基・一草酸根・一乙二胺・一水合铬(III)	0	Cr^{3+}

例4 已知有两种钴的配合物,它们具有相同的分子式 $Co(NH_3)_5BrSO_4$,其区别在于

第一种配合物的溶液中加 $BaSO_4$ 产生沉淀，加 $AgNO_3$ 时不产生 AgBr 沉淀，而第二种配合物与此相反。写出这种配合物的结构式，并指出钴配位数和中心离子的电荷。

配合物	配合结构式	中心离子电荷	配位数
(1)	$[CoBr(NH_3)_5]SO_4$	Co^{3+}	6
(2)	$[CoSO_4(NH_3)_5]Br$	Co^{3+}	6

例5　根据下列实验结果，确定下列配合物的配离子、中心离子和配位体。

化学组成	$PtCl_4 \cdot 6NH_3$	$PtCl_4 \cdot 4NH_3$	$PtCl_4 \cdot 2NH_3$
溶液导电性	能导电	能导电	不能导电
被 $AgNO_3$ 沉淀的 Cl^- 数	$4Cl^-$	$2Cl^-$	无沉淀

(1) $[Pt(NH_3)_6]Cl_4$，$[Pt(NH_3)_6]^{4+}$，配位数为6。

(2) $[PtCl_2(NH_3)_4]Cl_2$，$[PtCl_2(NH_3)_4]^{2+}$，配位数为6。

(3) $[PtCl_4(NH_3)_2]$，配位数为6。

例6　指出下列配合物的中心离子、配体、配位数、配离子电荷数和配合物名称。

解：

配合物	中心离子	配体	配位数	配离子电荷	配合物名称
$K_2[HgI_4]$	Hg^{2+}	I^-	4	−2	四碘合汞(Ⅱ)酸钾
$[CrCl_2(H_2O)_4]Cl$	Cr^{3+}	Cl^-, H_2O	6	+1	氯化二氯四水合铬(Ⅲ)
$[Co(NH_3)_2(en)_2](NO_3)_2$	Co^{2+}	NH_3, en	6	+2	硝酸二氨二乙二胺合钴(Ⅱ)
$Fe_3[Fe(CN)_6]_2$	Fe^{3+}	CN^-	6	−3	六氰合铁(Ⅲ)酸亚铁
$K[Co(NO_2)_4(NH_3)_2]$	Co^{3+}	NO_2^-, NH_3	6	−1	四硝基二氨合钴(Ⅲ)酸钾
$Fe(CO)_5$	Fe	CO	5	0	五羰基合铁

例7　无水 $CrCl_3$ 和氨作用能形成两种配合物 A 和 B，组成分别为 $CrCl_3 \cdot 6NH_3$ 和 $CrCl_3 \cdot 5NH_3$。加入 $AgNO_3$，A 溶液中几乎全部 Cl^- 沉淀为 AgCl，而 B 溶液中只有 2/3 的 Cl^- 沉淀出来。加入 NaOH 并加热，两种溶液均无氨味。试写出这两种配合物的化学式并命名。

解：因加入 $AgNO_3$，A 溶液中几乎全部 Cl^- 沉淀为 AgCl，可知 A 中的三个 Cl^- 全部为外界离子，B 溶液中只有 2/3 的 Cl^- 沉淀出来，说明 B 中有两个 Cl^- 为外界，一个 Cl^- 属内界。加入 NaOH，两种溶液无氨味，可知氨为内界。因此 A、B 的化学式和命名应为，A：$[Cr(NH_3)_6]Cl_3$ 三氯化六氨合铬(Ⅲ)；B：$[Cr(NH_3)_5Cl]Cl_2$ 二氯化一氯五氨合铬(Ⅲ)

例8　试用价键理论说明下列配离子的类型、空间构型和磁性。

(1) CoF_6^{3-} 和 $Co(CN)_6^{3-}$

解：CoF_6^{3-} 为外轨型，空间构型为正八面体，顺磁性，磁矩 $=\sqrt{4\times(4+2)}\mu_B=4.90\mu_B$。

$Co(CN)_6^{3-}$为内轨型,空间构型为正八面体,抗磁性,磁矩为零。

(2)$Ni(NH_3)_4^{2+}$和$Ni(CN)_4^{2-}$

解:$Ni(NH_3)_4^{2+}$为外轨型,正四面体型,顺磁性,磁矩$=\sqrt{2\times(2+2)}\mu_B=2.83\mu_B$。

$Ni(CN)_4^{2-}$为内轨型,平面正方形,抗磁性,磁矩为零。

例9 将0.1 mol·L^{-1} $ZnCl_2$溶液与1.0 mol·L^{-1} NH_3溶液等体积混合,求此溶液中$Zn(NH_3)_4^{2+}$和Zn^{2+}的浓度。

解:等体积混合后,$ZnCl_2$和NH_3各自的浓度减半,生成的$Zn(NH_3)_4^{2+}$的浓度为0.05 mol·L^{-1},剩余的NH_3的浓度为0.3 mol·L^{-1},设Zn^{2+}的浓度为x mol·L^{-1}。

$$Zn^{2+} + 4NH_3 \rightleftharpoons Zn(NH_3)_4^{2+}$$

平衡时/(mol·L^{-1})　　x　　$0.3+4x$　　$0.05-x$

$$K_{稳}=\frac{0.05-x}{x(0.3+4x)^4}=2.9\times10^9$$

$$0.05-x\approx0.05,\ 0.3+4x\approx0.3,\ x=2.1\times10^{-9}\ \text{mol}\cdot\text{L}^{-1}$$

例10 在100 mL 0.05 mol·L^{-1} $Ag(NH_3)_2^+$溶液中加入1 mL 1 mol·L^{-1} NaCl溶液,溶液中NH_3的浓度至少需多大才能阻止AgCl沉淀生成?

解:混合后$c[Ag(NH_3)_2^+]=0.1\times100/101\ \text{mol}\cdot\text{L}^{-1}\approx0.099\ \text{mol}\cdot\text{L}^{-1}$

$$c(Cl^-)=1/101=0.009\,9\ \text{mol}\cdot\text{L}^{-1}$$

方法一:

$$Ag(NH_3)_2^+ + Cl^- \rightleftharpoons AgCl + 2NH_3$$

0.099　　0.009 9　　　　x

$$K_j=\frac{x^2}{0.099\times0.009\,9}=\frac{1}{K_{稳}\cdot K_{sp}^{\ominus}}=5.14\times10^2,\ x\approx0.71\ \text{mol}\cdot\text{L}^{-1}$$

方法二:$c(Ag^+)c(Cl^-)\leqslant K_{sp,AgCl}^{\ominus}$, $c(Ag^+)\leqslant K_{sp,AgCl}^{\ominus}/0.0099=1.79\times10^{-8}(\text{mol}\cdot\text{L}^{-1})$

$$Ag^+ + 2NH_3 \rightleftharpoons Ag(NH_3)_2^+$$

1.79×10^{-8}　　x　　0.099

$$K_{稳}=\frac{0.099}{(1.79\times10^{-8})x^2}=1.1\times10^7,\quad x\approx0.71\text{mol}\cdot\text{L}^{-1}$$

例11 分别计算$Zn(OH)_2$溶于氨水生成$Zn(NH_3)_4^{2+}$和生成$Zn(OH)_4^{2-}$时的平衡常数。若溶液中NH_3和NH_4^+的浓度均为0.1 mol·L^{-1},则$Zn(OH)_2$溶于该溶液中主要生成哪一种配离子?

解:

$$Zn(OH)_2 + 4NH_3 \rightleftharpoons Zn(NH_3)_4^{2+} + 2OH^-$$

$$K_j=\frac{c[Zn(NH_3)]_4^{2+}c^2(OH^-)}{c^4(NH_3)}=K_{稳,Zn(NH_3)_4^{2+}}\cdot K_{sp,Zn(OH)_2}=$$

$$2.9\times10^9\times6.68\times10^{-17}\approx1.9\times10^{-7}$$

$$Zn(OH)_2 + 2OH^- \rightleftharpoons Zn(OH)_4^{2-}$$

$$K_j=\frac{c[Zn(OH)_4^{2-}]}{c^2(OH^-)}\times\frac{c(Zn^{2+})\cdot c^2(OH^-)}{c(Zn^{2+})\cdot c^2(OH^-)}=K_{稳,Zn(OH)_4{}^{2-}}\cdot K_{sp,Zn(OH)_2}^{\ominus}=$$

$$4.6\times10^{17}\times6.68\times10^{-17}\approx30.7$$

当溶液中 NH_3 和 NH_4^+ 的浓度均为 0.1 $mol \cdot L^{-1}$ 时，OH^- 浓度为 x $mol \cdot L^{-1}$，

$$NH_3 \cdot H_2O \rightleftharpoons NH_4^+ + OH^-$$

平衡/($mol \cdot L^{-1}$)　　0.1　　0.1　　x

$$K_{不稳} = \frac{0.1x}{0.1} = 1.77\times10^{-5}, \quad x = 1.77\times10^{-5}\ mol \cdot L^{-1}$$

$$Zn(NH_3)_4^{2+} + 4OH^- \rightleftharpoons Zn(OH)_4^{2-} + 4NH_3$$

$$K_j = \frac{c[Zn(OH)_4^{2-}] \cdot c^4(NH_3)}{c[Zn(NH_3)_4^{2+}] \cdot c^4(OH^-)} = \frac{K_{稳,Zn(OH)_4^{2-}}}{K_{稳,Zn(NH_3)_4^{2+}}} = \frac{4.6\times10^{17}}{2.9\times10^{9}} \approx 1.6\times10^{8}$$

$$K_j = \frac{c_{Zn(OH)_4^{2-}}(0.1)^4}{c_{Zn(NH_3)_4^{2+}}(1.77\times10^{-5})^4} \approx 1.6\times10^{8}$$

$$\frac{c[Zn(OH)_4^{2-}]}{c[Zn(NH_3)_4^{2+}]} = 1.6\times10^{8} \times \frac{(1.77\times10^{-5})^4}{0.1^4} \approx 1.6\times10^{-8}$$

当溶液中 NH_3 和 NH_4^+ 的浓度均为 0.1 $mol \cdot L^{-1}$ 时，$Zn(OH)_2$ 溶于该溶液中主要生成 $Zn(NH_3)_4^{2+}$。

例 12　写出下列反应的方程式并计算平衡常数。

(1) AgI 溶于 KCN 溶液中；

(2) AgBr 微溶于氨水中，溶液酸化后又析出沉淀（两个反应）。

解：①

$$AgI + 2CN^- \rightleftharpoons Ag(CN)_2^- + I^-$$

$$K_j = \frac{c[Ag(CN)_2^-]c(I^-)}{c^2(CN^-)} = K_{稳,Ag(CN)_2^-} \cdot K^{\ominus}_{sp,AgI} = 1.3\times10^{21}\times8.51\times10^{-17} = 1.1\times10^{5}$$

②

$$AgBr + 2NH_3 \rightleftharpoons Ag(NH_3)_2^+ + Br^-$$

$$K_j = \frac{c[Ag(NH_3)_2^+]c(Br^-)}{c^2(NH_3)} = K_{稳,Ag(NH_3)_2^+} \cdot K_{sp,AgBr} = 1.1\times10^{7}\times5.35\times10^{-13} \approx 5.9\times10^{-6}$$

$$Ag(NH_3)_2^+ + 2H^+ + Br^- \rightleftharpoons AgBr + 2NH_4^+$$

$$K_j = \frac{c^2(NH_4^+)}{c[Ag(NH_3)_2^+]c^2(H^+)c(Br^-)} \times \frac{c(Ag^+)c^2(NH_3)}{c(Ag^+)c^2(NH_3)} = \frac{1}{K_{稳,Ag(NH_3)_2^+} \cdot K^2_{a,NH_4^+} \cdot K^{\ominus}_{sp,AgBr}} =$$

$$\frac{1}{1.1\times10^{7}\times5.35\times10^{-13}\times(5.65\times10^{-10})^2} \approx 5.3\times10^{23}$$

例 13　下列化合物中，哪些可作为有效的螯合剂？

(1) HO—OH　　(2) $H_2N—(CH_2)_3—NH_2$　　(3) $(CH_3)_2N—NH_2$

(4) $CH_3—CH—OH$　　(5) 2,2′-联吡啶（结构式）

(6) $H_2N(CH_2)_4COOH$

解：(2)、(4)、(5)、(6) 可作为有效的螯合剂。

9.4 习题详解

1. 区分下列概念。

(1)配体和配合物

(2)外轨型配合物和内轨型配合物

(3)高自旋配合物和低自旋配合物

(4)强场配体和弱场配体

(5)几何异构和光学异构

(6)活性配合物和惰性配合物

(7)生成常数和逐级生成常数

(8)螯合效应和反位效应

答:(1)配位实体中与中心原子或离子结合的分子或离子叫配位体,简称配体;给予体和接受体相结合的化学物种(配位个体)即为配合物。更为广义的是路易斯酸与路易斯碱的加合物。

(2)从配合物的价键理论出发,凡配位原子的孤对电子填在中心原子或离子由外层d轨道杂化而成的杂化轨道上,形成配位键的配合物即为外轨配合物。相反,填在由内层$(n-1)$d轨道参与的杂化轨道上,即为内轨配合物。

(3)从配合物的晶体场理论出发,由于分裂能和成对能的相对大小,使得配合物中的电子可能有两种不同的排列组态,其中含有单电子数较多的配合物叫高自旋配合物,不存在单电子或含有单电子数少的配合物叫低自旋配合物。

(4)配体与中心金属配位时,由于配体所产生的分裂能不同,使得配体配位场强弱有如下顺序:$I^- < Br^- < Cl^- < F^- < OH^- < C_2O_4^- < H_2O < SCN^- < NH_3 <$ en $< SO_3^{2-} <$ phen $< NO_2^- < CN < CO$。序列前部的配位体(大体以H_2O为界)称之为弱场配体,序列后部的配位体(大体以NH_3为界)称之为强场配体。

(5)均为配合物的异构体。配体在中心原子周围因排列方式不同而产生的异构现象,称为几何异构现象,常发生在配位数为4的平面正方形和配位数为6的八面体构型的配合物中。在顺式几何异构中,又因分子或离子中具有对称平面或对称中心会产生一对旋光活性异构体,它们互为镜像,如同左、右手一般,而反式几何异构体则往往没有旋光活性。

(6)凡配体可以快速地被其他配体所取代的配合物叫做活性配合物;而配体取代缓慢的那些配合物则叫做惰性配合物。

(7)配位个体生成反应的标准平衡常数称为生成常数;某些配位个体的生成反应并不是一步完成,而是涉及一系列平衡反应,我们把每一个平衡反应所对应的生成常数称为逐级生成常数。

(8)螯合配体一般较对应的单齿配体生成更稳定配合物的现象叫螯合效应;平面四方形配合物中某些配位体能使处于其反位的基团变得更加容易取代,化学上称这种能使反位基团活化的现象为该配合物的反位效应。

2. 维尔纳研究了通式为 $Pt(NH_3)_xCl_4$（x 为 2～6 的整数，Pt 的氧化数为+4）配合物水溶液的电导，实验结果归纳见下表。

配合物组成	水溶液中电离产生的离子个数
$Pt(NH_3)_6Cl_4$	5
$Pt(NH_3)_5Cl_4$	4
$Pt(NH_3)_4Cl_4$	3
$Pt(NH_3)_3Cl_4$	2

假定 Pt(Ⅳ)形成的配合物为八面体，问：

(1)根据电离结果写出 4 个配合物的化学式；

(2)绘出各自在三维空间的结构；

(3)绘出可能存在的异构体结构；

(4)络合配合物命名。

答：配合物为八面体，即 Pt^{4+} 的配位数为 6

(1) $Pt(NH_3)_6Cl_4$

$[Pt(NH_3)_6]Cl_4$

名称：四氯化六氨合铂(Ⅳ)

不存在同分异构体，结果如右图 1 所示。

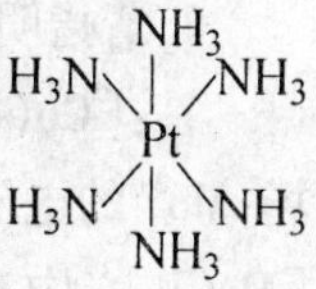

图 1

(2) $Pt(NH_3)_5Cl_4$

$[Pt(NH_3)_5Cl]Cl_3$

名称：三氯化一氯·五氨合铂(Ⅳ)

不存在同分异构体，结构如右图 2 所示。

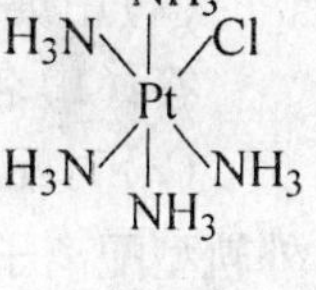

图 2

(3) $Pt(NH_3)_4Cl_4$

$[Pt(NH_3)_4Cl_2]Cl_2$

名称：二氯化二氯·四氨合铂(Ⅳ)

有两种同分异构体，结构如右图 3 所示。

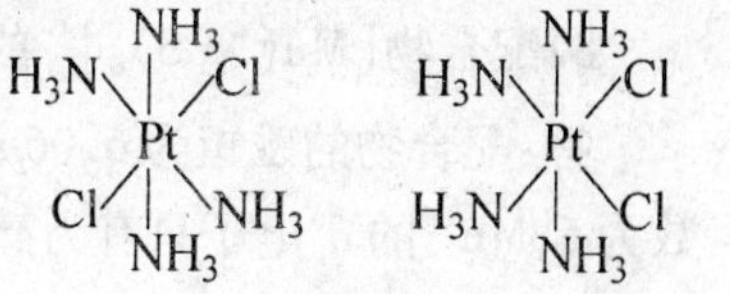

图 3

(4) $Pt(NH_3)_3Cl_4$

$[Pt(NH_3)_3Cl_3]Cl$

名称：一氯化三氯·三氨合铂(Ⅳ)

有两种同分异构体，结构如右图 4 所示。

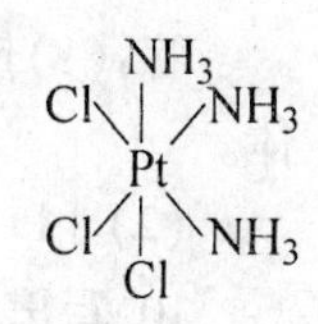

图 4

3. (1) 在配合物 $[Fe(H_2O)_6](NO_3)_2$ 和 $K_4[Fe(CN)_6]\cdot 3H_2O$ 中，一个为黄色，另一个为绿色，请指明并说明判断理由。

(2)反式 $[Co(NH_3)_4Cl_2]^+$ 吸收可见光谱的红光，配合物是什么颜色？

答：(1) $[Fe(H_2O)_6](NO_3)_2$ 为绿色，$K_4[Fe(CN)_6]\cdot 3H_2O$ 为黄色。在上述两配合物中，由于 H_2O 为弱场配体

而 CN^- 为强场配体，Fe^{2+} 的电子组态分别为 $t_{2g}^4e_g^2$、$t_{2g}^6e_g^0$ 对配合物[$Fe(H_2O)_6$](NO_3)$_2$来说，在其八面体场中，分裂能小于成对能，而对于配合物 K_4[$Fe(CN)_6$]·$3H_2O$ 而言则恰恰相反，其分裂能大于成对能，所以 K_4[$Fe(CN)_6$]·$3H_2O$ 产生电子跃迁时需吸收更大的能量，也即更短波长的光，所以说[$Fe(H_2O)_6$](NO_3)$_2$为绿色，K_4[$Fe(CN)_6$]·$3H_2O$ 为黄色。

(2)绿色。

4. 在八面体配合物中，哪些 d 电子构型在高自旋和低自旋排布中可能存在差异。

答：在八面体配合物中，由于存在强场和弱场配位体，分裂能和成对能的相对大小也随之变化，所以 d 电子在八面体场中的排布方式也有所不同；另外电子在排布的时候仍然要满足能量最低原理，所以 d^1 至 d^3，d^8 至 d^{10} 有且仅有一种电子排布方式，而 d^4、d^5、d^6 和 d^7 会随低自旋(强场)、高自旋(弱场)有两种不同的排布方式。

5. 下面哪一个配合物在可见光谱中具有最短的吸收波长：(1)[$Ti(H_2O)_6$]$^{3+}$；(2)[$Ti(en)_3$]$^{3+}$；(3)[$TiCl_6$]$^{3-}$。

答：(2)[$Ti(en)_3$]$^{3+}$；光谱序列中位置最高，分裂能最大。

6. 请指明配位离子[$MoCl_6$]$^{3-}$和[$Co(en)_3$]$^{3+}$哪个为抗磁性，哪个为顺磁性。

答：[$Co(en)_3$]$^{3+}$中，由于 en 为强场，Co^{3+} 的电子组态为 $t_{2g}^6e_g^0$；[$MoCl_6$]$^{3-}$中，Cl^- 为弱场，Mo^{3+} 的电子组态为 $t_{2g}^3e_g^0$，很显然[$Co(en)_3$]$^{3+}$中没有成单电子，所以为抗磁性；而[$MoCl_6$]$^{3-}$中有成单电子存在，为顺磁性。

7. 配合物[$Co(NH_3)_5(H_2O)$][$Co(NO_2)_6$]，

(1)给配合物命名；

(2)用键价理论讨论各离子的成键情况，判断该配合物是顺磁性还是反磁性。

答：(1)名称：六硝基合钴(Ⅲ)酸一水五氨合钴(Ⅲ)。

(2)对配阳离子[$Co(NH_3)_5(H_2O)$]$^{3+}$而言，因 NH_3 和 H_2O 为弱场配位体，所以形成外轨型配离子，sp^3d^2 杂化成键；Co^{3+} 的 6 个 d 电子分别填在 5 个 d 轨道上，有 4 个成单电子，为顺磁性物质。对配阴离子[$Co(NO_2)_6$]$^{3-}$而言，因 NO_2^- 为强场配位体，影响到 Co^{3+} 的 d 电子成对排列，形成内轨型配离子，d^2sp^3 杂化成键；没有成单电子，为反磁性物质。

8. 配合物[$Mn(NCS)_6$]$^{4-}$的磁矩为 6.06 μ_B，其电子结构如何？

答：配合物的磁矩为 6.06μ_B，根据 $\mu=\sqrt{n\cdot(n+2)}\,\mu_B$，计算可知配合物的未成对电子数为 5，$Mn^{2+}$ 的 d^5 电子只有为高自旋时才能满足条件。其电子结构为：$t_{2g}^3e_g^2$。

9. (1)顺式和反式的[$Co(en)_2Cl_2$]$^+$配离子存在光学异构体吗？

(2)平面正方形结构的[$Pt(NH_3)(N_3)ClBr$]$^+$存在光学异构体吗？

答：(1)反式的[$Co(en)_2Cl_2$]$^+$没有光学异构体。顺式的[$Co(en)_2Cl_2$]$^+$有光学异构体。

(2)[$Pt(NH_3)(N_3)ClBr$]$^+$没有光学异构体。

10. 写出用乙二胺取代[$Fe(H_2O)_6$]$^{3+}$中 H_2O 的一系列分步反应方程式，其中 $\lg K_{f1}=4.34$；$\lg K_{f2}=3.31$；$\lg K_{f3}=2.05$，对[$Fe(en)_3$]$^{3+}$来说总反应方程式生成常数是多少？

解：分步反应方程式为

$$[Fe(H_2O)_6]^{3+} + en = [Fe(H_2O)_4en]^{3+} + 2H_2O$$

$$[Fe(H_2O)_4en]^{3+} + en = [Fe(H_2O)_2(en)_2]^{3+} + 2H_2O$$

$$[Fe(H_2O)_2(en)_2]^{3+} + en = [Fe(en)_3]^{3+} + 2H_2O$$

由于 $\beta_3 = K_f = K_{f1} \cdot K_{f2} \cdot K_{f3}$

所以 $\lg\beta_3 = \lg K_{f1} + \lg K_{f2} + \lg K_{f3} = 4.34 + 3.31 + 2.05 = 9.70$

也即 $\beta_3 = 10^{9.70} \approx 5.0 \times 10^9$

9.5 同步训练题

1.选择题。

(1) $[Ni(en)_3]^{2+}$离子中镍的价态和配位数是 ( )

A. +2,3 B. +3,6 C. +2,6 D. +3,3

(2) $[Co(SCN)_4]^{2+}$离子中钴的价态和配位比分别是 ( )

A. -2,4 B. +2,4 C. +3,2 D. +2,12

(3) 0.01 mol 氯化铬($CrCl_3 \cdot 6H_2O$)在水溶液中用过量 $AgNO_3$处理,产生 0.02 mol AgCl 沉淀,此氯化铬最可能为 ( )

A. $[Cr(H_2O)_6]Cl_3$ B. $[Cr(H_2O)_5Cl]Cl_2 \cdot H_2O$

C. $[Cr(H_2O)_4Cl_2]Cl \cdot 2H_2O$ D. $[Cr(H_2O)_3Cl_3] \cdot 3H_2O$

(4)已知水的 $K_{稳}$ = 1.86,化学式为 $FeK_3C_6N_6$的 0.005 $mol \cdot kg^{-1}$配合物水溶液,其凝固点为-0.037 ℃,这个配合物在水中的离解方式为 ( )

A. $Fe\ K_3C_6N_6 \longrightarrow Fe^{3+} + K_3(CN)_6^{3-}$

B. $Fe\ K_3C_6N_6 \longrightarrow 3\ K^+ + Fe\ (CN)_6^{3-}$

C. $Fe\ K_3C_6N_6 \longrightarrow 3KCN + Fe\ (CN)_2^+ + CN^-$

D. $Fe\ K_3C_6N_6 \longrightarrow 3\ K^+ + Fe^{3+} + 6\ CN^-$

(5)在$[Co(C_2O_4)_2(en)]^-$中,中心离子 Co^{3+}的配位数为 ( )

A. 3 B. 4 C. 5 D. 6

(6) Al^{3+}与 EDTA 形成 ( )

A. 螯合物 B. 聚合物

C. 非计量化合物 D. 夹心化合物

(7)已知某金属离子配合物的磁矩为 4.90 μ_B,而同一氧化态的该金属离子形成的另一配合物,其磁矩为零,则此金属离子可能为 ( )

A. Cr (Ⅲ) B. Mn (Ⅱ)

C. Fe (Ⅱ) D. Mn (Ⅲ)

(8)已知巯基(—SH)与某些重金属离子形成强配位键,预计是重金属离子的最好的螯合剂的物质为 ( )

A. CH_3— SH B. H—SH

C. CH_3— S — S — CH_3 D. HS — CH_2— CH —OH — CH_3

(9)下列几种物质中最稳定的是 ( )

A. $Co(NO_3)_3$ B. $[Co(NH_3)_6](NO_3)_3$

C. $[Co(NH_3)_6]Cl_2$ D. $[Co(en)_3]Cl_3$

(10)估计下列配合物的稳定性,从大到小的顺序,正确的是 ( )

A. $[HgI_4]^{2-}>[HgCl_4]^{2-}>[Hg(CN)_4]^{2-}$

B. $[Co(NH_3)_6]^{3+}>[Co(SCN)_4]^{2-}>[Co(CN)_6]^{3-}$

C. $[Ni(en)_3]^{2+}>[Ni(NH_3)_6]^{2+}>[Ni(H_2O)_6]^{2+}$

D. $[Fe(SCN)_6]^{3-}>[Fe(CN)_6]^{3-}>[Fe(CN)_6]^{4-}$

(11)$[Ni(CN)_4]^{2-}$是平面四方形构型,中心离子的杂化轨道类型和 d 电子数分别是 ( )

A. sp^2,d^7 B. sp^3,d^8

C. d^2sp^3,d^6 D. dsp^2,d^8

(12)下列配合物中,属于螯合物的是 ( )

A. $[Ni(en)_2]Cl_2$ B. $K_2[PtCl_6]$

C. $(NH_4)[Cr(NH_3)_2(SCN)_4]$ D. $Li[AlH_4]$

(13)$[Ca(EDTA)]^{2-}$配离子中,Ca^{2+}的配位数是 ( )

A. 1 B. 2 C. 4 D. 6

(14)向$[Cu(NH_3)_4]^{2+}$水溶液中通入氨气,则 ( )

A. $K_{稳}[Cu(NH_3)_4]^{2+}$增大 B. $[Cu^{2+}]$增大

C. $K_{稳}[Cu(NH_3)_4]^{2+}$减小 D. $[Cu^{2+}]$减小

(15)在 0.20 $mol\cdot L^{-1}$ $[Ag(NH_3)_2]Cl$ 溶液中,加入等体积的水稀释(忽略离子强度影响),则下列各物质的浓度为原来浓度的 1/2 的是 ( )

A. $c\{[Ag(NH_3)_2]Cl\}$ B. 离解达平衡时 $c(Ag^+)$

C. $c(NH_3\cdot H_2O)$ D. $c(OH^-)$

(16)下列反应中配离子作为氧化剂的反应是 ( )

A. $[Ag(NH_3)_2]Cl + KI \rightleftharpoons AgI\downarrow + KCl + 2NH_3$

B. $2[Ag(NH_3)_2]OH + CH_3CHO \rightleftharpoons CH_3COOH + 2Ag\downarrow + 4NH_3 + H_2O$

C. $[Cu(NH_3)_4]^{2+} + S^{2-} \rightleftharpoons CuS\downarrow + 4NH_3$

D. $3[Fe(CN)_6]^{2-} + 4Fe^{3+} \rightleftharpoons Fe_4[Fe(CN)_6]_3$

(17)当 0.01 mol $CrCl_3\cdot 6H_2O$ 在水溶液中用过量硝酸银处理时,有 0.02 mol 氯化银沉淀出来,此样品中配离子的最可能表示式是 ( )

A. $[Cr(H_2O)_6]^{2+}$ B. $[CrCl(H_2O)_5]^{2+}$

C. $[CrCl(H_2O)_3]^{2+}$ D. $[CrCl_2(H_2O)_4]^+$

(18)下列溶液中$[Zn^{2+}]$最小的是 ( )

A. 1 mol/L $[Zn(CN)_4]^{2-}$ $K_d = 2\times10^{-17}$

B. 1 mol/L $[Zn(NH_3)_4]^{2+}$ $K_f = 2.8\times10^9$

C. 1 mol/L $[Zn(OH)_4]^{2-}$ $K_d = 2.5\times10^{-16}$

D. 1 mol/L $[Zn(SCN)_4]^{2-}$ $pK_f = -1.3$

(19)下列说法中错误的是 ( )

A. 铜容器不能用于储存氨水

B. $[Ag(NH_3)_2]^+$的氧化能力比相同浓度的 Ag^+的氧化能力强

C. 加碱可以破坏$[Fe(SCN)_6]^{3-}$

D. $[Fe(SCN)_6]^{3-}$中的 Fe^{3+}能被 $SnCl_2$还原

(20)能较好地溶解 AgBr 的试剂是 ( )

A. $NH_3 \cdot H_2O$　　B. HNO_3　　C. $Na_2S_2O_3$　　D. HF

2. 判断题。

(1)配合物中心离子的配位数就是该配合物的配位体的个数。 ( )

(2)$[Cu(NH_3)_4]^{2+}$的稳定常数比$[Cu(en)_2]^{2+}$的稳定常数小,因为$[Cu(en)_2]^{2+}$是螯合物。 ( )

(3)螯合物比一般配合物更稳定,是因为其分子内存在环状结构。 ( )

(4)螯合物中,环的数目越多,螯合物越稳定。 ( )

(5)配离子的电荷数等于中心原子的电荷数。 ( )

(6)外轨配合物的磁矩一定比内轨配合物的磁矩大。 ( )

(7)决定配合物空间构型的主要因素是中心原子空轨道的杂化类型。 ( )

(8)无论中心原子杂化轨道是 d^2sp^3或 sp^3d^2,其配离子的空间构型均为八面体。 ( )

(9)因为配离子 CN^-的配原子 C 容易给出孤对电子,故$[Hg(CN)_4]^{2-}$为内轨配合物。 ( )

(10)Fe^{3+}和 X^-配合物的稳定性随着 X^-离子半径的增加而降低。 ( )

3. 填空题。

(1)$[Ni(CN)_4]^{2-}$的空间构型为________,它具有________磁性,其 Ni^{2+}采用________杂化轨道与 CN^-成键,配位原子是________。

(2)配合物$[Fe(en)(NH_3)(H_2O)F_2]Cl$的名称是为________,中心原子为________,中心原子的氧化数为________,配原子分别为________,配位数为________,配离子所带电荷数为________,内界为________。

(3)$[Zn(NH_3)4]C1_2$中 Zn 的配位数是________,$[Ag(NH_3)_2]Cl$中 Ag 的配位数是________。

(4) $K_2Zn(OH)_4$的名称为________________。

(5)配合物的内界和外界之间以________键相结合,而中心原子和配体之间以________相结合,配合物的性质主要取决于________,习惯上把________也称为配合物。

(6)配合物 $K_3[Fe(CN)_5(CO)]$中配离子的电荷应为________,配离子的空间构型为________,配位原子为________,中心离子的配位数为________,d 电子在 t_{2g}和 e_g轨道上的排布方式为________,中心离子所采取的杂化轨道方式为________,该配合物属________,磁性为________。

(7)已知[$PtCl_2(NH_3)_2$]有两种几何异构体,则中心离子所采取的杂化轨道应是________杂化;$Zn(NH_3)_4^{2+}$ 的中心离子所采取的杂化轨道应是________杂化。

(8)五氰一羰基合铁(II)配离子的化学式是________;二氯化亚硝酸根三氨二水合钴(Ⅲ)的化学式是________;四氯合铂(Ⅱ)酸四氨合铜(Ⅱ)的化学式是________。

(9)单齿配体是指________________的配体,如________、________;多齿配体是指________________的配体,如________、________;螯合物是________与________形成的具有________结构的配合物。

(10)判断下列各对配合物的稳定性(填">"、"<"或"=")。

①$Cd(CN)_4^{2-}$ ________ $Cd(NH_3)_4^{2+}$

②$AgBr_2^-$ ________ AgI_2^+

③$Ag(S_2O_3)_2^{3-}$ ________ $Ag(CN)_2^-$

④FeF^{2+} ________ HgF^+

⑤$Ni(NH_3)_4^{2+}$ ________ $Zn(NH_3)_4^{2+}$

4. 简答题。

(1)简述什么是配位体,配位原子?

(2)写出下列配合物或配离子的化学式?

① 氯二氨合铂(Ⅱ)

②氯化二氯四氨合钴(Ⅲ)

③六氰合铁(Ⅱ)酸钾

④四羟合铝(Ⅲ)离子

⑤二(硫代硫酸根)合银(Ⅰ)酸钾

(3)举例说明何为酸效应?

(4)$Co(NH_3)_5(SO_4)Br$ 有两种异构体,一种为红色,另一种为紫色。两种异构体都可溶于水形成两种离子。红色异构体的水溶液在加入 $AgNO_3$ 后生成 AgBr 沉淀,但在加入 $BaCl_2$ 后没有 $BaSO_4$ 沉淀,而紫色异构体具有相反的性质。根据上述信息,写出两种异构体的结构表达式。

(5)下列化合物中,中心金属原子的配位数是多少?中心原子(或离子)以什么杂化态成键?分子或离子的空间构型是什么?

$Ni(en)_2Cl_2$、$Fe(CO)_5$、[$Co(NH_3)_6$]SO_4、Na[Co(EDTA)]

(6)Ni^{2+} 与 CN^- 生成反磁性的正方形配离子[$Ni(CN)_4$]$^{2-}$,与 Cl^- 却生成顺磁性的四面体形配离子[$NiCl_4$]$^{2-}$,请用价键理论解释该现象。

(7)一些具有抗癌活性的铂金属配合物,如 cis-$PtCl_4(NH_3)_2$、cis-$PtCl_2(NH_3)_2$ 和 cis-$PtCl_2$(en),都是反磁性物质。请根据价键理论指出这些配合物的杂化轨道类型,并说明它们是内轨型还是外轨型配合物。

5. 计算题。

(1)已知 $K_{稳,[Ag(CN)_2]^-} = 1.0 \times 10^{21}$,$K_{稳,[Ag(NH_3)_2]^+} = 1.6 \times 10^{7}$。在 1.0 L^3 的 0.10 $mol \cdot L^{-1}$[$Ag(NH_3)_2$]$^+$ 溶液中,加入 0.20 mol 的 KCN 晶体(忽略因加入固体而引

起的溶液体积的变化)，求溶液中$[Ag(NH_3)_2]^+$、$[Ag(CN)_2]^-$、NH_3及CN^-的浓度。

(2)已知 $K_{稳,[Ag(NH_3)_2]^+} = 1.6 \times 10^7$，$K_{sp,AgCl} = 1 \times 10^{-10}$，$K_{sp,AgBr} = 5 \times 10^{-13}$。将 0.1 $mol \cdot L^{-1}$ $AgNO_3$与0.1 $mol \cdot L^{-1}$ KCl 溶液以等体积混合，加入浓氨水(浓氨水加入体积变化忽略)使 AgCl 沉淀恰好溶解。试问：

①混合溶液中游离的氨浓度摩尔是多少?

②混合溶液中加入固体 KBr，并使 KBr 浓度为 0.2 $mol \cdot L^{-1}$，有无 AgBr 沉淀产生?

③欲防止 AgBr 沉淀析出，氨水的摩尔浓度至少为多少?

9.6　同步训练题参考答案

1. 选择题。

(1)C　(2)B　(3)B　(4)B　(5)D　(6)A　(7)C　(8)D　(9)D　(10)C　(11)D　(12)A　(13)D　(14)D　(15)A　(16)B　(17)B　(18)A　(19)B　(20)C

2. 判断题。

(1)错　(2)对　(3)对　(4)对　(5)错　(6)错　(7)对　(8)对　(9)错　(10)对

3. 填空题。

(1)平面四边形　反　dsp^2　C

(2)氯化二氟·氨·水·(乙二胺)合铁(Ⅲ)　Fe^{3+}　+3　N、N、O、F　6　1+　$[Fe(en)(NH_3)(H_2O)F_2]^+$

(3)4　2

(4)四羟基合锌酸钾

(5)离子　配位　配离子　配离子

(6)-3　八面体　C或(碳)　6　$t_{2g}^6 e_g^0$　d^2sp^3　反

(7)dsp^2　sp^3

(8)$[Fe(CN)5(CO)]^{3-}$　$[Co(ONO)(NH_3)_3(H_2O)_2]Cl_2$　$[Cu(NH_3)_4][PtCl_4]$

(9)只有一个配原子和中心原子以配位键结合　SCN^-　H_2O　由两个或两个以上配原子同时和中心原子以配位键结合　en　EDTA　中心原子　多齿配体　环状

(10)>　<　<　>　<

4. 简答题。

(1)答：在配合物的中心离子的周围直接配位一些中性分子或负离子称为配位体，配位体与中心离子直接相结合的原子称为配位原子。

(2)答：

① 氯二氨合铂(Ⅱ)　　$Pt[Cl(NH_3)_2]^+$

②氯化二氯四氨合钴(Ⅲ)　　$Co[Cl_2NH_3)_4]Cl$

③六氰合铁(Ⅱ)酸钾　　$K[Fe(CN)_6]^{3-}$

④四羟合铝(Ⅲ)离子 $Al[(OH)_4]^-$

⑤二(硫代硫酸根)合银(Ⅰ)酸钾 $K[Ag(CNS)_2]$

(3)答:在配合物平衡反应中,若配位体为弱酸根或有机酸根时,增加溶液的酸度而导致配离子的稳定性降低的现象称为酸效应。

例如:在$[Fe(CN)_6]^{3-}$配离子中加入H^+后,由于CN^-和H^+生成弱酸,使配位平衡向生成 HCN 方向移动,及配离子向解离方向移动,导致配离子的稳定性降低。

(4)答:

配合物	$BaCl_2$实验	$AgNO_3$实验	化学式
第一种	SO_4^{2-}在外界	Br^-在内界	$[Co(NH_3)_5Br]SO_4$
第二种	SO_4^{2-}在内界	Br^-在外界	$[Co(SO_4)(NH_3)_5]Br$

(5)答:

配合物	配位数	中心原子杂化态	几何构型
$Ni(en)_2Cl_2$	4	dsp^2	平面正方形
$Fe(CO)_5$	5	dsp^3	三角双锥型
$[Co(NH_3)_6]SO_4$	6	sp^3d^2	八面体
$Na[Co(EDTA)]$	6	d^2sp^3	八面体

(6)答:中心原子Ni^{2+}的价层电子构型为d^8。CN^-的配位原子是 C,它电负性较小,容易给出孤对电子,对中心原子价层 d 电子排布影响较大,会强制 d 电子配对,空出 1 个价层 d 轨道采取dsp^2杂化,生成反磁性的正方形配离子$[Ni(CN)_4]^{2-}$,为稳定性较大的内轨型配合物。Cl^-电负性值较大,不易给出孤对电子,对中心原子价层 d 电子排布影响较小,只能用最外层的 s 和 p 轨道采取sp^3杂化,生成顺磁性的四面体形配离子$[NiCl_4]^{2-}$,为稳定性较小的外轨型配合物。

(7)答:

配合物	M 的 d 电子数	配位数	杂化轨道类型	内/外轨型
$PtCl_4(NH_3)_2$	6	6	d^2sp^3	内
$PtCl_2(NH_3)_2$	8	4	dsp^2	内
$PtCl_2(en)$	8	4	dsp^2	内

5. 计算题。

(1)解:由$[Ag(NH_3)_2]^+$转化为$[Ag(CN)_2]^-$反应为

$$[Ag(NH_3)_2]^+ + 2CN^- \rightleftharpoons [Ag(CN)_2]^- + 2NH_3$$

该反应的平衡常数与$[Ag(NH_3)_2]^+$和$[Ag(CN)_2]^-$的稳定常数$K_{稳}$有关。

$$Ag^+ + 2CN^- \rightleftharpoons [Ag(CN)2]^-,\ K_{稳,[Ag(CN)_2]^-}$$

$$Ag^+ + 2NH_3 \rightleftharpoons [Ag(NH_3)_2]^+,\ K_{稳,[Ag(NH_3)_2]^+}$$
$$[Ag(NH_3)_2]^+ + 2NH_3 \rightleftharpoons [Ag(CN)_2]^- + 2NH_3$$

根据同时平衡原则:$K = K_{稳,[Ag(CN)_2]^-} / K_{稳,[Ag(NH_3)_2]^+} =$

$1.0 \times 10^{21}/1.6 \times 10^7 =$

6.3×10^{13}

K 值很大,表明转化相当完全。

设 $[Ag(NH_3)_2]^+$ 全部转化为 $[Ag(CN)_2]^-$ 后,平衡时溶液中 $[Ag(NH_3)_2]^+$ 的浓度为 $x\ mol \cdot L^{-1}$。

	$[Ag(NH_3)_2]^+$	+ $2CN^-$ ⇌	$[Ag(CN)_2]^-$ +	$2NH_3$
起始浓度/($mol \cdot L^{-1}$)	0.10	0.20	0	0
变化浓度/($mol \cdot L^{-1}$)	$0.10 + x$	$0.20 + 2x$	$0.10 - x$	$0.20 - 2x$
平衡浓度/($mol \cdot L^{-1}$)	x	$2x$	$0.10 - x$	$0.20 - 2x$

$$K = \frac{[Ag(CN)_2^-][NH_3]^2}{[Ag(NH_3)_2^+][CN^-]^2} =$$

$(0.10 - x)(0.20 - 2x)^2/[x(2x)^2] =$

6.3×10^{13}

因 K 值很大,x 值很小,故 $0.10 - x \approx 0.10$,$0.20 - 2x \approx 0.20$

$$4.0 \times 10^{-3}/4x^3 = 6.3 \times 10^{13}$$
$$x \approx 5.4 \times 10^{-6}$$

所以溶液中各物质的浓度为

$$[Ag(NH_3)_2]^+ = 5.4 \times 10^{-6} mol \cdot L^{-1}$$
$$[CN^-] = 2 \times 5.4 \times 10^{-6} = 1.1 \times 10^{-5}\ mol \cdot L^{-1}$$
$$[Ag(CN)_2]^- = 0.10\ mol \cdot L^{-1},\ [NH_3] = 0.20\ mol \cdot L^{-1}$$

计算结果表明:由于 $[Ag(CN)_2]^-$ 稳定性远大于 $[Ag(NH_3)_2]^+$,加入足量的 CN^- 时,$[Ag(NH_3)_2]^+$ 几乎转化为 $[Ag(CN)_2]^-$。

(2)解:

①两种溶液等体积混合后,浓度为各自的一半。

$$[Ag^+] = [Cl^-] = 0.05\ mol \cdot L^{-1}$$

根据题意,AgCl 恰好溶解形成 $[Ag(NH_3)_2]^+ = 0.05\ mol \cdot L^{-1}$

$$AgCl + 2NH_3 \rightleftharpoons [Ag(NH_3)_2]^+ + Cl^-$$

按同时平衡规则,该反应的平衡常数为

$K = K_{稳,[Ag(NH_3)_2]^+} \times K^{\ominus}_{sp,AgCl} =$

$1.6 \times 10^7 \times 1 \times 10^{-10} =$

1.6×10^{-3}

设游离的 NH_3 浓度为 $x\ mol \cdot L^{-1}$。

	AgCl + $2NH_3$ ⇌	$[Ag(NH_3)_2]^+$ +	Cl^-
平衡浓度/($mol \cdot L^{-1}$)	x	0.05	0.05

$$K=\frac{[Ag(NH_3)_2^+][Cl^-]}{[NH_3]^2}=\frac{0.05\times0.05}{x^2}=1.6\times10^{-3}$$

$$x=\sqrt{\frac{0.05\times0.05}{1.6\times10^{-3}}}\approx1.3$$

即游离的氨浓度为 1.3 mol · L^{-1}。

②设混合溶液中 Ag^+离子浓度为 y mol · L^{-1}。

$$Ag^+ + 2NH_3 \rightleftharpoons [Ag(NH_3)_2]^+$$

平衡浓度/(mol · L^{-1})　y　　$1.3+2y$　　$0.05-y$

$$K_{稳,[Ag(NH_3)_2]^+}=\frac{0.05-y}{y(1.3+2y)^2}=1.6\times10^7$$

因 $K_{稳,[Ag(NH_3)_2]^+}$数值很大,y 值很小。所以

$$0.05-y\approx0.05,\quad 1.3+2y\approx1.3$$

由
$$\frac{0.05}{y(1.3)^2}=1.6\times10^7$$

得
$$y\approx1.8\times10^{-9}$$

加入 0.2 mol · L^{-1}的 KBr 溶液,$[Br^-]$ = 0.2 mol · L^{-1}

$$[Ag^+][Br^-]=1.8\times10^{-9}\times0.2=3.6\times10^{-10}>K^{\ominus}_{sp,AgBr}$$

所以产生 AgBr 沉淀。

③设欲防止 AgBr 沉淀,溶液中 NH_3的浓度至少为 z mol · L^{-1}。

$$AgBr + 2NH_3 \rightleftharpoons [Ag(NH_3)_2]^+ + Br^-$$

平衡浓度/(mol · L^{-1})　　z　　0.05　　0.2

$$K=K_{稳,[Ag(NH_3)_2]^+}\times K^{\ominus}_{sp,AgBr}=$$
$$1.6\times10^7\times5\times10^{-13}=$$
$$8\times10^{-6}$$

由
$$K=\frac{[Ag(NH_2)_2^+][Br^-]}{[NH_3]^2}=\frac{0.05\times0.2}{z^2}=8\times10^{-6}$$

得 $z\approx35$

即氨水的浓度至少为 35 mol · L^{-1}时,才能防止 AgBr 沉淀的产生。但因市售氨水浓度最浓仅达 17 mol · L^{-1},故加入氨水不能完全阻止 AgBr 沉淀的生成。

第10章 有机化学与高分子化学

10.1 教学基本要求

1. 了解有机化学及高分子化学的发展。

2. 掌握有机化合物及高分子化合物的命名方法。

3. 掌握各类主要有机化合物的特征。

4. 了解高分子化合物的结构、性能及用途。

10.2 知识点归纳

1. 有机化合物和有机化学

有机化合物的主要特征是它们都含有碳原子,即都是碳化合物,有机化学就是研究碳化合物的化学。

2. 有机化合物的特征

有机化合物在结构上的主要特点是存在同分异构现象。有机化合物的分子式相同而结构相异,因而其性质也各异的不同化合物,称为同分异构体,这种现象称为同分异构现象。

有机化合物性质上的特点:

①大多数有机化合物都可以燃烧。

②一般有机化合物的热稳定性比较差,受热分解。

③许多有机化合物在常温下是气体或液体。

④一般有机化合物难溶或不溶于水。

⑤一般有机化学反应都比较慢,通常要以加热、加催化剂或光照等手段加速反应进行。

⑥有机反应往往不是单一的反应,反应物之间同时并行若干不同的反应,可以得到几种不同产物。

3. 有机化合物的分类

有机化合物可以按碳链分类和按官能团分类。

4. 有机化合物命名的基本方法

有机化合物系统命名的基本方法分四步：选主要官能团；定主链位次；确定取代基列出顺序；写出全称。

(1)选主要官能团

通常，按表10.1(见教材第十章)中官能团排列顺序选择化合物中的主要官能团。习惯上把排在前面的官能团作主要官能团，命名时称为某某化合物，排在后面的官能团看成取代基。

(2)定主链位次

选择含有主要官能团、取代基多的最长链为主链，从靠近官能团的一端开始给主链编号，给定主链上取代基的位置。编号要遵守“最低系列原则”。

“最低系列原则”是指碳环以不同方向编号，得到两种或两种以上的不同编号系列，比较各系列不同位次，最先遇到的位次最小者，定为“最低系列”。

(3)确定取代基列出顺序

主链上有多个取代基或官能团命名时，这些取代基或官能团列出顺序遵守“顺序规则”，较优基团后列出。

“顺序规则”内容(用“>”表示优于)：

①各种取代基或官能团按其第一个原子的原子序数大小排列，原子序数大者为“较优”基团。若为同位素，则质量高的定为“较优”基团。

②如果两个基团的第一个原子相同，则比较与之相连的第二个原子，以此类推。比较时，按原子序数排列，先比较各组中原子序数最大者，若仍相同，再依次比较第二个、第三个。若仍相同，则沿取代基链逐次比较。

③含有双键或三键基团，可以分解为连有两个或三个相同原子。

④若原子的键不到4个(氢除外)，可以补加原子序数为零的假想原子(其顺序排在最后)，使之达到4个。如—NH_2的孤对电子即为假想原子。

(4)写出全称

写出化合物全名称时，取代基的位次号写在取代基名称前面，用半字线“-”与取代基分开；相同取代基或官能团合并写，用二、三等表示相同取代基或官能团数目，位号数字间用逗号“,”分开；前一取代基名称与后一取代基位号间也用半字线“-”分开。在不能混淆时，可以省去位次号，多数情况下“1”可以省去。

为了区分标明位次的1,2,3,……和标明数目的二、三……读名称时，在1,2,3,……后加上“位”字。

5. 各类主要有机化合物的特征

(1)链烃、芳香烃、卤代烃

①烷烃。烷烃是一类对许多化学试剂不活泼的有机化合物。在室温下不与强酸、强碱、强氧化剂及还原剂等发生化学反应。但在一定的条件下，例如高温、高压、光照或催化剂的影响下，烷烃可能发生化学反应，如氧化反应、裂化反应、取代反应等。

a. 氧化反应

完全氧化 $CH_4 + 2O_2 \longrightarrow CO_2 + 2H_2O, \quad \Delta H = -881$ kJ/mol

不完全氧化 $RCH_2CH_2R' + O_2 \xrightarrow[1.5\sim2\ \text{MPa}]{\text{锰酸}\ 120\ ℃} R'COOH + RCOOH$

b. 裂化反应

$$CH_3CH_2CH_2CH_3 \xrightarrow{\text{裂化}} \begin{cases} CH_4 + CH_3CH{=}CH_2 \\ CH_2{=}CH_2 + CH_3CH_3 \\ CH_3CH_2CH{=}CH_2 + H_2 \end{cases}$$

c. 取代反应

$$CH_4 + Cl_2 \xrightarrow{\text{漫射光}} CH_3Cl + HCl$$

$$CH_3Cl + Cl_2 \xrightarrow{\text{漫射光}} CH_2Cl_2 + HCl$$

$$CH_2Cl_2 + Cl_2 \xrightarrow{\text{漫射光}} CHCl_3 + HCl$$

$$CHCl_3 + Cl_2 \xrightarrow{\text{漫射光}} CCl_4 + HCl$$

②烯烃。碳碳双键是烯烃的官能团，大部分的化学反应都发生在双键上。由于 π 键电子云分布在键轴上下，受原子核的束缚力弱，易受反应试剂的进攻，结果使 π 键断裂，形成两个 σ 键，发生典型的加成反应。

a. 加成反应

$$R-CH{=}CH_2 \xrightarrow[\text{Pt}]{H_2} R-CH_2CH_3$$

$$R-CH{=}CH_2 \xrightarrow[\text{X: }Cl_2,Br_2,I_2]{X_2} R-\underset{X}{\underset{|}{CH}}-\underset{X}{\underset{|}{CH_3}}$$

$$R-CH{=}CH_2 \xrightarrow{HX} R-\underset{X}{\underset{|}{CH}}CH_3$$

$$R-CH{=}CH_2 \xrightarrow{H_2O} R-\underset{OH}{\underset{|}{CH}}CH_3$$

b. 氧化反应

$$>C{=}C< \xrightarrow[\text{冷},OH^-]{KMnO_4,H_2O} >\overset{OH}{\overset{|}{C}}-\overset{OH}{\overset{|}{C}}<$$

$$>C{=}CH_2 \xrightarrow[H^+]{\text{热}\ KMnO_4} >C{=}O + CO_2 + H_2O$$

$$>C{=}CHR \xrightarrow[H^+]{\text{热}\ KMnO_4} >C{=}O + RCOOH$$

c. 聚合反应

$$nCH_2=CH_2 \xrightarrow[100\sim250\ ℃,150\sim300\ MPa]{少量引发剂} \text{-}\!(\ CH_2-CH_2\ )\!\text{-}_n$$

③炔烃的化学反应主要发生在碳碳三键上。

a. 加成反应

$$R-CH-CH_2 \xrightarrow[Pt]{H_2} R-CH_2CH_3$$

$$R-CH-CH_2 \xrightarrow[X:\ Cl_2,Br_2,I_2]{X_2} R-\underset{X}{\underset{|}{CH}}-\underset{X}{\underset{|}{CH_2}} \longrightarrow R-CX_2-CHX_2$$

$$R-CH-CH_2 \xrightarrow{HX} R-\underset{X}{\underset{|}{CH}}-CH_2 \xrightarrow{HX} R-\overset{X}{\overset{|}{\underset{X}{\underset{|}{C}}}}-CH_3$$

$$R-CH-CH_2 \xrightarrow{H_2O} R-\underset{OH}{\underset{|}{CH}}-CH_2 \longrightarrow R-\underset{O}{\underset{\|}{C}}-CH_3$$

b. 氧化反应

$$R-C\equiv C-R' \xrightarrow{KMnO_4} RCOOH+R'COOH$$

$$R-C\equiv CH \xrightarrow{KMnO_4} RCOOH+CO_2+H_2O$$

c. 聚合反应

$$2HC\equiv CH \xrightarrow[H_2O]{CuCl_2+NH_4Cl} H_2C=CH-C\equiv CH$$

$$3HC\equiv CH \xrightarrow[H_2O]{Ni(CN)_2,(C_6H_3)P} \text{(苯)}$$

④芳香烃。苯环因存在闭合的大π键而不同于烯烃或炔烃,芳烃容易发生亲电取代反应,难发生加成和苯环的氧化反应。

$$C_6H_6 \xrightarrow[(Cl_2,Br_2)]{X_2} C_6H_5X$$

$$C_6H_6 \xrightarrow[浓\ H_2SO_4]{浓\ HNO_3} C_6H_5NO_2$$

$$C_6H_6 \xrightarrow{浓\ H_2SO_4} C_6H_5SO_3H$$

⑤卤代烃。卤烃分子中,碳卤键是极性共价键,容易受到试剂进攻而断裂引发化学反应。

a. 亲核取代反应

$$R{-}X \xrightarrow{NaOH, H_2O} R{-}OH + NaX$$

$$R{-}X \xrightarrow{NaCN, C_2H_5OH} R{-}CN + NaX$$

$$R{-}X \xrightarrow{NH_3} R{-}NH_2 + HX$$

$$R{-}X \xrightarrow{NaOR'} R{-}OR' + NaX$$

b. 消除反应

$$RCH_2CH_2X + NaOH \xrightarrow{\text{乙醇}} RCH{=}CH_2 + NaX + H_2O$$

c. 与金属反应

$$RX + Mg \xrightarrow{\text{绝对乙醚}} R{-}Mg{-}X$$

$$RX + Na \longrightarrow RNa + NaX$$

(2)醇、酚、醚

①醇的化学性质主要体现在官能团羟基上。

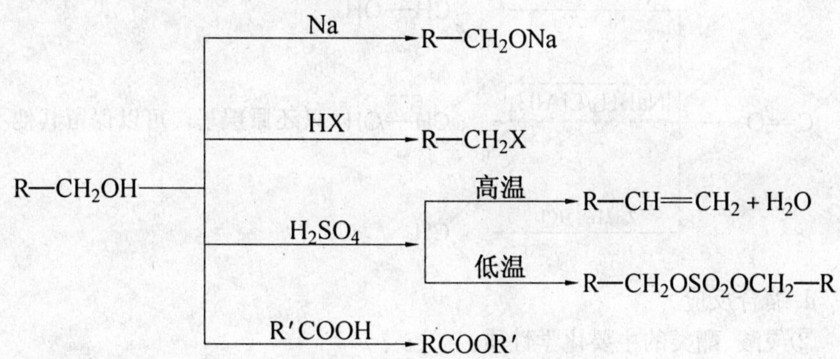

②酚的化学性质。

$$C_6H_5OH \xrightarrow[(Cl_2, Br_2)]{NaOH} C_6H_5ONa$$

$$C_6H_5OH \xrightarrow{(CH_3CO)_2O} C_6H_5OCOCH_3$$

$$C_6H_5OH \xrightarrow[NaOH]{RX} C_6H_5OR$$

(3)醛、酮、羧酸和酯

①醛、酮的化学性质。

a. 加成反应

$$R(R'H)C{=}O \xrightarrow{HCN} R(R'H)C(OH)(CN)$$

$$R(R'H)C{=}O \xrightarrow{ROH} R'{-}CH(OR){-}OR$$

$$R(R'H)C{=}O \xrightarrow{R''{-}MgX} \xrightarrow[H^+]{H_2O} R'R'R''C{-}OH$$

b. 氧化反应

$$RCHO+2\underset{\text{蓝绿色}}{Cu(OH)_2}+NaOH \xrightarrow{\triangle} RCOONa+\underset{\text{红色}}{Cu_2O}\downarrow+3H_2O$$

$$RCHO+2\underset{\text{无色}}{Ag(NH_3)_2OH} \xrightarrow{\triangle} RCOONH_4+2\underset{\text{银镜}}{Ag}\downarrow+H_2O+3NH_3$$

c. 还原反应

$$RR'C{=}O \xrightarrow[Ni,\ Pt,\ Cu]{H_2} RR'CH{-}OH$$

$$RR'C{=}O \xrightarrow{NaBH_4/LiAlH_4} RR'CH{-}OH$$（只还原羰基，可以保留其他不饱和基团）

$$RR'C{=}O \xrightarrow{Zn/Hg,\ HCl} RR'CH_2$$

d. 缩合反应

②羧酸、酯类的主要化学性质。

a. 脱水反应

$$RC(=O){-}OH + HO{-}C(=O){-}R \xrightarrow[\triangle]{\text{脱水}} R{-}C(=O){-}O{-}C(=O){-}R + H_2O$$

b. 脱羧反应

$$CH_3{-}C(=O){-}ONa + NaOH \xrightarrow[\triangle]{CuO} CH_4\uparrow + Na_2CO_3$$

c. 还原反应

$$RCOOH \xrightarrow[H_2O,\ H^+]{LiAlH_4} RCH_2OH$$

d. 酯交换反应

$$\text{C}_6\text{H}_4(\text{COOCH}_3)_2 + 2\text{HOCH}_2\text{CH}_2\text{OH} \xrightarrow[180\sim190\ ^\circ\text{C}]{\text{醋酸}} \text{C}_6\text{H}_4(\text{COOCH}_2\text{CH}_2\text{OH})_2 + 2\text{CH}_3\text{O}$$

对苯二甲酸二甲酯　　　　对苯二甲酸二乙二酯

6. 高分子化合物的相关知识

(1)高分子化合物的基本概念

①高分子化合物也称为高聚物,使用许多相同的、简单的结构单元通过共价键重复连接而成的大分子;其中的重复结构单元称为链节,重复的链节数目称为聚合度。

②能聚合成高分子的低分子化合物称为单体。由一种单体聚合而成的高分子称为均聚物。由两种以上单体共聚而成的高聚物称为共聚物。

③高分子可以按来源、性能、用途、主链结构等进行分类。塑料、合成纤维、合成橡胶是三大合成高分子材料。

(2)高分子化合物的结构和性能

①高分子的基本结构有线形、支化和交联(体形)三种。线形结构高分子可溶解,可熔融,具有弹性和可塑性,硬度和脆性小;体形结构高分子不能溶解和熔融,无弹性和可塑性,硬度和脆性大;支化结构高分子化学性质与线形相似,但支链破坏了分子的规整性,物理机械性能不同。

②线形高分子多为非晶态或部分结晶,交联结构高分子都是非晶态。高聚物的结晶度对高分子的性能影响很大,如结晶度增加时,熔点、相对密度、硬度增大,耐热性、耐溶剂性增强,机械强度提高,弹性减小。

③线形高分子卷曲的大分子链存在链段和整个大分子链两种运动单元。两种运动单元都不可运动时,线形非晶态高分子表现为玻璃态;链段运动而整个大分子链不能运动时为高弹态;两种运动单元都可以运动时为黏流态。随着温度的变化,线形非晶态聚合物的三种物理状态(玻璃态、高弹态、黏流态)可以相互转化。交联高分子只有一种物理状态——玻璃态,加热到一定温度后分解。

(3)高分子化合物的应用

①聚乙烯(PE)、聚丙烯(PP)、聚苯乙烯(PS)、聚氯乙烯(PVC)是常见的通用塑料;聚丙烯、聚氯乙烯也可以作为纤维使用,分别俗称为丙纶、氯纶。

②聚丙烯腈-丁二烯-苯乙烯(ABS)、聚碳酸酯(PC)是常见的工程塑料;聚甲基丙烯酸甲酯(PMMA)为有机玻璃;聚氨酯(PU)是常用的建筑装饰材料。

③聚酰胺(PA)俗称尼龙,是常见的合成纤维和工程塑料;聚四氟乙烯(PTFE)俗称“塑料王”,是重要的特种材料;聚对苯二甲酸乙二醇酯(PET),是常见的合成纤维(俗称“的确良”、涤纶)和重要的塑料。

④酚醛树脂(PF)俗称电木,是常见的热固性塑料,用于制造电器用品;脲醛树脂(UF),既是重要的制造电器材料(俗称电玉),也可以应用为黏合剂;环氧树脂(EP)俗称“万能胶”,是常用的黏合剂。

10.3 典型题解析

例1 有机化合物中原子之间主要以共价键结合,为什么?

答:有机化合物是以碳原子结合的碳链为母体的,而碳元素本身电负性适中,在和其他原子结合时,不易得到或失去电子而形成离子键,而是在两个原子间形成共用电子对,即共价键。

例2 下列各组结构式是否代表同一化合物?

(1)

$$\mathrm{H{-}\overset{\displaystyle H}{\underset{\displaystyle H}{\overset{|}{\underset{|}{C}}}}{-}\overset{\displaystyle H}{\underset{\displaystyle H}{\overset{|}{\underset{|}{C}}}}{-}Cl} \qquad \mathrm{H{-}\overset{\displaystyle H}{\underset{\displaystyle H}{\overset{|}{\underset{|}{C}}}}{-}\overset{\displaystyle H}{\underset{\displaystyle Cl}{\overset{|}{\underset{|}{C}}}}{-}H} \qquad \mathrm{H{-}\overset{\displaystyle H}{\underset{\displaystyle H}{\overset{|}{\underset{|}{C}}}}{-}\overset{\displaystyle Cl}{\underset{\displaystyle H}{\overset{|}{\underset{|}{C}}}}{-}H}$$

(2)

$$\mathrm{CH_3{-}\overset{\displaystyle H}{\underset{\displaystyle CH_3}{\overset{|}{\underset{|}{C}}}}{-}CH_2OH} \qquad \mathrm{CH_3{-}\overset{\displaystyle H}{\underset{\displaystyle CH_2OH}{\overset{|}{\underset{|}{C}}}}{-}CH_3} \qquad \mathrm{CH_3{-}\overset{\displaystyle CH_2OH}{\underset{\displaystyle CH_3}{\overset{|}{\underset{|}{C}}}}{-}H}$$

答:(1)、(2)各组结构式代表同一种化合物。

解题思路:解此题需掌握同分异构体的概念。所谓同分异构体指的是有机化合物分子式相同,结构和性质各不相同的现象,存在同分异构现象的化合物互称为同分异构体。

例3 下列化合物根据官能团划分,哪些属于同一类化合物?称为何种化合物?按碳链划分,哪些属同一族?为何族?

(1) $C_6H_5-CH_2OH$(苯环上连 CH_2OH)　(2) C_6H_5-OH(苯环上连 OH)　(3) C_6H_5-COOH(苯环上连 COOH)

(4) $CH_3CH_2CH_2OH$　(5) $CH_2═CHCOOH$　(6) $CH_2═CH\ CH_2OH$

答:按官能团划分:(1)、(2)、(4)、(6)为醇;(3)、(5)为酸。按碳链划分:(2)、(4)、(5)、(6)为脂肪族;(1)、(3)为芳香族。

解题思路:解此题需掌握有机化合物的分类方法及官能团的概念。有机化合物的分类方法主要有两种:一种是按碳链分类;另一种是按官能团分类。所谓官能团指的是有机化合物分子中比较活泼、容易发生化学反应的原子或基团。

例4 画出下列官能团的结构式。

(1)羟基 (2)氨基 (3)氰基 (4)醛基 (5)酮基 (6)羧基

答:(1)—OH (2)—NH_2 (3)—CN (4)—CHO (5) $\mathrm{R{-}\overset{\displaystyle O}{\overset{\|}{C}}{-}R}$ (6)—COOH

例5　给下列化合物命名。

```
1        2       3       4           5          6        7  8
8        7       6       5           4          3        2  1
CH3CH2CH2CH— CH— CH— CHCH3
                       |           |           |          |
                      CH3     6CH2       CH3       CH3
                                   |
                                 7CH2
                                   |
                                 8CH3
```

答：2,3,5-三甲基-4-丙基辛烷

解题思路：

①确定主链。有两个等长的最长链。比侧链数：一长链有4个侧链，另一长链有两侧链，多的优先。

②编号。第二行取代基编号2,3,4,5；第一行取代基编号4,5,6,7。根据最低系列原则，选第二行编号。

③命名。2,3,5-三甲基-4-丙基辛烷

例6　给下列化合物命名。

```
1   2   3       4       5       6      7
7   6   5       4       3       2      1
CH3CH2CH—CH—CH2—CH—CH3
             |        |                |
            CH3   5CH2            CH3
                      |
                    6CH—CH3
                      |
                    7CH3
```

答：2,5-二甲基-4-异丁基庚烷或2,5-二甲基-4-(2-甲丙基)庚烷

解题思路：

①确定主链。有两根等长的主链，侧链数均为3个。一长链侧链位次为2,4,5；而另一长链侧链位次为2,4,6，少的优先。

②编号。如从右向左编号侧链位次为2,4,5；如从左向右编号侧链位次为3,4,6。按最低系列原则，选从右向左编号。

③命名。2,5-二甲基-4-异丁基庚烷或2,5-二甲基-4-(2-甲丙基)庚烷

例7　给下列化合物命名。

```
              CH3       CH3                    CH3       CH2CH3
               |         |                      |          |
13  12  11  10   9   8   7   6   5   4   3   2   1
CH3CH2CHCH2CHCH2CHCH2CHCH2CHCH2CH3
1    2    3   4    5   6   7   8   9  10  11  12  13
                             |
                            CH2CHCH2CHCH2CH3
                            8   |9  10   |11 12  13
                                 |         |
                                CH3      CH3
```

答：3,5,9-三甲基-11-乙基-7-(2,4-二甲基己基)十三烷

解题思路：

①确定主链。有两根等长的最长链，侧链数均为5。侧链的位次均为3,5,7,9,11。

侧链的碳原子数由小到大依次为:1,1,1,2,8 和 1,1,1,1,9,多的优先。

②编号。第二行编号和第一行编号取代基位次等同(均为3,5,7,9,11),此时用最低系列原则无法确定选哪一种编号,则用下面方法确定编号。中文,让顺序规则中顺序较小的基团位次尽可能小,所以,取第二行字编号。英文,按英文字母顺序,让字母排在前面的基团位次尽可能小,所以取第一行编号。

③命名。3,5,9-三甲基-11-乙基-7-(2,4-二甲基己基)十三烷

例 8　给下列化合物命名。

$$\begin{array}{l} CH_3CH—CCH_2CH_3 \\ \quad\ \ | \qquad \| \\ \quad CH_3 \quad CH_2 \end{array}$$

答:3-甲基-2-乙基-1-丁烯

解题思路:

①确定主链。首先选择含有双键的最长碳链作为主链,按主链中所含碳原子的数目命名为某烯。

②编号。从距离双键最近的一端开始给主链编号,侧链视为取代基,必须标明双键的位次。

③其他要求。同烷烃的命名规则。

④命名。3-甲基-2-乙基-1-丁烯

例 9　比较下列各组化合物的指定性质。

(1)熔点

①A:　$C(CH_3)_4$　B:　$CH_3CH_2CH_2CH_2CH_3$　C:　$\begin{array}{c} H \\ | \\ CH_3—C—CH_2CH_3 \\ | \\ CH_3 \end{array}$

②A:　(环己烷)　B:　n-C_6H_{14}　C:　n-C_5H_{12}

(2)沸点

A:　$\begin{array}{c} CH_3 \\ | \\ CH_3CH_2—C—CH_2CH_3 \\ | \\ CH_3 \end{array}$　B:　$CH_3CH_2CH_2CH_2CH_2CH_2CH_3$

C:　$(H_3C)_2CH—(CH_2)_4CH_3$　D:　$(H_3C)_2CH—(CH_2)_3CH_3$

E:　$CH_3CH_2CH_2CH_2CH_3$

答:(1)①A>B>C　② A>B>C　(2)C>B>D>A>E

解题思路:烷烃熔点变化规律随相对分子质量的增加而增加,熔点一般随分子对称性的增加而升高。沸点随相对分子质量的增加而升高;同数碳原子的构造异构体中,分子的支链越多,沸点越低。

例10 不查表试将下列烃类化合物按沸点降低的次序排列。

①2,3-二甲基戊烷 ②正庚烷 ③2-甲基庚烷 ④正戊烷

⑤2-甲基己烷

答:按沸点降低的次序排列为:③>②>⑤>①>④。

解题思路:烷烃类化合物的沸点随相对分子质量的增加而升高,同数碳原子的烷烃,分子的支链越多,沸点越低。

例11 完成下列反应。

(1)

$$CH{\equiv}C{-}CH_2{-}CH{=}CH_2 \xrightarrow{HCl,HgCl_2}$$

(2)

$$CH{\equiv}C{-}CH_2{-}CH{=}CH_2 \xrightarrow{H_2,Pd-CaCO_3}$$

(3)

$$CH{\equiv}C{-}CH_2{-}CH{=}CH_2 \xrightarrow{CrO_3}$$

(4)

$$CH{\equiv}C{-}CH_2{-}CH{=}CH_2 \xrightarrow[KOH]{CH_3CH_2OH}$$

答:(1)当体系中同时含有双键和三键时,在亲电加成反应中,双键更活泼。

$$CH{\equiv}C{-}CH_2{-}CH{=}CH_2 \xrightarrow{HCl,HgCl_2} CH{\equiv}C{-}CH_2{-}\underset{\displaystyle Cl}{\underset{|}{CH}}{-}CH_3$$

(2)催化加氢反应时,三键比较活泼,且题目所给催化体系为部分加氢,所得产物为烯烃。

$$CH{\equiv}C{-}CH_2{-}CH{=}CH_2 \xrightarrow[\text{喹啉}]{H_2,Pd-CaCO_3} CH_2{=}CH{-}CH_2{-}CH{=}CH_2$$

(3)所给氧化体系,氧化反应发生在双键位置上。

$$CH{\equiv}C{-}CH_2{-}CH{=}CH_2 \xrightarrow{CrO_3} CH{\equiv}C{-}CH_2{-}COOH + CO_2 + H_2O$$

(4)三键可以发生亲核加成反应。

$$CH{\equiv}C{-}CH_2{-}CH{=}CH_2 \xrightarrow[KOH]{CH_3CH_2OH} CH_2{=}\underset{\displaystyle OCH_2CH_3}{\underset{|}{C}}{-}CH_2{-}CH{=}CH_2$$

解题思路:解此题时需了解烯烃、炔烃的化学性质。

例12 用化学方法鉴别下列各组化合物,写出反应式并描述出现的现象。

(1)乙基乙炔与二甲基乙炔 (2)2-戊炔、1-戊炔与正戊烷 (3)丙烷、丙烯与丙炔

答:(1)与硝酸银氨溶液反应生成白色沉淀的为乙基乙炔,无现象的为二甲基乙炔。反应式为

$$CH_3CH_2{-}C{\equiv}CH \xrightarrow{Ag(NH_3)_2NO_3} CH_3CH_2{-}C{\equiv}CAg\downarrow$$

(2)不能使 Br_2/CCl_4 溶液褪色的化合物为正戊烷;能使 Br_2/CCl_4 溶液褪色,且与硝酸银氨溶液反应生成白色沉淀的化合物为1-戊炔;能使 Br_2/CCl_4 溶液褪色,且与硝酸银氨溶液反应不产生白色沉淀的化合物为2-戊炔。反应式为

$$CH_3CH_2CH_2—C\equiv CH \xrightarrow{Br_2,CCl_4} CH_3CH_2CH_2CBr_2CHBr_2$$

$$CH_3CH_2—C\equiv CCH_3 \xrightarrow{Br_2,CCl_4} CH_3CH_2CBr_2—CBr_2CH_3$$

$$CH_3CH_2CH_2—C\equiv CH \xrightarrow{Ag(NH_3)_2NO_3} CH_3CH_2CH_2—C\equiv CAg\downarrow$$

(3)将三种气体分别通入 Br_2/CCl_4 溶液和硝酸银的氨溶液中,都没有现象的为丙烷;能使 Br_2/CCl_4 溶液褪色,且与硝酸银氨溶液反应时有白色沉淀生成的为丙炔;能使 Br_2/CCl_4 溶液褪色,但与硝酸银氨溶液作用无白色沉淀的为丙烯。反应式为

$$CH_3—C\equiv CH \xrightarrow{Br_2,CCl_4} CH_3CBr_2—CBr_2H$$

$$CH_3—CH=CH_2 \xrightarrow{Br_2,CCl_4} CH_3—CHBr—CH_2Br$$

$$CH_3—C\equiv CH \xrightarrow{Ag(NH_3)_2NO_3} CH_3—C\equiv CAg\downarrow$$

解题思路:有机化合物的鉴别主要是根据化合物性质上的不同。不同类型的化合物通常是根据不同官能团的典型性质来鉴别;同一化合物是根据化合物在某些方面的特性来鉴别。鉴别时应采用方法简单方便,所选反应现象明显(如溶解、沉淀、颜色变化等)。

例13 用简单的化学方法区分下列化合物。

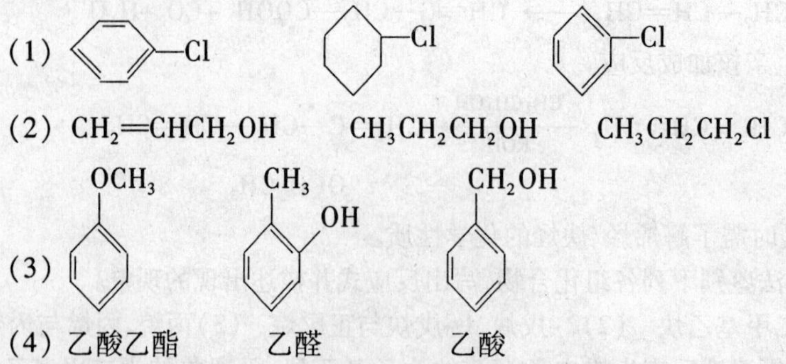

(4) 乙酸乙酯　　乙醛　　乙酸

答:(1)分别将三种化合物与硝酸银的乙醇溶液混合,立即生成沉淀的为3-氯环己烯;加热后生成沉淀的为氯代环己烷;无现象的为氯苯。

(2)先加入 Br_2/CCl_4 溶液,褪色的为丙烯醇;再将剩余两种化合物分别与硝酸银的乙

醇溶液混合,有白色沉淀的为一氯丙烷,无现象的为丙醇。

(3)分别将三种化合物与三氯化铁水溶液混合振荡,能显色的为邻甲苯酚,无现象的为苯甲醚和苯甲醇。将其余两种化合物分别与卢卡斯试剂作用,有浑浊现象的为苯甲醇,另一种则为苯甲醚。

(4)乙醛与银氨溶液混合能发生银镜反应;乙酸乙酯和乙酸不能。再将剩余两种化合物分别与碳酸氢钠水溶液混合,有气体生成的为乙酸,无此现象的为乙酸乙酯。

解题思路:解此题需了解烯烃、卤烷、芳香烃、醇、酚、醚的化学性质。

例14　分离下列各组化合物。

(1)乙醚中混有少量乙醇

(2)戊烷、1-戊炔和1-甲氧基-3-戊醇

(3)苯和苯酚

(4)3-戊酮、丁醛、丁醇和丁酸

答:(1)向混合物中加入金属钠,乙醇转化为乙醇钠后,蒸出乙醚。

(2)首先将混合物与银氨溶液作用,有炔化银沉淀产生,过滤沉淀,将沉淀用酸处理后得到1-戊炔;滤液用浓硫酸处理,1-甲氧基-3-戊醇溶于浓硫酸,用水处理后得1-甲氧基-3-戊醇;而戊烷不溶于浓硫酸。

(3)将混合物和氢氧化钠水溶液混合、振荡、静置分层后,将有机相和水相分液。有机相为苯。将水相酸化后有固体析出,过滤得固体部分为苯酚。

(4)首先将混合物和水混合,充分振荡后,静置分层后,进行分液。将有机相和饱和亚硫酸氢钠水溶液混合,可以得到沉淀,用稀酸处理固体得正丁醛;母液静置分层得正丁醇。将水相用2,4-硝基苯肼处理,得到的沉淀,用稀酸处理得3-戊酮。将母液进行蒸馏除去水,得正丁酸。

解题思路:解此题需了解以上几种化合物的化学性质。

例15　某烷烃相对分子质量为114,在光照下与氯气发生反应,仅能得到一种一氯化产物,请推测该烷烃的结构式。

答:该烷烃的结构式为

$$
\begin{array}{ccccccc}
 & & CH_3 & & CH_3 & & \\
 & & | & & | & & \\
CH_3 & — & C & — & C & — & CH_3 \\
 & & | & & | & & \\
 & & CH_3 & & CH_3 & &
\end{array}
$$

解题思路:烷烃的通式为 C_nH_{2n+2},由相对分子质量可知,即 $12n+2n+2=114$,$n=8$。

该烷烃与氯气反应只能得到一种一氯化物,所以此烷烃应该是一对称结构,因此推测该烷烃是2,2,3,3-四甲基丁烷。

例16　某烷烃相对分子质量为72,氯化时,(1)只得一种一氯代产物;(2)得三种一氯代产物;(3)得4种一氯代产物;(4)只有两种二氯衍生物。分别写出这些烷烃的构造式。

答：(1) $CH_3-C(CH_3)_2-CH_3$　(2) $CH_3CH_2\ CH_2CH_2CH_3$　(3) $CH_3-CH(CH_3)-CH_2CH_3$

(4) $CH_3-C(CH_3)_2-CH_3$

解题思路：烷烃的通式为 C_nH_{2n+2}，由题意可知，$12n+2n+2=114$，$n=5$，所以该烷烃的分子式为 C_5H_{12}。如果只得到一种一氯代物，说明该烷烃上的 12 个氢原子是等价的，所以可以推测该烷烃为 2,2-二甲基丙烷。如果得到三种一氯代物，该烷烃为正戊烷。如果有 4 种一氯代物，该烷烃为 2-甲基丁烷。如果只有两种二氯衍生物，该烷烃为 2,2-二甲基丙烷。

例 17　由指定的原料合成下列化合物。

(1) 由苯制取苯乙酸。

(2) 由苯制取 2,4-二硝基苯甲醚。

答：(1) $C_6H_6 \xrightarrow[HCl,ZnCl_2]{HCHO} C_6H_5-CH_2Cl \xrightarrow{NaCN} C_6H_5-CH_2CN$

$\xrightarrow[\Delta]{H^+} C_6H_5-CH_2COOH$

本题还有以下解法：

(1) $C_6H_6 \xrightarrow[HCl,ZnCl_2]{HCHO} C_6H_5-CH_2Cl \xrightarrow[Mg]{(C_2H_5)_2O} C_6H_5-CH_2MgCl$

$\xrightarrow{H^+,H_2O} C_6H_5-CH_2COOH$

(2) $C_6H_6 \xrightarrow[FeCl_3]{Cl_2} C_6H_5Cl \xrightarrow[H_2SO_4]{HNO_3}$ 2,4-$(NO_2)_2C_6H_3Cl \xrightarrow{CH_3ONa}$ 2,4-$(NO_2)_2C_6H_3OCH_3$

解题思路：解此题需掌握芳香烃的化学性质。

例 18　回答下列问题。

(1) 高分子化合物与低分子化合物有何区别？

(2) 天然橡胶（聚异戊二烯）为什么能溶于汽油溶液作橡胶制品的黏合剂？天然橡胶加入适当硫磺进行硫化后便得到硫化橡胶（作轮胎、胶鞋等），硫化橡胶不能溶于汽油，为什么？

(3) 有两种合成高聚物，一种能溶于氯仿等有机溶剂，并且加热到一定温度时会变软甚至熔融成黏稠的液体；另一种不仅不溶于溶剂，加热后变软和熔融。请指出两种高分子各属于何种结构的高分子。能否用这种简单的方法把两种不同结构的合成高聚物初步区别开来？

答：(1)高分子化合物与低分子化合物的主要区别有：

①高分子相对分子质量很大，具有多分散性，是同系聚合物的混合物。

②高分子由许多相同的简单的结构单元通过共价键重复连接而成，分子结构有线形结构、支化结构和交联结构等三种。

③高分子化合物的分子有几种运动单元。

④从性能上看，高分子有较好的机械强度、绝缘性和耐腐蚀性，又有较好的可塑性和高弹性。

(2)因为天然橡胶是线形结构的独立大分子，可溶于汽油；而硫化后发生交联，硫化橡胶称为交联度很小的网状结构的高分子，因此不能在汽油中溶解。

(3)前者为线形结构高分子，后者为体形结构高分子。可以用这种简单的方法把两种不同结构的合成高聚物初步区别开来。

例19　请看下列各高聚物的结构，指出该高聚物的链节是什么？

(1)聚苯乙烯　$\sim\sim CH_2\underset{\displaystyle Ph}{\underset{|}{C}H}CH_2\underset{\displaystyle Ph}{\underset{|}{C}H}CH_2\underset{\displaystyle Ph}{\underset{|}{C}H}\sim\sim$

(2)聚乙烯　$\sim\sim CH_2CH_2CH_2CH_2CH_2CH_2\sim\sim$

(3)尼龙-6　$COCH_2(CH_2)_4NHCOCH_2(CH_2)_4NHCOCH_2(CH_2)_4NH\sim\sim$

答：(1) $\sim\sim CH_2\underset{\displaystyle Ph}{\underset{|}{C}H}\sim\sim$　(2) $\sim\sim CH_2CH_2\sim\sim$

(3) $\sim\sim COCH_2(CH_2)_4NH\sim\sim$

解题思路：解此题需掌握高分子化合物的基本概念。

例20　比较下列各化合物在水中的溶解度，并说明理由。

(1) $CH_3CH_2CH_2OH$　(2) $CH_2OHCH_2CH_2OH$　(3) $CH_3OCH_2CH_3$

(4) $CH_2OHCHOHCH_2OH$　(5) $CH_3CH_2CH_3$

答：化合物在水中的溶解度次序为：(4)>(2)>(1)>(3)>(5)。

解题思路：羟基与水可形成分子间氢键，羟基越多在水中溶解度越大，醚也可以与水形成氢键，而烷烃则不能与水分子形成氢键。

10.4　习题详解

1、2题略。

3. 指出下列化合物中的官能团，并说明其属于哪种化合物。

(1) $CH_3\underset{\displaystyle OH}{\underset{|}{C}H}CH_3$　(2) $CH_3—\underset{\displaystyle O}{\underset{\|}{C}H}—CH_3$　(3) $CH_3—CH_2—CHO$

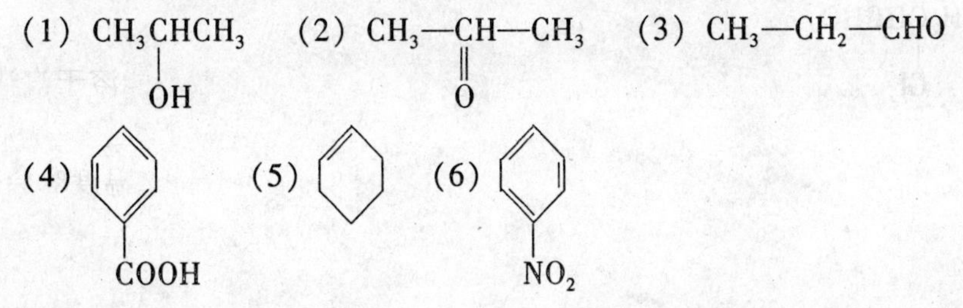

答：

官能团	所属化合物
—OH	醇
羰基	酮
—CHO	醛
—COOH	羧酸
═	烯烃
苯环	芳香烃

解题思路：解此题需掌握有机化合物的分类方法及官能团的概念。有机化合物的分类方法主要有两种：一种是按碳链分类；另一种是按官能团分类。所谓官能团指的是有机化合物分子中比较活泼、容易发生化学反应的原子或基团。

4. 解释下列名词。

(1)单体、链节、聚合度

(2)加聚、缩聚、连锁聚合、逐步聚合

(3)黏流态、玻璃态、高弹态

答：(1)单体：能聚合成高分子的低分子化合物；链节：高分子化合物是由许多相同的、简单的结构单元通过共价键重复连接而成的大分子，其中的重复结构单元称为链节；聚合度：高分子化合物中重复的链节数目称为聚合度。

(2)加聚：由一种或多种单体相互加成，或由环状化合物开环相互结合成聚合物的反应；缩聚：由一种或多种单体相互缩合生成高聚物，同时有小分子物质（如水、卤化氢、醇等）析出的反应；连锁聚合：由活性中心引发单体，迅速连锁增长的聚合；逐步聚合：在反应过程中逐步形成大分子链，反应是通过官能团之间进行的，可分离出中间产物，分子量随时间增长而逐渐增大的反应。

(3)线形高分子卷曲的大分子链存在链段和整个大分子链两种运动单元。两种运动单元都不可运动时，线形非晶态高分子表现为玻璃态；链段运动而整个大分子链不能运动时为高弹态；两种运动单元都可以运动时为黏流态。

5. 命名下列化合物。

(1) $CH_3—CH_2—\underset{\displaystyle CH_3}{\underset{|}{CH}}—CH_2—CH_3$　　(2) $CH_3CH═CH\underset{\displaystyle CH_3}{\underset{|}{CH}}CH_3$

(3) $CH_3CH_2\underset{\displaystyle Cl}{\underset{|}{CH}}CHO$

(4) 邻硝基苯酚结构式（苯环上 $-NO_2$、OH 处于邻位）　(5) 苯环对位分别为 CH_3、NH_2　(6) 苯环间位分别为 CH_3、CH_3

答:(1)3-甲基戊烷　(2)4-甲基-2-戊烯　(3)2-氯丁醛

(4)邻硝基苯酚　(5)对甲苯胺　(6)间二甲苯

解题思路:解此题需掌握有机化合物的命名方法。

6.写出下列化合物的结构式。

(1)乙醛　(2)甲乙醚　(3)醋酸　(4)丙酮

(5)乙醇　(6)乙酸乙酯　(7)邻苯二甲酸

答:(1)CH_3CHO　(2)$CH_3OCH_2CH_3$　(3)CH_3COOH　(4) $CH_3—\overset{\overset{\displaystyle O}{\|}}{C}—CH_3$

(5)CH_3CH_2OH　(6)$CH_3COOC_2H_5$　(7) 苯环邻位连两个 $-COOH$

解题思路:解此题需掌握有机化合物的命名方法。

7.写出下列典型反应的主要产物。

(1)$CH_4+O_2 \xrightarrow{完全燃烧}$

(2) 苯 $+HNO_3 \xrightarrow[50\ ℃]{H_2SO_4}$

(3)$CH_2=CH_2+H_2 \xrightarrow{Ni}$

(4)$CH_3COOH+CH_3CH_2OH \xrightarrow{H^+}$

(5) 苯 $+Cl_2 \xrightarrow{FeCl_3}$

答:(1) $CH_4+2O_2 \xrightarrow{完全燃烧} CO_2+2H_2O$

(2) 苯 $+HNO_3 \xrightarrow[50\ ℃]{H_2SO_4}$ 硝基苯（苯环-NO_2）$+H_2O$

(3)$CH_2=CH_2+H_2 \xrightarrow{Ni} CH_3CH_3$

(4)$CH_3COOH+CH_3CH_2OH \xrightarrow{H^+} CH_3COOC_2H_5$

(5) 苯 $+Cl_2 \xrightarrow[或\ FeCl_3]{Fe}$ 氯苯（苯环-Cl）$+HCl$

解题思路:解此题需掌握各类有机化合物的基本特征。

10.5　同步训练题

1. 命名下列化合物。

(1) $CH_3CH_2\underset{\underset{\displaystyle CH_3}{|}}{C}HCH_2\underset{\underset{\displaystyle CH_3}{|}}{C}HCH_3$　(2) $(CH_3)_2CHCH_2\underset{\underset{\displaystyle CH_2CH_3}{|}}{C}H\overset{\overset{\displaystyle CH_3}{|}}{C}HCH_2CH_3$

(3) $CH_3\underset{\underset{\displaystyle CH_3}{|}}{C}HCH_2\underset{\underset{\displaystyle CH_2CH_3}{|}}{C}HCH_2CH_2CH_3$　(4) $CH_3\underset{\underset{\displaystyle CH_3}{|}}{C}HCH_2CH_2\underset{\underset{\displaystyle H_3C-CHCH_3}{|}}{C}HCH_2CH_3$

(5) $CH_3CH_2CH_2\overset{\overset{\displaystyle CH_2CH_3}{|}}{C}H\underset{\underset{\displaystyle CH_3}{|}}{C}HC\equiv CCH_3$　(6) $CH_3CH=CHC\equiv CH$

(7) $CH_3C\equiv C-CH=CH_2$　(8) $CH_2=CHCH_2\underset{\underset{\displaystyle OH}{|}}{C}HCH_3$

(9) $-SO_3H$, $-CH_3$　(10) $-OH$, $-OH$

2. 根据名称写出其结构式。

(1) 1,6-二甲基环己烯　(2) 乙基　(3) 乙烯基

(4) 叔丁醇　(5) 4,5-二甲基-2-乙基-1,3-己二醇

(6) 甲异丙醚　(7) 苯甲醚　(8) 3-戊烯醛

(9) 4-甲基-2-戊酮　(10) 苯乙酮

3. 写出下列反应的主要产物。

(1) $CH_3CH=CH_2\ +HBr\longrightarrow$

(2) $CH_3\underset{\underset{\displaystyle CH_3}{|}}{C}=CH_2\ +HBr\longrightarrow$

(3) $-CH_3\ +HI\longrightarrow$

(4) $+HBr\longrightarrow$

(5) $-C_2H_5\ +Cl_2\xrightarrow{FeCl_3}$

(6) NO_2, CN $+Br_2\xrightarrow{FeBr_3}$

(7) $CH_2CH_2CHCH_2C_6H_5$ (OH 连于 CH) $\xrightarrow[\triangle]{H_2SO_4}$

(8) $CH_3CH_2CHO \xrightarrow[低温]{稀 NaOH}$

(9) $CH_3CH_2CHCH_2COOH$ (OH 连于 CH) $\xrightarrow{\triangle}$

(10) 邻羟基苯甲酸（苯环上连 COOH 和 OH） $+NaHCO_3 \longrightarrow$

4. 选择题。

(1)下列结构中所有碳原子均在一条直线上的是 ( )

A. $CH_2{=}CHCH_2Cl$ B. $CH_3CH{=}CH_2$

C. $CH_2{=}C{=}CH_2$ D. $CH_2{=}CH{-}CH{=}CH_2$

(2)下列结构中,所有原子共平面的是 ( )

A. $C_6H_5{-}CH{=}CH_2$ B. $C_6H_5{-}CH_3$

C. $C_6H_5{-}CH_2OH$ D. $C_6H_5{-}C(=O){-}CH_3$

(3) 分子中所有碳原子均为 sp^3 杂化的是 ( )

A. $C_6H_5CH{=}CH_2$ B. $(CH_3)_2C{=}CH_2$

C. $HC{\equiv}CCH{=}CH_2$ D. $CH_3CHClCH_3$

(4)下列结构中,碳原子都是 sp^2 杂化的是 ( )

A. $CH_2{=}CH{-}CH_3$ B. $CH_2{=}C{=}CH_2$

C. $CH_2{=}CH{-}C{\equiv}CH$ D. $CH_2{=}CH{-}CH_2^+$

(5)具有最长碳碳键长的分子是 ( )

A. 乙烷 B. 乙烯 C. 乙炔 D. 苯

(6)水溶性最小的化合物是 ( )

A. $CH_2(OH){-}CH(OH){-}CH_2(OH)$ B. $C_6H_5{-}OH$

C. 环己烷 D. $CH_3CH(CH_3)CH_2CH_2OH$

(7)熔点最高的化合物是 ( )

A. 2-甲基丙烷 B. 戊烷 C. 异戊烷 D. 新戊烷

(8)下列化合物不与 $FeCl_3$ 显色的有 ( )

A. 苯酚　　B. 邻甲基苯酚　　C. 2,4-戊二酮　　D. 苯甲醚

(9)酸性最强的是　　(　　)

A. 苯酚　　B. 3-硝基苯酚　　C. 4-硝基苯酚　　D. 2,4-二硝基苯酚

(10)能溶于 NaOH 溶液,通入 CO_2后又析出来的化合物是　　(　　)

A. 环已醇　　B. 苯酚　　C. 苯胺　　D. 苯甲酸

5. 判断题(判断下列各题正误,对的在括号内打"√",错的在括号内打"×")。

(1)有机物是指碳氢化合物及其衍生物。　　(　　)

(2)苯酚与苯甲醇是同系物。　　(　　)

(3)凡是连有侧链的烃基苯,都能被氧化成苯甲酸。　　(　　)

(4)所有的二元羧酸受热时均能发生脱羧反应。　　(　　)

(5)在酸或碱的催化下,酯的水解反应均为可逆反应。　　(　　)

(6)分子量相同的烷烃中,直链烷烃比支链烷烃沸点高。　　(　　)

6. 合成题(其他无机试剂和有机试剂可任选用)。

(1) 用乙醇合成正丁醚

(2) 由甲苯合成苯乙酸

(3) 由硝基苯合成3-溴苯酚

(4) 由3-甲基-2-丁醇合成2-甲基-2-丁醇

7. 推断题(无需写出推断过程)。

(1) 用高锰酸钾氧化烯烃 A 和 B。A 的氧化产物只有丙酸,B 的氧化产物为戊酸和二氧化碳。写出 A 和 B 的结构式。若 A 和 B 用臭氧氧化,再用锌水处理,将各得到什么产物?

(2) 某烃 A 的分子式为 C_5H_{10},它与溴水不发生反应,在紫外光照射下与溴作用只得到一种产物 B(C_5H_8Br)。将化合物 B 与 KOH 的醇溶液作用得到 C(C_5H_8)。化合物 C 经臭氧化并在 Zn 粉存在下水解得到戊二醛。写出化合物 A、B 和 C 的构造式。

(3) A 的分子式 C_5H_7Cl,有旋光性,能使溴水褪色,也能与硝酸银的氨溶液作用生成白色沉淀。A 催化加氢后得 B 仍有旋光性,试推测 A、B 的可能结构式。

(4)有三种化合物 A、B、C 分子式相同,均为 C_9H_{12}。当以 $KMnO_4$的酸性溶液氧化后,A 变为一元羧酸,B 变为二元羧酸,C 变为三元羧酸。但经浓硝酸和浓硫酸硝化后,A 可生成三种一硝基化合物,B 能生成两种一硝基化合物,而 C 只生成一种一硝基化合物。试写出 A、B、C 的结构。

(5) 三种二溴苯 A、B、C,其熔点各不相同。A 的熔点为 87.3 ℃,硝化时只能得到一种一硝基化合物;B 的熔点为 7.1 ℃,硝化时可得到两种一硝基化合物;C 的熔点为 -7 ℃,硝化时可得到三种一硝基化合物。写出 A、B、C 的结构式。

(6) 化合物 A 的分子式为 $C_5H_{12}O$,能与金属钠反应放出氢气,A 与酸性高锰酸钾溶液作用生成一种酮 B;A 在酸性条件下加热,只生成一种烯烃 C。试写出 A、B 和 C 的结构式。

(7)某烃 A 的分子式为 C_7H_{12},在铂催化下加氢得到 2,3-二甲基戊烷,A 经臭氧化和还原性水解后得到分子式为 $C_5H_7O_2$的化合物 B 和 2 倍物质的量的甲醛。试推测 A 和 B 的结构。

10.6　同步训练题参考答案

1. 命名下列化合物。

(1) 2,4-二甲基己烷　　(2) 2,5-二甲基-4-乙基庚烷

(3) 2-甲基-4-乙基庚烷　　(4) 2,6-二甲基-3-乙基庚烷

(5) 4-甲基-5-乙基-2-辛炔　　(6) 3-戊烯-1-炔

(7) 1-戊烯-3-炔　　(8) 4-戊烯-2-醇

(9) 2-甲基苯磺酸　　(10)间苯二酚

2. 根据名称写出其结构式。

(1) 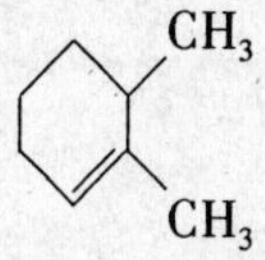 CH_3 CH_3　　(2) $—CH_2═CH_3$　　(3) $—CH═CH_2$

(4) $(CH_3)_3COH$　　(5) 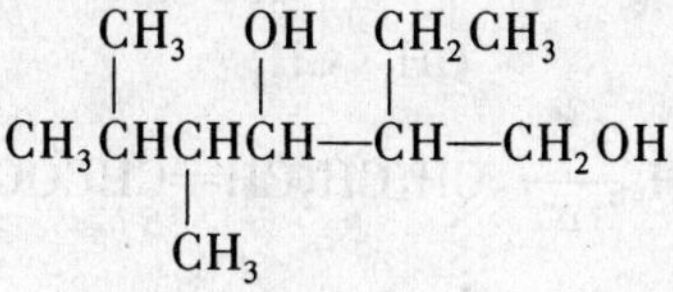 $CH_3CH(CH_3)CH(CH_3)CH(OH)—CH(CH_2CH_3)—CH_2OH$

(6) $CH_3OCH(CH_3)_2$　　(7) 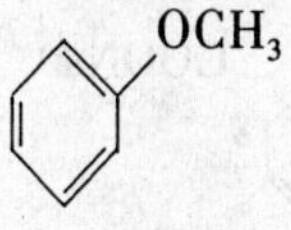 OCH_3　　(8) $CH_3CH═CHCH_2COH$

(9) 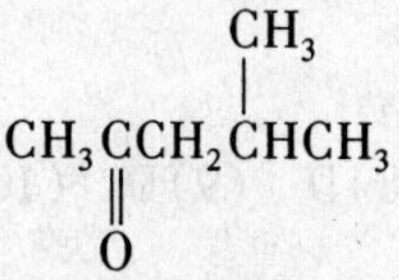 $CH_3C(═O)CH_2CH(CH_3)CH_3$　　(10) 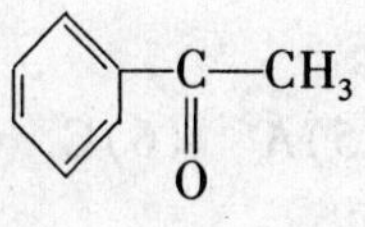 $—C(═O)—CH_3$

3. 写出下列反应的主要产物。

(1) $CH_3CH═CH_2 + HBr \longrightarrow CH_3CHBrCH_3$

(2) 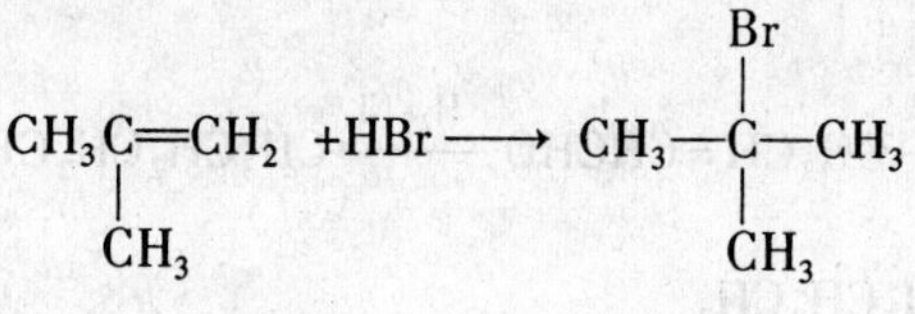 $CH_3C(CH_3)═CH_2 + HBr \longrightarrow CH_3—CBr(CH_3)—CH_3$

(3) $▷—CH_3 + HI \longrightarrow CH_3CH_2CHICH_3$

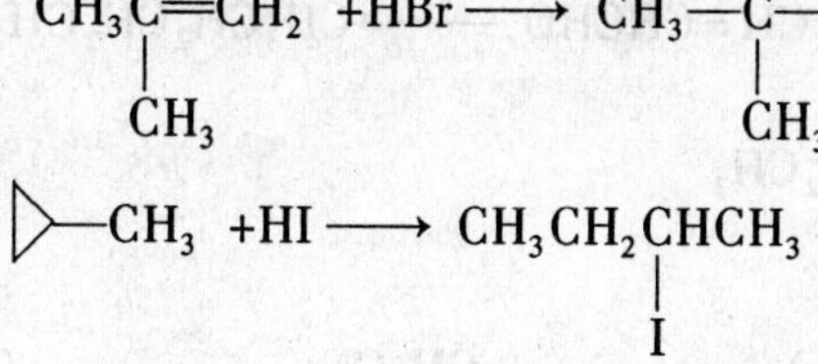

(4) 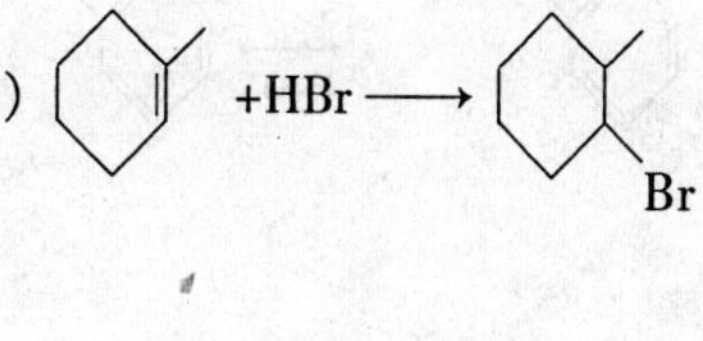 $+HBr \longrightarrow$ Br

(5) $C_6H_5C_2H_5 + Cl_2 \xrightarrow{FeCl_3}$ 邻氯乙苯 或 对氯乙苯

(6) 3-硝基苯甲腈 $+ Br_2 \xrightarrow{FeBr_3}$ 3-溴-5-硝基苯甲腈

(7) $CH_2CH_2CH(OH)CH_2C_6H_5 \xrightarrow[\Delta]{H_2SO_4} CH_3CH_2CH{=}CHC_6H_5$

(8) $CH_3CH_2CHO \xrightarrow[低温]{稀 NaOH} CH_3CH_2CH(OH)—CH(CH_3)CHO$

(9) $CH_3CH_2CH(OH)CH_2COOH \xrightarrow{\Delta} CH_3CH_2CH{=}CHCOOH$

(10) 邻羟基苯甲酸 $+ NaHCO_3 \longrightarrow$ 邻羟基苯甲酸钠

4. 选择题。

(1)C (2)A (3)D (4)D (5)A (6)C (7)D (8)D (9)D (10)B

5. 判断题。

(1)√ (2)× (3)× (4)× (5)× (6)√

6. 合成题。

(1)用乙醇合成正丁醚

$CH_3CH_2OH \xrightarrow{CrO_3 \cdot py} CH_3CHO \xrightarrow[\Delta]{OH^-} CH_3CH{=}CHCHO \xrightarrow{H_2/Ni} CH_3CH_2CH_2CH_2OH$

$\xrightarrow[-H_2O]{H_2SO_4,\Delta} CH_3CH_2CH_2CH_2OCH_2CH_2CH_2CH_3$

(2) 由甲苯合成苯乙酸

$C_6H_5CH_3 \xrightarrow[光照]{Cl_2(或 NBS)} C_6H_5CH_2Cl(或 Br) \xrightarrow{NaCN} C_6H_5CH_2CN \xrightarrow{H_3O^+} C_6H_5CH_2COOH$

(3) 由硝基苯合成3-溴苯酚

$$C_6H_5NO_2 \xrightarrow[Fe]{Br_2} m\text{-}BrC_6H_4NO_2 \xrightarrow[HCl]{Fe} m\text{-}BrC_6H_4NH_2 \xrightarrow[H_2SO_4]{NaNO_2} m\text{-}BrC_6H_4N_2^+HSO_4^- \xrightarrow[H_2O,\,\Delta]{H_2SO_4} m\text{-}BrC_6H_4OH$$

(4) 由 3-甲基-2-丁醇合成 2-甲基-2-丁醇

$$CH_3CH(CH_3)CH(OH)CH_3 \xrightarrow[-H_2O]{H_2SO_4,\,\Delta} CH_3C(CH_3){=}CHCH_3 \xrightarrow[H_2SO_4]{H_2O} CH_3C(CH_3)(OH)CH_2CH_3$$

7. 推断题(无需写出推断过程)。

(1) A：$CH_3CH_2CH{=}CHCH_2CH_3$　　B：$CH_3CH_2CH_2CH_2CH{=}CH_2$

若 A 和 B 用臭氧氧化,再用锌水处理,A 氧化得到丙醛,B 氧化得到甲醛和戊醛。

(2)

A：环戊烷　B：溴代环戊烷（C_5H_9Br）　C：环戊烯

(3) A：$HC{\equiv}C{-}CH_2CH(Cl)CH_3$　　B：$CH_3CH_2CH_2CH(Cl)CH_3$

(4)

A：$C_6H_5CH_2CH_2CH_3$ 或 $C_6H_5CH(CH_3)_2$　B：$C_2H_5{-}C_6H_4{-}CH_3$（对位）　C：$C_6H_3(CH_3)_3$（1,3,5-三甲基苯）

(5) A：$Br{-}C_6H_4{-}Br$（对位）　B：$C_6H_4Br_2$（邻位）　C：$C_6H_4Br_2$（间位）

(6) A：$CH_3CH_2CH(OH)CH_2CH_3$　B：$CH_3CH_2C(=O)CH_2CH_3$　C：$CH_3CH{=}CHCH_2CH_3$

(7) A：$CH_2{=}C(CH_3){-}CH(CH_3){-}CH{=}CH_2$　B：$CH_3{-}C(=O){-}CH(CH_3){-}CHO$

第11章 环境与化学

11.1 教学基本要求

1. 了解环境化学的定义。

2. 了解温室效应、光化学烟雾污染、水土流失、荒漠化定义。

3. 掌握环境化学的研究内容。

4. 熟悉酸雨、温室效应、光化学烟雾污染、水土流失、荒漠化的产生及危害。

5. 熟悉绿色化学的特点及原则。

11.2 习题详解

1. 名词解释。

(1)环境化学:研究物质在大气、水体、土壤等自然环境中所发生的化学现象的科学。

(2)温室效应:大气能使太阳短波辐射到达地面,但地表向外放出的长波热辐射线却被大气吸收,这样就使地表与低层大气温度增高,其作用类似于栽培农作物的温室,所以又称温室效应。

(3)光化学烟雾污染:汽车、工厂等污染源排入大气的碳氢化合物和氮氧化物等一次污染物在阳光作用下会发生光化学反应生成二次污染物,所形成的烟雾污染现象。

(4)水土流失:指在山区、丘陵区和风沙区,由于不利的自然因素和人类不合理的经济活动造成地面的水和土离开原来的位置流失到较低的地方,再进过坡面、沟壑汇集到江河河道内去,这种现象就是水土流失。

(5)荒漠化:指在干旱和半干旱地区,包括一部分半湿润地区,由于生态平衡遭到破坏使绿色原野逐步变成类似沙漠的景观。其结果就是产生了沙漠化的土地,最终达到荒漠化。

2. 简答题。

(1)环境化学的研究内容有哪些?

答:①环境中化学物质的来源、分布、迁移转化与归宿。

②全球环境介质中发生的各种物理、化学、生物化学过程及其变化规律。

③人类活动产生的化学物质对全球环境介质层中发生的各种物理、化学、生物过程的干扰、影响的机理以及对生物圈和人类自下而上的影响。

④各种污染物的减少和消除的原理与方法。狭义上讲，环境化学主要研究有害化学物质在环境介质中的存在、化学特性、行为和效应及其控制的化学原理和方法。

(2)酸雨的产生给环境带来怎样的危害？

答：酸雨对土壤、水体、森林、建筑、名胜古迹等人文景观均带来严重危害，不仅造成重大经济损失，更危及人类生存和发展。酸雨使土壤酸化，肥力降低，有毒物质毒害作物根系，杀死根毛，导致发育不良或死亡。酸雨还杀死水中的浮游生物，减少鱼类食物来源，破坏水生生态系统；酸雨污染河流、湖泊和地下水，直接或间接危害人体健康；酸雨对森林的危害更不容忽视，酸雨淋洗植物表面，直接伤害或通过土壤间接伤害植物，促使森林衰亡。酸雨对金属、石料、水泥、木材等建筑材料均有很强的腐蚀作用，因而对电线、铁轨、桥梁、房屋等均会造成严重损害。

(3)水体污染物有哪些类？主要包括什么物质？

答：水体污染物有物理性污染、化学性污染、生物性污染。物理性污染包括感官污染、热污染、悬浮固体污染和油类污染。化学性污染包括无机污染物质、重金属污染物、有机有毒物质、耗氧污染物质、植物营养物质和油类污染物质。生物污染物包括致病细菌、病虫卵和病毒。

(4)绿色化学的主要特点有哪些？

答：绿色化学的特点主要有：

①充分利用资源和能源，采用无毒、无害的原料。

②在无毒、无害的条件下进行反应，以减少向环境排放废物。

③提高原子的利用率，使所有作为原料的原子都被产品所消耗，实现“零排放”。

④生产出有利于环境保护、社区安全和人体健康的环境友好的产品。

(5)绿色化学的原则是什么？

答：绿色化学有其应用的原则。美国《科学》杂志2002年8月提出了绿色化学12条原则，已被广泛认可：

①预防废弃物的形成要比产生后再想办法处理更好。

②应当研究合成途径，使得工艺过程中耗用的材料最大化地进入最终产品。

③使用的原料和生产的产品都遵循对人体健康和环境的毒性影响最小。

④研制的化学产品在毒性减少后仍应具备原有功效。

⑤尽可能不使用一些附加物质（如溶剂、分离剂等），尽可能使用无害的物质，优选使用在环境温度和压力下的合成工艺。

⑥能源的需求应当结合环境和经济影响，评价其影响应没有空间、时间限制，追求最小化。

⑦技术、经济可行性论证的，首选使用可再生原材料。

⑧尽量避免不必要的化学反应。

⑨有选择性地选取催化试剂会比常规化学试剂出色。

⑩研制可在环境中分解的化学产品。

⑪开发适应实时监测的分析方法，为在污染物产生之前就施行控制创造条件。

⑫化学工艺中使用和生成的物质，都应选择最大程度减少化学事故（泄漏、爆炸、火灾等）的物质。